# 图说
# 物种起源

（英）达尔文／著　文舒／编译

中国华侨出版社

**图书在版编目（CIP）数据**

图说物种起源 / (英) 达尔文著；文舒编译. —北京：中国华侨出版社，2016.8

ISBN 978-7-5113-6256-8

I.①图… Ⅱ.①达… ②文… Ⅲ.①物种起源—图解 Ⅳ.①Q111.2-64

中国版本图书馆CIP数据核字（2016）第207839号

## 图说物种起源

著　　者：（英）达尔文

编　　译：文　舒

出 版 人：方　鸣

责任编辑：梦　彤

封面设计：韩立强

文字编辑：李翠香

美术编辑：盛小云

经　　销：新华书店

开　　本：720mm×1020mm　1/16　印张：24　字数：550千字

印　　刷：北京中振源印务有限公司

版　　次：2016年9月第1版　2019年3月第2次印刷

书　　号：ISBN 978-7-5113-6256-8

定　　价：59.00元

中国华侨出版社　北京市朝阳区静安里26号通成达大厦3层　邮编：100028

法律顾问：陈鹰律师事务所

发 行 部：（010）56288244　　　　传　真：（010）56288194

网　　址：www.oveaschin.com　　　E-mail：oveaschin@sina.com

如果发现印装质量问题，影响阅读，请与印刷厂联系调换。

# 导　读

约瑟夫·胡克和查尔斯·莱尔是达尔文的忠实好友，达尔文在发表《物种起源》之前，曾和他们进行过讨论。

1831 年 12 月，我作为博物学者有幸登上了皇家军舰"贝格尔"号，进行了长达五年的环球科学考察。一路上的各种见闻，给了我深深的感触，特别是南美大陆，还有附属岛屿；那些优美的自然风光，还有与众不同的动植物分布以及奇异的地质构造，都让我感受到前所未有的激动与兴奋。

1836 年回国以后，这么多年得到的研究成果还有考察日记，让我不得不去认真面对多年来一直困扰着博物学者们的问题：物种是如何起源的？经过漫长艰难的工作整理之后，直到 1844 年，我终于将那些简短的日记进行了合理的扩充整理，并对当时认为可能的结论做出了纲要。

1859 年，因为健康问题，还有研究马来群岛自然史的华莱斯先生要发表一篇基本上和我的结论完全一致的论文，所以我不得不采纳好友查尔斯·莱尔的建议，将这篇纲要送交给林奈学会。我的这篇纲要，还有华莱斯先生所写的优秀论文，一同被刊登在该学会第三期的会报上。希望我们可以共享这份荣誉。

我非常明白，这份纲要还存在着大量的不完善之处。对于其中的一些问题，我不得不放在下一部著作也就是《动物与植物在家养状况下的变异》当中去进行更进一步的讨论。

有关物种的起源，不管是哪一位博物学者，假如去对生物的相互亲缘、胚胎关系以及地理分布、地质演替等方面深入研究，都能够获得一样的结论：物种并不是像有些人所说的那样，是被独立创造出来的，事实是如同变种一样，均是从别的物种遗传下来的。

在纲要当中，我尤其细致地研究了家养生物与栽培植物的习性，对那些自然环境当中的生物，则主要是强调其外部条件的变化对它们特别有利。关于生物界随处可见卡尔·林奈（1707-1778），瑞典植物学家，现代分类法之父。

的生存斗争以及由于生存斗争而引起的自然选择，我展开了重点的介绍。变异的法则同样是我格外强调的，尤其是其所包含的诸多难点，像物种的转变，还有本能的问题以及杂交的现象、地质记录的不完全等，我都用专门的章节进行了讨论研究。

因为之前所讲到的诸多原因，我将第一章主要用来讨论家养状态之下的变异，于是我们就会看到，大量的遗传变异最起码是可能的。而且，更为重要的是，或许我们将会觉得，人类选种具有多少神奇的力量，能够让细微的变异渐渐地积累起来。接着我们会对物种在自然状态下的变异进行讨论，不过由于篇幅有限，只能进行一些简单的讨论了。接着我们会对全世界所有生物之间的生存斗争进行一个讨论，然后对自然选择的问题进行一下深入研究。研究过自然选择之后，将会对变异的各项复杂的以及尚未明了的法则进行讨论。到后面，有关这一学说的最为明显以及严重的困难，我们会一一进行探讨。再到后边将会对生物的分类方法还有相互之间的亲缘关系进行讨论，最后，有关生物在时间上的地质演变还有在空间上的地理分布等，都将进行一个较为全面的讨论。在最后的一章当中，我会对全书做一个简单的概述。

生活于我们四周的生物，如果你稍微留意一下，就能够发现人类对于它们，依然是多么无知。如果谈到它们的起源，准确地说，你又清楚多少呢？谁可以解释清楚有的物种像绵羊、老鼠等，它们分布的范围是那么广泛并且数目居多，可是有的物种像大熊猫、白鳍豚等，它们的分布范围却是那么狭窄而且还处于濒危的状态呢？所有的这一切，根本不单单是人类的力量所引起的。我的生物进化和自然选择学说将详细地进行解释说明。自然界当中，所有生物的繁盛或者衰败都会严格地按照一定的规律进行着变化，而且将直接影响它们将来的生存发展趋势。

尽管说很多的情况现在依然无法解释清楚，而且在将来很长的一段时间之内也不一定能够解释清楚，不过，通过冷静的判断之后，我们能够断言，我过去所保持的那种观点，也就是很多作者近来依然保持的观点，即每个物种均为分别创造出来的，这样的观点是错误的。最后我还要强调一点，我所解释说明的自然选择，尽管说是变异最重要的途径，不过并不是唯一的途径。

伊拉斯谟·达尔文（1731—1802），科学家、诗人，查尔斯·达尔文的祖父。

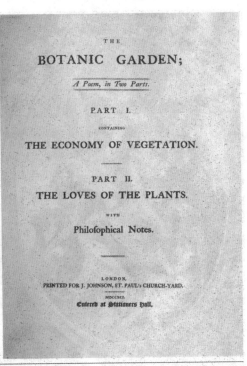

THE

# BOTANIC GARDEN;

*A Poem, in Two Parts.*

## PART I.

CONTAINING

## THE ECONOMY OF VEGETATION.

## PART II.

## THE LOVES OF THE PLANTS.

WITH

## Philofophical Notes.

LONDON,
PRINTED FOR J. JOHNSON, ST. PAUL's CHURCH-YARD.
MDCCXCI.
Entered at Stationers Hall.

伊拉思谟·达尔文有关植物的诗集。

《植物园》诗集。

# 目　录

# 第一章
# 家养状况下的变异

# 为什么会变异 ①

从很早以前的栽培植物以及家养动物来看，将它们的同一变种或亚变种之后的产物进行一下对比，最能够引起我们关注的重点有一个，那就是，这些物种相互之间存在着的各种不同，通常比自然状况下的任何物种或者是变种后的个体间的差异更大。栽培植物以及家养动物是五花八门的，它们长时间地在极不相同的气候以及管理中生活，于是就会发生各种变异，如果我们对这些现象多加思考，就会得出一个结论，那就是我们所看到和发现的巨大的变异性，是因为我们的家养生物所处的生活条件，与亲种在自然状况下所处的生活条件存在着很大的差异，同时，和自然条件的不同也有一定的关系。我们看一下奈特提出的观点，也存在着很多种可能性。在他看来，这样的变异性或许同食料的过

苏珊娜·韦奇伍德（1765-1817），达尔文之母。

剩有一定的关联。似乎很明显，生物必须在新的生存环境中生长很长一段时间，甚至是数世代之后，才会发生较为明显的变异；而且，生物体制只要是开始了变异，那么，在接下来的许多世代中，也就会一直延续变异，这属于最常见的状况。一种可以变异的有机体在培育下停止变异的实例，还没有出现过这样的记载。就拿最古老的栽培植物——小麦来说，到现在，也依然在产生新的变种；那些最古老的家养动物，到现在也依然能够以最快的速度改进抑或是变异。

通过对这个问题长时间的研究之后，按我们所能判断的来看，生活条件很明显是以两种方式在对物种产生着作用，那就是直接对整个体制的构造或只是其中的某些部分产生影响，还有一种就是间接的只对物种的生殖系统产生影响。在直接作用方面，我们一定要牢记，如魏斯曼教授所主张的，以及我在《家养状况下的变异》里所偶然提到的，存在着两种因素，那就是生物的本性以及条件的性质。前者看起来好像更为重要，因为按照我们能够判断的来看，在并不相同的条件下，也有可能会发生几乎相近的变异；此外还有一方面，在基本上相同的条件下也可能会发生很不相同的变异。这些变异情况对于后代也许是一定的，也有可能是不定的。如果在很多世代中，生长在一些条件下的物种的所有后代或者说是绝大部分后代，都是遵照相同的方式在进行

---

① 编者注：本书是对达尔文《物种起源》一书的精选，并非全部，特此说明。

罗伯特·达尔文医生（1766-1848），达尔文之父

着变异，那么，变异进化的结果就能够看成是一定的。不过，对于这种情况的一定变异，想要做出任何结论，推测其变化的范围，都是非常非常困难的。不过，有很多细微的变异还是可以推测知晓的，比如因食物摄取的多少而造成物种个头大小的变异，因食物性质而引起的物种肤色的变异，由气候原因引起物种皮肤和毛发厚度的变异等，这些变异基本上不用去怀疑。我们在鸡的羽毛里发现了众多的变异，而每一个变异肯定有其具体的原因。如果是同样的因素，经过很多年后，一直同样地作用于一部分个体，这样的话，几乎所有这些被作用的个体，就会按照相同的方式来发生变异。比如说，产生树瘤的昆虫的微量毒液只要注射进植物体中，就一定会产生复杂的和异常的树瘤，这个事实告诉我们：如果植物中树液的性质出现了化学变化，那么结果就会出现非常奇异的变化。

"贝格尔"号

相较于一定变异性，不定变异性往往都是条件发生改变后更普遍的结果。我们于无穷尽的微小特征里发现了不定变异性，而这些微小的特征恰恰可以区别同一物种内的不同个体，所以我们不可以将这些特征看作是从亲代或更遥远的祖先那里遗传下来的。就算是同胞中的幼体或者是由同蒴中萌发出来的幼苗，在有些时候彼此之间也会出现一些十分显著的差异。比如在很长的一段时间里，在一个相同的地方，用基本相同的食料来饲养的数百万个体里面，也会出现一些个别的，可以称为畸形的变异的十分显著的构造差异类型。不过，畸形与那些比较微小的变异之间的界线并不十分明显。所有建立在这种构造上的变化，不管是特别细微的还是非常显著的，如果出现于生活在一起的众多个体里，那么就全都能看成是生活条件作用于每一个个体后的不确定性效果，这同寒冷会对不同的人产生不一样的影响是相同的道理，因为每个人的身体状况或者是个人的体制不相同，于是会引起咳嗽或感冒或者是风湿症及其他一些器官的炎症。

而对于我们所说的被改变的外界条件所带来的间接作用，也就是指对生殖系统所造成的影响，我们能够推论这种情况所引起的变异性，其中有一部分是因为生殖系统对于任何来自外界条件的变化都极为敏感，还有一些，则像开洛鲁德等所说的那样，是因为不同物种间杂交所发生的变异，同植物以及动物被饲养在新的或者是不自然的条件下，而产生的变异是十分相像的。而很多的事实也明确地告诉我们，对于周边条件所发生的一些非常微小的变化，生殖系统会表现出相当显著的敏感。驯养动物说起来还是比较简单的事，不过如果想要让它们在栏内自由生育，就算是雌雄交配，也是

非常难以实现的事情。有不计其数的动物，
就算是在原产地生活，在几近完全自由的环
境里，也会有无法生育的情况。一般我们将
这种情形总结为动物的本能受到了损害，事
实上，我们的这种认为是不正确的。很多的
栽培植物看起来生长得十分苗壮，但是很少
会结种子，或者干脆从来不结。我们发现，
有些时候，一个很细微的变化，例如在植物
成长的某个特殊时期，水分的增多或者减少，
就有可能影响到其最后到底会不会结种子。
对于这个神奇的问题，我所搜集的详细记录
已在其他地方发表，这里就不再重复论述了。
不过还是要说明，决定栏中动物生殖的法则
是十分神奇的。比如那些来自热带的食肉动
物，虽然离开了原来的环境，但依然可以很

罗伯特·费茨罗伊（1805-1865），贝格尔号的船长，
他邀请22岁的查尔斯·达尔文加入贝格尔号的航行。

自由地在英国栏中进行生育，不过，跖行兽也就是我们所说的熊科动物，是不属于这
个范围的，它们很少生育。相比之下，食肉鸟，除了个别的一部分之外，几乎都很难
孵化出幼鸟。有很多外来的植物，与最不能生育的杂种相同，它们的花粉都是没有用
处的。首先，我们能够发现，很多的家养动物以及植物，虽然经常是体弱多病的样子，
但是可以在圈养的环境里自由生育。其次，我们还能看到，一些个体虽然从小就来自
自然界中，这些幼体虽然被完美驯化，并且寿命较长，体格强健（关于这点，我可以
举出无数事例），但是它们的生殖系统被某种我们所不知道的原因严重影响，完全
失去了该有的功能。这样看来，当生殖系统在封闭的环境中发生作用时，所产生的作
用是不规则的，而且所产生出来的后代与它们的双亲也会有很多的不同之处，这么说
来，也就不是很奇怪的事情了。此外，我还要补充说明一点就是，一些生物可以在最
不自然的环境中（比如在箱子里饲养的兔和貂）自由繁殖，这能够说明这些物种的生
殖器官不会轻易被影响。所以说有的动物以及植物比较适合家养或栽培，并且发生的
变化也比较小——甚至都没有在自然环境中所发生的变化大。

　　有些博物学家提出，一切变异都和有性生殖的作用有关系。事实上这种说法显然
是不正确的。我在另一著作中，曾经把园艺家称为"芽变植物"（sporting plants）的
物种列为一个长表。这类型的植物在生长过程中会突然长出一个芽，与同株的其他芽
完全不一样，它具有新的甚至会是明显不同与其他同族的性状。我们将它们称为芽的
变异，能够用嫁接、插枝等方式进行繁殖，有些情况下也可以用种子进行繁殖。这些
物种在自然环境中很少发生，不过，在栽培的环境中的话，就不那么罕见了。既然相
同条件中的同一棵树上，在每年生长出来的数千个芽里，会突然冒出一个具有新性状

的芽，而同时不同条件下不同树上的芽，有时却又会出现几乎相同的变种，——例如，桃树上的芽可以长出油桃，普通蔷薇上的芽会长出苔蔷薇，等等。所以说，我们能够清楚地看出，在影响每一变异的特殊类型上，外界环境的性质与生物的本性相比，所处的重要性只是居于次位而已，也许并不比可以让可燃物燃烧的火花性质，对于决定所发火焰的性质方面更为重要。

# 习性、遗传以及相关变异

习性的改变可以影响到遗传的效果，例如，植物由一种气候之中被移动到另一种气候里，它的花期就会出现一些变化。我们再来看看动物，动物们身体各部位是否常用或不用对于动物的遗传等有更显著的影响。比如我发现，家鸭的翅骨在其与全身骨骼的比重上，与野鸭的翅骨相比，是比较轻的，但是家鸭的腿骨在其与全身骨骼的比例上，却比野鸭的腿骨重出很多。这种情况我们可以得出一个结论，造成这种差异的原因在于，家养的鸭子比起自己野生的祖先来，要少飞很多路程，但是会多走许多的路。牛与山羊的乳房，在经常挤奶的部位就比不挤奶的部位发育得更好，并且，此种发育是具有遗传性质的。很多的家养动物，在有些地方耳朵都是下垂状的，于是就有人觉得，动物的耳朵下垂，是因为这些动物很少受重大的惊恐，导致耳朵的肌肉不被经常使用的缘故，这样的观点基本上是说得通的。

球胸鸽

有很多的法则支配着变异，只是我们仅仅可以模模糊糊地理解其中的少数几条，这些将在以后略加讨论，在这里，我准备只谈一下相关变异。如果胚胎或者幼虫发生了重要的变异，那么，基本上就会引起成熟物种也跟着发生变异。在畸形生物身上，各个不同的部分之间的相关作用是十分奇妙的。关于这个现象，在小圣·提雷尔的伟大著作中记载了大量的相关案例。饲养者们都坚定地认为，狭长的四肢一定是常常伴随着一颗长长的头的。还有些相关的例子特别怪异，比如，全身的毛都是白色以及具有蓝眼睛的猫通常都耳聋，不过最近泰特先生说，这种情况只在雄猫中出现。物种身体的颜色与体制特征之间是相互关联的，这点在许多的动植物里能找出不少显著的例子。据赫辛格所搜集的内容来观察，白毛的绵羊还有猪，吃了某些植物后，会受到伤害，但是深色的绵羊和猪能够避免那些伤害。怀曼教授最近写信告诉我有关这种实情的一个例子，非常不错：他问一些维基尼亚地方的农民，为何他们养的猪都是黑色的，农民们告诉他说，猪吃了赤根以后骨头就会变成淡红色，而除了黑色的猪变种外，猪蹄都会脱落。维基尼亚的一个放牧者还告诉他："我们在一胎猪仔中会选择黑色的猪来饲养，因为只有黑色的猪仔才能更好地生存下去。"没有毛的狗，牙齿长得也不全；而毛长以及毛粗的动物们一般会有长角或多角的倾向。

达尔文的六分仪

脚上长着毛的鸽子，外趾间有皮；短嘴的鸽子则脚比较小；而嘴长得长的鸽子，脚也就比较大。照这样说的话，如果人们选择任何特性，并想要加强这种特性的话，那么在神秘的变异相关法则的作用中，几乎一定会在无意中改变物种身体中其他某一个部分的构造。

各种不相同的我们未知的或只是大体上稍微理解一点点的变异法则所引起的变异效应，是五花八门十分复杂的。对于一些古老的栽培植物，比如风信子、马铃薯还有大丽花等，是很有研究价值的。看到变种与亚变种之间在构造以及体制的无数点上一些相互间的轻微差异，确实能够让我们感到非常惊讶。生物的整体构造仿佛变成可塑的了，而且以很轻微的程度在偏离其亲代的体制。

各种不遗传的变异，于我们来说并不重要。但是，可以遗传的，构造上的变异，不管是轻微的，还是在生理上有十分重要价值的，其数量以及多样性是我们所无法估算计数的。卢卡斯博士的两大卷论文，对于这个问题有着详尽的记述。没有一个饲养者会怀疑遗传力的强大。"物生其类"是他们的基本信条。只有那些空谈理论的所谓大家，才会去毫无意义地怀疑这个原理。当任何构造上的偏差开始高频率地出现，而且在父代以及子代都出现了的时候，我们也无法证明这是因为同一种原因作用于两者而造成的结果。但是，有些构造变异十分罕见，因为多种环境条件的综合影响使得有些遗传变异不光出现在母体，也出现在子体中，对于这种非常偶然的意外，我们不得不将它的重现归因于遗传。想必大家都听说过白化病、棘皮症还有多毛症等，出现在同一家庭中几个成员身上的现象。如果说那些奇异的、稀少的构造变异是属于遗传的，那么那些不太奇特的以及比较普通的变异，自然也可以被看作是属于遗传了。把各种性状的遗传看成是规律，将不遗传看作异常，应该说才是认识这整个问题的正确方法。

支配遗传的诸法则，大多数是我们还不知道的。没有人可以说清楚同种的不同个体之间或者是异种个体之间相同的特性，为什么有时候可以遗传，有时候又无法遗传；为什么子代可以重现祖父或祖母的一些性状；甚至还可以重现更远祖先的性状。为什

达尔文为了研究饲养的信鸽

么有的特性可以从一种性别的物种身上，同时遗传给雄性和雌性两种性别的后代，而有时又会只遗传给一种性别的后代，不过，更多的时候，主要是遗传给同性的后代，虽然偶尔也会遗传给异性后代。雄性家畜的特性基本都只会遗传给雄性，或者很大一部分都遗传给雄性，这对于我们的研究来说，是一个非常重要的事实。有一

加拉帕戈斯拉维达岛上的火烈鸟交配期的"芭蕾"之舞

个更重要的规律，我认为是可以相信的，那就是，生物体生命中某一特定的时期突然出现某种性状，那么它的后代基本上也会在同一时期（或者提前一点）出现这种特性。在许多场合中，这样的情形十分准确，比如，牛角的遗传特性，只在它的后代快要成熟的时候才会出现。再看看我们所熟知的蚕的各种特性，也都是只在幼虫期或蛹期里出现。像那些可以遗传的疾病还有其他的一些遗传事实，让我相信这种有迹可循的规律，适用于更大的范围之内。遗传特性为什么会定期出现呢？虽然个中缘由我们还不太清楚，不过事实上这种趋势是确确实实存在着的，也就是，这种现象在后代身上出现的时间，往往会与自己的父母或者是更远一点的祖辈首次出现的时间相同。我觉得，这个规律对解释胚胎学的法则是相当重要的。当然，这些观点主要是指遗传特性初次出现的情况，而不是指涉及作用于胚珠或雄性生殖质的最初原因。比如说，一只短角的母牛与一只长角的公牛交配后，它们的后代长出了长角，这虽然出现得比较晚，但明显是因为雄性生殖因素的作用而造成的。

我们讨论过返祖问题，接下来，我想提一下博物学家们时常论述的一个观点，那就是，我们的家养变种动物，在回归到野生环境以后，就会慢慢地又重现它们原始祖先的一些特性。因此也有人曾提出，不可以从家养物种的身上去推论自然环境中的物种。我曾竭尽力量去探索，这些人是根据哪些确定的事实而这样频繁地和大胆地得出那些论述，不过最后全以失败告终。要证明这个的可靠性的确是非常困难的。而且，我可以很肯定地说，绝大部分遗传变异非常显著的家养变种在回到野生环境后是无法安然地生存下去的。在大多数环境里，我们无法知晓原始的祖先到底是什么样子的，所以我们也就无法准确地判断出所发生的返祖现象是否真的就接近完全。为了预防被杂交因素所影响，所以我们在研究时必须光把单独一个变种饲养在一个新的环境里。就算如此，我们所研究的这些个变种，有时候的确会重现其先辈的某些特征。由此，我推断下面的情形基本上是可能的：比如甘蓝，如果我们将甘蓝置于非常瘠薄的土壤中（这种情形下，贫瘠的土壤当然也会产生一定的影响）进行栽培，一段时间后，就会发现，它们中的绝大部分甚至是全部，都会返回到野生原始祖先的状态中。这个试验不管会不会成功，对于我们的论点也没有太大的意义，因为试验本身就已将物种生

活的条件改变了。如果能证明，当我们将家养变种安排在同一个条件下，而且是大群地饲养在一起，让它们进行自由杂交，通过相互混交来阻止构造上一切轻微的偏差。如果这样做它们还表现出强大的返祖倾向，也就是失去它们的获得性的话，面对这样的结果，我会赞同不可以从家养变种来推论自然界物种的任何问题。只可惜，有利于这种观点的证据，目前为止还没有发现一点点。如果你想断言我们不能让我们的驾车马与赛跑马、长角牛同短角牛、鸡的多个品种、食用的多种蔬菜无数世代地繁殖下去，那将会违反一切的经验。

# 家养变异的性状

如果我们观察家养动物以及栽培植物的遗传变种还有种族，而且将它们与亲缘关系密切的物种进行比较时，就会发现，各个家养变种的情况在性状上不如原种那么一致。家养变种的性状往往有很多都是畸形的。也就是说，它们彼此之间、它们与同属的其他物种之间，虽然在一些方面差异比较小，但是，将它们互相比较时，常常会发现它们身体的某一部分会有很大程度上的差别，尤其是当它们与自然状况下的亲缘最近的物种进行比较时，则更加明显。除了畸形特征以外（以及变种杂交的完全能育性——这个问题以后会讨论到），同种的家养变种之间的差异，与自然状态下同属的亲缘密切近似物种间的差异是十分相像的，不过，前者在大多数场合中的差异程度比较小。我们不得不承认这一点是十分正确的，因为一些有能力的鉴定家，他们将很多家养的动物以及植物的家养品种，看为原来不同物种的后代，也有一些有能力的鉴定家却只是将它们看为一些变种。如果家养品种与物种之间存在着明显的区别的话，这些疑问和争论就不会反复出现了。有人经常这么说，家养变种之间的性状差异不会达到属级程度。而我觉得这种说法是站不住脚的。博物学家们在确定究竟怎样的性状才

具有属的价值时，意见一般都很难达到一致，几乎所有的看法到目前为止都是从经验中得来的。等我们弄明白自然界中属是如何起源的，我们就会明白，我们没有权利乞求在我们的家养变种里能够经常找到属级变异。

当我们试图对同属种的家养种族进行构造上的差异

贝格尔号通过穆雷窄道

评估时，因为无法知道这些物种究竟是从一个或几个亲种演变而来的，于是我们就会陷入各种疑惑里。如果弄明白了这一点，那么将会变得十分有趣。比如，如果可以证明我们都知道的可以纯系繁殖的一些生物如细腰猎狗、嗅血警犬、㹴犬、长耳猎狗以及斗牛狗都属于某一物种的后代这个问题，那么，这样的事实将严重地影响我们，让我们对于栖息在世界各地的不计可数的具有亲缘关系的自然物种（比如许多狐的种类）是不会改变的说法产生很大的疑问。我根本不相信，我们前面所提到的那几种狗的所有差异都是因为家养而渐渐出现的。我相信有一些微小的变异，是由原来不同的物种传下来的。但是有很多的家养物种具有非常明显的特性，这些物种都能够找到假定的或者是有力的证据来证明它们都是源自同一个物种的。

人们经常做这样的设想，人类选择的家养动物以及家养植物都具有非常大的遗传变异的倾向，都可以承受得住变化多端的气候。这些性质曾经在很大程度上提高了大部分家养物种的价值，对于这个我不做争辩。但是，我想说，在远古时期，野蛮人在最初驯养一种动物时，他们是如何知道那个动物能否可以在持续的世代里发生变异，又是如何能够知道这个动物是否可以经受住变化多端的气候呢？驴与鹅的变异性较差，驯鹿的耐热力很低，普通骆驼的耐寒力也比较低，难道这些因素就会妨碍它们被家养吗？我可以肯定地说，如果我们从自然环境里找来一些动物以及植物，在数目、产地还有分类纲目方面都与我们的家养生物相同，同时假定它们在家养状态中繁殖同样多的世代，那么，这些动植物平均发生的变异会与现存家养生物的亲种所发生过的变异同样多。

# 变种与物种的区别难题

大部分从古代就家养的动物以及植物，到底是从一种还是几种野生物种繁衍而来的，目前我们还无法得到任何确切的论断。那些相信家养动物来自多源的人，主要依据来自我们在古埃及的石碑上以及在瑞士的湖上住所里所发现的一些品种，那些品种已经非常丰富了；而且其中有一些记录中提到的家养物种，同现在依然存在着的家养物种非常相像，甚至有的基本就相同。不过这些观点也只是能证明，历史的文明在很早很早以前就已出现，同时也说明，动物被家养起来的时间比我们所设想的时间更为久远罢了。瑞士的湖上居民曾经种植过多种小麦以及大麦、豌豆还有制油用的罂粟和亚麻，同时他们也饲养多种家养动物，还与其他民族进行了货物贸易。正如希尔所说的，这些现象都充分地证明，早在很早很早以前，就已经存在着很进步的文明了。同时，这也暗示出，在此之前还有过一个较为长久的文明稍低的连续时期，在那个时期，各部落在各地方所家养的物种估计已经发生变异，并且形成了不同的品种。自从在世

贝格尔号途径巴西费尔南多－迪诺罗尼亚，岛上的高峰对地质学研究很有价值。

界上很多地方的表面地层中发现燧石器具以来，所有地质学者们都相信，在远古时代，原始民族早已开始了历史的文明之旅，而且，今天我们都知道，几乎不会有一个民族会没有进化，落后到连狗都不会饲养。

# 家养变种起源于一个或多个物种

很多家养动物的起源，或许永远都无法弄清楚。不过我要在这里说明一下，我研究过世界上几乎全部的家养狗，而且苦心搜集了所有已知的事实，最后得出这样一个结论：犬科中有一些野生种曾被驯养过，它们的血在一些状态下曾混合在一起，流淌在我们现在的家养品种的狗身上。但是对于绵羊与山羊，目前我还无法得出肯定性的结论。布莱斯先生曾给我写信告知印度瘤牛的习性以及声音、体制还有构造，从这几方面来看，就基本上可以判断出它们的原始祖先与欧洲牛是不一样的；而且一些有能力的鉴定家认为，欧洲牛有两个或三个野生祖先（但没有弄清楚它们是否可以称为物种）。这一结论，还有关于瘤牛与普通牛的种族区别的结论，其实已被卢特梅那教授所值得称道的研究所确定了。但是关于马，我和几个学者的意见则正好相反，我基本上相信，所有的马均属于同一种祖先，具体理由在这里无法详细解说。我曾经近距离观察过几乎所有的英国鸡的品种，让它们进行繁殖和交配，同时研究了它们的骨骼，研究的结果就是，我可以非常确切地说，所有品种的鸡均是野生印度鸡的后代，而且，这也是布莱斯先生与别人在印度研究过这种鸡后得出的结论。至于鸭还有兔，有的品种彼此之间的差别非常大，但是也有证据，非常明确地证明，它们都是由以前的野生鸭以及野生兔传下来的。

有的学者将一些家养族源自几个原始祖先的学说，荒谬地夸张到了极端的地步。他们一致认为只要是纯系繁殖的家养族，就算它们能够区别的性状十分微小，但它们也都各有自己野生的原始型。这也就意味着，只在欧洲一个范围，就最少生存过 20 种野牛，20 种野绵羊，以及很多种野山羊，就算是在英国也有几种物种。还有一位学者提出，之前英国所特有的绵羊野生种竟多达 11 个！其实我们都知道，英国如今早已没有一种特有的哺乳动物，法国也仅有为数不多的哺乳动物与德国的不一样，匈牙利、西班牙

鹅

等国家的情况也一样。不过，这些国家又都各有几种自己特有的牛还有绵羊等物种，所以我们不得不承认，很多家畜的品种都是起源于欧洲的，不然的话，它们又是来自哪里的呢？在印度也有同样的情形。甚至可以说，全世界的家狗品种（我承认它们是由几种野生的狗传下来的），毫无疑问也存在着很多的遗传变异。因为，意大利细腰猎狗、嗅血警犬以及斗牛狗和哈巴狗还有布伦海姆狗等，和所有的野生狗科动物都有很大的不同之处，没有人会想到与它们密切相似的动物，以前曾在自然状态下生存过。有人经常很随意地指出，所有的狗族均是由少数原始物种杂交繁衍而来的。但是杂交只能获得介于两亲之间的一些类型。如果用这一过程来证明现有的家养狗类的起源，那我们就不得不承认一些十分特别的类型，例如，意大利细腰猎狗、嗅血警犬、斗牛狗等，曾在野生环境中存在过。而且，我们将杂交会产生不同品种的可能性过于夸大了。我见过的很多记载中有很多的事例指出，如果我们对于一些表现有我们所需要的性状的物种进行细心地选择，就能够帮助那些偶然出现的杂交，从而让一个种族发生变异。不过，如果要想从两个完全不同的族里得到一个具有中间性的族，是非常非常困难的。西布莱特爵士曾专门为了这一目的进行过实验，最后以失败告终。将两个纯系品种进行杂交，其所产生的子代，性状是非常一致的（像我在鸽子中所发现的那样）。这样一来，一切情形似乎很简单了，但是，当我们让这些纯种互相进行数代杂交以后，它们的后代简直不会有两个是彼此间比较相似的，如果是这样的话，工作又变得非常困难了。

放养的野牛

# 各种家鸽的差异及起源

我相信选择特殊类群来进行具体的研究是最好的方法，经过慎重考虑以后，便选择了家鸽。我饲养了几乎所有我能买到的或寻找到的家鸽品种，同时我从世界各地得到了热心惠赠的多种鸽皮，特别是尊敬的埃里奥特从印度寄来的鸽子皮，还有尊敬的默里先生从波斯寄来的鸽子皮。关于鸽类的研究，人们曾用很多不同的文字发表过各种论文，有一些是时间久

鸽子是生存最成功的鸟类之一，几乎像人一样随处可见。

远的，非常重要。我曾与几位知名的养鸽家交流，同时还得到允许，加入了两个伦敦的养鸽俱乐部。家鸽品种之多，让人尤为惊异。从英国传书鸽与短面翻飞鸽的比较里，我们可以发现，它们的喙部有着非常奇特的差异，同时由此所引起的头骨差异也十分明显。传书鸽，尤其是雄性，脑袋四周的皮有着十分奇特发育的肉突，与之相对应的，还有相当长的眼睑、非常大的外鼻孔以及阔大的口。短面翻飞鸽的喙部外形与鸣鸟类非常相像；普通翻飞鸽有一种比较特殊的遗传习性，它们一般喜欢成群结队地在高空中飞翔同时还喜欢翻筋斗。侏儒鸽体型非常庞大，喙既粗又长，足也很大；一些侏儒鸽的亚品种，脖子部分也很长；也有些是翅及尾很长，还有的是尾部特别短。巴巴利鸽与传书鸽倒是十分近似，不过嘴不长，属于短并且阔的那种。突胸鸽有着比同类更长的身体，其翅膀和腿非常长，嗉囊也相当发达，当这种鸽子得意地膨胀时，会让人感到十分惊异和好笑。浮羽鸽的喙比较短，呈圆锥形，胸下的羽毛呈倒生状；这种鸽子有一种习性，能够让食管上部不断地微微胀大起来。毛领鸽的羽毛沿着脖子的后面，向前倒竖状似凤冠，从它身体的大小比例来看，这种鸽子的翅羽以及尾羽都比较长。喇叭鸽与笑鸽的叫声，就像它们的名字一样，同其他品种鸽子的叫声完全不相同。扇尾鸽有 30 根甚至 40 根尾羽，而不像其他鸽子一样只有 12 根或 14 根，当扇尾鸽的尾羽打开竖立的时候，品种优良的鸽子，能够首尾相触。另外，扇尾鸽的脂肪腺退化十分严重。除此之外，我们还能够列出一些差异比较小的品种来。

通过观察可以看出，这些品种的骨骼，在面骨的长度以及阔度和曲度的发育方面，都有很大的差异。这些鸽子下颚的枝骨形状还有阔度以及长度，都能看出高度明显的变异。尾椎与荐椎的数目也有变异；肋骨的数目以及相对阔度和突起的有无等方面

两只冠翎岩鸠在相互梳羽。

也有很明显的变异。此外鸽子胸骨上孔的大小以及形状也有很大程度的变异。叉骨两肢的开度和相对长度也同样有不小的变异。我们可以看出，家鸽口裂的相对阔度，眼睑以及鼻孔还有舌的相对长度，嗉囊和上部食管的大小，脂肪腺的发达与退化；第一列翅羽以及尾羽的数目，翅与尾之间的相对长度还有与身体的相对长度，腿与脚的相对长度，脚趾面鳞板的数量，趾间皮膜的发育程度等，我们所能看到和了解到的所有构造，均属于十分容易变异的范围。家鸽在羽毛完全长齐的时期会有变异，而孵化后雏鸽还处于绒毛状态时也是会有变异的。此外，像卵的形状以及大小都会有变异。鸽子飞翔时的姿势还有一些品种的声音以及性情都能够发现具有明显的区别。另外，还有一些品种的家鸽，雌雄间彼此也存在着小范围的差异。

如果我们选出至少 20 种及以上的家鸽，然后将它们带给鸟类学家去鉴别，同时告诉他，这些均是野鸟，那么他一定会将这些鸟列为界限分明的物种。此外，我不相信有哪一个鸟类学家会在这样情形将英国传书鸽、短面翻飞鸽、侏儒鸽、巴巴利鸽、突胸鸽还有扇尾鸽置入同属。尤其是将每一个前面我们提到的品种中的几个纯粹遗传的亚品种给他看，更是如此，当然，这些品种他都会看作是不同的物种。

虽然说鸽类品种之间的差别很大，不过我依然十分相信博物学家们的一般意见是对的，那就是，它们都是从岩鸽传下来的。在岩鸽这个名称之下还包含几种彼此之间差别非常细微的地方种族，也就是亚种。一些让我在这一观点上十分认同的理由，在某种程度上也能够应用于其他情况，所以我要在这里将这些理由概括地讲一讲。如果说这些品种不属于变种，并且不是来源于岩鸽，那么这些品种就至少必须是由七种甚至是八种原始祖先传下来的。这是因为，如果少于七八种的话，再怎么进行杂交，都不可能出现如今这么多的家养品种的。比如让两个品种进行杂交，如果亲代中有一方没有嗉囊的性状，那么是如何产生出突胸鸽的呢？所以说，这些假定的原始祖先一定都是岩鸽，它们不在树上生育，也不常在树上栖息。不过，除了这种岩鸽以及它的地理亚种以外，我们知道的其他野岩鸽也只有两三种，而且这为数不多的两三种还都没有家养品种的任何特性。所以，我们为家鸽假定的原始祖先有两种可能：第一种祖先，可能在鸽子最开始被家养化的那些地方一直生存着直到今天，只不过鸟类学家们不明白罢了。不过就它们的大小、习性以及显著的特征来说，又不可能不被知道。第二种祖先就是，野生状态中的鸽子的原祖先在很早以前就已经灭绝。不过，可以在岩崖上生育并且十分善飞的鸟，不像是会绝灭的品种。一些生活在英国的较小岛屿以及地中海的海岸上的普通岩鸽，具有家养品种同样的习性，也都没有绝灭。所以，如果说具有和家养鸽子相似习性的物种均已绝灭，听起来就是一种十分轻率的推测。此外，前面我们提到的几个家养品种曾被运送到世界各地，所以有几种肯定也曾被带回了原产地，不过，除了鸠鸽是有小变化的岩鸽，在几处地方又回归野生以外，再没有一个品种又变成野生的。还有，所有最近的经验都证明，让野生动物在家养状况下去自由交配繁殖后代是比较难的事情。然而如果家鸽多源说成立的话，那么就必须假定最少有七八个物种在很早以前就已经被古人所彻底家养驯化了，而且这七八种物种竟然还可以在圈养的状态下进行大量的繁殖生育。

有一个非常有说服力的论证，而且此论证同时也适用于其他场合，这个论点就是，我们前面讲到的各品种，虽然在总体特征、习性、声音以及颜色还有大多数构造上与野生岩鸽相一致，不过仍有一些其他部分存在着高度的异常。我们在整个鸽科里再也找不出一种像英国信鸽或短面翻飞鸽或巴巴利鸽那样的喙，也找不出像毛领鸽那样倒生的羽毛，像突胸鸽那样的嗉囊，像扇尾鸽那样的尾羽。所以说，如果我们想要证明家鸽多源成立的话，那么首先就必须假定远古时期的人们不仅成功地彻底驯化了几个物种，而且他们还会有意或无意地选出那些特别畸形的物种。与之同步进行的是，我们还必须假定，这些物种在后来的日子里全部都灭绝了。很明显，这些奇怪而意外的事情，是根本不可能会发生的。对于鸽类颜色的一些事实，很值得我们去探讨一下。岩鸽是石板青蓝色的，腰部为白色；而印度的亚种，一种名为斯特利克兰的岩鸽，腰的部位是浅蓝色的。岩鸽的尾部有一暗色横纹，外侧羽毛的边缘是白色的，翅膀上有两条黑色的横纹。一些半家养的品种以及那些纯正的野生品种，翅上不仅有两条黑带，同时还杂有一些黑色方斑。这两个特点，在本科的其他任何物种身上都不会同时出现。与之不同的是，在任何一种家养的鸽子中，只要在较好的饲养条件下发育的鸽子，所有我们前面所讲到的斑纹，甚至包括外尾羽的白边，很多时候都是可以看得到的。而

里约热内卢，这是跟随"贝格尔"号航行的画家所绘。

达尔文认为又高又瘦的棕榈很美丽

且，当两种或几种不同品种的鸽子进行杂交后，就算它们身上没有青蓝色或我们所提到的其他斑纹，但它们的杂种后代身上突然出现了这些性状。现在将我观察过的一些实例在这里讲一下：我用几只纯种繁殖的白色扇尾鸽与几只黑色的巴巴利鸽进行杂交，（我们要知道巴巴利鸽的青蓝色变种是十分稀少的，少到我都不曾在英国见过有这样的事例），最后我们看到，这两种鸽子的杂种是黑色、褐色以及杂色的。我又用一只巴巴利鸽与斑点鸽进行杂交，我们都明白，纯种的斑点鸽是白色的，额部有一红色斑点，尾部也是红色的，但是它们杂交的后代，却是暗黑色的，而且长有斑点。接着我又用巴巴利鸽与扇尾鸽杂交后的产物，与巴巴利和斑点鸽杂交产生的后代，再次进行杂交，最后所产生的这只鸽子，具有任何野生岩鸽所拥有的，美丽的青蓝色羽毛、白色的腰还有两条黑色的翼带，更神奇的是还具有条纹以及白边的尾羽！如果说所有的家养鸽子都是由岩鸽传下来的，那么按照我们所熟知的返祖遗传原理，这样的事实就一点都不难理解了。不过，如果我们不承认岩鸽是所有鸽子祖先的说法，那我们就不得不采取以下两种完全不可能的假设之一。第一种就是，所有想象的几种原始祖先，皆具有与岩鸽一样的颜色还有斑纹，所以各个品种可能都有重现同样色彩以及斑纹的倾向，但是我们所知道的事实是，没有一个其他现存的物种，还具有这样的色彩以及斑纹。第二种假设是，各品种就算是最纯粹的，也曾在 12 代甚至是 20 代之内与岩鸽交配过。为什么这样说呢？为什么要限定是 12 代或 20 代之内呢？其中的原因在于，我从未见到一个例子，有哪种物种杂交的后代能够重现 20 代以上的，已经消失了的，外来血统的祖代性状。而在仅仅是杂交过一次的品种中，重现从这次杂交中得到的任何性状的倾向，当然就会变得愈来愈小。因为在次生的各代里，外来血统会慢慢减少。但是，如果以前没有参与过杂交，那么这个品种就有重现前几代中，已经消失了的性状的倾向。因为我们都知道，这种倾向与前种倾向正好是相反的，它能在不被减弱的情况下，一直遗传无数代。研究遗传问题的人们时

巴西的热带雨林，达尔文第一次见到热带雨林就是在巴西。

常将这两种不同的返祖现象混为一谈。

最后，根据我自己对各种非常不同的品种所做的有计划的观察得出的结果，我可以断定，所有家鸽的品种间所杂交的后代都是完全能育的。然而两个在很大程度上不相同的动物，进行杂交后所产生的后代几乎没有一个成功的案例可以有力而准确地证明，它们是完全能育的。有些学者认为，长期进行连续性的家养，可以消除种间杂交不育性的强烈倾向。根据狗还有其他一些家养动物的演化历程来看，如果将前面的结论加诸彼此密切近似的物种身上，应该是十分正确的。但是，如果引申得过于遥远，非得假定那些原来就具有像如今的信鸽、翻飞鸽、突胸鸽以及扇尾鸽那样显著差异的物种，在它们之间进行杂交后所产生的后代依然完全能育，那就真的有点过于轻率了。

从以上的理由来看，有些事实需要我们总结归纳一下：更早之前的人类，不可能让七个或八个假定的鸽种在家养状态下进行自由繁殖；还有，这些假定的物种从来没有在野生状态中发现过，而且它们也没有在任何地方出现返回野生的现象。这些假定的物种，虽然在不少方面与岩鸽都比较相像，但与鸽科的其他物种比较起来，却表现出一些极为异常的性状。不管是在纯种繁殖的情况下还是在杂交的情况下，几乎所有的品种都会偶尔地出现青蓝色以及其他黑色斑纹。最后，杂交的后代完全可以生育。将这些理由综合一下，我们就能够毫无疑问地得出一个结论，那就是所有家鸽的品种都是从岩鸽还有其地理亚种繁衍下来的。

为了进一步论证前面的观点，我再做一些有力的补充，具体如下：第一，已经发现野生岩鸽在欧洲以及印度可以家养，而且它们的习性还有大多数构造方面的特点与所有的家鸽品种是相同的。第二，虽然英国信鸽还有短面翻飞鸽的一些性状与岩鸽有很大的差别，但是，将二者的几个亚品种加以比较，尤其是对从远地带来的亚品种加以比较，我们就能够在它们与岩鸽之间制造出一个近乎完整的演变系列。对于其他物种，我们也可以这样进行对比与判断，但并非所有的物种都可以用这样的方法。第三，每个物种最为显著的性状，一般都是这种物种最容易发生变异的性状，比如信鸽的肉垂还有喙，以及扇尾鸽的尾羽数目。对于这一状况的解释，等我们讨论"选择"的时候就能够明了了。第四，鸽类曾被很多人极为细心地观察、保护和爱好着。它们在世界的很多地方被饲养了几千年。有关鸽类最早的记载，来普修斯教授曾告诉我，大约是在公元前3000年埃及第五王朝的时期；不过伯奇先生告诉我说，在那之前更早的王朝，鸽的名字早已被记载在菜单上。根据普林尼所说的，在罗马时代，鸽的价格是非常高的，"而且人们已经达到可以核计鸽类谱系以及族的地步了"。印度的阿克巴可汗十分重视鸽子，大约在1600年，养在宫里的鸽子就最少在2万只左右。宫廷史官这样记载："伊朗以及都伦的国王曾送给他一些十分稀有的鸽子。"还记载道："陛下用不同的品种进行杂交，从而获得前所未有的惊人改良，这样的方法以前从没有人用过。"而几乎在同一时期，荷兰人也像古罗马人一样十分爱好鸽子。这些考察对解释鸽类所发生的众多的变异是至关重要的。我们在后面讨论"选择"的时候，就会明白了。同时我们还能够弄明白，为什么这些品种经常会出现畸形的性状。雄鸽与雌鸽容易终身相配，这也是产生不同品种的最有利条件。正因为这样，我们才能够将不同的品种饲养在同一个鸟笼里。

在前面，我已经对家鸽的各种起源的可能性作了很多的论述，但仍然不够充分。因为当我最开始饲养鸽子时，就很注意观察几类鸽子，并清楚地明白了它们可以多么纯粹地进行繁育，我也明白了别人为什么很难相信这些家养的鸽子都是来

🐦 中美洲产的艳羽鸣禽唐纳雀

自一个共同祖先。这就像任何一个博物学家对于自然界中不计其数的雀类的物种或其他类群的鸟，要想给出一个相同的结论，同样是非常困难的。有一种情形给我留下了很深刻的印象，就是几乎绝大多数的各类型家养动物的饲养者以及植物的栽培者（我曾经同他们交谈过，或者读过他们的论述文章），都坚信他们所饲养的几个品种均是由很多不同的原始物种传下来的。如果你不相信我的说法，那么就去向一位知名的饲养者赫尔福德请教一下他的牛是不是由长角牛繁殖而来的，或者说，二者是不是都来自同样的一个祖先，那么结果就是注定会受到嘲笑。我所认识的鸽、鸡、鸭或兔的饲养者中，从来没有一个人会不相信每个主要的品种都是由一个特殊的物种传下来的。范蒙斯在自己的有关梨与苹果的论文中，完全不相信如"立孛斯东·皮平"苹果与"科特灵"苹果等这些品种可以从同一棵树的种子里繁衍下来，其他的事例更是不胜枚举。我想，其中的原因其实是很简单的：因为他们长期进行着专业而不间断的研究，所以对几个种族间的差异有着十分强烈的印象，他们十分清楚各种族之间微小的变异，因为他们选择这些微小的差异进而取得了获奖资格。只是这些人，对于一般的遗传变异法则是一无所知的，并且也不愿意在大脑中将那么多的连续世代累积起来的微小差异综合起来。那些博物学者所清楚的遗传法则，比饲养家们所知道的还要少很多。而在种族繁衍的漫长系里里，他们对其间具体环节的知识了解的也只不过比饲养家们多一点点而已。但是，他们都承认许多家养族是由同一个祖先传下来的，当他们嘲笑自然状态下的物种是其他物种的直系后代这个论点时，难道忘记了自己的言行需要谨慎一点吗？

# 古代遵从的选择原理及效果

达尔文想知道本能的社会行为如何进化

现在，让我们简单地讨论一下家养族是从一个物种或从多个近似物种演化而来的步骤。一些效果可以归因于外界生活条件的直接和定向作用的影响，有的效果则能够归因于习性使然。但是如果有人拿这些作用来说明驾车马与赛跑马、细腰猎狗与嗅血警犬、信鸽与翻飞鸽之间的差异的话，那就真的是有些冒失了。家养的动植物品种最为显著的特点之一，就是我们所看到的，它们的适应能力的确不是为了动植物本身的利益，绝大多数的变异与适应都只是满足了人类的使用或者是爱好。有些有益于人类的变异很有可能是突然发生的，或者说是一步到位的。比如，很多的植物学者都相信，长有刺钩的恋绒草——这些恋绒草所独有的刺钩，是任何机械装置所达不到的——仅仅是野生川续断草的一个变种罢了，而且这种变化基本上是在幼苗期突然发生的。安康羊与矮脚狗的出现，大致上应该也是这样起源的。但是，当我们将驾车马与赛跑马，单峰骆驼与双峰骆驼，适于耕地与适合山地牧场的、以及毛的用途不相同的不同种类的绵羊进行比较时；当我们比较不同用途用来服务于人类的许多狗的品种时，当我们对顽强争斗的斗鸡与很少争斗的品种进行比较时，以及当我们将斗鸡与从来不孵卵的卵用鸡进行比较时，当我们比较斗鸡同体型很小但十分优雅的矮鸡时，当我们对无数的农艺植物、蔬菜植物还有果树植物以及花卉植物的品种进行比较时，就能够发现，它们在不同的季节以及不同的目的上对人类非常有益，或者会让人觉得十分赏心悦目。我想，我们必须在纯粹的变异性以外进行更加深入的观察。因为我们无法想象所有的品种都是突然产生的，而当我们看到时，它们就已经是那么完善和有用了。是的，在很多情形中，我们知道它们的过去并不是我们现在所看到的样子。最关键的就在于人类的积累选择或不断淘汰的力量。自然给予了连续的变异，然后人类朝着对自己有用的方向进行了积聚增进的影响。在这种意义上，可以说，人类是为了方便自己才制造了这些对自己来说很有用的品种。

选择原理力量的伟大之处，并不是臆想出来的。确实有一些优秀的饲养者在自己的有生之年里，通过自己有目的的饲养而大大地改变了他们的牛还有绵羊的品种。想要充分理解他们所做的是些什么，就必须翻阅很多关于这个问题的论文，同时还要实际去观察那些动物，这都是非常有必要的。很多成功的饲养者都喜欢说自己饲养的动物的身体构造就像是可塑性的东西，可以根据自己的意图随意地进行塑造。如果有足够的篇幅空间，我可以从一些很有能力的权威作者的著作中引述出大量关于这种效果的论述。尤亚特对农学家们的工作，可能比几乎任何其他人都更为了解，并且他本人本来就是一位非常优秀的动物鉴定者。关于选择的原理，尤亚特曾说："能够让农学家们改变他的家养动物群的性状，同时，还可以让全部的家养动物都发生变化。选择是魔术家的魔杖，用这根魔杖，专门研究这个的学者们能够随心所欲地将身边的生物塑造成任何类型以及模式。"萨默维尔勋爵在谈及饲养者养羊的成就时，曾讲道："仿佛他们用粉笔在壁上画出了一个形体完美的羊，然后就赋予了它生命的力量。"在撒克逊，选择原理对于美利奴绵羊的重要性已被充分了解，以致人们将选择当作了一种行业，将绵羊放在桌子上，并对其进行研究。正如鉴赏家鉴定绘画一样；这样的行动，在几个月之内会进行三次，每次都会在绵羊身上标记一些记号，同时还会对其进行分类，来方便在最后能够用。

英国饲养家们所获得的实际成就，能够从价格高昂的优良谱系的动物身上得到证明。这些优良的动物基本上都被出口到了世界各国。这样的改良，一般都不是用不同品种杂交而得到的。几乎所有优秀的饲养者都强烈地反对这种杂交，只有很少的时候，会在同属而且关系很近的亚品种之间进行此种杂交，这又另当别论了。而且在进行了杂交之后，严格的选择甚至比在普通场合中更加需要重视。如果选择单单只是为了分离出一些比较独特的变种，然后让它们进行繁殖，那这个原理显然就不值得我们去注意了。但是它真正的重要性在于，让没有经过训练的眼睛所绝对觉察不出的一些差异（至少我就觉察不出那些细微的差异）——在之后的很多连续的世代里，朝着一个方向累积起来，进而演化出非常大的效果。在上千个人中也不一定有一个人具有精准的眼力以及丝毫不差的判断力，从而成为一个优秀卓越的饲养家。如果有人具有这样难能可贵的天赋，而且能够一直坚持多年研究他的课题，还能够以不屈不挠的精神去一辈子从事这份工作的话，那么他将得到很大的成功，而且还可以做出巨大的改进。反之，如果这个人一点都不具有我们所说的这些品质，那么他就会遭遇失败的经历。一般没有几个人会立刻相信，只是要成为一名熟练的养鸽者，竟然也需要具备一定的天赋以及多年的相关经验。

达尔文的出生地

查尔斯·达尔文和他的妹妹凯瑟琳

园艺家也遵循相同的原理，不过植物的变异往往比动物的变异有更多的突发性。没有人会去假设我们最佳选择出来的生物，是一步就从原始祖先变异成现在的样子的。在很多个场合里，我们都可以找到有力的证据来证明这个事实。比如普通的醋栗，其个头的大小就是逐渐增加的，这是一个很小的但是很有说服力的例证。如果我们将今天的花与以前的花，不用多久，就仅仅是 10 年或 30 年前的花进行比较的话，就可看出，花卉的栽培家对很多很多的花都做出了惊人的影响和改进。当一个植物的种族一旦被很好地固定下来以后，种子培育者们剩下的工作，就只剩巡视苗床，及时清除不符合标准的植株了（也就是那些脱离固有标准型的植株，常被称作"无赖汉"）。对于动物，其实也会用与植物一样的这种选择方法，任何一个人，都不会粗心大意到拿最劣的动物去进行后代的繁殖。

对于植物，我们还可以用另一种方法来观察植物选择的累积效果，那就是，在花园里对属于同种的花所产生的不同的变种，所表现出来的多样性进行比较；在菜园里将植物的叶、荚、块茎或其他任何一部分有价值的地方，与同一变种的花的多样性进行比较；在果园里，将同一物种果实的多样性与同一物种的其他变种，比如叶还有花等，进行比较。观察一下甘蓝的叶差别是多么的大，而花却又多么相似；三色堇的花

1855年，利文斯通在非洲发现了赞比西河上游的大瀑布。

差别巨大，但叶子又极其相似；各种醋栗果实的个头、颜色还有形状以及茸毛都具有很大的差别，但是它们的花所表现出来的区别非常微小。我并不是说在一些方面区别很大的变种就在其他方面没有任何的差异，在经过慎重观察之后，我敢大胆地说，这样的情况是绝无仅有的。相关变异法则的重要性是绝对不可以忽视的，因为它可以保证一些变异的发生。不过，根据一般法则，不管我们是对叶还是花或者是对于果实的微小变异进行连续选择，就会繁衍出主要在这些性状上有所差异的品种，这是毫无疑问的。

选择原理成为有计划的实践，基本上也就只有 75 年的光景，这样的说法也许会遭到一些人的反对。这几年来。对于选择这个问题，人们确实比以前更加注意，而且对于这个问题发表了很多的论文，所以也很快见到了成效，并且还十分重要。但是，如果说这个原理是近代的发现，那么就同事实相差太远了。我可以引用古代著作中的很多例证来证明在很久以前人类就已经认识了这一原理的充分重要性。在英国历史上的野蛮蒙昧时代，就已有精选的物种输入，而且当时的政府还制定了相关的法律，防止物种被出口。当时的法律中曾明令规定，如果马的体格没有达到标准的尺度，那么就要面临被消灭的命运。这与我们之前讲到的园艺者拔除植物中的"无赖汉"几乎是同一个道理。我曾看到一部中国古代的百科全书（即《齐民要术》）中清楚地记载着选择的原理。有的古罗马著作家也曾拟定了明确的选择规则。从《创世记》的记载中，我们能够清楚地看出在那么早的时期，人类早已注意到家养动物的色彩了。近代的未开化人有时会让自己的家养狗与野生狗进行杂交，借以改进狗的品质。我们在普林尼的文章里可以看到，这种做法在古代早已存在。非洲南部的野蛮人依据圈养的牛的不同颜色来让它们进行配种；有的因纽特人对于他们饲养的拉车狗也这么做。利文斯通说，不曾和欧洲人打过交道的非洲内地的黑人，非常重视优质的家养品种。虽然这样的事实并不能明确地表示真正的选择已在实行，但也表明了在古代，人们已经开始有意识地关注家养动物的繁育了，并且就连如今文明程度最低的未开化人，也一样注意到了这一点。既然好品质与坏品质的遗传这么明显，但我们一直对动植物的繁衍与遗传不够重视，这真的是一件奇怪的事情。

# 无意识的选择

如今，优秀的饲养者们都在自己心里有各自独到的想法，他们有自己明确的目的，试图通过有计划的选择来产生一些胜过国内所有现存种类的新品系或亚品种。但是，为了我们的讨论目的，还有一种选择方式，我们可称为无意识的选择方式，对于我们更为重要。几乎所有人都想拥有最优良的个体动物，并且将之繁育下去，于是就引

达尔文曾经就读的舒兹伯利公学

出了这种选择。比如，要养向导狗的人，毫无疑问就会尽全力去寻找最优质的狗，然后用自己所拥有的最优质的狗进行繁育，不过他并不会抱有永久性改变这一品种的期待。但是，我们可以这么想，如果将这一程序一直延续很多个世纪，那么就一定会改进而且还会改变任何品种。正如贝克韦尔还有科林斯所研究得到的结果一样。这两个人根据相同的程序，只是进行得更缜密点，于是就在他们的有生之年里，在很大程度上改变了他们所饲养的牛的体型以及品质。除非在很早之前，就已经对问题中的品种进行了正确的计量或细心的描绘来方便日后的比较，否则那些缓慢并且还不易被觉察的变化就永远不会被辨识。然而，在一些情形下，在那些文明较为落后的地区，同一个品种的个体基本没有变化或者是稍微有点变化的现象也是常见的，在那些地区，品种很少能得到改进。有理由相信，查理斯王的长耳猎狗是从那个时期起就已经在没有察觉的情况下悄悄地发生了重大的改变。在一些很有才能的权威家看来，侦查犬是由长耳猎狗繁衍而来的，应该是在缓慢的过程中渐渐改变而产生的。大家基本上都明白，英国的向导犬在上一世纪中发生了很大的变化，而且人们相信这种变化的出现主要是因为与猎狐狗进行了杂交才导致的。但是与我们的讨论有关的是：这样的改变是无意识并且缓慢地进行着的，但是变化的结果是非常明显的。虽然以前的西班牙向导狗的确是从西班牙传来的，不过博罗先生告诉我说，他从来没有见到过一只西班牙本地狗与我们的向导狗有什么相像之处。

在经历了同样的选择程序以及细心的训练之后，英国赛跑马的体格还有速度都已超越了它们的亲种阿拉伯马。所以，依照古德伍德的赛马规则，阿拉伯马的载重量被减轻了。斯潘塞勋爵还有其他人曾经提出，英格兰的牛和之前饲养在本国的原种相比较，其重量还有早熟性都得到了大大的增加。如果将各种论述不列颠、印度、波斯的信鸽、短面翻飞鸽的过去以及现在状态的旧论文翻出来，比较一下，我们就可以追踪出这些鸽子非常缓慢地经过的各个阶段，通过这些阶段，它们与最原始的岩鸽之间的差异就渐渐变得明了而显著了。

尤亚特道出了一个最好的例证来为我们解释了一种选择过程的效果，这能够看成是无意识的选择，因为产生了饲养者并没有预期过的甚至并没有希望过的结果。这也正是表示，出现了两个完全不一样的品系。就像尤亚特先生所说的，巴克利先生还有伯吉斯先生所饲养的两群莱斯特绵羊，全部都是经过 50 年以上的时间，从贝克韦尔先生的原种纯正繁殖而来的。所熟知这个问题的任何人都不会去随便怀疑，前面我们提到的巴克利先生还有伯吉斯先生会在某些情况下将贝克韦尔先生羊群的纯正血统搞乱。不过，事实上这两位先生的绵羊之间，有着非常大的区别，于是，如果我们从它们的外貌上看的话，根本就看不出它们曾经是属于同一个系统的。

如果现在有一种文明比较落后的人，而且相当野蛮，甚至绝对不会去考虑家养动物后代的遗传性状，但是当他们在遭遇饥荒或者是别的灾难时，他们会将能够满足自己任何特殊目的，特别是对自己十分有用的动物小心地保存下来。如此选取出来的动物，比起那些劣等动物来，留下的后代会更多一些。如此一来，一种无意识的选择便产生并进行着了。我们知道，火地岛那些文明落后的野蛮人类也知道要重视自己的动物，在饥荒的时候，他们宁愿选择杀吃年老妇女，也不会选择杀动物，在他们看来，这些年老妇女的价值并没有狗的高。

在植物方面，也是经过不断偶然性地保存优质的个体进而获得了品质的改进。不论这些物种刚出现时是否达到了变种的标准，也不管是不是由两个或者多个物种或品种杂交混合而成，我们都可以从中清楚地辨识出这种改进的过程。我们现在所看到的比如三色堇、蔷薇、天竺葵、大丽花还有其他一些植物的变种，比起原来的种族或它们的亲种，现在的植物们不管是大小方面还是美观方面都有了一定的改进。之前从不会有人期望从野生的三色堇或大丽花的种子里生长出上等的三色堇或大丽花，也没有人曾想过要从野生梨的种子中培育出上等的软肉梨，就算他可以将野生的瘦弱梨苗培育成佳种。虽然在古代就已有了关于梨的栽培方法，但是按照普林尼

查尔斯·莱尔（1797—1875），英国地质学家，最有名的作品是《地质学原理》（Principles of Geology），达尔文深受其影响。

的描述来说的话，这些植物的果实的品质是十分不好的。我曾看到园艺书籍里对于园艺者的技巧常感到十分惊讶，常惊讶于他们竟然能从如此品质不好的材料里产生出那些优秀的结果。不过，这个技术其实是比较简单的。如果从最终的结果来看的话，基本上全是无意识地进行的。要做到这一点，就要始终坚持将最有名的变种拿来栽培，播种它的种子，如果正好遇到比较优秀的一些变种时，就及时进行选择，就这样一直反复，一直继续进行下去。不过，我们最优秀的果实虽在一些程度上有很小很小的依赖，也就是说它们得益于古代园艺家们对最好品种的无意识的选择和保存。不过，当他们在栽培那些可能得到的最好的梨树时，一定不会想到今天我们会吃到何等美味可口的果实。

正如我所认为的一样，这种缓慢地以及无意识地累积起来的大量变化，能够帮助我们解释很多我们所熟知的事实：在很多情况之下，我们对于花园以及菜园中那些栽培历史较长的植物，已经很难辨认出它们的野生原种了。我们见到的绝大部分的植物进化到或改变为现在对我们人类有用的标准，一般都需要数百年甚至数千年以上。如果是这样看的话，我们也就可以理解为什么不管是澳大利亚还是好望角或者是人类文明尚未进化的地方，都无法向我们提供一些值得栽培的植物。在那些地方，植物的品种数不胜数，而且也不缺少可以成为有用植物的原始类型，但是，因为这些地区的植物还尚未经过长期的连续选择，从而得到进化和改善来达到古文明国家的植物所获得的那种完善的程度。

在谈及未开化人所养的家养动物时，有一点不能忽视，那就是，它们至少在一些季节里，需要因为自己的食物而展开斗争。在环境非常不相同的两个地方，在体制方面或者是构造方面有微小差异的一些同种个体，在一地区往往会比在另一个地区生存得好一些。那么，后面要讲的自然选择的重要作用，就会产生两个亚品种。那么，这样的情况也许就可以部分地去说明为什么未开化的人类所饲养的变种，往往都比那些在文明国度里所饲养的变种，更具有很多明显的真种性状。

按照前面所说的人工选择所起的重要作用来看，我们马上就能够弄明白，为什么家养族的构造以及习性会适应于人类的需求或者是爱好。我想，我们还可以进一步理解，我们的家养族为什么会一次又一次地出现畸形的情况，为什么许多家养族表面的性状所表现出来的差异会有那么大，但相对地内部器官所表现出来的差异十分微小。除了能够看得见的外部性状外，人类基本上无法选择或只能非常高难度地选择构造上的任何偏差。其实很多人对于物种内部器官的偏差是极少注意到的。除非自然首先在一定程度上向人类提供一些轻微的变异，否则人类是无法进行选择的。如果一个人发现一只鸽子的尾巴在某种程度上已发育成轻微的异常状态，那么一般情况下他不会想要就此育出一种扇尾鸽；又如果一个人发现一只鸽的嗉囊的大小出现了一些与之前所不同的情形，他也不会想要马上去育出一种突胸鸽来。几乎所有的性状，在最开始被发现时，越是畸形或越是异常，就越能够引起人们的注意。不过，我觉得，人类一直

鸽的代表种类
1.哀鸽，北美的常见种类；2.维多利亚凤冠鸠，鸠鸽科中最大的种类，雄鸟在做求偶鞠躬表演时会用上它的冠；3.巨果鸠，成群觅食；4.欧斑鸠，在撒哈拉以南越冬，夏季回到欧洲。

在有目的有计划地想要培育出扇尾鸽的说法，根本是不正确的。最开始选择一只尾巴略大的鸽子的那个人，肯定没有想过要让那只鸽子的后代去经过长期连续的有一些是无意识选择以及有一些是有计划有目的的选择之后，会变异为什么样子。所有扇尾鸽的先辈们恐怕只有稍微能够展开的 14 枝尾羽，就像现在我们看到的爪哇扇尾鸽那样，或者像其他独特品种的特性一样，具有 17 枝尾羽。最原始的突胸鸽嗉囊的膨胀程度不一定就比现在的浮羽鸽食管上部的膨胀程度大，但是浮羽鸽所具有的这一特点并没有被一切养鸽者们注意到，因为这个现象并不是这个品种的主要特点之一。

不要认为只有某种构造上极大的偏差才会引起养鸽者的注意，他们可以觉察到那些极其微小的差异，而且人类的天性就已经决定他们会对所有事物的一切新奇现象，就算是十分轻微的现象，也能够引起很大的重视。我们绝对不能用几个品种已经成形后的现今价值标准，去对以前同一个物种个体的细小差别所带来的价值进行衡量。我们知道就算是现在，鸽子依然还会出现各种细微的变异现象，但是这些变异被看成是各品种的缺点，或因为与完美标准相差甚远而被抛弃。普通的鹅没有发生过任何明显的变种，图卢兹鹅与普通的鹅也只是在颜色上有些不同而已，而且这种性状还非常不稳定，但是，这几年来这两种鹅被看成是不同的品种，在家禽展览会上分开展览。这些观点可以很好地解释那些经常被说起的，也就是我们一直都不太明白的，任何家畜的起源或历史的说法。不过，事实上，一个品种就像语言中的一种方言一样，几乎不能够完全清楚地说明白它们的起源。人类存留和繁育了在构造上有微小差别的个体，或者特别注意它们中优良个体之间的交配，这样，就改进了它们，而且经过改进的动物，会慢慢地扩散到邻近的地方去。不过，它们很少有一个固定标准的名称，而且它们的价值也很少受到人们的重视，因此它们的历史也就很自然地被忽视掉了。但是，这些物种依然继续缓慢而逐渐地一步一步改进，并慢慢地传布得越来越远，同时会被看作是特殊的以及有价值的品种，于是它们基本上才开始拥有了一个地方名称。在一些半文明的国度里，交通并没有多么发达，新出现的品种的传播过程是非常非常慢的，一旦该品种的某种价值被人类所认识后，那么无意识选择的原理就会让人们随之而倾向于慢慢地增加此品种的某些特性，不管那是什么样的特性。品种的盛衰根据当地的时尚而定，有的品种在某个地方的某个时期可能会养得多些，而在另外的时期或者其他地方则会养得少一些。不过这些品种的新特性总会在慢慢地生长与繁衍的过程中得到加强。只不过，正是因为这种改进和变异的过程非常缓慢，而且还总是难以察觉，所以很少有机会被详细完整地记录并保留下来。

# 人工选择的有利条件

我现在准备简单地谈一下人工选择的有利以及不利的条件。高度的变异性很明显是有利于人工选择的，因为可以大量地供给足够丰富的材料来保证选择工作的顺利进行。就算单单是个体方面的差异，也是足够用的，如能给予足够细心的观察和留意，也可以朝着任何我们所希望的方向慢慢积累直到出现大量变异。不过，那些对于人类明显有用的，或者是符合人们爱好的变异，只是在很偶然的情况下出现，所以如果能够有针对性地进行大量饲养，那么变异出现的机会也就会相应地增多。所以说，数量的多少对于人工选择的成功与否来说，是非常重要的。马歇尔曾根据这个原理对约克郡各地的绵羊作过下面这些叙述：“因为绵羊通常都是穷人所饲养的，而且基本上都只是小群饲养，所以它们基本上很少有改进的机会，甚至永远不会改进。”反之，园艺者们栽培着足够多量的同种植物，因此他们在培育有价值的新变种方面，一般都会比业余的人们能得到更多成功的机会。大群的动物或植物个体，只有在有利于它们繁衍的环境里才能被培育起来。如果个体数量太少，不论它们的品质如何，如果让它们全部进行繁育，势必会影响和妨碍选择。不过，最为重要的因素大概是，人类一定得高度重视动物或植物的价值，要做到对动植物们品质或构造方面最微小的差异都能够给以非常密切的注意。要是无法做到这一点，不能够密切注意，那么也就不会有太大的成效了。我以前见过人们严肃地指出，正好在园艺者开始注意草莓的时候，草莓开始变异了，这就是难得一遇的幸运。自从草莓被栽培以来，不用怀疑，肯定经常会发

英国普通家庭饲养的绵羊都是小群，很少有改进的机会。

生一些微小的变异，只是人们对那些微小的变异不曾注意和重视过而已。但是，只要是园艺者选出一些特殊的植株，比如果实稍微大些的或者稍微早熟些的，也可以是果实品质更好一些的，然后由此培育出一些幼苗，然后再挑出那些最好的幼苗，并拿它们来进行繁育（同时要辅以种间杂交）。于是，我们就会看到很多具有优良品质的草莓被培育出来了，这就是近半个世纪来，人类所培育出来的草莓变种。

在动物方面，防止杂交是培育新品种的主要条件，至少在已拥有其他物种品种的地方是如此。这么看来，将动物们关起来圈养是有一定作用的。经常四处流动居无定所的未开化人，还有开阔平原上的居住者们，他们饲养的动物在同一个物种之内往往只有很单一的一两个品种。鸽子可以终身只有一个配偶，这对于养鸽的人们来说是十分方便的条件。所以就算它们被混养在同一个鸽栏里，但是很多的族还可以在改进的同时始终保持纯种，这种条件非常地有利于鸽类新品种的形成。这里还可以补充一点，那就是，鸽子可以大量而迅速地被繁殖，人类将劣等的鸽子们消灭来供食用，自然就将这些不合格的鸽子淘汰掉了。与之相反的是猫儿们，因为猫有夜间漫游的习性，所以不好控制它们的交配，虽然妇女和小孩都喜欢猫类，但是我们极少看到哪一个独特的品种可以长久地保存下去。有时我们所看到的那些比较特别的品种，基本上都是从国外引进的。虽然我并没有怀疑某些家养动物的变异少于另外一些家养动物的变异，但是像猫、驴、孔雀、鹅等比较特殊的品种的变异之所以稀少甚至是没有，主要的原因是因为选择对于这些物种没有起到作用。猫，是因为很难控制它们的交配。而驴，则是因为只有少数被穷人所饲养，而且很少注意到它们的繁殖问题，不过，近年来，在西班牙和美国的一些地方，因为经过认真细致的选择，这种动物已经出现一些让人意外的变化，并且得到了改进。再说孔雀，因为饲养问题比较困难，并且也没有大规模地饲养。鹅，则是因为只在两种目的上有价值，那就是供人类食用以及取用羽毛，所以人们对鹅有没有独特的种类并没有太多的兴趣，我还在其他地方讲到过，家养状态下的鹅就算是会有微小的变异，它们的品种特征似乎也很难发生什么有价值的变化。

有一些著作家认为，家养动物的变异量将很快达到一定的极限，以后绝不可以再超越这个极限了。不管是

南美野猫

在任何情况下，如果轻易地就断定这种变异已经达到极限，那么真的是有点轻率了。因为几乎所有我们所家养的动物以及植物们，在近代以来，均在很多方面出现了极大的改进，这也就说明，变异依然在继续进行着。如果随意地断定现在已经达到极限的那些性状，在很长的时间内保持了固定的性状后，就不会在新的生活环境里出现新的变异，这也是一样轻率的论断。正像华莱斯先生所指出的，变异的极限毫无疑问到最后一定会达到的，这样的说法很合乎实际。比如，所有陆栖的动物其行动的速度肯定会有一个极限，因为它们的速度取决于所要克服的摩擦力，还有身体的重量，以及肌肉纤维的收缩力。不过，与我们所讨论有关的问题是，同种的家养变种在被人类注意并被选择的几乎每一个性状上的彼此间的差异，都要比同属的其他异种之间的差异还要大很多。小圣·提雷尔曾依据动物身体的大小来证明了这一点。在肤色等方面也是如此，毛的长度方面基本上应该也是这样。而说到速度，则取决于身体上的很多性状，如伊克立普斯马跑起来速度最快，驾车马比其他马的体格强壮很多，同属中任何两个自然种都不能够与这两种性状相比。植物也是如此，豆还有玉蜀黍不同变种的种子，在大小的差异方面，基本上在这二科里的其他任何一属都再也找不出能超越它们的了。这样的情况对于李子的一些变种的果实也是适用的，对于甜瓜还有在其他许多类似场合中，也十分适用。

现在，我们对有关家养动物以及植物的起源进行一个总结。生活环境的变化在造成变异方面，具有不可忽视的重要性，它不仅直接作用于物种的构造体制，而且还会间接地影响到物种的生殖系统。如果说变异性在一切条件中都是天赋的和必然的事，应该说是不够确切的。遗传与返祖的力量的大小，决定了物种的变异是不是还会继续发生。变异性被很多未知的定律所支配着，其中相关生长律是最为重要的一部分。还有一部分，可以归因于生活条件的一定作用，不过，作用到底有多大的程度，我们还无法得出确切答案。有一部分，也许还是很大的一部分，能够归因于器官的增强使用以及不使用。如此，最后的结果就成为极为复杂的了。在一些例子里，不同源种的杂交，在现有品种的起源方面，似乎发挥了重要的作用。不论在什么地方，如果若干品种一旦形成后，它们的偶然杂交，在选择的推进下，对于新亚品种的形成毫无疑问地会有很大的帮助。不过，对于动物以及种子植物，杂交的重要性以前就被过分地夸张过。对于靠插枝、芽接等方式进行暂时繁殖的植物，杂交的重要性是非常大的，因为，栽培者在这种情况下，可以不用顾虑杂种和混种的极度变异性，也不用考虑杂种的不育性。不过，这类不是种子繁殖的植物，对于我们的选择不是很重要，因为它们的存在只是暂时的。人工选择的累积作用，不管是有计划和迅速进行着的，还是无意识以及缓慢但更有效地进行着的，都超出了这些变异的原因之上，这应该说是新品种形成的最占优势的动力。

# 第二章
# 自然状况下的变异

# 变异性

生活在地球极北地区的北极熊

在我们将前面章节所得出的各项原理应用到自然状态中的生物之前，必须先进行一个简短的讨论，自然状况下的生物是不是容易出现变异。想要全面地讨论这个问题就不得不列出一个又一个枯燥无味的事实。不过我打算在将来的著作里再来陈述这些枯燥的事情。我也不在这里讨论加于物种这个名词之上的那些多种多样众说纷纭的定义。没有任何一个定义可以让一切博物学者都感到满意。不过，每位博物学者在谈到物种的时候，都可以模糊地说出它们大体上是什么意思。"物种"这个词，一般包含着所谓特殊创造作用这个无法预知的因素。而对于"变种"这个词，基本上也是同样难以用准确的语言给出一个定义，不过，它基本上普遍地包含着共同系统的意义，虽然这很少可以得到证明。还有我们所说的畸形，也很难明确地解说明白，不过，它们确实是在慢慢地步入变种的领域。个人觉得，畸形是指构造上某种与正常事物有显著差别的现象，对于物种来说，通常情况下都是有害的，或者是没有任何用处的。有一部分著者是在特定的意义方面才会使用"变异"这个名词的，一般被定义为是直接由物理的生活条件所造成的一种变化；这种所谓的"变异"被假定为不可以遗传的。不过，我们来看看，波罗的海半咸水中那些贝类的矮化状态、阿尔卑斯山顶上那些矮化的植物，还有极北地区皮毛较厚的动物，谁敢说在一些情形下，这些物种不是至少遗传了好几代以上呢？我觉得在这种情形中，这样的状况是可以称作是变种的。

在我们的家养动物中，尤其是在植物中，我们时不时会看到的那些突发的和非常明显的构造偏差，在自然环境中是不是可以永久地传下去，是值得我们怀疑的。基本上，每一个生物的每一个器官以及它们的复杂的生活条件，都有非常微妙的关联，就是由于这样，所以看起来才会总是让我们觉得有点难以相信，几乎所有的器官竟然就那样突然地、完善地被产生出来，就好比人类完善地发明了一具复杂的机器一样让人觉得不可思议。在家养的环境中有时会出现一些畸形，它们与那些同自己大不相同的动物的正常构造其实是十分相似的。比如，猪有时生下来就长着一种长吻，如果同属的任何野生物种最原本的样子就是具有这种长吻，那么也许我们也可以说它是作为一种畸形而出现的。但是经过我努力的探讨，并没有发现畸形与极其密切近似物种的正常构造相似的例子，而只有这样的畸形才和这个问题有关系。如果这种畸形类型以前真的在自然环境中出现过，而且还可以繁殖（事实不是一直都这样），那么，因为它们的发生是很少见的，并且还是单独的，所以不得不依靠不同寻常的有利条件，才可以将它们保留下来。而且，这些畸形在第一代以及以后接下来的若干代中，将和普通的类型进行杂交，如此一来，它们的畸形性状基本上就会无法避免地慢慢消失。有关单独的或偶然变异的保存还有延续，我会在下一章进行一些讨论。

# 个体之间的不同

在相同父母的后代里所出现的许多细微的差异，还有在同一局限区域内，栖息的同种诸个体中所观察到的而且可以设想也是在同一父母的后代中所发生的许多细小的差异，都能够被称为个体差异。不会有人去假定同种的所有个体均是在一个相同的实际模型里铸造出来的。这些个体之间的差异，对于我们的讨论具有十分重要的意义，因为，几乎所有的人都知道，它们通常情况下是可以遗传的。而且这些变异为自然选择提供了足够的条件，供它作用还有积累，就好比人类在家养生物中向着某一特定的方向有计划地积累个体差异一样。这些个体差异，一般都在博物学者们觉得并不重要的那些部分出现。不过我能够用一连串的事实阐述明白，不管是从生理学的还是从分类学的角度去看，都必须称为重要的那些部分，有时在一些同种的个体中，也会出现变异的状况。我相信即使是经验非常丰富的博物学家们，也会对数目可观的变异事例感到十分惊奇。他在一些年中依据可靠的材料，就像我所搜集到的那样，寻找到大量有关变异的事例，就算是在构造的重要部分中，也可以做到这样。而且必须牢记，分类学家一般都非常不乐意在重要的性状里发现变异，而且也极少有人愿意勤劳地去经

常性地检查内部的以及其他重要的器官，同时在同种的许多个体间去进行相应的比较。也许从来没有预料到，昆虫们靠近大中央神经节的主干神经分支，会在同一个物种中间出现变异的状况。也许一直以来人们都觉得此种性质的变异，只会缓慢地发生。

加拉帕戈斯群岛上的鬣蜥。达尔文注意到，这个物种的脚用于挖掘，而不是游泳。

不过，卢伯克爵士之前曾明确地说过，介壳虫主干神经的变异程度，基本上能够拿树干的不规则分枝进行比拟。我在这里对他的说法进行一些论述，这位富有哲理的博物学者也曾明确地解说过，有些昆虫幼虫的肌肉存在着很多不一致性。当有人提出物种的重要器官一定不会变异的时候，那么他们通常是循环地进行了论证。因为就是这些做学问的人们实际上将不变异的部分看成是重要的器官（比如一小部分博物学者的忠实自白）。在这样的观点里，自然就无法正确地找出重要器官发生变异的例子了。不过，在任何其他观点里，却能够在这方面准确地列出不胜枚举的例子来。

与个体差异有些关联的，有一点让人感到非常困惑，我所说的，就是那些被叫作"变形的"或者是"多形的"属，在这些属中，物种表现出出乎意料的极大的变异量。对于大量的这些类型的物种，到底该列为物种还是变种，基本上找不出意见相一致的两个博物学者。我们可以用植物中的悬钩属、蔷薇属、山柳菊属还有昆虫类以及腕足类的几个属作为例子进行研究。在绝大部分多形的属中，有一部分物种具有稳定的，并且一定的性状，只有一小部分是例外的。而在某些地方表现为多形的属，基本上在其他地方所表现出来的也是多形的，而且，从腕足类进行判断的话，在很久以前的时期也是这样的情形。这样的事实很让人觉得困惑，因为它们似乎在说明，这样的变异是独立于生活条件之外的。我猜想我们能够看到的那些变异，最起码在某些多形的属里，对于物种是没有用处或没有害处的变异，也正因为如此，自然选择也就不会对它们发生什么作用了，所以也就无法让它们确定下来，就像以后还要说明的那样。

我们都知道，同种的个体有时候会在构造上呈现出与变异没有关系的巨大差别，比如在各种动物的雌雄间、在昆虫中没有生育能力的雌虫，也就是工虫的二、三职级间，还有在很多低等动物还没有成熟的状态下，以及幼虫状态间所表现出来的极大的差别。又比如，在动物以及植物中，还有二型性及三型性的例子。最近一直很关注这个问题的华莱斯先生曾明确提出，在马来群岛，有一种蝴蝶的雌性有规则地表现出两个甚至是三个明显不相同的类型，而且彼此之间并不存在中间变种的关联性。在弗里茨·米勒

棕榈树

的描述中，我们可以看到，有的巴西
甲壳类的雄性同样具有十分相似的，
不过更异常的情形。比如异足水虱的
雄性有规则地表现出截然不同的两种
类型：其中一类生有强壮的并且形状
不同的钳爪，而另一个类则生有嗅毛
极多的触角。尽管在不胜枚举的这些
例子中，不管是动物还是植物，在两
个或三个类型之间并没有中间类型连
接着，但是它们也许曾经是有过某一
种我们所不知道的连接的。比如华莱

蝴蝶

斯先生曾对同一岛上的某种蝴蝶进行过一些描述，这些蝴蝶呈现出一系列的变种，
由中间连锁连接着，而在这个连锁的两端的蝴蝶们，与栖息在马来群岛其他地方的，
一个近缘的二形物种的两个类型出乎意料地相像。而蚁类也具有相同的情况，工蚁
的几种职级通常情况下是非常不相同的。不过在一些事例里，我们在后面还会讲到，
这些职级是被分得非常细的级进的变种连接在一起的。就像我自己曾经观察到的，
一些两形性植物也是相同的情况。同一只雌蝶，可以具有在同一时间里能够产生三
种不同的雌性类型以及一种雄性类型的神奇能力。一株雌雄同体的植物可以在同一
个种子中产生出三种并不相同的雌雄同体的类型，并且包含有三种不同的雌性以及
三种甚至是六种不同的雄性。这诸多事实，猛看上去确实让人觉得非常神奇难解，
然而，我们所说的这些事例只不过是接下来要说的一个很普通的事实进行夸大后的
现象而已，这个所谓的普通事实就是雌性所产生的雌雄后代，彼此之间的差异，在
一些情况下会达到惊人的程度。

# 可疑物种

有的类型在一定程度上具有物种的性状，但是因为他们与其他类型如此密切相
似，或者还有不少中间性的体型阶段，将他们与其他类型紧密地连接在一起，这样导
致博物学者们不愿意将它们列为不同的物种。而这些类型在很多方面对于我们的讨论
是十分重要的。有很多的理由能够让我们相信，这些可疑的还有极其相似的类型有很
多，在以前曾经长时间持续地保存着自己的性状。因为按照我们所清楚的，它们像那
些良好的真种一样，长时间地保持了它们所具有的性状。事实上，当一位博物学者可
以拿中间连锁将任何两个类型连接在一起的时候，他就会将一个类型看成是另一个类

世界上至少有 2 万种蟋蟀和蚱蜢，甚至还可能更多，它们是由博物学者命名和分类的。

型的变种。他将最普通的一个，一般情况下是最初记载的那个类型作为物种，然后将另一个类型作为变种。但是，当决定是否可以将一个类型当作另一类型的变种时，就算这两种类型被中间连锁紧密地连接在一起，也是存在着很大的难题的，我不打算在这里将那些困难为大家一一列举道来。就算是中间类型具有一般所假定的杂种性质，通常情况下也是无法解决这样的困难的。不过，在许多情况下，一种类型为什么会被当成是另一种类型的变种，并不是因为确实找出了中间的连锁，而是因为观察者运用了类推的方法，能够让他们假定这些中间类型如今确实真实地在一些地方存在着，或者它们以前有可能曾在一些地方生存过，如此一来就为疑惑或臆测提供了可寻之处。

所以，当判断一个类型究竟该认作是物种还是该当作是变种时，有足够判断能力和经验丰富的博物学者们的意见，基本上是应该遵循的唯一指针了。所以说，在很多场合中，我们必须根据大部分博物学者的意见来做决定，因为极少有一个特征明显而被我们熟知的变种，不曾被几位有资格的鉴定家列为物种的。

具有这些可疑性质的变种并不稀奇，所以也不具有什么争辩性了。将各植物学家所作的大不列颠的、法国的还有美国的各种植物志拿来进行比较，就能够发现植物类型的数目是多么惊人，很多时候，被某一位植物学者看作是良好的物种，却会被另一个植物学者当作是变种。在很多方面给予我帮助，让我万分感激的华生先生曾经告诉我，有 182 种不列颠植物目前的情况下都被当作是变种。然而，所有这些植物在以前都曾被植物学者们作为物种进行研究。当制作这张表时，他将许多细小的变种都去除了，但是，要知道，这些变种之前也曾被植物学者们列为物种过。此外他还将几种高度多形的属完全排除了。在包含着最多类型的属之下，巴宾顿先生列举了251种物种，但是本瑟姆先生仅仅列举了112种物种，这也表明了，在这两位学者的观点中，竟然有139种可疑类型之差。对于那些每次生育必须交配的以及具有高度移动性的物种，有一部分可疑类型被某一位动物学者放在物种的行列里，却又被另一位动物学者放在变种的行列里，这些可疑类型在同一地区能够看到的机会并不多，但是它们在隔离的地区是很普通的。在北美洲以及欧洲，有不计其数的鸟还有昆虫，彼此之间的差异非常小，曾被某一位优秀的博物学者认定为不可怀疑的物种，却又被其他博物学者认定为变种，也有人将这些物种称为地理族。华莱斯先生在自己的几篇关于动物的论文中指出，对栖息在马来群岛的动物，尤其是鳞翅类动物，这个地方的动物可以分成四种类型，那就是变异类型、地方类型、地理族也就是地理亚种，还有一种就是真正的、具有代表性的物种。我们先来看一下第一种动物的变异类型，在同一个岛上，在很小的范围之中，这类动物的变化非常多。第二种是地方类型，比起前一种，是属于非常稳定的一类，但是如果到其他隔离的岛上就会有一定的差异了。不过，如果你将几个岛上的所有类型都放在一起进行比较的话，就能够看出来，它们之间的区别是十分微小并具有渐变性的，这也导致我们不能够更好地去区别它们和描述它们。虽然同时在极端类型之间也存在着充分的区别，但道理是一样的。地理族也就是我们说的地理亚种，则是十分固定的、孤立的又一种类型，不过，因为它们彼此之间在最明显以及最主要的性状方面看不出有什么差异，所以"找不出标准的区别法，只能是按照自己的意见和经验去判定哪些动物可以看成是物种，而哪些物种则可以当作是变种"。最后，在各个岛的自然机构中，具有代表性的物种与地方类型还有亚种，有着同样重要的地位。不过，因为这些物种彼此间的不同之处比地方类型或亚种之间的不同之处多，所以专门从事研究的学者们基本上将它们全部认作是真种。就算是这样，我们依然还是无法提出一个可以拿来区别变异类型、地方类型以及亚种还有那些具有代表性的物种的准确标准。

多年以前，我曾亲自对加拉帕戈斯群岛中邻近诸岛的鸟的异同进行过比较研究，也见过其他的研究者做了和我一样的工作，我们还比较了这些鸟同美洲大陆上那些鸟之间存在的相同之处以及不同点。我最大的感触就是，一直以来，我们对物种与变种之间的区别，是多么的暧昧和武断。在沃拉斯顿

加拉帕戈斯群岛的燕尾鸥

先生那部让人称颂的著作中，他将小马得拉群岛上的那些昆虫看作是变种，不过，一定会有不少的昆虫学者会将这些昆虫看作是不同的物种。甚至，我们所知的爱尔兰，曾经有一小部分的动物，也被一些动物学者当作是物种，不过到如今，这些动物早已被看作了变种。在不少经验丰富的鸟类学者看来，不列颠所拥有的红松鸡只不过是来自挪威种的一个比较特殊的变种罢了，不过仍然有很多的人会将它们看作是只有大不列颠专有的特殊物种。如果两种可疑类型的原产地距离很遥远的话，那么它们就会被很多博物学者看作是完全不同的两种物种。不过，以前也有人提出疑问，多么远的距离是足够的呢？假如美洲与欧洲间的距离是足够的话，那么欧洲与亚速尔群岛、马得拉群岛还有加那利群岛等岛屿之间的距离是否足够？那么像这样的一些小岛，它们之间的距离又是不是恰到好处呢？

美国十分优秀的昆虫学者沃尔什先生曾研究和详细解说过他眼中的植物食性的昆虫变种还有植物食性的昆虫物种。绝大部分的植物食性的昆虫通常会借助一个种类或一个类群的植物赖以生存。还有一部分昆虫，几乎不会挑剔地吃许多种类的植物，却也不会因此而出现变异的状况。不过，在所研究的很多例子当中，沃尔什先生惊奇地发现，借着不同的植物来生存的昆虫们，在幼虫时期或者是成虫时期，抑或是在这两个期的过渡时期，它们在颜色、大小以及分泌物的性质方面都出现了一些微小但是一定的差别。经过观察会发现，在一些昆虫中，只有雄性昆虫才会在很小的程度上出现一些区别；而在又一些昆虫中，会看出它们在雌雄二性方面都表现出一些细小的差别。如果这些差别是十分明显的，同时在雌雄两性以及幼虫与成虫的时期都会受到影响，那么估计所有的昆虫学者都会将这些昆虫看成是非常棒的物种。只是，事实是这样的，没有一个观察者可以清楚而肯定地去告诉别人哪些植物食性的类型可以看成是物种，而哪些则是不折不扣的变种，就算是这些人可以为自己做出这样的决定。沃尔什先生将那些假定具有自由杂交性质的类型分在变种的行列，同时将那些看上去已经没有了这种能力的品种分在物种的行列当中。形成这些差异的原因在于，不同环境里的昆虫长期吃不同的植物，于是才会出现这样的差别，所以在这种情况之下，已经无法再找出连接于若干类型之间的中间连锁了。那么，博物学家们在准备将可疑的类型分为变种或者是分为物种时就失去了可以参考的可靠信息。长期生活在各个大陆或者是不同岛屿上的那些密切近似的生物，也一定会出现相同的情况。换个角度看，如果一种动物或者是植物生活在同一大陆或栖息在同一群岛的许多个小岛上，因为分处于不同的地区，于是出现了不同类型的话，就能够有很多不错的机会有利于观察者们发现连接于两极端状态的中间类型，这种情况下，这些类型一般都会被降为变种的一级。

有一小部分博物学者提出动物绝没有变种的主张；在这样的认识之下，这些博物学者将生物身上存在着的极细小的差异也认定为具有物种的价值，就算是在两个地区或者是两个地层中，偶然发现了两种相同的类型，他们也固执地认为那是两种不同的

加拉帕戈斯群岛的幼鹰和成年鹰

如果在自然环境里的任何一种动物或者是植物对于人类有着非常积极的、实用的用处，或者是有其他的用途及目的，那么就会引起人们密切的关注，这样下去，它们的变种基本上就被普遍地记录下来了。正如英国人对绵羊的关注。

物种处于同一表面的现象。如此一来，物种反倒成了一个没有任何用处的抽象名词，同时也意味着，而且在假定着分别创造的作用。虽然确实有很多的被知名的鉴定者们看作是变种的类型，在性状方面与物种是那么的相似，从而造成它们被其他优秀的鉴定者当成物种的结果。但是，在物种与变种这两个名词的定义还没有得到普遍承认之前，不管我们如何讨论和研究什么是物种，而哪些又是变种，都是没有太大的收获和意义的。

对于特征显著的变种还有表现可疑的物种的例子有很多，都值得我们去深入观察和研究。多年来，很多的研究学者试图决定它们的级位方面，分别从地理分布、相似变异、杂交等方面进行了多种多样的极为有趣的研究。不过，因为这里的篇幅有限，我就暂且不在这里与大家讨论这些事情了。大多数情况下，深入仔细的研究毫无疑问能够让博物学者们对可疑类型的分类获得一个指导性的建议，从而得出一致的意见。不过，不得不承认，在很多对生物研究得十分透彻的地区，我们能够见到的可疑类型的数目竟然惊人地多于其他地方。有一些很明显的事实引起了我极大的注意，现在在这里讲一下，那就是：如果在自然环境里的任何一种动物或者是植物对于人类有着非常积极的、实用的用处，或者是有其他的用途及目的，那么就会引起人们密切的关注，这样下去，它们的变种基本上就被普遍地记录下来了。并且，我们还能够发现，这些变种经常会被一些著者不由分说地分到了物种的行列当中去。我们一起来看一下那些普通的栎木，如今，对于它们的研究，早已十分精细，但是，有位德国著者居然从其他植物学者一致认为是变种的类型里发现并确认出 12 个以上的物种。在英国，我们能够说出很多在植物学方面具有最高权威和实际工作的研究者们，有的工作者觉得无梗的和有梗的栎木全部是十分优秀的独特物种，而另一些工作者则认为，这些现象只不过是栎木的变种罢了。

我准备在这里和大家讨论一下德康多尔近来发表的关于论述全世界栎木的知名报告。在这之前，我没有见到过任何一个人像他那样，在区别物种方面能够拥有海量的、十分可观的材料，我也从没有见过有哪个人像他那样拿出自己全部的热情和思维去对栎木进行详细深入的研究。在最开始，他根据很多种物种详细地列举了构造的很多方面的变异情况，同时用数据明确地计算和列出了变异的相对频数。他为我们展示了很多变异性状，其中甚至包括了在同一枝条上出现变异的 12 种以上的性状。在他列举的变异当中，有的是因为年龄和发育而影响的，而有的竟然找不出原由。当然，这等性状不具有物种的价值，不过就像阿萨·格雷在对这篇报告进行评论时所讲的那样，德康多尔所发现的这些性状基本上已经具有了物种的定义。接下来德康多尔在自己的论述中提到，他将某一类型认定为物种，是因为它们具有在同一植株上永远不会变异的特点，而且这些类型绝对不会与其他类型存在中间环节的关系。这些，都是经过他辛勤研究之后得出的结论。之后，德康多尔强调："有的人总是一再地提出，我们所见到的和了解的大多数物种间有着十分明了的界限，可疑物种只是少之又少的一部分罢了，事实上这样的认为是不正确的。一个属只有在没有被完全了解，并且其物种是建立在一小部分标本之上，也就是说当它们处于假定的情况中时，前面的那些观点看起来才是有一些道理的。不过，等到我们更详细深入地了解了它们以后，你就会发现不断地涌出了许多的中间类型，也就是说，对于物种界限的怀疑就会被如此扩大化了。"他还补充道：就是那些我们所了解的物种，才具有最大数目的自发变种以及亚变种。比如夏栎，多达 28 个变种，除去其中的 6 个变种之外，其余的变种都环绕在有梗栎、无梗栎，还有毛栎 3 种亚种的周围。能够让这 3 种亚种连接的类型很少能见到。正像阿萨·格雷说的那样，那些连接的类型，到现在为止，已变得越来越少，如果它们有一天全部绝灭了，那么以后，这 3 个亚种间的相互联系基本上就与一直紧紧环绕在典型夏栎周围的其他四五个假定的物种的关系相同了。在最后，德康多尔指出，在自己的"序论"中，那些列举的栎科的 300 物种中，最起码有三分之二是假定的物种，也就意味着，严肃地说来，无法准确地知晓前面讲到的真种定义是否真的适用于它们。这里需要补充一点，那就是，德康多尔已不再相信物种是不变的创造物，他坚定地认为物种进化符合自然规律，"而且是同古生物学、植物地理学、动物地理学、解剖学以及分类学中那些已知的事实最相符合的学说"。

如果一位经验不足的博物学者开始钻研一个自己完全陌生的生物类群，他所遇到的第一个困惑就是，如何去判别哪些差异可以算作是物种的差异，而哪些差异可以算作是变种的差异。因为他对于这个生物类群所发生的变异量以及变异种类是完全不清楚的。最起码这能够说明生物发生一些变异是十分稀松平常的事情。不过，假如他将注意力全部集中在一个地区中的某一类生物上，那么用不了多久他就会找出如何去判别大部分可疑类型的方法。他的所见所闻和经验的积累，将帮助他快速地判别出很多的物种。其中的道理其实很简单，就像

无梗花栎是一种重要的木材树种，遍布欧洲从爱尔兰、西班牙到土耳其的广大地区。

我们之前提到过的养鸽爱好者与养鸡爱好者一样，一个人长期不断研究的那些类型的差异量能够给这个人留下深刻的印象。不过，因为对于其他地区以及其他生物类群的相似变异方面，这个人的知识还是比较缺乏的，所以不可以拿来校正他的最初认识。如果他渐渐地扩大了自己的观察范围，因为会不断遇到数目越来越多的，关系密切，越来越近似的类型，于是他就会遇到更多的困难。不过，如果他能够继续进一步扩大自己的观察范围，那么一定会有重大的收获，会真正弄明白物种与变种。但是，如果想要在这方面获得成就，首先必须愿意认可大量变异的存在。只不过，想要认可这一真理，往往会遭到其他博物学者们的争辩。如果仅仅是从现在已不连续的地区中去寻找近似的类型进行研究，那么他基本上不可能会找出中间类型，如果是这样的话，那么，基本上就不得不完全地去依赖类推的方式，可是这样下去，就会让他所遇到的困难达到极点。

我们可以看到，有的博物学者一直在论述亚种确实与物种很接近，但还没有完全达到物种的那个级别。在物种与亚种之间，的确还从来没有划定过明确的界限。此外，在亚种与明显的变种之间，在不太明显的变种与个体差异之间，也从来没有人给定过一个明确的界限。诸多我们看到的看不到的差异，被一条很难被我们觉察的关系绳牵扯并混合在一起，并且这条"绳子"会让人觉得这是演变的实际途径。

所以，我觉得虽然分类学家对个体差异并没有太大的兴趣，但是个体差异对我们非常重要，很简单，其中的道理在于，这些个体差异是生物走向轻度变种最开始的历程，但是这样轻微的变种在博物学著作中只是很勉强的，很偶尔地才能找到零星的记录。而且，在我看来，不管是什么程度上的变种，只要是比较明显的和比较永久的，那么就一定是走向更明显的和更永久的变种的历程，而且，变种是生物迈入亚种行列，接着走向物种所要经历的旅程。从一个阶段的差别到另一个阶段的差别，在很多情况下，基本上是取决于生物的本性以及该生物长时期生存在不同物理环境之中的简单结果。不过，还有一些更为重要的以及更能适应环境的变异性状，生物如何实现从一个阶段的差别到另一个阶段的差别，完全能够稳妥地归因于我们在后面还会讲到的自然选择的累积作用，还有生物器官的增强使用与不使用对变异的影响。所以说，一个明显的变种能够被称为

罗伯特·格兰特，一位早期的进化论者，他的想法并没有形成理论。

初期的物种，不过这样的概念是否具有说服力，一定要依据本书所列出的各种事实以及论点来进行合理的判断。

切莫觉得所有的变种或者是初期的物种都可以达到物种的一级。在进化的过程中，这些物种有可能会灭绝，也有可能长时间地停留在变种的阶段不继续演变。就像沃拉斯顿先生提到的马得拉群岛陆地贝类变种的化石，还有加斯顿·得沙巴达提到过的植物等例子，都能够证明这一点。假如一个变种很繁盛，甚至还超过亲种的数目，那么这个变种将会被分入物种的行列当中，原来的亲种则无法避免地成为变种。还有一种可能就是，新的变种会将亲

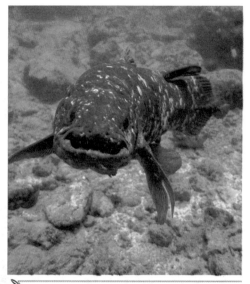

进化的速度多种多样，这种腔棘鱼在过去的 6500 万年中只发生了微小的变化。

种消灭，取而代之，也可以二者并存，均被看作是独立的物种。在后面的内容中，我们还会讨论到这一问题的。

根据前面的一系列理论，在我的认识当中，"物种"这个名词是为了方便研究而加诸一群互相密切类似的个体上的，它与变种这个名词并没有本质上的区别，变种所包含的是那类容易变化但是差异又不是特别明显的类型。同理，"变种"这个术语与个体差异比较，也是为了方便才被运用的。

# 分布、扩散范围大的常见物种最易变异

依据理论的指导，我曾做过一些设想，如果把几种编著得比较好的植物志中所有的变种列成一个表，在各个物种的关系以及性质方面一定能够获得一些有趣的结果。在最初看起来，这似乎是一件非常简单的工作，可是没过多久，华生先生让我看到了其中存在着多么大的困难。对于他在这个问题方面给予我的宝贵的忠告还有帮助，我十分感谢。后来，胡克博士也曾如此说过，而且更是强调了这件事的困难性。在以后的文章中，我会慢慢地对这些难点还有各变异物种的比例数进行深入的讨论。当胡克博士详细阅读过我的原稿，同时审查了各种表格之后，他准许我进行补充说明，他认为下面的说法是可以成立的。其实要论述的这个问题是十分复杂的，而且它不得不涉及我们在后面将要讨论到的"生存斗争"、"性状的分歧"，还有其他的一些问题。但是我们在这里，必须尽可能简单明了地讲明白。

各种墨鱼、章鱼

达尔文在阿根廷发现的剑齿兽化石，与马的进化有很深的关系。

德康多尔以及其他学者曾经明确指出，分布范围广的植物一般容易出现变种。这都是能够意料得到的，因为这些植物生活在不同的物理环境里，而且，它们还必须与其他各类不同的生物进行生存竞争（这一点，在后面我们会提到，这算是同样的甚至是更重要的条件）。不过，我进一步明确地指出，不管是在什么样的受限制的地区中，最普通的物种，也就是那些个体最繁多的物种，还有在它们自己的区域当中分散最广的那些物种，毫无疑问的，时常会出现变种现象，而且这些变种有足够明显的特征来引起植物学者的注意，并注意到其变异的价值，从而进行相关的记载。所以说，最繁盛的物种也许可以看作是优势的物种，因为它们分布范围最广，而且在自己所处的地区中分散最大，它们的个体也是最多的，经常出现明显的变种，或者是像我之前说过的，所谓初期的物种。应该说，这基本上是能够预料到的一点。因为，如果变种想要在任何程度上成为永久性的话，就必须要与那些与自己处于相同环境中的其他居住者进行斗争。那些取得绝对优势的物种最适合继续繁殖后代，而它们所产生的后代就算是有轻微的变异，也依然会遗传双亲优于相同地域其他生物的那些优点。我们在这里提到的优势，是指相互竞争的过程中，不同生物所具有的优点，尤其是指同属的或同类生物个体的优点。对于个体数目的多少，以及这种生物是否常见，只是就同一类群的生物来说的。比如，一个高等的植物，如果自己的个体数目以及分散范围都比与它生长在同一地区，条件并不比自己差的其他生物优越的话，那么，这个植物就占据了最优势的一端。此类植物，不会因为在本地的水中的水绵或其他一些寄生菌的个体数目变多，分布范围变广，而影响到自己的优势。不过，如果水绵还有那些寄生菌在前面讲到的各方面都超过了它们的同类，那么水绵以及寄生菌就会在同类中具有一定的生存优势了。

# 各地大属物种比小属物种更易变异

如果将记载在任何一本植物志上的某个地区的植物分成对等的两个群，将大属（也就是包含很多物种的属）的植物分成一个群，将小属的植物另分成一个群，就能够看出大属里包括一些很普通的、非常分散的物种，也能看到数目不菲的优势物种。这基本上是能够预料到的。因为，单单是在任何地域里都栖息或生活着同属的很多生物这个事实就能够阐明，这个地区的有机的还有无机的条件，一定是在某些方面有利于这个属的生存与发展。那么，我们就能够预料到在大属里，也就是在包含许多物种的属里，发现数目比例比较多的优势物种。不过，有多种多样的原因造成了这样对比的结果没有预料中那么明显。比如，让人感到十分惊讶的是，我所做的图表所显示的结果是大属所具有的优势物种只是略微占了上风而已。那么，就来讲两个造成这种结果的原因。淡水植物以及咸水植物一般分布都比较广，并且扩散大，不过这样的情况似乎与它们居住地方的性质有一定的关联性，而与这种生物所归的属的大小关系并不大，甚至没有关系。此外，一些体制低级的植物通常情况下比高级的植物分布范围更广，并且也与属的大小没有太大的关系。为什么体制低级的植物反而分布的范围比较广呢？我们在后面有关"地理分布"的章节里会进行相关的讨论。

因为我将物种认作只是特性明显并且界限分明的变种，因此我推断，各地大属的物种估计会比小属的物种出现变种的频率更高一些。其中的缘由在于，在很多密切近似的物种（即同属的物

"贝格尔"号模型

种）已经形成的地区，依据通常的规律，应该会出现许多变种，也就是初期的物种。就好比在很多大树生长的地方，我们能够找到一些树苗，是一样的道理。凡是在一属里，因为变异而形成许多物种的地方，之前对变异有利的条件，一般情况下会继续有利于变异的发生。反之，如果我们将各个物种看作是分别创造出来的，那么我们就找不出具有说服力的理由来说明为什么物种多的生物群会比物种少的生物群更容易出现大量变异的情况。

为了对这种推断的真实性进行检验，我将来自 12 个地区的植物还有两个地区的鞘翅类昆虫排列为基本上相等的两个组，将大属的物种排在一边，把小属的物种排在另一边。结果明确地向我们显示，大属那边的情况比小属这边产生变种的物种多出很多。还有，不论产生什么样变种的大属的物种，都永远比小属的物种所出现的变种在平均数上多出很多。如果我们再换一种分群方法，将那些仅仅有一个物种到四个物种的最小属都不列入表中，最后也得出了与前面一样的两种结果。这样的事实，对于物种只是明显的并且还是永久的变种这样的观点具有很重要的意义。这些是由于，在同属的许多物种以前形成的地方，我们也可以换种说法，在物种的"制造厂"以前活动的地方，通常情况下，我们还能够看到这些"工厂"到现在依然在活动，因为我们有十足的理由去相信新物种的制造是一个漫长的过程。如果我们将变种认定为是初期的物种，那么前面所讲的就一定是正确的。因为我清楚而明确地表达出一个普遍的现象，那就是，如果一个属产生的物种数量很多，那么这个属内的物种所产生的变种（也就是初期的物种）数目也会有很多。我们不是在说所有的大属如今的变异都很大，所以都在增加它们的物种数量，也不是在说小属如今都不再变异，并且不再增加物种的数量。如果真的是这样的话，那么我的学说就会遭到致命的打击。地质学清楚地向我们说明：随着时间的推移，小属内的物种也经常会出现大量增多的现象，而大属往往因为已经达到顶点，而出现物极必反的现象，逐渐衰落甚至消亡。我们所要阐明的只是：在一个属的许多物种曾经形成的地方，在普遍情况之中，依然还会有很多的物种继续形成，这点一定符合实际情况。

# 大属物种间的关系及分布的局限性

大属中的物种以及大属的变种之间还有一些值得我们关注的关系。我们已经知道，物种与明显变种的区别目前还没有一个明确而中肯的标准。一般情况下，如果在两个可疑类型之间找不出中间连锁的话，博物学者们就只能依据这两个类型之间的差异量来做决定了，用类推的办法去判断这个差异量是不是可以将其中的一方或者是将二者全都升到物种的等级当中。这样一来，差异量就成了解决两个类型到底是应该划

不会飞的鸟类食火鸡，发现于澳大利亚和新几内亚。为什么上帝创造的鸟类会有不能飞的翅膀？

入物种的行列还是变种的行列的一个非常重要的标准了。弗里斯之前在谈到植物，还有韦斯特伍德之前在谈到昆虫方面时，二人均指出，在大属中物种和物种间的差异量一般情况下都是很小的，我之前一直在努力用平均数去验证这样的说法，最后，根据我得到的不完全的结果，可以看出，这样的说法是正确的。我还请教过几位敏锐的以及富有经验的观察家，在经过详细的考虑之后，他们也认可并称赞这样的说法。所以说，从这个方面来讲，大属的物种相较于小属的物种来说，更像变种。这样的情况，也许能够用其他的说法来解释，这也就意味着，在大属里不但有多于平均数的变种（或初期物种）在形成，就是在很多已经形成的物种中，也存在很多的物种在一定程度上与变种十分相像，这是因为这些物种之间的差异量没有普通物种的差异量那么大。

再进一步地说，大属中物种之间的相互关系与任何一个物种的变种的相互关系是十分相像的。任何的博物学者都不会说，同一属中的所有物种在彼此区别上是相等的，所以一般情况下，我们会将物种分为亚属、组，甚至是更小的单位。弗里斯曾经明确地告诉过我们，小群的物种就像卫星一样环绕在其他物种的周围。所以说，我们所讲的变种，实际上也不过就是一群类型，它们之间的关系并不均等，环绕在某些类型，也就是环绕在它们自己的亲种的周围。变种同物种之间，毫无疑问地存在着一个非常重要的区别，那就是变种与变种之间的差异量，或者是变种同它们的亲种之间的差异情况，比同属的物种与物种间的差异情况，会小很多。不过，等后面我们讨论到被我称为"性状的分歧"的原理时，就能够看到如何解释这一点了，也就知道如何去解释变种之间的小差异是怎样增大成物种之间的大差异了。

还有一点值得我们注意，那就是变种的分布范围通常情况下都会受到很大的限制，这点暂时还是无法清楚地论述明白，因为，如果你发现了某个变种比它的假定亲种有更广阔的分布范围，那么显而易见的，这种变种就该与自己的亲种互换位置了。不过也有理由相信，与其他物种密切相似的，而且还十分类似变种的那些物种，一般情况下它们的分布范围都会非常受限制。比如，华生先生曾将精选的《伦敦植物名录》（第四版）里的 63 种植物指给我看，他所指出的那些植物都被列为物种，不过因为这些植物与其他物种具有十分相似的地方，所以华生先生觉得它们作为物种的身份值得怀疑。根据华生先生所作的大不列颠区划，前面我们提到的这 63 种值得怀疑的物种，它们的分布范围平均在 6.9 省。在同一本书中，还记录着 53 个公认的变种，它们的分布范围是 7.7 省。而这些变种所属的物种的分布范围则是 14.3 省。由此能够看出，公认的变种与密切相似的类型具有几乎一样的，受到限制的平均分布范围，这些密切相似的类型，就是华生先生曾经与我说的可疑物种。不过，这些可疑的物种基本上都被英国的植物学家们认定为真正意义上的物种了。

# 摘　要

　　除了下面要讲到的情况之外，变种不能够与物种互相区别。第一种情况是，找出了二者之间具有中间的连锁类型；第二种情况是，二者之间存在着若干不定的差异量，因为，如果差异很小的话，就算是两个没有任何密切关系的类型，通常也会被认作是变种。不过，需要多么大的差异量才可以将随便两个类型划为物种的行列当中，这个至今还不能够确定。不管是在哪个地点，包含有超过平均数的物种的属，那么其物种也会有超过平均数的变种。在大属里面，物种之间有着程度不等的近似和密切关系，它们形成一些小群，围绕在其他物种的四周。和别的物种密切近似的物种，很明显，分布范围是受限制的。根据前面的论点，我们能够从中获知，大属的物种像极了变种。假如说，物种之前一度作为变种而存在于这个世界上，而且还是由变种产生的，那么我们就能够清楚理解那些类似性了。但是，如果说物种是被独立创造的，那么我们就无法去解释这些类似性的概念从何而来了。

　　之前，我们也了解过，在各个纲中，就是那些大属的，十分繁盛的物种，也就是我们所说的优势的物种，基本上一定会产生最大数量的变种；而那些变种，我们会在后面慢慢看到，存在着变成新的以及明确的物种的倾向。所以说，大属以后会变得更大，而且在自然界里，目前占据有利地位的那些生物类型，因为在之前就已经留下了不少变异了的以及优势的后代，所以将来只会更加占有优势地位。不过，在我们后面即将说明的步骤中，也会出现大属分裂成小属的倾向。这么说的话，世界上所有的生物类型，就会一级一级不断地分下去。

# 第三章

# 生存斗争

# 生存斗争与自然选择

在开始这一章的主题之前，我不得不先说几句开场白，来说明一下生存斗争与自然选择有什么样的关系。在之前的一章里我们已经讲过，处在自然环境中的生物是有某种个体变异的。我确实不清楚对于这个论点曾经有过争议。将一群可疑类型称为物种或亚种或者是变种，事实上对于我们的讨论并没有太大的作用。比如，只要承认有些明显的变种存在，那么将不列颠植物里两三百个可疑类型，不管是列入哪一级，又有什么关系呢。不过，只是知道个体变异以及少数的一些明显变种的存在，尽管作为本书的基础是必要的，却很少可以帮助我们去理解物种在自然环境中是如何发生的。生物结构中的某一部分对于另一部分还有其对于生活环境所作出的所有巧妙的适应，以及这个生物对于另一个生物的所有看起来顺其自然的适应，是通过什么样的过程达到的呢？对于啄木鸟与槲寄生的关系，我们可以明确地看到那种十分融洽的相互适应关系；对于附着在兽毛抑或是鸟羽上面的那些最下等的寄生物，还有潜水甲虫的构造，以及那些依靠微风飘在风中的具有茸毛的种子等，我们也仅仅是看到了一点点不太明显的适应现象。简单来说，不管在什么地方，不论是生物界里的什么部分，都可以看到这种神奇的适应现象。

接下来，我们还要思考一个问题，那就是，那些被称作是初期物种的变种，到最后是怎样发展为一个明确的物种的呢？在绝大多数情况中，物种与物种之间的差别，明显超过了同一物种的变种之间的差别。而构成不同属的物种之间的差异，又比同属物种之间的差异大很多，那么这些种类又是如何出现的呢？所有我们看到的和听到的论断与问题，应该说，均是从生物的生存斗争中得来的，后面我们会进行更为详尽的讲解。正是因为这样的斗争，不论是如何微小的变异，也不论是出于什么样的原因导致了变异的发生，只要对一个物种的个体有积极的意义，那么这个变异就可以让这些个体在与其他生物进行的生存斗争以及与自然环境的斗争中，完好地保存下来，而且这些变异一般都可以遗传给后代。这样，后代们也就得到了较好的生

啄木鸟独特的攀树、啄树习性，令其与众不同。

美国黄石公园的大棱镜泉彩虹般绚烂的颜色来自于蓝藻菌和其他种类的微生物。人们在旁边修筑道路进行观赏，却无法改变，"自然选择"的力量远远超过了人类所能干涉的范围。

存机会，这是因为一般在所有物种定期产生的许多个体中间，只有少数的个体可以生存下去，现在遗传了变异的个体正是拥有了更好的生存条件。我将每一个有利于生物的细小变异被保存下来的这种现象称作"自然选择"，来区别它与人工选择的关系。不过，斯潘塞先生经常使用的一个词"最适者生存"，看起来更为准确一些，而且使用起来也更为方便一些。我们已经看到，人类可以利用选择来获得巨大的效益，而且通过累积"自然选择"积攒下来的那些细小并且有用的变异，我们就可以让生物们在我们的生活中变得越来越有用。不过，在经历过"自然选择"之后，我们将要看到的，是一种永无止境的神奇力量，它的作用远远地超过了人类的力量所能干涉的范围，二者之间的差别就像人类艺术与大自然神奇的作品在做比较，其间存在着的差距，是无法估算出来的。

接下来，我们准备对生存斗争进行一个稍微详细一点的讨论。在我以后的另一本著作中，还会对这个问题进行更多的讨论，这个问题值得我们深入地进行更多的讨论。老德康多尔和莱尔两位先生之前曾从哲学的角度，向我们说明，所有的生物都暴露在激烈的生存竞争之下。对于植物，曼彻斯特区教长赫伯特极有气魄地用自己卓越的才华对这个问题进行了讨论，很明显这是他拥有着渊博的园艺学知识的缘故。最起码在我看来，只是在口头上承认普遍的生存斗争这个真理，对于每个人来说都是相当简单易做的事情，不过，如果将这个思想时时刻刻都放在自己的心中，并没有那么容易，也不是每个人都能做到的。但是，如果不能够在思想中去完完全全地思考这个道理，那么我们就会对包含着分布、繁盛、稀少、绝灭还有变异等诸多事实的自然组成的整体情况出现模糊的认识，也有可能完全将其误解。比如，我们时常看到身边的自然环境向我们展现的是一种明亮而快乐的色彩，我们总能看见很多被剩下的食物，但是我们没有发现甚至是忽略了那些悠然地在我们周围欢唱的鸟儿绝大多数都是以昆虫或植物的种子为食的，这就是在说，它们在觅食的同时常常毁灭一些别的生命。而且，我们也总是忘记或者忽略，那些欢快的鸟儿以及它们生产的蛋，甚至是它们所生产出来的幼鸟又有多少会被其他食肉的鸟以及食肉的兽类所毁灭。我们都不应该忘记，即使现在我们看到的食物是过剩的，并不代表每年的所有季节中都是这样的情况。

# 生存斗争名词的广义使用

我应该先讲清楚，作为广义的和比喻的意义使用的"生存斗争"，不只是包括了一个生物对另一个生物的依存关系，更重要的是还包括了生物个体的生存还有成功繁衍后代的重要意义。两只狗类动物在饥饿难耐的情况下为了得到食物保证自己的生存，可以准确地说，它们之间必须进行斗争才能捍卫自己生存的权利。而那些生长在沙漠边缘的植物，应该说是在抵抗干燥来争取自己生存的空间和条件，更准确地来说，这些植物是依存于湿度而生存的。一株每年能够结一千粒种子的植物，可是平均下来，这一千粒种子中只有一粒种子可以开花结籽，我们可以更明确地说，这株植物上这颗难得的种子，是在与那些已经覆盖在地面上的，同类还有异类的植物在进行生存的斗争。槲寄生依存于苹果树以及其他的树而生存，如果我们说它是在与这些树进行着斗争，也是能说得下去的。道理很简单，试想，如果一棵树上生有过多这样的寄生物的话，那么这棵树就会慢慢地衰竭直到死亡。不过，如果大量的槲寄生幼苗密集地集中于同一个枝条上的话，那么就可以说这些槲寄生幼苗是在为了生存而互相斗争夺取自己的生存空间。因为槲寄生的种子是借助鸟类来散

这棵杨树受到了许多槲寄生的攻击，那么多植物窃取其营养，使得树木很难继续生长。

布的，所以它的生存是依附于鸟类的。我们可以这样说，从引诱鸟类来吃自己的果实，借以趁机散布它的种子这方面来讲，它就是在与其他果实植物进行着斗争。我们所提到的这些例子之间所蕴含的道理都是相通的，所以为了方便，我用一个具有概括性的词语"生存斗争"来进行总结。

# 生物按几何级数增加的趋势

所有的生物都有高速率增加其个体数量的倾向，所以生存斗争的出现是无法避免的。基本上所有的生物在自己自然的一生当中都会生产出或多或少的卵或者是种子，在它们生命中的某一个时期，某一个季节，或者是某一年里，总难逃脱被毁灭的命运，如果不是这样的话，根据几何比率增加的原理，这些生物的数目就会在一定的时间里变得越来越多，直到没有足够的地方可以容纳得下。所以说，正是因为产生的个体比可能生存的多，所以在不同的情况下都一定会出现也必须出现生存斗争，也许是同种的这一个体与另一个体斗争，也有可能是与异种的个体进行斗争，还有一种就是相同物理条件之下的生存斗争。这正是马尔萨斯的学说，以数倍的力量应用于整个的动物界以及植物界。因为在这样的情况之下，不但无法人为地增加食物，同时也不能够谨慎地限制交配。虽然有一部分物种目前看起来是在或多或少地增加自己的个体数目，

剑桥大学基督学院，达尔文离开爱丁堡后在这里读神学。

但是，并不是所有的物种都能够这样，要不然，这个世界就真的容纳不下它们了。

如果每种生物都高速率地自然繁殖，不断增加数目而不死亡的话，那么，就算是只有一对生物，它们的后代也会很快地遍布于地球的角角落落中。这是一个没有例外的现象。就算是生殖速度低的人类，也可以在 25 年的时间里增加一倍。如果按这样的速度去计算的话，用不了 1000 年，他们的后代基本上就找不到立脚的地方了。林奈以前做过这样的计算，假如一株一年生的植物只生两粒种子（事实上基本上没有如此低产的植物），而它们的幼株到了第二年也只生两粒种子，如此一直进行下去，等到 20 年以后，就会有 100 万株这样的植物了。但是，事实是，生活中并不存在生殖能力如此低的植物。象在所有已知的动物里被看作是生殖最慢的动物，我曾努力地计算了它在自然增加方面最小的可能速率。我们可以保守地进行一个假设，象在 30 岁的时候开始第一次生育，然后一直生育到 90 岁左右，在它的一生之中，一共可以生 6 只小象，而且它可以活到 100 岁。如果这样的假设是成立的，那么，等到 740 到 750 年以后，这个世界上就会有将近 1900 万只象生存着，而且，这些象均来自最开始的那一对象。

对于这个问题，不只是有理论上的计算，我们还有更有力的证明，大量的事实向我们展示了一个可怕的情况，那就是，如果自然环境对于处于其中的生物们连着两三季都十分适合生存与发展的话，那么这些生物就会出现惊人的繁殖速度。还有一些更值得注意的证据，是从很多种类的家养动物在世界上很多地方都出现返归野生状态这样的事例得到的。生育速度比较慢的牛以及马，在南美洲还有这几年来在澳大利亚产量迅速增加的记录，如果不是有确切的数据证明，那真的是让人感到难以相信。植物们也是同样的情况。我们拿从其他地方移入本地的植物为例，用不了 10 年的时间，它们就可以将足迹遍布于整个岛上，慢慢地成为普遍易见的普通植物了。有很多种植物比如拉普拉塔的刺菜蓟以及高蓟最开始都是从欧洲引进的，到如今，在那里的广阔平原上早已经不是什么稀奇的植物了，它们几乎席卷了数平方英里的地面，甚至已经将其他所有的植物排除在外。而且，福尔克纳博士曾告诉过我，那些在美洲发现并被移入印度的稀奇植物，现在已经从科摩林角一直蔓延生长到喜马拉雅了。在所有的例子中，而且在我们还能够举出的更多的其他例子里，基本上没人会假定动物或植物的能育性在任何可以觉察到的程度突然地或者是暂时地增加了。最显而易见的解释是，这些生物的生长繁殖条件在那些地方是高度适宜的。所以不管新生的还是老旧的，都不会被毁灭，而且基本上所有的幼者都可以顺利地长大，然后进行下一轮的繁衍。依据几何比率的增加原理，那么，这些生物的生长结果永远都是惊人的。几何比率的增加原理向我们简单地说明了生物们在新的环境中为什么会异常迅速地繁衍扩大。

在自然环境中，基本上每个得到充分成长的植株，年年都会产生种子，而在动物的世界里，也很少有动物不是每年都进行交配的。所以我们能够明确地判断出，所有的植物以及动物们都存在着按照几何比率增加的倾向。每一处它们能够很好地生存下去的地方，都会被它们以最快的速度侵占并四处分布。而且，这样的几何比率增加的倾向，必然会在生存的某个时期里，因为出现死亡现象而遭到抑制。因为我们比较熟悉大型的家养动物，于是，很容易将我们引入误解的道路上去，因为我们基本上没有见到过它们遭遇大量的毁灭。事实上，我们忽略了每年都会有大批量的动物被屠杀来供人类食用这样的现实，而且我们还忽略了一点，那就是，在自然环境中同样有一定数目的生物出于各种各样的原因而被消灭掉。

生物界里，有的生物每年能够产卵或种子数以千计，也有一些生物每年只生产为数不多的卵或种子，这两种生物之间的差别是，生殖速度慢的生物，在适宜生存的条件下，需要比较长的年限才可以蔓延到整个地区，前提是这个地区是非常大的。一只南美秃鹰能够生出两个卵，一只鸵鸟可以生出 20 个卵，但是在相同的地方，南美秃鹰很有可能会比鸵鸟多出很多。一只管鼻鹱每次只生一个卵，但是想必人们都觉得，它是世界上数量最多的鸟。一只家蝇一次能够产出数百个卵，而别的蝇，比如虱蝇一次却只生一个卵，不过，生卵的量多量少，并不能决定这两个物种在相同地区中有多少个体能够生存下来。由食物量的多少而决定自身数量多少的那些物种，每次产卵必须有足够多的产出，这对于它们来说是十分重要的，因为生物充足的情况下能够让它们迅速地得到繁衍和扩大。不过，大量产生的卵或种子，真正的重要性在于，用来补偿生命在某一时期遭到严重毁灭时的损失，而这个时期基本上都是这一物种生命的最初期。如果一个动物可以用所能做到的一切方法去保护自己的卵或者是幼小的后代，那么即使是少量生产，也依然可以充分保持自己的平均数量。假如大部分的卵或者是幼小后代遇到了来自外界的毁灭，那么就必须提高产量，不然物种就会面临绝灭的境况，比如说，如果有一种树一般寿命为 1000 年，但是在这 1000 年里只能产出一颗种子，我们假设这颗种子一定不会被毁灭掉，而且正好是在最适合生长的环境中萌发，如此下去的话，就可以充分保持这种树的数目了。所以说，在任何环境之中，不管是哪一种

达尔文在剑桥的住所

动物还是植物，它们的平均数目仅仅是间接地依存于卵或种子的数目的。

在自然界进行观察时，我们应该时刻记住前面的论点，这是非常有必要的。一定不要忘记，所有的生物可以说都在努力尽可能多地增加自己的数目。一定要记得，任何一种生物在自己生命的一些时期里，必须通过斗争才可以生存下去，也一定要记得，在生物的每一世代里或者是在它们的间隔周期中，一些幼小或老弱是无法避免地要面临一次巨大的毁灭性的灾难的，只要抑制作用稍微减轻，毁灭作用稍微出现一些缓和，那么这种物种的数目就会立时以最快的速度发展壮大。

# 抑制生物增长的因素

任何生物增加的自然倾向都会受到各种抑制，具体是因为什么，却难以解释清楚。看看那些生命力顽强的物种，它们的个体数目非常多，密集成群，于是它们的数量进一步增加的趋势也就无法阻挡的强盛。而对于抑制增多的原因到底是怎么回事，我们甚至找不出一个事例，没办法得到确切的答案。事实上这并不是什么奇怪难解的事情，不管是谁，只要稍微想一下，就会发现我们对于这个问题是多么无知，甚至我们对于人类的了解远远地超出对其他动物的了解。对于抑制增加的这个问题，已有很多名著者进行过一系列的讨论，我期待能够在以后的一部著作里得到较为详细的讨论结果，尤其是对于南美洲的野生动物更应该进行十分详尽的讨论，这里我只是稍微提一提来引起大家注意几个要点就好。生物的卵或者是幼小的后代，通常都是最容易受到伤害的，而且这种现象并不是局限于某几种生物，而是几乎所有的生物，都会无法避免地有这样的遭遇。植物的种子被毁灭的很多，不过根据我所做的一些观察，能够看出来，在长满其他植物的地上，新生的幼苗在发芽的时期遭遇灾难的情况是最多的。而且，这些幼苗还会被其他敌害大量地进行毁灭，比如，

一对苍鹭在巢中互相问候，它们的幼鸟正看着它们。生物的卵或者是幼小的后代，通常都是最容易受到伤害的。

我曾在一块三英尺长两英尺宽的土地上进行耕种前的除草，以利于新种植的植物幼苗不会遭受到其他植物的竞争性迫害，等到幼苗长出来以后，我把所有的幼苗上都作了记号，最后发现，原本有357株竟然有295株都遭到了毁灭，主要是遭到蛞蝓以及昆虫毁灭性的袭击。如果让植物随意地在长期刈割过的草地上自然生长，就会看到，较强壮的植物慢慢地会将不够强壮的植物消灭掉，就

算这些弱者已经长成，也难逃被毁灭的命运，经常放牧的草地上也是这样的情形。在一块被割过的，长四英尺宽三英尺的草地上，自然生长着 20 种植物，随着生长的推移，有九种生物会因为其他生物的自由生长而走向灭亡。

食物的多少，对所有物种增加所能达到的极限，很自然地存在着极大的影响力。不过，真正影响某种物种的平均数，更多的并不是食物的获取，主要的还在于被其他种动物所捕食的程度。所以说，不管在哪里，大片领地上的松鸡、鹧鸪、野兔的数目，主要取决于有害动物对其进行的毁灭程度，这一点似乎不用去怀疑。如果在以后的20 年里，在英国不再伤害任何一个猎物，同时也不对那些有害的动物进行毁灭，那么，我们所能见到的猎物基本上会出现比现在还要少的情况。即使现在每年都有数十万只猎物被人类杀死。与此相反的是，在一些情况下，比如象，很少会遭遇猛兽的残害，就算是印度的猛虎，也很少敢去攻击由母象保护着的小象。

影响物种平均数的原因，除了前面提到的，气候也起着很重要的作用。而且，极端寒冷或者是长期干旱的那种周期季节，基本上在所有的抑制作用中是属于最有效果的一种作用。我估计，1854 到 1855 年的冬天，在我居住的这片区域，遭到毁灭的鸟，最少有五分之四（依据春季鸟巢数目大量减少的迹象就能看出来）。不得不说，这真的是一次灾难性的毁灭。我们都明白一件事情，那就是如果人类因为传染病而死去百分之十的话，那么这就算是非常重大，十分惨重的死亡了。最开始，我们看到，气候的作用好像是与生存斗争没有什么关系的，但是，正是因为气候的主要作用会使得食物减少，只从这一方面来看，它便导致或者加重了同种的或异种的个体间不得不进行最激烈的生存斗争，因为这些个体依靠着相同的食物来保障自己的生存。就算是气候直接起作用的时候，比如突然天寒地冻的时候，损失惨重的依然是那些相对弱小的个体，或者是那些在冬天无法获得大量食物的个体。如果我们从南方一直旅行到北方，或者是从湿润地区到干燥的地区，一路上如果你注意了的话，就会发现有一些物种在随着你的前行而依次慢慢稀少直到再也找不到它们的踪迹。气候的变化是显而易见的，所以我们难免就会将这整个的效果归因于气候的作用使然。可是，这样的认识是不正确的。人们总是容易忽略各种物种，就算是在它最繁盛的地方，也无法避免地会在自己生命中的某个时期，因为来自外界的敌害的侵袭，或者是相同地区生物们对食物的激烈竞争而遭到大量的毁灭。如果气候出现了一点点的改变，只要稍微有利于那些敌害或者是竞争者，那么它们的数目就会以最快的速度上涨。而且，因为每个地区都已布满了生物，所以该地的其他物种免不了会出现减少的状况。假如我们朝着南面旅行，发现有的物种的数量在减少，那么，只有稍微一留心，你就会发现，这一定是因为有其他物种获得了利益，代价就是这个物种受到了损害。我们朝着北方旅行的景象也是这样的，但是程度会差一些，这是因为几乎所有物种的数量在向北去的路上基本上都在减少，照这样下去，竞争对手自然也就少多了。所以当我们朝着北方旅行或者是登高山的时候，就能够发觉，比起朝南旅行或下山时候的情景，我们遇到的植物一般都比较矮小，这是因为气候的直接有害作用造成的。当我们去北极区或者是雪山之巅，抑或是荒漠里的时候，就可以注意到，这些地方的生物基本上是必须要与自然环境进行斗争才能够生存下来。

在花园中，那些数目居多的植物，基本上能够完完全全地适应我们的气候，却永远不能够归化，因为它们没有实力去抗衡我们的本地植物，同时也抵挡不了本地动物的侵害，因此，我们能够看出，气候的影响，基本上是间接地有利于其他生物的。假如一个物种，因为高度适宜它生存的环境条件，而在一片范围里过分增加了自己的数目，那么往往就会引发一系列的传染病等不良情况，这点最起码能够从我们的猎物们身上看出来。这里有一种与生存斗争没有关系的限制生物数量的抑制。不过，有一部分所谓传染病的发生，是因为寄生虫导致的，这些寄生虫出于各种各样的原因，有一些估计是因为可以在密集的动物中大量传播，所以对于自己的生存与壮大十分有益，这种情况下就会发生寄生物与寄主之间的斗争。

此外，在很多情形下，相同物种的个体数目必须比它们的敌害的数目多出很多才能够在竞争中胜出，得以保存并发展壮大。如此，我们就可以较轻易地在田里获得数量可观的谷物还有油菜籽等粮食，其中的原因在于，这些植物的种子与吃它们的鸟类的数量相比，在数量上占据着绝对的优势。虽然鸟类在这一季里拥有着非常丰富的食物，只是它们无法按照种子供给的比例来增加自身的产量，因为它们的数量在冬季会面临抑制。只要是做过试验的人都知道，想要从花园中少数小麦或其他这类植物中获得种子是多么不容易。我曾在这样的状况里失去每一粒种子。同种生物必须保持大量的个体才可以保证自己的生存与发展，这个观点能够用来解释自然界中一些比较奇怪的现象，比如，一些很少见，比较稀缺的植物，有的时候会在它们生存的一些极少数的地方，非常繁盛地生长着，有的丛生性的植物，甚至在分布范围的边缘地带，也依然可以丛生，也就代表着，这些植物的个体

达尔文的温室

十分繁盛。一般看到这样的情形，我们就能够准确地说，那些能够让大多数个体可以共同生存的有利自然条件，才能成为一个物种生存与发展的条件，如此才能保证这个物种逃离被全部毁灭的灾难。另外，我还想补充说明的是，一些杂交优秀的效果还有近亲交配的效果不太好的结果，也毫无疑问地会在这样的事例中表现出它的作用，但是我暂时不准备在这里详述这个问题。

在剑桥时，达尔文成为一个狂热的甲虫收藏家，虽然那时他还没有意识到生物多样性的起源。

# 第四章

# 最适者生存的自然选择

# 自然选择

  我们在前面的章节里简单地讨论过生存斗争，那么生存斗争在变异方面到底起着什么样的作用呢？在人类眼中那些发挥着巨大作用的选择原理，可以放在自然界中使用吗？我认为我们很快就会发现，这个是可以非常有效地发挥其作用的。我们一定要记得，家养生物身上存在很多轻微的变异以及个体差异，自然环境中的生物也有一定程度上的无数轻微变异以及个体差异。而且，我们还要清楚地记住遗传倾向的影响力。在家养状况中，能够准确地说，整个生物群的体制从一定程度来看早已具有可塑性了。几乎我们所遇见的普遍的家养生物身上出现的变异现象，就像胡克和阿萨·格雷说的那样，并不是通过人力的直接作用而出现的。人类是不可能直接制造出变种的，也不可能阻止生物出现变种的事情发生。我们能做的，就是将已经出现了变异情况的物种加以保存还有积累。人类在没有意识到的情况下将生物放在新的还有变化着的生活环境中，于是促进了变异的发生。不过，生活环境近似的变化能够并且也确实会在自然环境中出现。除了前面说到的，我们还要记得，生物之间的相互关系还有它们对于自己所处的物理条件之间的关系，是非常复杂并且十分密切的。所以说，对于生活在生活条件总是充满了变化中的生物们来说，无穷分歧的构造是有一定作用的。如果说对于人类有用的变异一定是发生过的，那么，在广阔的天地间，在生物复杂的生存斗争里，对于每个生物在某些方面有积极意义的一些变异，在连续的很多年中，难道不能够一直发生吗？假如这种有用的变异确实可以发生（一定要记住产生的个体数目比可能生存的数目多出很多），那么比其他个体更具有优异条件（即使程度是轻微的）的个体，就具备了最好的机会去很好地生存以及不断地繁衍后代。这还有什么是值得我们去怀疑的呢？从另一个角度来讲，我们能够确定，在所有有害的变异中，就算是程度非常细小，也能够遭到严重的毁灭。我将这种有利的个体差异以及变异的保存，还有那些有害变异的

---

这些南美蚂蚁生活在号角树内部，为了报答号角树提供的住所，它们会攻击一切食用号角树树叶的生物。

毁灭，称为"自然选择"，或者也可以叫作"最适者生存"。没有什么用处，也不会有什么害处的变异，基本上不会受自然选择作用的影响，它们可能成为彷徨的性状，就像我们在某些多形的物种里所看到的那样，也有可能慢慢地成为固定的性状，所有的这一切都由生物的本性以及所处的生活条件而决定。

有一部分著者理解错了"自然选择"的意思，还有一些人明确地反对"自然选择"这个用语。有的人甚至想象自然选择能够促使变异的发生，事实上它只是保存了已经发生的，还有对生物在其生活条件下有利的一些变异而已。基本上没人反对农学家所讲的人工选择造成的那些非常大的效果。但是，在这样的情形下，一定得是先有在自然界的作用下自己表现出来的一些各种各样的差异，然后人类才可以根据自己的一些目的来进行选择与保存。也有一些人不赞成"选择"这种说法，在他们的认为当中，"选择"具有这样的意义：被改变的生物们可以进行有意识的选择，更有甚者，他们极力主张，如果说生物们没有意志作用，那么选择就不会应用于它们身上。如果只是简单地看这些文字的话，貌似没有什么问题，自然选择这种说法看起来确实有点不够确切。但是，换个角度说，有谁曾怀疑过化学家所说的各种元素具有选择的亲和力这种说法呢？如果严谨地说的话，真的是不可以说一种酸选择了它乐意化合的那种盐基。有人质疑我将自然选择看成是一种动力甚至是"神力"。但是又有谁会去反对一位著者说的万有引力，进而控制着行星运行的这种说法呢？所有的人都知道，这样的比喻蕴含着什么样的意义。为了能够简单明了地说明问题，这样的名词应该说是非常有必要的。此外，如果说想要避免"自然"一词的拟人化，对于研究来说，基本上是很难做到的。不过，我所说的"自然"，也只是指许多自然法则的综合作用还有它们的产物，而法则就是我们能够确定的各种事物之间的因果关系。只需稍微了解一些，那么，那些肤浅的反对声音，就能够被我们忽略并且忘掉了。

对那些在经历着一些轻微物理变化，比如气候正在发生着变化的地方，进行观察和研究，我们就能够很好地去理解自然选择的基本过程了。如果气候出现了异常的变化，那么，当地生物的比例数基本上在很短的时间内就会出现一个明显的变化，有的物种甚至会绝灭。从我们目前了解的各地生物之间的密切并且复杂的关系上看，能够得到下面的结论：就算是暂且忽略气候的变化这一条件和原因，一种生物在所生存地区的比例数不管是发生了什么样的变化，都会严重地影响到与它在同一个地方以及附近地方其他生物的生存与发展。假如那地区的边界是开放的，那么新类型一定会迁移进去，如此一来就会在很大程度上扰乱一些原有生物之间已经形成的稳定的关系。一定

太阳系行星分布。万有引力控制着行星的运行，这一点并没有人质疑。

要记得：从其他地方引进来一种树或者是一种哺乳动物，所带来的影响是多么有力，对于这点，已经做过解释。不过，在一个岛上，或者是在一个被障碍物部分干扰的地方，如果那些比较易于适应的新型物种无法自由移入，那么这个地方的自然组成中就会空出一部分空间，这样的情况下，假如有的一些原有生物根据某种途径出现了变化，那么它们一定会将在很短的时间内遍布那里填补之前的空缺。假如那片地方是允许自由移入的，那么外来的生物应该早早就取得那里的统治地位了，哪里还有变种们的容身之处。在这样的情况里，不管多么轻微的变异，只要不管在什么方面，都能够对物种的个体产生有力的作用，能够更好地让它们去适应发生了变化的外界条件，那么就有可能被保存下来，这也就是说，自然选择在改进生物这项工作方面就有了发挥作用的地方了。

就像我们在第一章中讲到的那样，我们能够找到足够的理由去相信，生活环境的更改，能够促进变异性的增加。在前面我们所讲的情况里，外界条件改变，有利于变异发生的机会就会慢慢增加，对于自然选择来说，这当然是有很大益处的。如果没有有利的变异发生，那么自然选择就不会发挥自己的作用，一定不能够忽略"变异"这个名词所包含的也只不过是个体差异而已。人类将个体差异依据任意一种既定的方向积累起来，就可以让家养的动物以及植物出现巨大的变化，与此相同的是，自然选择同样可以这样做，并且还简单很多。并且相比之下容易多了，因为它可以在很长的一段时间内发生作用。我不认为非得有什么巨大的物理变化，比如气候的变化，或者是高度的隔离来阻碍移入，并不是必须借助腾出来的新位置，自然选择才可以改进那些变异着的生物，而让它能够填充进去。由于所有地方的所有生物都在用严密的平衡力量进行着生存斗争，如果某个物种的构造或者是习性出现了极为细小的变化，通常情况下都能够让它比其他生物多出很多生存的优势。如果这个物种能够继续生活在同样的生活条件中，而且继续以同样的生存以及防御的手段获得有力的生存条件，那么同样的变异就会渐渐发展壮大，也就是说，在绝大部分的时间里这种情况都能够让这种生物的优势越来越强大。还没有这样的一个地方，在那里，所有的本地生物之间已经能够完全互相适应，并且对于它们所生活在其中的物理条件也能够全部适应，于是它们中间没有一种生物无法做到适应得更顺利一些或变化得更为进步一些。因为在所有的地方，来自外部的生物往往能够顺利地战胜本地的生物，同时还能够有力地占据这片土地。来自其他地方的生物既然可以如此在别的地方战胜一部分本地的生物，那么我们就能够肯定地说：本地的生物也会出现一些有利于自身的变异，来帮助自己更好地去抵抗那些来自外地的入侵者。

人类借助有计划的以及无意识的选择方法，可以产生出并且也确实产生了伟大的结果，到那时自然选择为什么就不能发生效果呢？人类仅仅能作用于外在的以及可见的性状："自然"，也就是假如准许我将自然保存或最适者生存用人的方式来做比喻，这里，不考虑外貌的问题，除非有的外貌对于生物的研究有一定的作用。"自然"可

绵羊早在1万年前就被人类驯养

以对各种内部器官、各种微细的体制差异还有生命的整个组织产生各种各样的作用。人类通常只是为了自己的利益去进行选择。"自然"也只是对被它所保护的一部分生物本身的利益而进行选择。不管是什么样的，被选择的性状就像它们被选择的事实所讲到的，均全面地面对着来自自然的种种磨炼。人类将多种生活在不同气候中的生物放在同一个地方培育，极少用某种特殊的以及舒适的方法去锻炼那些被选择出来的生物的性状。人们用相同的食物饲养长喙鸽子还有短喙的鸽子，他们不用特殊的方式去训练长背的或长脚的四足兽，他们将长毛的还有短毛的绵羊放在同一种气候中饲养。他们禁止最强壮的那些雄体进行斗争去占有雌性。他们也不去严格地将所有劣质的动物都消灭掉，还会在力所能及的范围里，在各个不同的季节中，保护他的所有生物。他们常常是依据一些半畸形的类型进行选择，或者是依据一些能够引起他们注意的明显变异去进行选择，或者是这种变异明显地对自己有利，他们才会进行选择。在自然环境之下，构造上或者是体制上的一些非常细小的差异，就可以改变生物生存斗争中的微妙平衡。于是它就被保存下来。人类的愿望还有努力，在大多数时候，也就是瞬间的事情。然而人类的生命长度又是多么的短暂！所以说，如果与"自然"在所有地质时代的累积结果进行比较的话，那么人类得到的结果是多么贫乏啊。如此说来，"自然"的产物远比人类的产物更加具有"真实"的性状，更可以无限地去适应那些十分复杂的生活条件，同时还可以明显地表现出更为高级的技巧，照这样去看的话，还有什么能够让我们惊讶的呢？

我们能够作一个这样的比喻，自然选择在世界上时时刻刻都在仔细检查着生物那些最微细的变异，将坏的及时清理干净排除，将好的保存下来进行积累，不管是在什么时候，也不管是在哪些地方，只要有一点点机会，它就会悄悄地、非常缓慢地进行着工作，将各种生物与有机的还有无机的生活条件的关系进行一个改进。这样的变化缓慢地进行，一般我们都不能够看得出来，除非能够留下时间的痕迹供我们参考。不过，因为我们对过去悠久的地质时代知道的并不多，认识有限，所以我们能认识到的安第斯神鹰，洪堡发现于南美。

也仅有现在的生物类型与之前生物之间一些小小的不同之处罢了。

一个物种想要突破任何一种大量的变异，都必须在变种形成以后，再经历相当长的一段时间以后，再次发生相同性质的有利变异或者是个体之间的差别，不过，这些变异必须被再度保存下来，这样才能够一步一步地发展下去。因为相同种类的个体差异会不断地重复出现，所以这样的设想就不能被当成是没有根据的。不过，这样的设想是不是完全正确，我们也只能从它是否符合并且是否可以解释自然界的一般现象这些方面来进行判断。从另一个角度来说，普通类型的变异量是有严格限度的，这样的想法一样也属于一种不折不扣的设想。

尽管说自然选择只可以通过给各式各样的生物谋取自身的利益的方式去发挥自己的用处，但是，那些我们常常觉得并没有多重要的性状还有构造，也能够如此地发挥着一定的作用。当我们看到那些吃叶子的昆虫表现出绿色皮肤，而吃树皮的昆虫则显示了斑灰色的外表，高山的松鸡在冬季表现为白色，而红松鸡则表现为石南花色，我们不得不相信这些颜色是为了保护这些鸟与昆虫避免各种来自外界的危险。松鸡如果没有在一生的某一时期被杀害的话，那么一定会增殖到无法计数，不过，每个人都清楚，它们总会遭到食肉鸟的侵害，被大量地消灭掉；鹰的视力非常锐利，根据自己的目力去追捕猎物，所以欧洲大陆有很多地方的人们都不敢饲养白色的鸽子，因为它们很容易遭到鹰的迫害。于是，自然选择就表现出下面的效果，赋予各种松鸡以有利于自己生存的颜色，只要它们一旦获得了这种颜色，那么自然选择就会让这种颜色纯正地并且是永久性地保存下去。我们无须总是认为偶然消灭一只颜色特殊的动物，所造成的影响很小。每个人都应该牢记，在一个白色绵羊群里，消灭一只略见黑色的羔羊是多么严重的事情。之前我们已经谈过，吃"赤根"的维基尼亚的猪，它们的生存或者是死亡基本上是由自己的颜色来决定的。而对于植物们，在植物学者眼中，植物果实的茸毛还有果肉的颜色被看成为很不重要的性状。但是，一位优秀的园艺学者唐宁说过，在美国，一种名为象鼻虫的生物对光皮果实的损害，远远多于对茸毛果实的损害，而有的疾病对紫色李的残害就远远高于对黄色李的残害，那些黄色果肉的桃比其他类型果肉颜色的桃更容易遭受一些疾病的侵害。如果借助人工选择的所有方法，这些微小的差异能够让很多的变种在栽培的时候产生非常大的差异。这样的话，在自然状况中，一种树必定要在同另一种树进行生存斗争的同时还与大量其他敌害进行斗争，在这样的处境之下，这种感受病害的差异就能够有力地决定哪一个变种，比如是果皮光的还是有毛的，果肉黄色的还是紫色的，能够在战斗中脱颖而出取得最后的胜利。

在对物种间的很多微小的差异进行观察时（用我们有限的知识进行判断的话，这些差异看起来好像并不怎么重要），我们千万不要忘记气候还有食物等外在条件，毫无疑问地会对它们产生一些较为直接的效果。同时一定要记住，鉴于相关法则的作用，假如一部分发生了变异，而且这种变异还被通过自然选择而累积起来，那么其他的变异也将随之而出现，而且往往会有我们所难以意料得到的性质出现。

我们都清楚，在家养状态下，在生物的不管是哪个特殊期间出现的一些变异情况，在后代中总会在相同的时间再次出现，比如，蔬菜与农作物，很多变种的种子的形状、大小还有风味，家蚕在幼虫期以及蛹期的变异，鸡的蛋与雏鸡绒毛的颜色，绵羊与牛接近成年时生出的角，均是同一个道理。同样地，在自然状态中，自然选择也可以在随便一个时期对生物发生作用，然后让之发生改变，为什么可以这样呢？那是因为自然选择能够将这个时期的有利变异累积起来，同时，因为这些有利变异还能够在相应的时期中一直遗传下去。如果一种植物因为其种子被风吹送得很远而获得生存的利益，那么通过自然选择就会将这一特点保存并遗传下去。并且，这并不比棉农用选择法来增加棉桃或改进棉绒的困难大。自然选择可以让一种昆虫的幼虫发生变异以去适应成虫所遇不到的很多偶然的事故，这些变异，经过相关的作用，能够影响到成虫的构造，当然成虫期的变异也会反过来影响到新的幼虫的构造，不过，在所有的情况中，自然选择都会保证这些变异不是有害的，因为，如果是有害的话，那么这个物种早就灭亡了。

自然选择能够使得子体的构造依据亲体的变化而发生变异，也能使亲体的构造依据子体的状况而发生变异。在社会性的动物当中，自然选择可以让各个生物的构造去适应整体的利益。在群居的动物中，如果生物被选择出来的变异有利于整体，那么，自然选择就会为了整体的利益而去改变个体的构造。自然选择不能够去做的是改变一个生物的构造，却不给它任何的利益，但是成全了另一个物种的利益。虽然在一些博物学的著作中提到过这样的选择与改变，不过我目前为止还没找到一个值得研究的事例。自然选择能够让动物一生中只会使用一次的构造发生特别大的变异，比如，有的昆虫专门用于破茧的大颚还有那些没有孵化的雏鸟用来啄破蛋壳的坚硬喙端等都是。有人提出最好的短嘴翻飞鸽夭折于蛋壳中的，比可以破蛋孵出来的要多出很多。

鸽子用"鸽奶"哺养幼鸟，这种特别的液体在鸽子的嗉囊里生成。

所以养鸽子的人们在孵化时都必须给予鸽子一些必要的帮助。那么，假如说，"自然"为了鸽子自身的利益，让那些成年的鸽子生有极短的嘴，那么这种变异过程基本上是非常缓慢的，而蛋内的雏鸽也要经过严格的选择，被选择的一定会是那些具有最坚强鸽喙的雏鸽，导致这些的根源在于，所有具有弱喙的雏鸽，无法避免地会面临死亡的命运，或者说，蛋壳较脆弱并且易碎的，也有被选择出来的可能，因为我们都清楚，蛋壳的厚度与其他各种构造一样，也是可以发生变异的。

此外，我们还要说明一点，这也许会有好处的：所有的生物肯定都会偶然地遭遇大量的毁灭，不过这对于自然选择的过程造成的影响是比较小的，甚至根本就不会有什么影响。比如，年年都有不计其数的蛋或者是种子被吃掉，除非它们发生了某种变异，可以避免敌人的吞食，它们才可以通过自然选择而进行有利的改变。但是，很多这些蛋或种子如果不被吃掉，一旦发展成为个体，也许它们会比其他所有有幸生存下来的个体，对于生活环境的适应更强一些。还有，大部分成长的动物或者是植物，不管它们是否能够很快地适应它们的生存环境，每年也都逃不脱因为偶然的原因而导致的各种毁灭性打击。就算是它们的构造还有体制发生了一些变化，不过在其他一些方面有利于物种，但是这种偶然的死亡也得不到缓解，依然无法逃避。不过，就算是成长的生物被毁灭得那么多，假如在各区域中可以生存的个体数没有因为这些偶然的缘由而被全部淘汰，或者说就算蛋还是种子被毁灭的数量无法算计得多，只剩百分之一或千分之一可以发育，那么，在可以生存的那些生物中，适应能力最强的个体，假如朝着任何一个有利的方向出现了变异的状况，那么，它们就比适应能力较差的那些个体生存能力强，生存机会多，可以繁殖出更多的后代。如果所有的个体都因为前面所说的原因而遭到了淘汰，就像我们经常能够见到的那样，那么自然选择对以些对生物有利的变异选择也就"爱莫能助"了。不过，我们不能因为这样就反对自然选择在其他时期以及其他方面的积极作用和影响。因为我们确实找不到任何理由能够假定很多物种以前曾在同个时期还有同个地区中出现过变异，然后得到了积极的改进。

# 性选择

在家养状况下，有些物种的特性往往只能够看到一种，并且也只有这一种特性会遗传下去。在自然环境状况之下，不用怀疑也是同样的情形。那么，就像我们经常看到的，也许会让雌雄两性按照不一样的生活习性通过自然选择来出现变异的情况。这让我感到，必须给大家解释一下关于"性选择"这个问题。我们所说的这类选择的形式，并不是指一种生物对于其他生物或者是外界条件所进行的生存斗争，所指的是同性个体间的斗争，一般情况下都是雄性为了占有雌性而出现的各种斗争。这种斗争的结果，并非在斗争中失败的一方就会消失或者死去，只不过，它们留下的后代会比较少，也有一些失败者会没有后代可留。所以说，性选择其实没有自然选择那么剧烈而决绝。一般情形之下，最强壮的雄性，在自然界中的地位最是稳固，它们所能留下的后代数量也是最多的。不过，很多情况中，斗争的胜利也不是完全依靠普通的体格强壮，更多的还要靠雄性所生的特种武器。没有角的雄鹿或无距（雄鸡鸡爪后面像脚趾一样的突出部分）的公鸡，基本上不会有太多的机会去留下数目繁多的后代。因为性选择能够让获胜的一方进行大量繁殖，所以，与残忍的斗鸡人士挑选善战的公鸡相同的道理，性选择能够给予公鸡不屈不挠的勇气，增加公鸡距的长度，增强它们的体制，增加公鸡在进行斗争时拍击翅膀的能力，来加强公鸡的攻击力量。我不清楚在自然界中有哪一个等级才会没有性选择，不过，有人描述过，当雄性鳄鱼准备占有雌性鳄鱼的时候，它们会战斗、吼叫、旋绕转身行走，就如同印第安人跳战争舞蹈那样；有人发现雄性鲑鱼每天都在进行战斗；雄性锹形甲虫经常全身是伤，那是其他雄虫用巨型大颚咬伤的。举世无双的观察者法布尔常常看到有的膜翅类的雄虫会为了一只雌虫而专门进行斗争，而雌虫一般都会停留在战场的一边，貌似与自己无关似的淡然地看着，等到最后，同战胜的一方一起离开。应该说，多妻动物的雄性之间的战争是所有战争中最为剧烈的，此类雄性动物一般都生有特种武器。雄性食肉动物原本就已具备了优秀的战斗武器，但是，性选择还能够让它们同别的动物一样，通过选择的途径再生出其他特别的防御武器来。比如，雄狮的鬃毛还有雄性鲑鱼的钩形上颚等都是这个道理。因为，盾牌在获得胜利方面所发挥的作用，就如同剑与矛一样重要。

在鸟类的世界中，这样斗争的性质往往比较平和一些。所有对这个问题进行过研究的人都相信，在很多类型的鸟中，雄性之间最激烈的斗争是用歌唱来对雌鸟进行吸引，圭亚那的岩鹩、极乐鸟还有其他的一些鸟类，聚集在一个地方，雄鸟一只只将自己美丽的羽毛费尽心思地展开，同时用最好的风度去展示自己的美丽，此外，雄鸟们还会在雌鸟面前摆出各种奇形怪状的姿势，雌鸟则作为观察者站在一边，最后，雌鸟们会选择对自己最具有吸引力的那只雄鸟做配偶。经常认真观察笼中鸟的人们都十分清楚地知道，

雄鸟在雌鸟面前，用最好的风度展示自己的美丽。

不管雄性还是雌性，每只鸟对于异性的吸引力和选择标准都是不同的。就好像赫伦爵士曾经讲过的那个事例一样，一只雄性斑纹孔雀是如何成功地吸引了别的所有的雌性孔雀。我现在无法在这里详细论述那些需要注意的细节之处，不过如果人类可以在较短的时间里根据自己的审美标准让他们的矮鸡拥有美丽以及优雅的姿态，我是真的找不出充分的理由去怀疑雌鸟根据自己的审美标准，会在千千万万的世代里，选择鸣声最动听的或姿态和样子最美丽的雄鸟，这样就会产生明显的效果。对于雄鸟与雌鸟的羽毛为什么和雏鸟的羽毛不相同的一些有名的论断，可以拿性选择对于不同时期中发生的而且会在一定的时期中一直单独遗传给雄性或者是同时遗传给雌雄两性的现象做出一定的解释，这里，我就不再进行详细的讨论了。

如此一来，可以说，几乎所有动物的雌雄二者，如果它们的生活习性都相同，但是在构造还有颜色以及装饰方面有一定的区别，那么，我所认为的是，这些不同的方面，主要是因为性选择的不同而造成的。这就是为什么有的雄性个体所拥有的武器以及防御手段抑或是在美观方面会比其他的雄性占有一些优势的原因，并且，这些优越性状还会在接下来的很多个世世代代中仅仅遗传给雄性的后代。但是，我不想将所有性别之间的差异都归因于性选择的作用。主要是由于，我们在家养动物中，有些雄性特有的特征并不能够通过人工选择而进行扩大化。野生的雄火鸡胸前的毛丛基本上没有什么用处，但是，这些毛丛在雌性火鸡的眼中，是不是算是一种漂亮的装饰，这对于我们来说，算是一种疑问。实话说，如果在家养状况中火鸡身上出现了这样的毛丛，一定会被认为是出现了畸形现象。

# 自然选择作用的实例

为了研究明白自然选择怎样发挥作用，让我来为大家列举一两个设想出来的事例吧。我们可以用狼作为例子的主角，狼在捕食自己的食物时，有时候是靠计谋获取的，有时候是靠体力获取的，也有些时候是靠敏捷的速度得来的。我们可以假设一下：在狼寻觅食物最困难的季节中，最敏捷的猎物，比如鹿，因为所处地区的任何变化，使得它们的数量增加了，或者是别的猎物减少了它们的数量。在这种情形之下，只有速度最敏捷还有体型最细长的狼，才能获得最好的生存机会，所以会被保存或被选择下来。当然，它们还得在任何不得不捕杀其他动物作为食物的所有季节中，都能够保持足以制伏那些猎物的力量才可以。我找不到有什么样的理由能够对这种结果进行怀疑，这就像人类经过认真以及有计划的选择，或者是经过无意识的选择之后，人们想要保存最优良的狗，不过却根本没想到去改变这个品种，就可以改进长躯猎狗的敏捷性。我要进行一个补充，那就是按皮尔斯先生的说法，在美国的卡茨基尔山中生存着狼的两个变种，其中一种的类型像轻快的长躯猎狗那样，它在抓捕鹿方面有很大的优势，还有一种，身体较庞大，腿比较短，它们最擅长的是经常去袭击牧人的羊群。

从针叶林到北极冻原，灰狼的栖息地极广。在每一个狼群中，成年的狼都要外出捕食，只有比较年长的狼才承担繁衍后代的重任。

不得不引起注意的是，在前面我们所讲的事例中，我提到的，是一种体躯最为细长的狼被保存下来，并不是说所有单独明显的变异都能够被保存下来。在本书之前的几版中，我曾提到过，后面的情况貌似也时常发生。我注意到个体之间差异的高度重要性，如此一来就让我对人类的无意识选择的结果展开了全面的讨论，这样的选择，在于将多少具有一些价值的个体保存下来，同时将最坏的那些个体毁灭掉。我还注意到，在自然的生存环境里，有些偶然出现的构造方面有差异的保存，比如畸形的保存，是极为少见的事情。就算是在最开始被保存下来，在后来因为与别的正常的个体进行杂交，然后也就慢慢消失不见了。虽然这么讲，但是直到我读了刊登在《北部英国评论》（North British Review，1867 年）上的一篇，极为有力并且十分有价值极具说服力的论文后，我才明白，原来单独的变异，不管你是细小的还是明显的，可以得到长久保存的情况是极为少见甚至没有的。这位作者拿两个动物举例，它们的一生一共生产了两百个后代，但是大部分都因为多种多样的原因而被毁灭了，基本上一般只有两个后代可以生存下来，然后继续繁殖它们的种类。这对于绝大部分的高等动物来说，虽然说是非常高的估计，不过，对于很多低等的动物来说，并不是这样的。于是他还提出，假如有一个单独的个体产生出来，它在一些方面出现了变异，让它比别的个体的生存机会多出两倍，但是，因为死亡率比较高，另外还有一些别的因素会严重地阻止它的顺利生存，所以它想要生存，还是个很难的问题。假设它可以很好地生存并且繁殖后代，同时，有百分之五十的后代遗传了这种有利的变异。就像这位评论者接下来又指出的，幼者生存还有繁殖的机会也只是稍微好一些罢了，并且，这样的机会还会在之后的各代中慢慢减少。我认为这种论点的可靠性是不需要任何怀疑与辩论的。比如，假设有一种鸟因为长有弯钩的喙而方便自己顺利地获得食物，同时假设有一只鸟天生就生有非常钩曲的喙，并且因为这个特点而没有被毁灭还繁盛了起来。但是，虽然如此，这只鸟想要完全排除那些普通的类型来延续自己的种类，这样的机会事实上还是非常少的。不过，毫无疑问的是，按照我们在家养状况下所出现的情况来看的话，在很多世代中，假如我们保存了或多或少的生有钩曲喙的大多数鸟类，同时还对生有最直喙的更大多数的个体进行了毁灭，那么就能够引发上面提到的结果。

不过，我们所不能忽视的是，因为相似的组织结构受到了相似的作用，让一些十不同的鸟喙形状适应于应对各种不同的食物。1.翎翅夜鹰（食昆虫）；2.雀鹰（食小鸟）；3.凤头鹏鹩（食鱼、甲壳动物和软体动物）；4.鲸头鹳（食肺鱼、蛙、龟和蛇）；5.大红鹳（食海藻、硅藻及小型水生无脊椎动物）；6.白琵鹭（食小鱼和虾）；7.剪嘴鸥（食小鱼和甲壳动物）；8.卷羽鹈鹕（食鱼、两栖类动物和小型哺乳动物）；9.黄领牡丹鹦鹉（食种子、坚果和浆果）。

分明显的变异会一次又一次地出现，这种类型的变异不能只是被看作是个体间的差异，对于这样的情况，我们能够从家养的生物中找出不计其数的例子来。在这样的情况下，就算是变异的个体暂时没能将新获得的性状遗传给自己的后代，但是，如果能够保证生存条件保持不变，那么不用怀疑，这种新的变异迟早还是会按照同样方式变异的，并且是更为强烈的那些倾向遗传给后代的。同样，也不用怀疑，依据相同方式发生变异的倾向，一般情况下都会特别强，这样就会导致同种的所有个体中就算是没有任何选择的帮助，也一样会出现一些改变。或者仅有三分之一、五分之一甚至是十分之一的个体会被这样的情况所影响，对于这样的事实，也能够列举出很多的事例来。比如格拉巴曾经估算出，在非罗群岛上，大概有五分之一的海鸠是属于一个明显的变种的，而这种变种之前被列为一个独立的物种，还被称作 Uria lacrymans。在这样的情况中，假如说变异是有益的，按照最适者生存的原理，原本的那些类型用不了多久就会被变异了的类型取而代之。

对于杂交能够消除所有种类变异的这种说法，我们会在以后进行详细的讨论。不过，在这里要先说明一下，大部分的动物还有植物一生都会固守在自己原本的领地和环境之中，不是特殊的情况，一般都不会向外流动的，就算是候鸟群也是同样的情况，几乎所有的候鸟都一定会回到自己原来的环境中去的。所以说，每一个新形成的变种在最开始的阶段通常都只生活在自己原产的地区，对自然状况中的变种来说，这点基本上是一条十分普遍的规律了。这么说的话，很多发生相同变异的那些个体，就会在很短的时间之内快速地聚集成一个小团体，通常会在一起进行后代的繁殖。如果新的变种在生存斗争中获得了胜利，那么它就会从中心区域开始缓缓地向外扩展，不断地扩大自己的圈子，同时，还会在边界上与那些没有出现变异的个体进行斗争，然后战胜它们继续发展自己的势力范围。

列出另一个与自然选择作用有关的，更为复杂的事例，绝对有一定的必要性和好处。有的植物会分泌出甜液，其实是为了将体液中的有害物质排出体外。比如，有的蔷薇科植物的托叶基部的腺会分泌出这样的液汁，一般月桂树的叶背上的腺也会分泌出这样的液汁来。虽然说这样的液汁分量并不多，不过昆虫会贪婪地去寻求它；但是昆虫们来进行吸食，这样的行为却对植物没有一丁点儿益处。让我们来做个假设，如果这种甜蜜的液汁来自一种植物的很多个植株上的花朵，这些花朵从自己的内部分泌出这些液汁，也就是虫子们喜欢的花蜜。我们可以换个角度想，寻找花蜜的昆虫来到后会沾上一些花粉，而且经常会将这些花粉从这一朵花带到另一朵花上去。于是，在这种情况之下，同种的两个不同个体的花借由昆虫的传粉而出现了杂交现象。这样的杂交，可以产生十分强壮的幼苗，同时这些幼苗还能够因为这些原因而获得更为便利和优异的繁殖以及繁荣的大好机会。只要是植物的花具有最大的腺体，也就是蜜腺，那么就能够分泌出足够多的蜜汁，也就能够最常迎来昆虫们的访问，同时也是最容易出现杂交的种类。照这样来看，站在长远的角度上看的话，这种类型的植物就占据了一定的优势，同时还会发展成为一个地方变种。如果花的雄蕊还有雌蕊的位置与前来造访的一些比较特殊的昆虫的身体大小以及习性正好互相合适，并且不管是在什么程度上都有利于花粉的输送，那么这些花也一样将得到很大的益处。我们拿一种并不喜欢吸取花蜜，而是喜欢采集花粉的，经常来造访花儿们的昆虫为例，花粉的存在就是为了受精来用的，所以如果花粉被毁坏了，那么对于植物来说，根本就是一种巨大的损失。不过如果有一部分花粉能够被那些吃花粉的昆虫从这朵花带到另一朵花中，刚开始可能是偶然的，慢慢地就会成为一种十分平常的现象。如果借助这样的情况而实现了杂交，尽管百分之九十左右的花粉被昆虫们毁坏了，但是，这对于那些被盗走花粉的植物来说，益处还是很大的，这样一来，那些能够生产出越来越多花粉的还有那些具有更大花粉囊的植物个体就会被选择并且保留下来。

等到植物长时间地进行过前面所说的这些过程以后，它们慢慢地就具有了可以高度吸引昆虫来做客的能力，昆虫们就会在并不知情的情况下按时地在花与花之间进行花粉的传授。按照很多明显的事实，我可以轻易地向大家说明，昆虫是能够有效地从事这份授粉的工作的。我就举一个例子，同时它还能够说明植物雌雄分株的步骤。有的冬青树只能长出雄花，这些花生有四枚雄蕊，只能产出极少量的花粉，并且它还有一个不发育的雌蕊。此外还有一些冬青树只生雌花，每个花都有着足够大小，发育完全的雌蕊以及四粉囊萎缩的雄蕊，并且在萎缩的雄蕊上找不出一粒花粉。在距离一棵雄树足有 60 码远的地方，我找到一棵雌树，我从不同的树枝上取下 20 朵花，然后将它们的雌花柱头放在显微镜下进行观察，发现所有柱头上都毫无例外地存在着几粒花粉，并且其中有几个柱头上有很多的花粉。正好那几天的风均是由雌树的方向吹向雄树的，所以说花粉肯定不是借着风传送过去的。虽然说天气很冷并伴有狂风暴雨，对于蜂来说是极其不利的。但就算是这样，我检查过的每一朵雌花上，都因为有往来于树间找寻花蜜的蜂而成功地受精了。现在，我们再回到之前想象的场合中：当植物生长到足可以吸引昆虫的高度之后，花粉就会由昆虫按时从一朵花传到另一朵花，这样一来另一个过程就开始了。没有一个博物学者会怀疑所谓的"生理分工"的利益的。由此我们能够相信，一朵花或者是全株的植物只生雄蕊，而另一朵花或另一棵植物产生雌蕊，对于这种植物来说是有好处的。植物在家养环境下或者是置于新的生活条件中之后，或者是雄性器官，也有可能是雌性器官，多多少少都会受到影响，甚至有所减退的。现在假如我们设定，在自然环境中也有这样的情况发生，不管它的程度是多么的微小，因为花粉已经按时从一朵花被传到另一朵花上，而且因为按照分工的原则，植物的比较成熟的雌雄分化是十分有益的，所以越来越有此种倾向的那些个体就能够不断地得到利益然后被选择下来，到最后就能够实现两性的完全分化。不同植物的性别分离根据二型性以及其他途径，现在明显正在进行中，但是想要说明性别分离所经历的那些步骤的话，少不了需要用很大的篇幅来说明。我可以做一个补充，美洲北部的一些冬青树，按照阿萨·格雷所说的，恰好是处于一种中间状态，就像他说的那样，这基本上属于或多或少的杂性异株现象。

接下来让我们一起来谈一谈吃花蜜的那些昆虫，如果说因为继续选择而让花蜜慢慢增多的这个植物，是一种很普通的植物，同时假设有的昆虫主要是依靠这些植物的花蜜为食。我们能够列举出大量的事实来说明蜂类是如何急于采蜜而想办法节省时间的。比如，有的蜂养成了在一些花的基部咬一个洞，然后进行花蜜吸食的习惯，即使它们只要稍微麻烦一点就可以从花的口部进去。了解并牢记这类型的事实，就能够帮助我们明白，在一些环境条件中，比如吻的曲度以及长度和弯度等个体差异，虽然可能细小到不被我们所觉察的地步，却是对蜂或者其他的昆虫有着极大的利益的。也就是因为如此，才能够让有的个体比其他个体更快地获得食物。如果这样的话，它们所属的这个群体就会逐渐地繁盛起来，同时还会繁衍出许多具有相同特性的类群。普通的

花朵和蜜蜂相互依存，一同发展，这个过程称为共同进化。

红三叶草还有肉色三叶草的管形花冠的长度，第一眼看上去并没有多大的差别，但是，蜜蜂可以轻易地吸取肉色三叶草中的花蜜，却无法顺利吸到普通红三叶草中的花蜜，只有土蜂才能够进入到红三叶草中吸取花蜜。所以说，虽然红三叶草遍布于整片田野中，却无法将珍贵的花蜜大量地提供给蜜蜂。蜜蜂一定是十分喜欢这种花蜜的。因为我很多次看见，到了秋季，有很多的蜜蜂通过土蜂在花管基部咬破的小孔里去吸食花蜜。这两种植物花冠长度方面的差异，虽然决定了蜜蜂种类的来访，不过差别的程度是非常细小的。因为有人曾和我说过，等到红三叶草被收割后，第二茬的花稍微小一些，这个时候就会有很多的蜜蜂去访问它们了。我无法得知这样的说法是不是正确，也无法弄明白另外发表的又一种记载可不可靠。听说来自意大利的一种蜜蜂（通常被认为这只不过是普通蜜蜂的一种变种，它们之间能够进行自由交配），可以到达红三叶草的泌蜜处去吸食花蜜，所以一般生长着很多这种红三叶草的地区，对于吻稍微长些的，也就是吻的构造存在着一些小差异的那些蜜蜂就会有很大的好处。再者说，此种三叶草的受精不得不依靠蜂类的访问来进行，所以说不管是在什么地区，假如土蜂的数量减少了，那么就能够让那些花管较短的或者是花管分裂较深的植物们获得比较大的利益。那么，一般的蜜蜂就可以去吸取它的花蜜了。如此，我就可以理解，经过连续保存具有互利的微小构造差异的所有个体，花与蜂如何同时地或先后逐渐地出现一些变异，而且还是用最完善的方式进行着彼此之间的互相适应。

现在我十分清楚，用前面我们所想象的例子来对自然选择的学说进行说明，一定要遭到人们的反对，就像当初莱尔爵士"用地球近代的变迁，来解释地质学"时所遇到的反对是同一个道理。但是，如今再运用依然活跃的一些地质作用来解释深谷的凿成还有内陆的长形崖壁的形成原因的话，我基本上听不到有人说这是零散繁杂的或不重要的了。自然选择的作用，只是将每一个有利于生物的比较细小的那些遗传变异保存下来，并进行了积累而已。就像近代地质学已经抛弃了那种一次大洪水就可以凿成大山谷的观点一样，自然选择也会将连续创造新生物的信念还有生物的构造会发生任何巨大的或突然的变异的信念摒除掉的。

# 个体间的杂交

我不得不在这里稍微提一些题外话，除了那些我们不怎么了解的奇怪的单性生殖之外，完全不存在疑问的，只要是雌雄异体的动物还有植物，都必须经过交配才可以的。不过，如果是在雌雄同体的现象中，这样的情况不怎么明显。但是，我们有理由去相信，所有雌雄同体的两个个体总会偶然地或习惯性地相互结合来繁殖自己的后代。在很早之前，斯普兰格尔还有奈特以及凯洛伊德就曾含蓄地提出了这种观点。用与许多水生无脊椎动物类似，裸鳃动物（少壳海蛞蝓）是雌雄同体的。图中色彩绚丽的多角海蛞蝓产下了玫瑰色的卵块（正中）。

不了多久，我们就能够看到此种观点的重要性了；不过，在这里我不得不将这个问题先简单地讲一下，尽管我有足够的材料能够展开一定的讨论。所有的脊椎动物，还有所有的昆虫和其他某些大类的动物，只要想进行生育，就必须先进行交配。近代研究的结果将从前认为是雌雄同体的生物的数目，得到了缩减。绝大部分真正的雌雄同体的生物，也是一定要进行交配的。其意思就是，为了繁衍后代，两个个体一定要进行有规律的交配，这正是我们所要讨论的问题所在。不过，还是会有很多雌雄同体的动物，一定不时常进行交配，而且，大部分的植物都是雌雄同株的。那么就可以问：能找出什么样的理由去假定在这样的场合中，两个个体会为了生殖去进行交配呢？详细地来讨论一下这个问题是不可能的，因此我也只能是大概地讲解一下而已。

首先，我之前有搜集过大量的事实，同时还做了很多的实验，来证明动物还有植物的变种之间的杂交，以及相同变种但是不同品系的个体间的杂交，能够提高后代的强壮性还有能育性。和这些相反的是，近亲交配能够减小生物的强壮性以及能育性，这与大多数饲养家们普遍的信念是相吻合的。也就只有这样的事实，能够让我支持自然界的法则，那就是，一种生物如果想要世代永存的话，就不可以自己进行受精。一种生物个体与另一种生物个体偶然地，或者是相隔一定的时期，然后进行互相之间的交配，这是一定不可以缺少的。

如果将这些观点看成是自然法则，那么我们就可以理解下面将要提到的几大类事实了。如果不是这样的话，去找其他的任何观点，都是无法顺利解释清楚的。每个培养杂交植物的人都清楚，暴露在雨水中，对于花的受精是非常不利的，但是花粉囊以及柱头都完全暴露在外的花却又是那么多。虽然说植物自己的花粉囊与雌蕊生的并不遥远，甚至能够保证自花受精，如果说偶然的杂交是必不可少的，那么来自别的花的花粉能够完全自由地进入其中，这样的话，就能够解释清楚前面所说的那些雌雄蕊暴露在外的情况了。还有一个现象是，有很多花也并不是这个样子的，它们的结籽器官是紧紧包裹起来的，比如蝶形花科，也就是荚果科的植物，基本上就是这个样子的。不过，这样的花对于那些前来造访的昆虫基本上都一定会出现一些神奇而美丽的适应状况。蜂的造访对于很多蝶形花来讲是非常重要的，所以说如果蜂的来访遭到了阻止，那么这种植物的能育性就会严重地降低。昆虫们从一朵花飞到另一朵花，很少有情况是没有带一些花粉去的，如此一来就为植物创造了很大的利益。昆虫的作用就好比一把驼毛刷子，这把刷子只要先触着一朵花的花粉囊，紧接着又触到另一朵花的柱头上，那么这个过程就足以帮助植物们顺利地完成受精的工作了。不过不可以假定，蜂的传粉作用能够在不同的植物里产生很多的杂交品种，这种情况是因为，如果植物自己的花粉与来自别处的其他花粉一起出现在一个柱头上的话，那么前者的花粉就会有绝对大的优势导致它们无法避免地会对那些来自外界的花粉进行毁灭性的打击，格特纳以前就提出过这个现象。

如果你看到一朵花的雄蕊突然朝着雌蕊弹跳，或者是缓慢地，逐渐一枝一枝地向着雌蕊弯曲，这样的情形就好像是专门为了适应自花受精。不用怀疑，这对于自花受精是有很大的帮助的。但是想要让雄蕊向前弹跳，通常情况下都需要昆虫的助力，就像凯洛伊德曾经解释的小蘖的情况就是这个样子的。在小蘖属中，基本上都会有这样特别的装置，来方便它们自花受精。但是我们大家都知道，如果将近缘的或者是变种种植在彼此相互靠近的地方，那么将很难培育出纯种的幼苗来。这么说的话，这些植物均是大量地进行自然杂交的。在很多其他的事例中，自花受精通常是比较不方便的，它们拥有比较特殊的装置，可以有效地去阻止柱头接受自花的花粉。按照斯普林格尔还有其他学者的著作，以及我自己的观察，我能够向大家解释说明这一点：比如，亮毛半边莲的确拥有着非常漂亮并且十分精巧的装置，可以将花中相连的花粉囊里大量的花粉粒在本花柱头还无法接受它们之前，全部清理出去。因为基本上不会有昆虫去访这种花，最起码在我的花园里是这个样子的，因此它基本上没有结过种子。但是，当我将一朵花的花粉放在另一朵花的柱头上之后，过了不久，这株植物竟然结出了种子，同时还因此而培育出很多的幼苗。在我的花园里，还有一种半边莲，却是经常会有蜂来访问的，于是它们就可以自由地结出种子。在许多别的场合中，虽然没有别的什么特殊的机械装置去阻止柱头接受同一朵花的花

蜜蜂在传授花粉时，能够发出300到400赫兹的声音，使得散发出的花粉形成尘雾落在蜜蜂身上，有助于蜜蜂传授花粉。

粉。但是，就像斯普林格尔还有希尔德布兰德以及其他人最近提出的，还有我所可以证实到的：那些花在雌蕊准备授粉之前，粉囊就已经裂开了，或者是雌蕊已经可以进行授粉工作了，但是花粉还没有成熟，因此这种可以称为两蕊异熟的植物，实际上是雌雄分化的，而且它们必须经过杂交才可以进行授粉。前面提到的二型性还有三型性交替植物的情况和这是一样的。这样的情况是多么神奇啊。相同花中，花粉的位置与柱头的位置是那么的接近，就像是专门为了自花受精而准备的，不过，在大多数的情况之下，彼此之间并没有什么用处，这又是多么奇妙啊！如果我们用这样的观点，也就是说不同个体的偶然杂交存在着很大的益处或者说是必需的来对这些事实进行解释的话，问题就会变得简单许多。

如果将萝卜、甘蓝、洋葱还有其他一些植物的几个变种种植在相互接近的地方，于是就能够发现，植物们结出来的种子，所培育出来的幼苗大多数都是杂种。比如，我将几个甘蓝的变种种植在同一个彼此间距离比较近的范围之内，从这些种子中培育出233棵幼苗，在所有的幼苗中，仅有78棵依然保持了原变种的性状，甚至就这78株中，也还存在着一些并不纯粹的变种。但是，每个甘蓝花的雌蕊不仅被自己的六个雄蕊包围着，同时还被同株植物上的许多花的雄蕊所包围着，花内的花蕊就算没有昆虫的帮助也能够让自己的花粉顺利地落在自己的柱头上。我曾亲眼见到过，被细心保护起来，与昆虫隔离的花儿，到最后竟然结出了充分数量的种子。但是，那么多变为杂种的幼苗是来自什么地方呢？这一定是因为不同变种的花粉在作用方面比自己的花粉更为优秀有力的原因。这也进一步说明了同种的不同个体进行杂交具有一定的优势这个普遍

达尔文的花园

法则的准确性。如果让完全不一样的物种进行杂交，那么得到的结果则完全相反，因为在这种情况之下植物自身的花粉几乎常常都要比外来的花粉占有一定的优势。与这个问题有关的，我们在后面的章节中还会讲到的。

蜜蜂是传授花粉的好帮手

如果一棵大树上开满了花，我们若只是觉得只有本棵树上的花与花之间才会进行授粉，而很少会与别的树上的花进行花粉的传递，那么，这样的想法和认识就是错误的。并且，同在一棵树上的花，只有在一些特殊的情况下，才能被看成是不同的个体。我认为这样的反对是正确而合适的。不过，自然对于这样的情况早做出了相应的准备，它赋予树一种十分强烈的倾向，让它们生长出雌雄各异的花。在这种情况下，虽然雄花还有雌花依然生长在同一棵树上，但是花粉则是必须按时从一朵花传到另一朵花去，于是花粉们就有了偶然从这棵树被传送到其他树的比较好一些的机会了。一切属于"目"一级的树，在雌雄分化方面，一般都比其他植物多出很多。我在英国时候见到的情况就是这个样子的。按照我的要求，胡克博士将新西兰的树种列成了表格，阿萨·格雷博士将美国的树也列成了表，得到的结果都与我所料想的一样。还有一方面，胡克博士曾对我说，这个规律并不适用于澳大利亚。不过，假如大部分的澳大利亚树木都属于雌雄异熟类型的，那么，同雌雄分离所产生的后果就是相同的，我在这里对树所做的一些简单论述，只是为了能够引起大家对这个问题的注意而已。

接下来让我们简单地谈谈动物方面的问题吧。多种多样的陆栖动物均是雌雄同体的，比如陆栖的软体动物还有蚯蚓；不过，它们都是需要进行交配的。目前我还尚未见过一种陆栖动物可以自行受精。这种明显的差别，恰好提示了陆栖动物和陆栖植物之间的不同对照。不过，按照偶然杂交的必要性原理，就可以彻底地了解这个事实了。因为受精的体制不同，动物们无法像植物那样，依靠昆虫或者是风的作用来进行传播，因此，我们可以说，如果陆栖动物没有进行两个个体之间的交配，那么偶然的杂交就无法完成。而在水栖动物中，则有很多种类是可以自营受精的雌雄同体，水的流动明显能够成为它们做偶然杂交的媒介。我与最高权威之一，也就是赫胥黎教授展开过一个讨论，希望可以找到一种雌雄同体的动物，它的生殖器构造完全地封闭于体中，以至于无法与外界有效地进行沟通，同时也无法收到来自不同个体的那些偶然性的影响。然而结果就如同在花的场合中那样，我并没有成功。在这样的观点的指引之下，上面讲到的例子让我在很长的一段时间内很难解释蔓足类的受精过程。不过，我有幸获得一个侥幸的机会，能够让我去证明两个自体受精的个体在有的情况下也是能够进行杂交的。

不管是在动物还是在植物中，同属于一科甚至是同属中的物种，就算是在整个体制方面，彼此之间非常的一致，但依然有的是雌雄同体的，有的则是雌雄异体的。这样的情况毫无疑问会让绝大部分的博物学者觉得非常怪异。不过，假如所有雌雄同体的生物事实上也在进行着偶然的杂交，那么，它们同雌雄异体的物种之间的差异，如果只是从机能上来说的话，其实是非常小的。

根据相关的这几项考察，还有很多我所搜集的，但无法在这里一一列出来的一些比较特殊的事例来看的话，动物还有植物的两个不同个体间的偶然杂交，就算是并非普遍的，却也是非常一般的自然规律。

# 自然选择中有利的新类型条件

这是一个十分复杂的问题。大规模的变异（这个名词一般都包括了个体差异）很明显是有益的。在一定的时期内，个体的数量大，那么出现有利变异的机会也就多一些，就算是每一个个体的变异量比较少，也能够得到一定的补偿。因此我一直认为，个体数量的多少可以说是决定成功与否的非常重要的一个因素。诚然，大自然是能够给予很长的时间让自然选择去进行工作，不过，我们要知道大自然不可能给予我们无限的时间去等待。这是因为所有的生物都尽力地在自然环境中争夺着自己的一方位置，不管是哪种物种，要是没能够跟着它的竞争者出现应该有的程度上的变异还有改进的话，那么就会遭遇被绝灭的命运。有益的变异最少有一部分是通过后代遗传而来的，如此，自然选择才可以发挥出它的作用。返祖倾向也许会经常来抑制或阻止自然选择的作用，不过，这样的倾向是无法阻止人类用选择的方式去形成许多家养族的，那么它也就不可能胜过自然选择，然后独自发挥自己的作用。

水边的放牛人

在有计划的人工选择中，饲养者们为了各种各样的目的进行了不同的选择，如果仍凭个体进行自由杂交，那么他们的工作就会面临全部的失败。不过，在很多饲养者那里，就算是暂时还没有改变品种的想法，他们却是有一个与品种有关的，基本达到完善的共同标准，试图获得最为优良的品种来繁殖后代。人类此种无意识的选择看起来是没有将选择下来的个体分离开，但是一定能够让这些个体缓慢地得到一定的改进。自然状态中的选择也是这个样子的。因为在有限的区域中，有的地方的自然体系中姑且还存在着一些空缺的位置，按照这个思路去想，所有朝着正确方向变异的个体，就算是变异的程度有些不一样，也都会被保存下来。不过，如果是在一个相当大的地区里，其中的一些小区域基本上一定会呈现出不一样的生活条件，假如同样的一个物种，在不同的区域里出现了变异状况，那么这些新形成的变种，就会在各个区域的边界地带进行杂交。我们在后面的章节中将会进行详细的阐述。生存于中间区域的那些中间变种，时间一长，一般都会逐渐地被邻近的一些变种所代替。只是那些每次生育都不得不进行交配的、游动性很大的，并且繁殖率不是很高的动物，尤其会深受杂交的影响。因此说，具有这些本性的动物，比如鸟，它们的变种通常只局限于隔离的地区中，至少我见到过的情况就是这个样子的。那些只是偶然会进行杂交的，雌雄同体的动物，以及那些每次生育都不得不进行交配但极少会迁移，并且繁殖非常快的动物，就可以在随便一个地方用最快的速度形成新的以及改良后的变种。而且这些类型的生物一般都可以在生存的环境中很快地聚集成群，接着大范围地散布开去。因此这些新变种的个体一般都要互相交配。依据这个道理，园艺者通常都喜欢从大群的植物中留存种子，因为它们在大群中杂交的机会减少了。

甚至对于那些每次生育都必须进行交配，并且繁殖速度还不快的动物来说，自由杂交也不可能消除和影响到自然选择的效果。因为我能够找出大量的事实进行说明。在相同的一个地区，同一物种的两个变种就算经过了很长的时间以后，仍然可以清楚地区别开来，这是这些物种栖息的地点不一样，繁殖的季节稍微有一点点的不同，或者是每个变种的个体喜欢与自己变种的个体进行交配的原因。

想要使得同一物种或者是同一变种的个体在性状上一直保持着纯粹的状态还有一致性，那么，杂交在自然界中就发挥着非常重要的作用。对于那些每次生育都不得不进行交配的动物来说，这样的作用明显很大。不过我们在前面就已提到过，我们可以毫无疑问地相信，不管是哪种动物还有植物，都有可能偶然地进行杂交。就算是在等过很漫长的时间之后才进行一次杂交，通过这种方式生出来的幼体绝对在强壮以及能育性方面都远远超过那些经常靠自己连续自营受精的生物所产生的后代。于是这些个体就会获得更为不错的生存机会和繁殖后代，发扬自身种类的机会。这样下去，就算是间隔的时间会很长，总的来说，杂交的影响依然是很大的。而对于那些最低等的生物，它们不进行有性生殖，不存在个体的结合，更不可能进行杂交。但是，如果在相同的生存条件中，它们想要保持性状的一致性的话，就只好通过遗传的原理还有借加拉帕戈斯陆龟是加拉帕戈斯群岛独有的生物，加拉帕戈斯群岛与外界隔离，拥有自己独特的生态环境。

助自然选择，将那些与固有模式偏离太多的个体都摒弃，这样才能够让性状保持一致。如果生活的环境发生了改变，生物的类型也出现了变异，那么就只有依靠自然选择去保存相似的有利变异能够让变异了的后代得到性状方面的一致性。

隔离，是通过自然选择产生物种变异的另一个非常重要的因素。在一个范围不怎么大，具有局限或者是被隔离起来的地区中，有机的还有无机的生活条件通常情况下基本上是一致的。因此说自然选择就会偏向于使同种的所有个体依据同样的方式进行变异，同时，与周围地区中生物的杂交也会因为这样而受到阻碍，华格纳之前就曾发表过一篇关于此问题的论文，十分有趣。他在论文中提到，隔离在妨碍新变种进行杂交方面所发挥的作用，比之前自己所设想的还要大很多。不过依据前面提到的理由，我不论怎么样都不会同意这位博物学者提出的那些观点。迁徙还有隔离，是出现新物种所必须具备的因素。如果气候、陆地高度等外界条件出现了物理变化以后，隔离在阻止那些适应性比较强的生物的出现方面一样具有非常重要的作用。所以说，这个区域中自然组成中的新场所就空出来了，同时会因为原有生物的变异而被填充起来。最终，隔离为那些新出现的变种提供了缓慢改进的时间。这一点在很多情况之下是相当重要的。不过，如果隔离的地区太小的话，或者是在它们的四周存在着障碍物，还有一种情况就是物理条件非常难得，那么生物的数目就会很自然地变少，如此一来，对变异发生有利的机会就会减少一些，那么通过自然选择来诞生新的品种就会受到一定的阻挠。

如果仅仅是时间的推移，这本身是没有什么作用的，既不会对自然选择有什么益处，也不会影响或者阻碍自然选择的进行。我专门说明这一点的原因在于，有的人误以为我曾假定时间这个因素在改变物种上有着最为重要的作用，就像是所有的生物类型因为一些内在法则，一定会出现变化一样。时间为什么重要，只在于它能够让有利变异的发生、选择、累积还有固定拥有比较好的机会，在这方面它的重要性确实是不可以忽略的。而且，它还可以增强物理的生活条件对各种生物体制所造成的直接影响。

假使我们转到自然界中去验证这样的说法是不是正确的，而且我们所进行研究的，只是随便一处被隔离的小区域，比如海洋岛，尽管生活在那里的物种的数目非常少，就像我们将要在《生物的地理分布》一章中所要讲到的。不过，很多物种的绝大部分都是当地所特有的，这也就意味着，它们只会出生在那个地区而已，世界上的其他地方是没有的。所以乍一看上去，海洋岛对于产生新的物种是十分有利的。只是，如果真的是这么想的话，我们可能已经欺骗了自己。为什么呢？原因在于，如果我们要确定到底是一个隔离的小地区，还是一个开放的大地区比如一片大陆，最有利于生物新类型的产生，我们就应该在相同的时间里去进行比较。很显然，这些是我们所无法做到的。虽然说隔离对于新种的产生是十分重要的，但是从整体来看的话，我更倾向于相信区域的宽阔对于物种的新生才最为重要，尤其是在产生可以经历长久时间的，并且可以广为分布的物种时更是如此。在那些宽阔并且开放的区域中，不只是因为那里能够维持同种的大量个体生存，从而让有利变异的发生具有比较好的机会，同时还因为那里已经有许多的物种存在，所以外界条件非常复杂。这种情形下，如果很多的物种中有的已经发生了变异或得到了改进，那么其他物种一定也会在相应的程度上进行改进，不然就会被消灭掉。每一种新类型，当它们获得了极大的改进之后，就会将目标转向开放的、相连的其他地区了。所以随着发展就会与很多其他的生物类型展开各种各样的生存斗争。此外，在广大的地区，尽管现在是连续的，但是因为之前地面的变动，所以常常表现出并没有连接的状态。所以隔离的最好效果，在一些范围中，通常是存在过的。自此，我能够做一些总结，尽管小的隔离地区在一些方面对于新种的产生是非常有益的，到那时，变异的过程通常是在大的地区中更快一些，同时最为重要的是，在大地区里产生出来的并且还是经过战胜过许多竞争者斗争的新类型，一定是那些分布得最遥远，并且发展出最多新变种还有物种的类型。所以说它们在生物界的变迁史中会处在一个相当重要的位置之上。

按照这样的观点，我们对于在《生物的地理分布》一章里还要讲到的一些事实，基本上就能够理解了。比如，较小的大陆上，就像澳大利亚，那里的生物现在与较大的欧亚地区的生物比起来，就会发现它们逊色很多。还有，生活在大陆上的生物可以在各处岛屿上被顺利地驯化。在小岛范围内，生存的竞争一般都不怎么剧烈，那些地方发生变异的情况就比较少，同时物种被绝灭的情况也就较少一些。所以，我们就能够理解，为什么希尔会说马得拉的植物区系，在一定程度上非常像欧洲已被灭亡的第三纪植物区系。所有的淡水盆地湖泊池塘等合并起来，同海洋或陆地相比较，也不过是一个小小的地区。所以，淡水生物之间的斗争也不会像其他地方那么竞争激烈。正因为如此，新类型的产生也就比较缓慢。同步进行着的是，旧类型的灭亡也会比较缓慢。硬鳞鱼类在很久以前是一个很占有优势的

鸭嘴兽突出的喙柔韧圆滑而且触觉敏锐

目，现在我们只能在淡水盆地中勉强找到它遗留下来的七个属。同时，在淡水区域中，我们还可以找到现在世界上几种形状最为奇怪的动物，比如鸭嘴兽还有肺鱼，它们如同化石一样，与如今在自然等级上相距非常远的一些目或多或少地存在一些联系。这些奇形怪状的动物我们能够称之为活化石，因为它们生存于局限的范围之中，而且因为变异非常少，所以彼此之间的生存斗争也基本上不怎么剧烈，所以它们才得以一直存留到现在。

如今，让我们在这个非常复杂的问题所允许的范围中，对经过自然选择产生新种的有利条件以及不利条件进行一个小小的总结。我所得出的结论是，对陆栖生物来说，地面经历过很多次变动的广大地区，最适合产生许多新生物类型，不仅适于这些新生物长期生存，而且还有利于新生物的广泛分布。如果这片地区是一块大陆，那么生物的种类还有个体均会不计其数，于是就会陷入非常严酷的斗争中。如果地面下陷，大陆被分为几个大岛，那么每个岛上依然会生存着很多同种的个体；在每个新种分布的边界上所进行的杂交就会遭到一定的抑制。不论是经历了什么样的物理变化之后，迁入也会遭到一定的妨碍，因此每个岛上的自然组成中的新场所，一定会因为原有生物的变异而得到填充。时间也可以准许每个岛上的变种充分地进行变异以及改进。假如地面又升高了，又一次成为大陆，那么就会再次出现十分剧烈的斗争。最为有利的或得到改进的变种，就可以在这个时候充分地分布开去，而那些改进较少的类型大部分都会遭到残忍的灭绝。同时，新连接的大陆上的各种生物的相对比例数也会出现新的变化。此外，这个地方又会成为自然选择的优良的活动场所，更进一步地去改进生物，进而再次产生出更为优秀的新种来。

我完全承认，自然选择的作用通常情况下是非常缓慢的。只有在一个区域的自然组成中还留有一些地位，能够由现存生物在变异后依然较好地占有，这种情况下自然选择才会发挥其作用。此种地位的出现，一般都决定于物理变化，这种变化经常是非常缓慢的。还有，除了之前所提到的以外，还受较好适应的类型的迁入有多少受到阻止的影响。有一小部分原本就有的生物一旦出现了变异，那么别的生物之间的互相关系就会被彻底打乱。于是就能够创造出新的生物，等待适应能力较强的类型填充进去。不过这一切发生得非常缓慢，虽然同种的所有个体在一些比较细小的程度上存在着各种差异，但是想要让生物体制的各部分出现最适合的变化，那么就需要相当长的一段时间了。这样的结果又常常会受到自由杂交带来的明显的延滞。很多人会说这多种多样的原因已足可以抵消自然选择的力量了。我认为不会这样的。不过我一直相信自然选择的作用通常都是十分缓慢的，必须要经过相当长的一段时间而且只可以作用于同一地区的一小部分生物身上。我也更加相信这种缓慢的、断续的结果，与地质学告诉我们的，这个世界生物变化的速度和方式是十分吻合的。

选择的过程固然非常缓慢，假如力量薄弱的人类还可以在人工选择方面有很多作为的话，那么，在相当长的一段时间中，经过自然力量的选择，也就是通过最适者生存，我认为生物的变异量是没有终点的，所有的生物彼此之间，还有和它们的物理的生活环境之间，相互适应的神奇并且复杂的关系也是没有终点的。

# 自然选择带来的灭绝

在后面的章节里还要详细讨论这一问题，但因为它和自然选择有密切的关系，所以这里必须谈到它。自然选择的作用全在于保存在某些方面有利的变异，随之引起它们的存续。由于一切生物都按照几何比率高速地增加，所以每一地区都已充满了生物；于是，有利的类型在数目上增加了，所以使得较不利的类型常常在数目上减少而变得稀少了。地质学告诉我们，稀少就是绝灭的预告。我们知道只剩下少数个体的任何类型，遇到季候性质的大变动，或者其敌害数目的暂时增多，就很有可能完全绝灭。我们可以进一步地说，新类型既产生出来了，除非我们承认具有物种性质的类型可以无限增加，那么许多老类型势必绝灭。地质学明白告诉我们说，具有物种性质的类型的数目并没有无限增加过；我们现在是想说明，为什么全世界的物种数目没有无限增加。

我们已经看到个体数目最多的物种，在任何一定期间内，有产生有利变异的最好机会。关于这一点我们已经得到证明，第二章所讲的事实指出，普通的、广布的即占优势的物种，拥有见于记载的变种最多。所以个体数目稀少的物种在任何一定期间内的变异或改进都是迟缓的；结果，在生存斗争中，它们就要遭遇到普通物种的已经变异了的和改进了的后代的打击。

根据这些论点，我想必然会有如下的结果：新物种在时间的推移中通过自然选择形成了，其他物种就会越来越稀少，而终至绝灭。那些同正在进行变异和改进中的类型斗争最激烈的，当然牺牲最大。我们在《生存斗争》一章里已经看到，密切近似的类型，即同种的一些变种，以及同属或近属的一些物种，由于具有近乎相同的构造、体制、习性，一般彼此进行斗争也最剧烈；结果，每一新变种或新种在形成的过程中，

北美一处夏季干旱的湖泊给当地生物数量带来巨大影响

| | |
|---|---|
| **A** - Sounding winch | **I** - FitzRoy's cabin |
| **B** - Mizzenmast | **J** - Mess room |
| **C** - Azimuth Compass | **K** - Lower deck |
| **D** - Dinghy | **L** - Bread room |
| **E** - Chart Room* | **M** - Mess room store |
| **F** - Steering Wheel | **N** - Weapons storage |
| **G** - Compass | **O** - Spirit room |
| **H** - FitzRoy's store room | **\*** - Darwin's cabin |

"贝格尔"号中间部分和上层甲板平面图

一般对于和它最接近的那些近亲的压迫也最强烈，并且还有消灭它们的倾向。我们在家养生物里，通过人类对于改良类型的选择，也可看到同样的消灭过程。我们可以举出许多奇异的例子，表明牛、绵羊以及其他动物的新品种，花卉的变种，是何等迅速地代替了那些古老的和低劣的种类。在约克郡，我们从历史中可以知道，"古代的黑牛被长角牛所代替，长角牛又被短角牛所扫除，好像被某种残酷的瘟疫所扫除一样"（我引用一位农业作者的话）。

# 性状趋异

我拿这个术语所解说的原理是非常重要的，我认为能够用它来解释很多个重要的事实。首先，各个变种就算是特征非常明显的那些变种，尽管或多或少地带有物种的性质，比如在很多场合中，对于它们该怎样进行分类，总是难解的疑问。当然，这些生物彼此之间的差别，与那些明确而纯粹的物种比起来，差异还是很小的。根据我的观点，变种就是形成过程中的物种，以前我喜欢称之为初期物种。变种中那些比较小的差异如何扩大成物种之间较大的差异呢？这个过程时时发生，我们能够从下列事实中推断出这个说法：在自然界中，大量的物种都表现出很明显的差异，但是变种，这种将来的明显物种的假想原型以及亲体，只是呈现出非常细小的甚至是非常不明显的差异。如果只是偶然（我们能够如此称呼它）导致一个变种在一些性状方面会与亲体存在着一定的差异，之后该类变种的后代在同一性状方面又会同它的亲体之间出现更大程度上的差别。不过光凭这一点，绝对不足以说明同属异种间存在着的那些差异为什么会这么常见，并且还十分巨大。

根据一直以来的做法，我去家养动物还有植物中去探索对这个事情的说明。在那里我们可以看到类似的情况。不能不认可，如此差异非常大的品种，比如短角牛与黑尔福德牛，赛跑马与拉车马，还有很多鸽子的品种等，绝对不是在很多个连续的世代中，仅仅从相似变异的偶然中累积后产生的。在实践中，有一些养鸽者十分喜欢短喙的鸽子，而有的养鸽者则偏好于长喙的鸽子。有一个被大家所公认的现象，那就是：养鸽者们都喜欢比较极端的鸽子类型，很少会有人去喜欢那些中间的类型。于是养鸽者们就会继续去选择和养育那些喙越来越长的或者是越来越短的鸽子（事实上翻飞鸽的亚品种就是通过这样的方式而出现的）。此外，我们还可以假想一下，在历史的初期，一个国家或一个地区的人们需要跑起来飞快的马，但是在其他地方的人可能需要比较笨重的那种高头大马。也许一开始的差异是非常细小的，不过，随着时间的流逝，这个地区不断地选择快捷的马，另一个地方不断地选择强壮的马，于是慢慢地，差异就会越来越大，就会形成完全不同的两种亚品种。最终，在经过很多个世纪以后，这交喙鸟的喙上下部分交错，从而帮助它们打开松果等坚硬食物。

风信子金刚鹦鹉拥有鸟类中最强有力的喙，足以断裂巴西坚果。

弯嘴鸻是唯一鸟喙弯向右边的鸟。弯嘴鸻是生活在新西兰的一种不能飞的鸻科鸟，它们常用喙把地上的昆虫扫进嘴里。

猫头鹰强有力的喙能够撕碎田鼠、老鼠、兔子、囊地鼠、大草原狗，甚至松鼠和小猴子。

剑喙蜂鸟有一个极其长的喙和长舌头，能从花中采食花蜜。

鸟喙的形状

些亚品种就成为界限分明，十分稳定的两种品种了。当二者之间的差异继续变大，那些属于中间性状的劣等马，也就是那些跑起来不快捷长得也不怎么强壮的马，就不会被用来育种，也就会慢慢地走向灭亡。那么，我们从人类的人工选择产物里看到了人们所说的分歧原理的作用，这种作用让最开始难以察觉的差别逐渐地扩大，时间一久，品种与品种之间还有与自己的共同亲体之间，在性状方面就有一定的分歧了。

不过有人估计会问，如何才可以将类似的原理应用于自然界中呢？我相信可以应用并且还可以应用得非常有效（尽管我很久之后才知道该如何应用）。简单地说，不管是哪一种物种的后代，越是在构造、体制、习性上有分歧，那么它在自然组成中就越可以占有各种不同的位置，同时，它们在数量上也就越会得到大量的增加。

在习性简单的动物当中，我们能够十分明白地看到这样的情形。我们以食肉的四足兽为例，它们在所有可以维持自己生活的环境中，早已到饱和的平均数。假如准许它们的数量自然增加的话（它们生活环境中的条件没有出现变化的前提下），它们必须依靠变异的后代去争取别的动物当前所生活着的地方，这样才可以顺利地增加自己的数量。比如，它们中间有的会变成可以吃新种类的猎物，不管是死的还是活的，有的则变异得可以住在新的地方了，爬树、涉水，同时，有些也许还能够减少自己的肉食习性。食肉动物的后代，如果在习性还有构造方面变得越来越有分歧，那么它们能够占据的地方就会越来越多。可以应用于一种动物的原理，也可以应用于所有时间里的所有动物，前提是说，如果它们都出现了变异的话。假如变异不曾发生过，那么自然选择就不会发挥任何作用。关于植物，也是同样的道理。事实向我们证明，如果只在一块土地上播种一种植物，而与此同时，在另一块相似的土地上播种一些不同属的植物，那么第二块土地上就会比第一块土地上生长出更多的植物，收获数目更多的植物。如果有两块相同大小的土地，其中一块我们可以种上一种小麦的变种，另一块土地上则播种上多种小麦变种，也会出现相同的状况。因此，不管是哪一个草种正在进行着变异，而且假如各变种被连续地选择着，那么它们将会如同异种以及异属的草一般，彼此间进行相互的

小麦

区别，尽管区别的程度非常小，那么此种物种的大部分个体也包含它们变异了的后代在其中，就可以成功地在同一块土地上长久地生存下去。大家都了解，草类的各个物种以及变种每年都要播散不计其数的种子，在最大限度地追求增加自己的数量方面，应该说是竭尽所能。于是，等到相传数千代之后，只要是草种中变种最为明显的后代都能够成功地获得生存的条件还有增加数量的最好机会，这样一来就可以排斥掉那些比较不太明显的变种了。等到变种发展到彼此之间的差别十分清楚，截然不同的时候，就能够获得物种的等级了。

　　构造庞大的可异性，能够让生物们最大限度地获得生存的空间，这个道理的可信性，已经可以在很多的自然环境中看到。在一片很小的地区中，尤其是在对外开放，自由出入的情况之下，个体同个体之间的斗争毫无疑问将会是十分剧烈的，在那样的地方，我们总是能够看到生物间存在着的巨大分歧性。比如，我见到过有一块草地，它的面积为三英尺乘四英尺，多少年来一直都暴露在完全相同的条件之中，在这块草地上生长着 20 个物种的植物，分别属于 18 个属以及 8 个目，由此就能看出这些植物彼此之间的差异是多么巨大。在情况相同的小岛上，植物还有昆虫们也是相同的情况，而在淡水池塘中的境况也是一样的。农民们都发现了一个现象，在一块土地上轮种不同科目的作物收获的成果是最多的，自然界中在进行的，能够称为同时的轮种。不管是在什么样的地方，密集地生活在这里的动物还有植物们，大部分，可以在这里生活

（假设这块土地上没有任何其他特殊的性质），应该说，它们全部都在竭尽全力地在那里生活。不过，我们能够看到，在斗争最为激烈的地方，由于构造分歧性所带来的利益，还有与其相伴随着的习性以及体制方面的差异所带来的利益，遵照通常的规律，必然导致了彼此之间争夺得最厉害的生物，正是那些常被我们称为异属以及异"目"的生物。

相同的道理，从植物经过人类的作用后能够在异地归化这方面也能看出来。有的人估计会这么设想，在随便一块土地上都可以变为归化的植物，应该是与当地的植物具有近缘关系。因为，在一般的情形之下，人们觉得生活于当地的植物，都是专门为了这个地方而创造出来的，而那些可以归化的植物，一定是属于那些特别能够适应迁入一些地点的，极为少数的几种植物。不过，真实的情况却不是这个样子的。德康多尔在他那本值得称颂的伟大著作中，曾明白地说过，和本地植物属和种的比率相比的话，经过归化而增加的植物中属的数目，远远比种的数目要多出很多。我们可以从一些事例中来了解一下，在阿萨·格雷博士的《美国北部植物志》一书的最后一版中，曾列举了 260 种归化的植物，它们属于 162 个属。因此我们能够看出这些归化的植物的趋异性是特别大的。此外，这些归化植物与当地的植物存在着很大的不同，这是由于，在 162 个归化的属中，来自别处的不少于 100 个属。那么也就是说，如今生存于美国的植物中属的比率是得到了极大增加的。

仔细观察一下那些不论在什么地方都能够与土著生物进行斗争，并且能够获得胜利，同时还在那个地方归化了的植物或者是动物的本性的话，我们基本上就能够认识到，有的土著生物必须经历过什么样的变异才可以战胜那些与它们同住的其他生物。至少我们能够推断出，可以弥补和外来属之间差异的构造分异，对于这些生物是十分有利的。

实际上，相同地方生物的构造分歧所产生的利益，就像一个整体中各个个体器官的生理分工所获得的利益是同一个道理。米尔恩·爱德华兹以前就详细地讨论过这个问题。任何一个生理学家都不会去怀疑那些专门用来消化植物性物质的胃，还有专门消化肉类的胃，可以从这些物质中汲取到大量的养料。所以不管在什么样的土地上，一般的生物系统里，动物与植物对于不同生活习性的分歧越广阔和越完善，那么可以生活在那里的个体数量就能够越来越多。一般情况下，体制分歧小的动物是很难与那些构造分歧大的动物进行生存斗争的。比如，澳大利亚各种有袋动物能够划分为很多个群，只是彼此之间的差异不是很大，就像沃特豪斯先生还有其他人所指出的那样，就算这几种有袋的动物勉强能够代表食肉类、反刍类以及啮齿类的哺乳动物，也很难让人相信它们可以成功地与那些发育良好的各目动物进行竞争并获得成功。在澳大利亚的哺乳动物当中，我们见过的分歧的进程依然处于早期的以及不完全的发展阶段里。

恩斯特·海克尔(1834-1919)，德国生物学家，他将达尔文的进化论引入德国，并在此基础上继续完善了人类的进化论理论。

# 第五章

# 变异的法则

# 环境变化的影响

　　我之前曾讲到，在家养环境中生物的变异是非常普遍并且多样的，而在自然环境中生物的变异程度则会差一些。我在说明这些变异现象时让人听起来觉得好像这些变异都是在偶然情况下发生的。很明显，这样的理解是非常不正确的。但是我们又不得不承认，对于那些各种各样奇怪的变异的原因，我们的确是毫无所知的。有一部分著作家的观点是，出现个体差异或者是构造方面的微小差异，就好比让孩子像他的双亲一样，是因为生殖系统的机能而造成的。不过，变异以及畸形在家养环境中比在自然环境里更为多见，而且分布广泛的物种的变异性，比分布范围较小的那些物种的变异性大，这么多的事实可以让我们得出一个结论，那就是变异性通常情况下是同生活条件有着密切联系的，并且每个物种已经在这种生活环境中生活很多个世代了。在第一章中，我就曾试图向大家说明，出现变化的外界条件依照两种方式在发挥其作用，也就是直接地作用于整个体制或只作用于体制中的一些部分，同时还间接地通过生殖系统发挥着作用。在所有情况下都包含着两种因素，一个是生物的本性，在二者之中这个是最为重要的，还有一个是外界环境的性质。发生了变化的外界条件的直接作用，引起了一定的或不确定的后果。在后面的一种情况中，体制看起来好像变成可塑性的

南印度洋克古伦岛上的鸬鹚

了，而且我们看到非常大的彷徨变异性，在前面的一种情况中，生物的本性是这样的，假如处在一定的环境之中，那么它们很容易屈服，而且所有的个体或者说差不多所有的个体都会用相同的方式去出现变异情况。

想要确定外界环境的变化，像气候、食物等的变化，在一定情况下曾经发挥过多少作用，是非常困难的。我们不得不去相信，在时间的推移下，它们所发挥的作用远远超出了那些显而易见的事实所能够证明的部分。不过，我们能够很有把握地断言，处于自然环境之下，各种生物之间所表现出来的构造上的那些不计其数的复杂的相互适应性，绝对不可以只是简单地归因于外界环境的影响。在下面的一些例子里可以说明，外部的条件看起来好像是引起了一些微小的变化。福布斯认为，生活于南方浅水范围中的那些贝类，它们的色彩比生活在北方的或者是常年生活于深水中的同种贝类要鲜艳很多。不过也不一定全部都是这个样子。古尔德先生认为，相同种族的鸟，长期生活于明朗大气中的，它们的颜色就比常年生活于海边或岛上的鸟儿们要鲜艳很多。在沃拉斯顿看来，长期生活于海边的话，容易影响昆虫们的颜色。摩坤·丹顿以前曾列过一张植物表，那张表所列举出来的植物，生活于近海岸的那些植物，它们的叶子在一定程度上叶质比较肥厚，尽管在其他地方并不是这个样子的。那些出现小量变异的生物是十分有意思的，其中的原因在于，它们所表现出来的那些新的性状，同局限在相同外界环境中的同一物种所表现出来的性状是十分接近的。

不管是哪种生物，当一种变异在其身上出现极为细小的作用时，我们都无法准确地说明白这种变异到底有多少能够归功于自然选择的累积作用，又有多少可以归因于生活环境所发挥的作用。比如说，一般做皮货生意的商人都比较了解，同种动物所生活的地方越是靠北，那么它们的毛皮就越厚也越好。可是，谁又能说清楚这样的差异，有多少是因为毛皮最温暖的个体在世世代代的相传里获得了利益所以被保存了下来，又有多少是因为气候寒冷而导致的呢？因为气候看起来好像对于我们家养兽类的毛皮有着某种直接的作用。

在明显不相同的环境中生存的同一物种，可以产生类似的变种。而也有一些情况是，在明显相同生存环境里的同一物种，也有可能产生出了不相像的变种，我们能够列出很多这类型的事例。此外，也有的物种虽然生存于完全相反的气候之中，却依然可以保持纯粹，甚至能够完全不出现变化，大量这类型的事例对于每一个博物学者来说都是不陌生的。这样的观点，能够让我考虑到周围条件的直接作用，比起那些因为我们完全不知道的原因而引起的变

俄罗斯黑貂生活在西伯利亚东部，常常需要面对极度的寒冷。它的毛皮对人类来说商业价值很高。

异倾向来说并不是特别重要。

从某种意义上来说，生活环境不仅可以直接地或间接地引发变异，同时还能够将自然选择包括于其中。因为生活条件决定了每一个出现的变种是否可以生存下去。可是，当人类充当着选择的执行者这个角色时，我们就能够显著地发现，变化着的两种要素之间的区别是十分明显的。变异性以一定的方式被激发起来，不过这只是人的意志而已，它让变异朝着一定的方向累积了起来。后面的那个作用就像是自然环境中最适者生存的作用。

# 飞翔器官与视觉器官的使用与废止

按照第一章中所讲的现象，在我们的家养动物当中，有的器官因为经常使用而被加强和增大了，也有一些器官因为不常用而被缩小了，我认为这是不用怀疑的。同时我还认为，这样的变化是可以遗传的，在不受限制的自然环境之中，由于我们并不知道祖代的类型，因此我们找不到比较的标准拿来判别长久连续使用以及不使用的效果。不过，有很多的动物所拥有的构造，是可以根据不使用的效果来得到最好解释的。就像欧文教授曾经讲的那样，在自然界中，还没有找到比鸟不能飞更加异常的情况。但是，我也发现，有一些鸟确实是不能够飞起来的。南美洲的大头鸭只会在水面上拍动自己的翅膀，它的翅膀基本上与家养的艾尔斯伯里鸭的一样。需要引起我们注意的事情是，坎宁安先生曾说，这些鸟的幼鸟是可以飞的，可是等长大后就失去了飞翔的能力。由于在地上寻找食物的大型鸟，除了要逃避危险之外，极少飞翔，于是现在栖息在或者是不久之前曾经栖息在没有食肉野兽的几个海岛上的几种鸟，基本上呈现出没有翅膀的状态，估计是因为长时间不使用的原因。鸵鸟确实是栖息在大陆上的，它生存于自己无法用飞翔来脱离的危险之中，不过它可以像四足兽一样，有力地用踢的方式来对抗敌人成功地保护自己。我们能够确信，鸵鸟一属祖先所拥有的习性，在最开始是与野雁近似的，可是由于它身体的大小还有重量在连续的世代中增多了，于是更多地，它渐渐习惯了使用它的腿，却很少再去使用它的翅膀了，于是到最后，它就失去了飞翔的能力。

曾听过科尔比说（我自己曾经也见到过同样的事实），很多吃粪的雄性甲虫的前趾节，也就是前足经常会断掉。他细查了自己采集到的 16 个标本，竟然没有一个留下一丁点儿痕迹，有一种名为阿佩勒蜣螂的生物，一般情况下，它们的前足跗以及节都是断的，这使得它们在很多的著作中被描述成一种没有跗节的昆虫。在一些别的属当中，虽然它们也拥有跗节，可也仅是一种残留下来的痕迹而已。被埃及奉为神圣的圣甲虫也不具有完整的跗节。虽然说关于偶然的损伤是不是会遗传这个问题到现在为

止还无法确定，不过，勃隆·税
奎曾于豚鼠中观察到外科手术
有遗传的效果，这个明显的事
例应该能够让我们在反对这种
遗传倾向的时候谨慎注意自己
的观点和言辞。所以说，对于
完全没有前足跗节的圣甲虫，
还有对于一些其他属只是留下
跗节残迹的生物，最合适的态
度估计是不将它看成是损伤的

阿根廷巴塔哥尼亚海岸

遗传，而将那种现象看作是因为长期不去使用所造成的后果。由于很多食粪的甲虫通
常都失去了跗节，这样的情况肯定是出现在它们生命的早期，因此，跗节对于这类型
的昆虫没有太大的重要作用，也可以说不曾被它们频繁地使用过。

　　在一些情况中，我们很容易将那些全部或者是主要因为自然选择而造成的构造变
异看成是不常用的原因。沃拉斯顿先生曾关注了一件非常值得我们重视的事实，那就
是，栖息于马德拉的 550 种甲虫（如今了解到的更多）中，有 200 种甲虫因为翅膀的
缺陷而无法飞起来。而且在 29 个土著的属当中，不少于 23 个属的全部物种都出现了
这样的情形。有一些这样的事实，那就是，世界上很多地方的甲虫经常会被风吹到海
中结束自己的生命。而生活在马德拉的那些甲虫，据沃拉斯顿的观察，它们隐藏得非
常好，等到风平浪静之后才会跑出来。没有翅膀的甲虫的数目，在毫无遮拦的德塞塔
群岛比在马德拉更多。尤其是还有一种奇异的现象被沃拉斯顿所特别重视，那就是，
那些不得不使用翅膀的大群的甲虫，在别的地方十分多，可是在这里却基本上很难找
出来。学者们的这些考察让我们相信，数量如此多的马德拉甲虫之所以没有翅膀，其
主要原因估计是因为和不使用的原因结合在一起的，所谓自然选择的作用。由于在很
多连续的世代里，有一部分甲虫个体或者是因为翅膀发育得比较不完整，也有可能是
因为极少用到翅膀，飞翔的次数最少，因此才不会被风吹到海中，于是才获得了最好
的生存机会。相反，那些最喜欢飞翔的甲虫们的个体，经常是最易被风吹到海里去的，
所以才会被渐渐地毁灭。

　　在马德拉还有一部分不在地面上寻找食物的昆虫，比如有一些在花朵中寻找食物
的鞘翅类还有鳞翅类，它们得不得经常性地使用自己的翅膀去得到食物，确保生存。
按照沃拉斯顿先生的猜测，这些昆虫的翅膀不仅一点都不会缩小，甚至还有继续增大
的可能。而这一点，是完全与自然选择相符合的作用。当一种新的昆虫一开始来到这
个岛上的时候，自然选择的作用能够让这些新来的昆虫的翅膀增大或者缩小，这一点
能够决定很多昆虫的命运，能够使得大部分的个体或者成功地与自然环境尤其是风斗
争从而被保存下来，或者是放弃飞翔的想法，少飞或者是不飞，通过这样的方式来使

鼹鼠的眼睛极不发达,大部分藏在皮毛里。

自己被保存下来。举个简单的例子,比如我们的船在靠近海岸的地方坏了,对于船上的船员们来说,擅长游泳的人们,如果可以游得越远,就越好,而不善于游泳的人们,只好攀住破船,对于自己的生存比较好一点。

鼹鼠还有一些穴居的啮齿类动物的眼睛都极不发达,而且在一些情况下,它们的眼睛基本上被皮和毛全部遮盖住了。这些生物的眼睛出现的这种现象,估计是因为不常使用眼睛致使眼睛慢慢缩小了,但是这其中估计还有自然选择的影响。在南美洲存在着一种穴居的啮齿动物,被称为吐科吐科,与鼹鼠相比,它的深入地下的习性绝对有过之而无不及。一个经常捕捉吐科吐科的西班牙人曾告诉过我,这些生物的眼睛基本上都是瞎的。我曾养过一只活的,它的眼睛确实是这样的情况。等到解剖后,才了解了其中的原因,是因为瞬膜发炎而造成的。眼睛经常发炎不论是对于哪种动物都一定是有伤害的,而且因为眼睛对于具有穴居习性的动物来说并不是十分必要的,所以在这样的情况之下,它们的形状就会慢慢地缩小,上下眼睑慢慢地粘在一起,并且还有毛生在上面,这对它们来说也许还是有利的。如果真的有利的话,那么自然选择就会对这样的效果付出一定的帮助。

山洞中是没有自然光线的,因此山洞中的动物有特别的生存方式。

我们都知道，有一些属于极其不同纲的动物，栖息于卡尼鄂拉还有肯塔基的洞穴里，它们是没有什么目的的。还有一些蟹，尽管早已没了眼睛，但是眼柄仍然存在着，看起来就像望远镜的透镜已经没有了，但是望远镜的架子还一直存在着。对于长期生存于黑暗中的动物们来说，眼睛虽然没有什么用，但是如果没有眼睛的话对它们会有什么害处我们谁也想象不出来，也不得而知。因此它们的亡失能够顺理成章地归因于不常使用。有一种叫作洞鼠的穴居动物，西利曼教授曾经在距离洞口半英里的地方捕捉了两只回去，由此可以看出它们并不是住在非常深的地方，它们的双眼生得大并且十分有光。按照西利曼教授对我说的，当这种动物被放在逐渐加强的光线中时，约过上一个月左右的时间，就可以大概地辨认眼前的事物了。

难以想象，生存环境还有比在几乎相似气候中的石灰岩洞更为相像的了。因此，依据盲目动物系是美洲还有欧洲的岩洞分别产生出来的这种旧观点，能够遇见到它们的体制还有亲缘是非常相近的。假如我们对这两个地方的整个动物群进行观察的话，就会发现事实并不是这样的；仅仅是在昆虫方面，希阿特就曾提到过："因此我们不可以用纯粹的，地方性之外的眼光去观察所有的现象，马摩斯洞穴（在肯塔基）以及卡尼鄂拉洞穴那一带的个别类型的相似性，说白了不过就是欧洲还有北美洲的生物群之中，那些一般存在的类似性的明显表现罢了。"在我看来，我们不得不假定美洲的动物在绝大部分的情况中是有正常视力的，它们一步一步慢慢地从其他地方移进肯塔基洞穴那些越来越深的地方，就像欧洲的那些动物逐渐步入欧洲的洞穴中一样。我们有这样的习性渐变的一些证据。希阿特曾经提出："因此我们将地下动物群看成是从邻近地方被地理限制所影响着的一些动物的小分支，一旦它们逐渐扩展到黑暗的环境中后，就会很快地适应周围的环境。最开始从光明转入黑暗中的动物，和普通的类型之间的距离并不算远。紧接着，那些自身构造比较适合微光环境的类型渐渐地出现了，到最后，就是适合完全黑暗环境的一些类型了，这些生物的形成是非常特殊的。"我们不得不理解希阿特的这种说法并不适合放在同一物种身上，但是，是适用于那些不同的物种的。动物们在经过很多个世代之后，等到自己达到了最深的深处时，它们的眼睛早已因为不常用，基本上被全部灭迹了，并且我们都知道自然选择往往能够引起一些其他的变化，比如触角要不就是触须的增长，算是作为对盲目状态的一种补偿。虽然有这样的变异，我们依然可以看出美洲的洞穴动物和美洲大陆其他种族动物之间的亲缘关系，此外还有欧洲的洞穴动物同欧洲大陆动物之间的亲缘关系。达纳教授曾经和我说过，在美洲，有一些洞穴动物确实就是这个样子的，那么欧洲的一些洞穴昆虫呢？它们也和自己周边地方的昆虫有着非常密切的关系。假如依据它们是被独立创造出来的普通观点看的话，对于盲目的洞穴动物还有它们和自己生存的大陆上的其他动物之间的亲缘关系，我们就很难找出一个合理的解释了。新旧两个环境中的几种洞穴动物的亲缘，应该说是十分密切的，我们能够从众所周知的，大多数这两个地区的其他生物间的亲缘关系方面推断出来。由于埋葬虫属里的一个盲目的物种，在距离洞穴口外比较远的阴暗的岩石下有不小的数目，这一属中的洞穴物种的视觉已经没有了，基本上和它们生活在黑暗中没有太大的关系。这也是正常的现象，一种昆虫既然已经没有了视官，那么就很容易去适应黑暗的洞穴了。还有一种盲目的盲步行虫属同样具有这样明显的特性，按照默里先生的观察，除了在洞穴中，在其他地方并没有见到过这些物种，但是栖息在欧洲以及美洲一部分洞穴中的那些物种是不一样的，也许那些物种的祖先，在未曾失去视觉之前，曾广泛地分布于这个大陆上的很多地方，后来因为某种原因，除了那些隐居在洞穴中的以外，都被绝灭了。有的穴居动物非常特殊，其实这没有什么值得我们称奇的，像阿加西斯曾经提到的盲鳉，还有欧洲的爬虫类，那些盲目的盲螈，均是非常奇怪的。我所感到好奇的，是古代生物的那些残骸保存下来得并不太多，或许是因为栖身于黑暗环境中的动物比较少，所以它们之间的竞争比较不激烈吧。

# 适应性变异

　　植物的习性具有遗传的性质，比如花开的时间、休眠的时间、种子发芽阶段所需要的雨量等，所以我要稍微谈一谈气候的驯化。对于同属中不同物种的植物来说，生存于热带以及寒带本来就是非常常见的现象，假如同属中的所有物种的确是由单一的亲种传下来的，那么气候驯化在生物繁衍的长期过程中一定会轻易地发挥对生物的影响作用。几乎所有人都知道，每一种物种都可以去适应它的本土气候，但是，来自寒带甚至是来自温带的物种一般都无法在热带的那种气候中很好地生存，反之亦然。还有很多多汁植物无法忍受潮湿的气候。可是几乎所有物种对于其所生存于其中的气候的适应程度，经常被我们预估得太高。我们能够通过下面的事实来论证这个说法：我们常常无法预知一种引进植物是否可以忍受我们现在的，对于它们来说是新的气候，还有那些从不同地区引进的很多植物以及动物，是不是能够在这里完全健康地生存下去。大家能够去相信，物种在自然环境中，因为要同其他的生物进行竞争，所以在分布方面也受到了严格的限制，这样的影响与物种对于特殊气候的适应性非常相像，或者更多一些。不过，不论此种对气候的适应性在大部分的时候是不是极为密切，我们都能够找到证据去证明有一小部分植物在一定程度上进化得能够很自然地地去习惯那些不同的气温了。也就是说，它们变得驯化了。胡克博士以前曾从喜马拉雅山上不同高度的位置采集回同种的松树还有杜鹃花属的种子，将它们栽培在英国之后，发现它们在新的环境中竟然拥有着不同的抗寒力。思韦茨先生曾经对我说过，他在锡兰见到过相同的事实。华生先生曾将欧洲种的植物从亚速尔群岛带回英国，也进行了类似的研究和观察。我还可以列出一些其他的例子来。而对于动物，也有很多真实的事例能够引证。由此我们可以看出，从地球上出现生命以来，物种一直都在最大限度地发展和壮大自己的分布范围，它们从较暖的纬度一直扩散到较冷的纬度，当然还有相反的扩展。可是我们无法确切地知道这些动物是不是严格地适应了它们本土的气候。尽管在通常情况下我们认为的确如此。我们也不确定它们后来是不是对自己的新环境变得十分驯化，比它们最开始的时候可以更好地去适应那些地方。

我们能够推断出，家养动物最开始是由还没有开化的人类选择出来的，由于它们对于人类来说有用，而且还由于它们在封闭状态下也容易进行生育，并不是因为后来发现这些生物可以输送到很远很远的地方，所以说，我们的家养动物拥有着共同的、非常的能力，不仅可以抵抗非常不同的气候，同时还完全可以在那样的气候中进行生育（这是异常严峻的考验），依据这个特点，就能够证实如今生活在自然环境中的动物大部分可以轻易地抵抗差异极大的气候。不过，我们一定不可以将这个论点推论得太远，其理由是，人类的家养动物也许起源于几个野生祖先，不能太绝对地说。比如，热带狼还有寒带狼的血统估计已经混合在了我们的家养品种当中。鼠类还有鼷鼠并不是我们的家养动物，不过，它们被人类带到了世界的很多地方，现在分布范围的广大，远远超出了别的任何啮齿动物。它们在北方生存在非罗的寒冷气候之中，在南方生存在福克兰，同时，有的还生存于热带的很多岛屿上。所以，对不管是什么样的特殊气候的适应性，都能够看成是动物天生就容易适应新环境新气候的能力。依据这样的论断，人类自己与他们的家养动物对于极端不同气候的承受能力，还有那些绝灭了的象以及犀牛，在以前曾可以承受冰河期的气候，但是它

大多数热带雨林每年降雨量在1500 到 4000 毫米之间，植物在这样温暖潮湿的条件下可迅速生长。

犀牛有庞大的身躯、坚韧的皮肤、突出的触角，这些使得人们一看到它们就容易将其和恐龙家族联系在一起。实际上这也有一定合理之处，因为犀牛确实有着古老的祖先。

们的现存种能够很好地去适应热带以及亚热带的气候环境。这些情况都不可以被当成是异常的现象，而应该看成是非常普通的体制挠曲性在特殊环境条件中发挥作用的一些例子。

不管是什么样的特殊气候，物种对其的驯化，有多少是仅仅取决于自己的生活习性，又有多少是对具有不同构造的变种的自然选择，另外还有多少是来自上述二者的共同作用，这目前还是一个比较难以解决的问题。按照类推的办法，还有按照农业著作甚至是古代的中国百科全书中提出的那些忠告，说将动物从此地运到彼地时一定要非常小心，所以我坚定地认为，习性或习惯对于生物是存在着一些影响的。因为人类并非一定可以成功地选择出那么多的品种还有亚品种，同时还能够成功地让那些品质以及亚品种都具有十分适于他们地区的体制。所以我认为造成这种现象的原因，一定与生物的习性有关。而另一方面，自然选择毫无疑问地会倾向于保存那样一些个体，它们生来就能够很好地去适应自己居住的环境。在大量地论述多种栽培植物的论文中都有记载，有的变种比其他变种更可以很好地去抵御一些气候。美国出版的果树著作很明白地说明，一些变种常常被推荐到北方，而有一些变种也会被推荐到南方去。由于这些变种大部分都起源于近代，它们的体制方面的差别不可以归因于习性。菊芋在英国从来都不是用种子来进行繁殖的，所以也没有出现过新的变种，这个例子在以前总被提出来用来证明气候驯化是没太大作用的，因为菊芋到现在依然和以前一样的娇嫩。又比如菜豆，这种植物的例子也经常作为同样的目的而被引证，而且还更加有力。不过假如有人过早地播种下了菜豆，然后让它的绝大部分都被寒霜毁灭，然后从少数生存下来的植株上采集种子，同时还要注意防止它们的偶然杂交。然后进行再次播种。就这样一直进行二十代以后，才可以说这个试验是做过了。我们无法去假定菜豆实生苗的体制从来不会出现差异，因为曾经有报告提出，有的实生苗的确比其他的实生苗具有相当强的抗寒力，并且我自己就曾见识过这种明显的例子。

总的来说，我们能够得出这样的结论，那就是习性或者使用还有不使用，在一些情况之下，对于体制以及构造的变异是有着非常重要的作用的，不过这种效果通常情况下都与内在变异的自然选择相结合，在一些情况下内在变异的自然选择作用也有可能会支配这种效果。

# 相关变异

　　我们所说的相关变异就是指生物的整个身体构造在自己的生长与发育的过程中与变异紧密地结合在了一起，以至于当任何一部分出现一些细小的变异，进而被自然选择所累积时，别的部分也就会随着出现变异。这是一个非常重要的问题，我们对于它的了解还不够深入，并且那些完全不同种类的事实如果放在了这里，毫无疑问是容易被我们混淆的。不久以后我们就能够看到，单纯的遗传经常会显现出相关作用的假相。最显著的真实案例之一，就是那些幼龄动物或者是幼虫在构造方面所出现的变异，自然地倾向于去影响成年动物的构造。那些同源的、在胚胎初期就具有相等构造的尤其是那些必然处于相似外界条件下的身体的一些位置很明显地有依据相同的方式展开变异的倾向。我们能够发现动物们身体的右侧以及左侧，依照相同的方式在进行着变异；而前脚与后脚，甚至还有颚以及四肢，也都同时在进行着变异，有一些解剖学者们认为，下颚与四肢之间都是同源的。我没有怀疑，这些倾向会在一定的程度上完全受着自然选择的影响。比如仅仅是一侧长着角的一群雄鹿，以前也曾在这个世界上存在过，假如这一点对于这个品种曾经有过什么大一些的用处的话，那么自然选择估计就会让它成为永久的了。

　　有的著作家之前说过，同源的一些构造有结合的倾向。在畸形的植物当中我们经常可以看到这样的情形：花瓣结合成管状，这是最常见的正常构造当中同源部分结合

北美圣克鲁斯的玄武岩地貌

的例子。生物体中那些坚硬的构造好像可以影响到相连接的柔软部分的形状。有的作者认为鸟类骨盘形状的分歧可以让它们的肾的形状出现明显的分歧。还有一些人则认为，对于人类来说，母亲的骨盘形状因为压力的原因，可能会影响到胎儿头部的形状。而对于蛇类来说的话，依据施来格尔提出的意见，生物自身身体的形状以及吞食的方式可以决定几种最重要的内脏的具体位置还有形状。

这种相关变异的性质，我们常常弄不清楚。小圣·提雷尔先生以前强调过，有的畸形往往可以共存，但是也有一些畸形是很少有共存现象的。我们实在找不到什么理由去说明这一点。对于猫来说，毛色纯白和蓝眼睛同耳聋有着一定的关系，而龟壳色的猫则和它自己是雌性有一定的关系。对于鸽子来说，脚上长着羽毛，同外趾间蹼皮有一定的关系，刚孵出的幼鸽身上绒毛的多少同将来羽毛的颜色有一定的关系。此外，土耳其裸犬的毛和牙之间有一定的关系。尽管同源毫无疑问地在这里发挥着作用，可是还有比这些关系更加怪异的吗？对于前面讲到的相关作用的最后一个例子，哺乳动物当中，表皮最奇异的两个目，也就是鲸目还有贫齿目（犰狳还有穿山甲等），一样是全部都拥有着最为奇怪的牙齿，我认为这基本上不可能是偶然的，不过，这个规律也有很多不符合规律的现象，就像米伐特先生曾经说过的，因此它的价值比较小一些。

按照我所知道的，想要说明与使用无关的，也与自然选择无关的相关以及变异法则的重要性，在没有什么事例能够比某些菊科以及伞形科植物的内花还有外花之间的差异更具有说服力了。如今大家都明白，比如雏菊的中央小花与射出花之间就存在着一定的差别，那些差别常常伴随着生殖器官而部分退化或全部退化。但是，有些这类植物的种子在形状以及刻纹方面也存在着差异。有时人们会将这些差异归因于总苞对于边花的压力，或者归因于它们互相之间的压力，我们能够发现有些菊科的边花的种子形状和这个观点非常吻合。不过在伞形科，就像胡克博士告诉我的那样，它们的内花与外花常常是差异最大的，并不是花序最密的那些物种。我们能够做一个设想，边花花瓣的发育是依靠从生殖器官吸收营养，于是就会造成生殖器官的发育不全。不过这并不一定就是唯一的原因，因为在一些菊科植物当中，花冠之间并没有什么不同之处，但是内外花的种子存在着差异。这些种子之间的差异有可能和养料不同地流向中心花以及外围花有一定的关系。最起码我们清楚，对于不整齐花来说，那些最接近花轴的花，最容易变成整齐花了，也就是说会变为异常的相称花。有关此类型的事实，我还要补充一个事例，也能够作为相关作用的一

美丽的花朵吸引昆虫前来为它授粉

个明显的例子，那就是在很多天竺葵属的植物当中，花序的中央花的上方两瓣经常会失去浓色的斑点。假如出现这样的情形，其附着的蜜腺就会出现严重地退化，于是中心花就成为正花了，也就是我们所说的整齐花。假如上方的两瓣中只有一瓣失去了颜色，那么蜜腺就不会出现完全退化，只会出现大大缩短的情况。

对于花冠的发育来说，斯普伦格尔先生提出的观点是比较可信的。在他的概念当中，边花是专门用来吸引昆虫造访的，昆虫的媒介对于这些植物的受精来说，是极为有利或者说是十分必需的，这种说法非常合理。那么，既然如此，自然选择估计就已经发生作用了。可是，对于种子，它们的形状差异并不是经常与花冠出现的那些差异有关，这么说来似乎又不会出现什么益处。在伞形科的植物当中，这种类型的差异具有如此显著的重要性，外围花种子的胚珠有些情况下是直生的，而中心花的种子胚珠是倒生的，所以说老德康多尔主要用这些性状对这些类型的植物进行分类。于是，分类学者们都觉得有高度价值的构造变异，或许全都是因为变异还有相关法则而引起的，按照我们自己判断出来的，这对于物种并没有什么明显或者有用的地方。

物种的全部群所共有的而且的确是单纯由于遗传而获得的构造，曾被误认为是相关变异的作用所造成的。这是因为他们古代的祖先经过自然选择，基本上已经获得了一种或者几种构造方面的变异，并且在经过数千代之后，又得到另一种与前面所说的变异没有关系的变异。假如这两种变异遗传给了习性分歧的全体后代，那么当然能够让我们想到它们在某种方式上应该是相关的。另外，还有一些别的相关情况，很明显是因为自然选择的单独作用造成的。比如，德康多尔曾经提出，有翅的种子从来不会在不裂开的果实中看见。对于这样的规律，我能够作这样的解释：除非果实自己裂开，不然种子就不可能通过自然选择而慢慢变为有翅的。因为只有在果实开裂的情形中，那些适合被风吹扬的种子，才可以战胜那些不太适合广泛散布的种子，在生存上取得一定的优势。

# 成长的补偿和节约

老圣·提雷尔还有歌德几乎是在同一时间提出了生长的补偿法则，也就是平衡法则。根据歌德所讲的："为了要在一些方面进行消费，那么自然就不得不在另一方面进行节约。"我认为，这样的说法在一些范围之中对于我们的家养动物来说也是比较适合的。假如养料过多地集中于一部分或者是一个器官，那么另一部分所能够得到的养料就不会很多了。因此如果想要得到一只产乳多的，并且还容易肥胖的牛其实是十分不容易的。同一个甘蓝变种，不可能在产生茂盛的叶的同时，还能够结出大量的含油种子。如果我们的水果的种子出现了萎缩的现象，那么你会发现它们的果实本身竟

蝙蝠视力萎缩但听觉系统发达

然在大小以及品质方面出现了大大的改进。一般头上有一大丛冠毛的家鸡，都只长着缩小的肉冠，如果是须多的，那么就会相应有着缩小的肉垂。对于生活在自然环境中的物种，想要普遍应用这个法则是比较难的。不过有很多优秀的观察者，尤其是植物学者，都肯定了它的真实性。不过，我不准备在这里列举什么样的例子，因为我也认为很难找出什么合适的方法去辨别下面的效果，那就是一方面物种的一部分构造经过自然选择之后变得越来越发达了，但是另一个连接部分则因为相同的作用或不使用而退化了，另一方面生物一部分的养料被夺走，事实上是因为另一个连接它的部分出现了过分的生长。

我还做过一些推断，一些已提出过的补偿事例还有一些别的事实，能够总结于一个更为普遍的原则中，那就是自然选择常常不断地去试图使生物体制的每一部分都得到节约。在发生了变化的生活条件中，假如一种构造之前是有用的，到后来慢慢地没有太大的用处了，这些构造方面的缩小对于物种来说是有一定益处的，因为这能够让个体不将养料浪费在对物种没有任何作用的构造当中。我对蔓足类进行考察时很是被打动，从那里我理解到一个事实，并且相似的事例其实蛮多的。那就是一种蔓足类如果寄生在另一种蔓足类的体中的话，那么它在得到保护的同时，自身的外壳也就是背甲，就会慢慢地变化，最后基本上就完全消失了。雄性四甲石砌属就是这样的情形，寄生石砌属的个体更是如此。所有其他蔓足类的背甲都是非常发达的，它们由十分发达的头部前端的高度重要的三个体节所组成，而且还具有巨大的神经以及肌肉。然而寄生的还有那些受保护的寄生石砌，它们的整个头的前部在很大程度上退化了，甚至缩小到只是留下一点点十分小的残迹，依附于具有捕捉功能的触角基部。假如大并且复杂的构造成为多余时，将它省去，对于这个物种的每代个体来说，都绝对是有决定性的利益的，由于每种动物都生活于生存斗争之中，所以它们可以趁着减少养料浪费的变异去获得维持自己生存的更好的机会。

所以我认为，不管是身体中的哪一部分，一旦经过了习性的变化成为多余的时候，自然选择就会慢慢地让它缩小，但是不用担心会在相应程度上让别的某一部分突然超常发育。甚至，自然选择反而可以完全成功地让一个器官发达增大，但是并不需要某一连接部分出现缩小的状况来作为必要的补偿。

# 多重、退化、低级的构造均易变异

就像小圣·提雷尔提到的那样，不管是在物种还是在变种中，只要是同一个体的任何部分或者是任何器官，只要重复了多次（像蛇的脊椎骨，多雄蕊花中的雄蕊等），那么它的数量就很容易出现变异。反之，如果相同的部分或者是器官，假如数量较少的话，那么就能够保持稳定，这好像已成为一个不变的规律了。这位著作者还有一些植物学家还进一步提出，只要是重复的器官，在构造方面就十分容易出现变异。用欧文教授的话来讲，这叫作"生长的重复"，这是低等生物体制的特征。因此我们之前所说的，在自然系统里，低级的生物比高级的生物更容易出现变异，是与博物学家们的共同意见一样的。我这里所说的低等的意思，是指体制的一些部分极少专业化，去担任一些特殊的功用。如果同一器官同时担任了几种工作的话，大体上我们可以明白它们为什么容易变异。这是由于自然选择对于这种器官方面的差异，不管是保存还是排斥，都比较宽松，并不会像对于只负责一种功能的那些部分一样严格。这正像一把切割各种东西的刀子，基本上不管是什么形状都能够。但是反过来说，如果只是为某一特殊目的而特有的工具，那么就必须具有某一特殊的形状。任何时候都不要忘记，自然选择只可以通过而且只有为了各生物的自身利益才会发挥其作用。

就像通常我们所承认的，那些退化了的器官，是最为容易出现变异的。我们在后面的章节中还会提到这个问题的。在这里我就补充一点，那就是，生物们的变异性看起来好像是因为它们毫无用处所引起的结果，所以说也是因为自然选择没有办法抑制它们构造上的偏差而造成的结果。

# 构造发育异常极易变异

不管是哪种物种，它们的那些超乎寻常发达的部分，相较于近似物种里的同一部分来说，都有着容易出现高度变异的倾向。很多年以前，我曾被沃特豪斯的，关于上面标题的论点深深地打动过。欧文教授也似乎得出了相似的论断。想要让人相信上面主张的真实性，如果不将我搜集到的那一系列的事实列出来的话，估计是办不到的。可是，我又不可能在这里将它们一一列举介绍给大家。我只能说，我所坚信并讲与大家的，是一个非常常见、普通的规律。我考虑到也许会出现错误的几种原因，不过我希望我已对它们进行了推敲和修改了。我们不得不了解，这个规律是不可以应用于身体中的任何部分的，就算这是特别发达的部分也不可以。除非将它与很多密切近似物种的同一部分进行比较时，能够表现出它在一个物种或少数物种中是区别于别的物种，意外并且独特的发达时，才可以应用这个规律。比如，蝙蝠的翅膀，在哺乳动物纲中就能算得上是一种十分异常的构造，不过在这里却不可以应用这个规律，这么说是由于所有的蝙蝠都有翅膀。如果某一物种与同属的其他物种相比较，自己身上有着明显发达的翅膀的话，那么只有在这样的情况中才可以用这个规律进行解释。另外，次级性征不管是以何种异常的方式出现在我们面前，都可以尽情地去应用这个规律。亨特所用的次级性征（也称作副性征）这一名词，是指不管是雌性还是雄性的性状，都与生殖作用没有直接的关系。这个规律能够应用于雄性与雌性，不过，应用于雌性的时候其实是比较少一些的，这是因为雌性极少会出现明显的次级性征。这个规律能够非常显著地应用于次级性征，估计是因为这些性状不管是不是以异常的方式出现在生活中，都是具有极大的变异性的。我觉得，这样的事实很少会有人去怀疑。不过，这个规律并不仅仅是局限于次级性征中，在雌雄同体的蔓足类中也明显地出现了这样的情形。我在研究这一目的时候，尤其关注了一下沃德豪斯曾经说过的论点，所以我非常相信，这个规律基本上在通常情况下都是适用的。我会在将来的著作当中，将所有较为明显的事例均列成一个表。这里我只列举一个事实借以说明一下这个规律最大的应用性。无柄蔓足类的盖瓣，不管是从哪个方面来说，都是极为重要的构造，甚至就算是在不同的属当中它们的差别也是十分微小的。不过有一属叫作四甲藤壶属，在这个属的若干物种当中，有些瓣呈现出了很大的分歧。这样的同源的瓣的形状，在一些情况下在异种之间会出现完全不同的情况。并且在同种个体之中它们的变异量也是十分大的，因此如果我们说这些重要器官在同种各变种间所表现出来的特性差别比异属间所表现出来的差异还要大，这一点都不能说是夸张的。

而对于鸟类来说，栖息在同一地区的同种个体，变异是很小的，我以前还专门关注过它们。我们前面讲到的这个规律看起来好像真的十分适用于鸟类这一纲。不过我还没有证实这一规律能够应用于植物类。如果不是植物的巨大变异性能够让它们变异性的相对程度难于比较的话，我对这个规律是否属实是否可靠的信赖感，估计就会出现严重动摇了。

当我们看到一个物种的任何部分或者是器官出现了明显的发育特征时，第一反应就是认为这种变异性的发育是对于这个物种有着非常重要的作用的。但是，就是在这样的情况之中，它是明显并且容易变异的。为什么会这个样子呢？按照各

南美吸血蝙蝠

个物种是被独立创造出来的这一观点，也就是它的所有部分都如我们现在所看到的一样，那么我就真的找不出什么解释了。不过按照各个物种群都是从其他某些物种传下来而且经过了自然选择才发生了变异的这种观点来看的话，我觉得我们就可以得到一些证明了。先来让我说明几点。假如我们对于家养动物的任何部分或整体不加以注意的话，而不进行任何选择，那么这一部分（比如多径鸡的肉冠），也有可能是整个品种，就不会再有统一的性状。应该说这个品种就会退化了。

在遗留的器官方面，在对特殊目的专业化很少的器官方面，还有差不多在多形的类群方面，我们能够看到差不多相同的情况。追根溯源可知道，在这些状况之下，自然选择未曾或者无法充分发挥出它的作用，所以体制就会处于彷徨的状态之下。不过这个地方尤其与我们有关系的是，在我们的家养动物里，那些因为连续的选择作用而如今正在迅速进行变化的构造也是有着明显变异的。让我们来看看鸽子的同一品种的一些个体吧，同时也注意一下翻飞鸽的嘴还有传书鸽的嘴以及肉垂还有扇尾鸽的姿态和尾羽等，看看它们之间存在着多么重大的差异量。这些就是当前英国养鸽者们主要关注的一些点。甚至，在同一个亚品种当中，如短面翻飞鸽这个亚品种，想要得到近乎完全标准的鸽子，这是非常困难的，大部分都同标准距离非常远。所以我们能够确定地说，有一种时常会出现的斗争在下面的这两方面之间进行着，其中一个方面是，回到较不完整的状态去的倾向，还有发生新变异的一种内在的倾向，另一个方面则是保持纯真品种的不断选择的力量。到最后获得胜利的依然是选择，所以说我们不用担心会遭到什么样的失败，然后就去优良的短面鸽品种中培育出和普通翻飞鸽一样粗劣的鸽子品种。在选择作用正在迅速发挥作用的情形下，正在发生着变异的部分拥有着十分庞大的变异性，这往往是能够预料到的。

那么，接下来让我们转到自然界中去。不管是哪一个物种的一个部分，假如比同属的其他物种异常发达，那么我们就能够断言，这个部分从那几个物种从该属的共同祖先分离出之后的时间以来，已经发生了十分重大的变化。这个时期一般极少会非常遥远，这是因为一个物种极少会延长到一个地质时代之上。我们所说的异常的变异量，指的是十分巨大的以及长期连续的变异性，这样的变异性是因为自然选择为了物种的利益而被继续累积下去的。不过异常发达的部分或者是器官的变异性，既然已经这么巨大并且还是在不是太久远的时期中长时间地连续进行，因此依据一般的规律，我们基本上还能够预料到，这些器官比在更为漫长的时期里几乎保持稳定的体制的其他部分具有更为强大的变异性。我认为事实确实就是如此。一个方面是自然选择，另一个方面是返祖以及变异的倾向，两者之间的生存竞争在度过一段时间后会暂时地停止下来。而且一般最是特别发达的器官，就最容易成为稳定的变异。我认为没有理由去怀疑这个现象和观点。所以说一种器官，不论它如何异常，就算是近于同一状态遗传给很多变异了的后代，就像蝙蝠的翅膀，依据我们的理论来看的话，它一定在一个相当长的时间里保持着差不多相同的状态。那么，它就不会比任何别的构造更易于变异。只有在变异是比较新近的并且异常巨大的情况之下，我们才会发现我们所说的发育的变异性仍然是高度存在着的。由于在这样的情形中，因为对那些依照所要求的方式还有程度发生变异的个体进行继续选择，还有因为对返归以前较少变异的状态进行了不断排除，于是变异性就极少被固定下来。

# 种级特征比属级特征更容易变异

在前面的章节中我们所讨论的原理还能够用于现在的这个问题。我们都知道，物种的性状比起属的性状来，更容易出现变化。我们来用一个简单的例子进行说明：假如在一个大属的植物当中，有的物种会开出蓝花，有的物种会开出红花，我们所看到的颜色，仅仅是物种的一种性状。那些开蓝花的物种会变成开红花的物种，这样的情况谁也不会觉得十分惊奇，反过来说也是这个样子。不过，假如所有的物种开出的都是蓝颜色的花，那么这颜色就会成为属的性状，那么它的变异就是更为异常的事情了。我选用这个例子是因为，大部分的博物学者们提出来的解释都无法在这里应用，他们都觉得物种的性状表现得比属的性状更易变异，完全是由于物种的分类所依据的那些部分，它们的生理重要性比属的分类所依据的那些部分要小很多。我认为这样的解释仅仅是部分并且是间接正确的。在后面的章节之中我们还会讨论到这一点。找出一些证据来支持物种的普通性状比属的性状更容易出现变异的观点，看起来好像已经是多余的了。不过关于重要的性状，我在博物学著作当中一再注意到下面的这些事情，那就是，当一位作者惊讶地说到某一重要的器官或者是部分在物种的大群中通常是非常固定的，可是在亲缘密切的物种中有着很大的差异，它在同种的个体中往往十分容易出现变异的状况。这样的事实指出，通常具有属的价值的性状，一旦降低了自己的价值，成为只有物种的价值时，尽管它的生理重要性依然保持一致，不过它往往是成为易于变异的了。相同的情况估计也能够应用于畸形。最起码小圣·提雷尔坚定不移地认为，一种器官在同群的不同物种当中，越是正常地表现出那些差异，那么在自己的个体中就越会更多地受到变态的支配。

根据每个物种是被独立创造的那些平常的观点来看，在独立出现的同属各物种之间，构造上不一样的部分比密切近似的部分更容易出现变异，这到底是为什么，我估计我们暂时还无法对此做出任何说明。不过，依据物种只是特征明显的以及固定的变郁金香有各种颜色的花，花的颜色仅仅是物种的一种性状。

种的论点来说的话，我们就能够预期经常看到，在比较最近一段时间里发生了变异，并且因此而彼此之间出现了差异的那些构造部分，还会继续发生变异。或者说，能够用另一种方式去说明，只要是一个属的所有物种的构造之间只要相似的并且和近缘属的构造相异的各点，就能够称为属的性状。这些性状能够归因于共同祖先的遗传。由于自然选择很少可以让很多个不同的物种依照完全一致的方式发生着变异，而那些不同的物种基本上已可以适应多种广泛不同的习性。我们所说的属的性状，是在物种最初由共同祖先分出来之前就已经遗传下来，在之后它们并没有出现什么变异，也有可能只是出现了一点点差异，所以说到了今天它们基本上就不会再出现变异了。从另一方面来看的话，同属的某一物种和另一物种的不同各点，就能够称为物种的性状。由于这些物种的性状是在物种从一个共同祖先那里分离出来之后出现了变异，出现了差异，因此它们基本上应该还在一些程度上时常出现变异，最起码比那些长时间保持稳定的体制的部分更容易出现变异。

副性征（也就是第二性征）容易出现变异，我觉得这里根本不用进行详细的讨论，博物学者们也都会认可，第二性征是高度变异的。他们也会一致认同，同群的物种们之间，在第二性征方面的差别，比在体制的其他部分方面的差异更为广泛。比如，如果对在第二性征方面存在着强烈表现的雄性鹑鸡类之间的差异量与雌性鹑鸡类之间的差异量进行一个比较，就能够立刻明白了。这些性状的最本源的变异性的原因还不够显著。不过我们能够知道，为什么它们没有如别的性状一般地表现出固定性还有一致性。这是由于它们是受性选择的影响而积累起来的，而性选择的作用又没有自然选择作用那么严格，它不会引起大量的死亡现象，仅仅是可以让那些不够优秀的雄性减少后代的流传罢了。不论说第二性征的变异性的缘由是什么，由于它们是高度变异的，因此性选择就有了更为宽广的作用范围，因此也就可以成功地让同

沙丘甲虫是少数的几种白色甲虫之一

群的物种在第二性征方面比在其他性状方面拥有着更大的差异量。

同种的两性之间在副性征方面的差异，通常情况下都表现为同属各物种之间的差异所在的完全相同的那一部分，这是一个值得我们研究的事实。对于这种类型的现象，我能够讲出列在我的表中，位于最前面的两个事实来进行一个相关的说明。由于在这些事例里面，差异拥有着十分特殊的性质，因此说它们之间的关系绝对不能算作是偶然的。甲虫足部跗节的相同的数目，是绝大多数甲虫类所共有的一种性状；不过，在木吸虫科当中，就像韦斯特伍德所讲的那样，跗节的数目变异非常。而且在同种的两性之间，这类数目也存在着一定的差异。此外，在掘地性膜翅类当中，翅脉是大多数生物所共有的性状，因此才会是一种极为重要的性状。不过，在一些属当中，翅脉由于物种的不同而出现了各种各样的差异，而且在同种的两性间也是这样的情况。卢伯克爵士最近曾提出，干小型甲壳类动物能够很好地为我们说明这个法则。"比如，在角镖水蚤属当中，第二性征主要通过前触角以及第五对足来表现出来的，并且物种之间的差别也主要表现于这些器官方面。" 这样的关系明显对于我的观点有一定的意义。我觉得同属的所有物种一定是由同一个祖先传下来，和所有的物种的两性是由同一个祖先传下来，具有相同的道理。所以说，不论是共同祖先还是它的早期后代的任何一部分成为变异的，那么这一部分的变异就完全有可能会被自然选择或性选择所利用，于是很多的物种在自然组成中就能够适应自己的位置，并且同时能够让同一物种的两性之间彼此融洽，或者是让雄性个体在和其他的雄性进行竞争时能够完胜而顺利获得雌体。

那么到最后我要进行一个总结，物种的性状也就是区别物种与物种之间的性状，比属的性状，也就是所有物种所具备的性状，具有更大的变异性。不管是哪种物种的任何一个部分，和同属的其他物种的相同部分进行比较，如果出现了异常发达的表现，那么这个部分往往就具有高度的变异性。一个部位不管如何异常发达，假如这是全部物种所共有的，那么它的变异性的程度就是轻度的。副性征的变异性是大的，而且在关系密切的亲缘物种中，它们的差异是很大的。副性征的差异与一般的物种差异，通常情况下都会表现在体制的相同部分，所有的这些原理都是密切地联系在一起的。这主要是因为，同一群的生物都来自一个相同的祖先的后代，这个相同祖先遗传给这些生物很多相同的东西，因为晚近出现大量变异的部位，比遗传已久但是从没有变异的部分，可能会接着变异下去，以为跟着时间的推移，自然选择可以或多或少地完全克服返祖倾向以及进一步变异的倾向，因为性选择没有自然选择那么严格，更是因为同一部位的变异，在之前曾被自然选择还有性选择所积累，所以就使得它能够很快地适应第二性征的目的还有一般的目的。

不一样的物种展现出很相近的变异，因此一个物种的一个变种往往表现一个近似物种所固有的一种性状，或者重复出现一个早期祖代的一些性状。留意一下我们的家养族，就可以非常容易地理解这些主张了。生活所在的地区相聚非常遥远的一些很不相同的鸽的品种，展现头长逆毛还有脚长羽毛的亚变种，这些症状本来的岩鸽身上是不曾具有的。因此，这些就是两个或者是两个以上不同的族的相似变异。突胸鸽一般有的 14 支或者是 16 支尾羽，能够被看作是一种变异，它代表了另一族，也就是扇尾鸽的正

玳瑁

巨头麝香龟

绿甲海龟

棱皮龟

各种海龟

常构造。我觉得一般都不会有人产生疑问，所有这些类似的变异都是因为这几个鸽族均在十分相似的未知状况的干涉中，从一个共同亲代遗传了相同的体制以及变异的倾向。在植物的世界中，我们也能找到一个相似变异的例子，见于瑞典芜菁还有芜青甘蓝的硕大的茎（一般被叫作根部）。有很多的植物学家将这些植物当作是由一个相同的祖先繁衍而来的两个变种。假如并非这样，那么这个例子就会成为在两个不同物种展现出相似变异的例子了。除了这两者之外，还能够加进来第三者，那就是普通的芜菁。依据每个物种均是被独立创造的这一普遍的观点，我们必定是不可以将这三种植物硕大的茎的相似性均归因于相同来源的真实情况，也不可以归因于依照相同方式进行变异的倾向，那么就一定会归因于三种分离的但是又密切关联的创造作用。诺丹曾在葫芦这一大科中，别的著作者们曾在我们的谷类作物中，分别观察到相似变异的相同事例。在自然环境中，昆虫也会出现相同的情况，前几日沃尔什先生曾经很有才能地提出了自己的观点，他已经将这些情况归纳到自己的"均等变异性"法则当中了。

不过，对于鸽子，这里还有一种情形，那就是在所有的品种中偶尔会出现石板蓝色的鸽子，在它们的翅膀上会有两条黑带，腰部呈白色，尾部有一条黑带，外羽接近基部的外缘则是白色的羽毛。而我们都知道这所有的颜色特征都属于鸽子最原始的祖先岩鸽的特性。我将这种情形假设为一种返祖情况，这并不是在很多个品种中出现的新的相似变异，这样的说法想必是不会有人产生疑问的。我认为，我们可以确定性地

作出这样的结论，因为就像我们已经看到的那样，这些颜色的标志十分容易在两个不同的、颜色各异的品种的杂交后代中出现。如果说这样的情形之下突然出现的石板蓝色还有几种色斑的重现，并不是因为外界生活环境的作用，仅仅是按照遗传法则的杂交作用所产生的影响。

有的性状虽然早已失去，但是在很多世代甚至是数百世代之后竟然还可以重现，这真的是一件让人感到惊奇的事实。不过，当一个品种与别的品种进行杂交，虽然就只有一次，但是它的后代在很多世代中依然会有一种倾向，很偶然地会出现复现外来品种的性状。有的人说基本上是 12 代甚至还会多至 20 代。从一个祖先身上遗传来的血，在经过 12 个世代之后，其比例成为 2048 比 1。但是，就像我们所知道的一样，通常认为返祖的倾向是被此种外来血液的剩余成分所保留下来的。在一个不曾杂交过的，可是它的双亲已经没有了祖代的一些性状的一个品种当中，重现这种早已消失了的性状的倾向，不管是强还是弱，就像前面已经讲到过的，差不多能够传递给无数世代，就算我们能够看到完全相反的一面，但依然是这个样子的。一个生物已经亡失的那些性状，在经过很多个世代之后又一次重复出现。最接近情理的假设就是，并不是这个个体突然又得到了很久之前的一个祖先消失了的那些性状，而是这种性状在后来的每一代当中都一直存在着，然后在我们所不知道的一些有利的条件当中突然就发展起来了。比如，在极少产生一只蓝色鸽的排李鸽当中，基本上每个世代的成员都具备产生蓝色羽毛的潜在倾向。经过很多个世代传递而来的这样的倾向，比十分无用的器官，也就是那些残迹器官同样传递下来的倾向，在理论的不可能性上不可能变得更为强大。出现残迹器官的倾向有些情况下的确是这样遗传下来的。

既然假定同属的所有物种是由一个共同的祖先传下来的，那么就能够推测出来，它们偶尔会依据相似的方式发生变异。因此两个或两个以上的物种的一些变种有可能就会出现彼此相似的状况，或者是某一物种的一个变种，在一些性状方面会同另一不同的物种相像。而这所谓的另一个物种，依据我们的观点来看，只不过是一个特征比较明显并且固定的变种而已。不过如果只是简单地因为相似变异而出现的性状，那么它的性质应该是不太重要的，这是由于所有的机能方面的重要性状的存留，必须按照这个物种的不相同的习性，经过自然选择来决定的。我们能够进一步想象到，同属的物种有时候会重现已经失去了很久的一些性状。但是，正因为我们不了解任何一个自然类群的相同的祖先，因此也就无法将重现的性状和相似的性状清楚地区别开来。比如，假如我们不清楚亲种岩鸽没有毛脚或倒冠毛，那么我们就无法说明白在家养品种中出现这样的性状，到底是返祖现象还是仅仅为相似的变异情况。不过我们从很多的色斑中能够推论出，蓝色是一个很好的返祖的事例，因为色斑与蓝色是具有关联性的，并且这很多的色斑应该是不会由一次简单的变异中一次性就出现在我们的眼前。尤其是当颜色不同的品种互相杂交时，蓝色与很多种色斑就这样时不时地出现。因此我们更是能够推论出前面所讲到的观点。所以说在自然环境中，我们通常都无法决定哪种情形是之前存在的性状的重现，而哪些情形又是新的或者是相似的变异。不过，按照我们的理论，有些时候我们会发现，一个物种的变异着的后代，身上具备着同群的其他个体已经拥有了的十分相近的性状。这点是不用怀疑的。

辨别变异的物种的难点，主要在于变种貌似在模仿同属中的别的物种。此外，位于两个类型之间的类型可谓是数不胜数，但是这两端的类型本身是不是能够列为物种也依然存在着很多的问题。

肯尼亚安博赛利国家公园里的斑马

除非我们将所有这些十分近似的类型都看作分别创造出来的物种，否则的话，前面所说的一点就证明了，它们在变异的过程中已经获得别的类型的一些性状。不过相似变异最有力的证据还在于性状通常不变的一些位置或者是器官，但是这些器官或者是部分，偶尔也会出现一些变异，于是在一些程度上会和一个近似物种的相同部分或者是器官十分相像。我搜集了很多这种类型的事例。不过在这里，还是与之前一样，我很难将它们一一列举出来。我只能一次又一次和大家说，这样的情况是真实存在着的，并且在我看来，是非常值得研究者关注的。

接下来我要列出一个十分怪异并且非常复杂的例子，这个例子中的生物，对于不管是什么样的重要性状，都完全不会受到影响。不过它发生在同属的很多个物种当中，有一部分是在家养状况中的，还有一部分是在自然环境里的。这个例子甚至能够肯定属于返祖现象。驴的腿部偶尔会有非常显眼的横条纹，与斑马腿上的非常相像。有的研究者曾说幼驴腿上的条纹是最为明显的，按我调查所知，我认为这个事实确实是真实的。这种动物肩上的条纹有些时候是双重的，在长度以及轮廓方面非常容易出现变异。有一头驴呈现出白色，这并不是皮肤变白症，这种白色的驴儿脊背还有肩上都没有看到条纹，而这样的条纹在深色的驴子当中，也是不太明显甚至是已经完全消失了。有人说，由帕拉斯命名的野驴，它们的肩上有双重的条纹。布莱斯先生以前曾遇到过一头野驴的标本，身上有着显著的肩条纹，尽管它本应该是没有的。普尔上校曾经对我讲起过，这种物种的幼驹通常情况下会在腿上出现明显的条纹，但是在肩上的条纹一般都是十分模糊的。虽然斑驴在身体上有斑马状的显著条纹，可是在腿上却没有，格雷博士曾经绘制的一个标本，却在动物的后脚踝关节处出现了非常清楚的斑马状条纹。

对于马，我在英国搜集了大量的不同品种的以及具有各种颜色的马在脊上生有条纹的例子。暗褐色与鼠褐色的马在腿上长有横条纹的属于比较常见的一种，而在栗色马中也有过一个相同的例子，而有些暗褐色的马有的会在肩上出现一些不太明显的条纹，并且我曾在一匹赤褐色马的肩上也看到过条纹的痕迹。我的儿子帮我仔细地查看并且描绘了双肩生有条纹的还有腿部生有条纹的一匹暗褐色比利时的驾车马。我亲眼见到过一匹暗褐色的德文郡矮种马的肩部生有三条平行条纹，还有人和我详细地描述过一匹小型的韦尔什矮种马，它的肩上也生着三条平行的条纹。

在印度的西北地区，凯替华品种的马一般都生有条纹，我听普尔上校说过，他之前为印度政府查验过这个品种，那些没有条纹的马被看成是非纯粹的品种。那些马的脊部都生着条纹，腿上也一般也生着条纹，而肩上的条纹更是非常普遍，有的马是双重的，也有的马是三重的，另外有些马脸的侧面有些时候也生着条纹。那些幼驹的条纹往往是最为明显的，而老马的条纹有些时候竟然会全部消失不见。普尔上校见过初生的灰色还有赤褐色的凯替华马都有着明显的条纹。按照爱德华先生给我的材料中所讲的，我有理由去推测，那些幼小的英国赛跑马生于脊上的条纹，比成年马上的条纹要普遍得多。近来我自己也饲养了一匹小马，它是由赤褐色雌马（是东土耳其雄马与佛兰德雌马交配而来的）与赤褐色的英国赛跑马交配后繁衍而来的。这匹幼驹刚出生一个星期的时候，在它的臀部还有前额都生有很多极狭的、暗色的、斑马状的条纹，还有腿部也生有非常轻微的条纹，可是所有的这些条纹没过多久就全部消失无踪了。这里我就不再进行详细的描述了。我能够说，我寻找了很多的事例去证明不同地区的非常不同品种的马在腿部还有肩部都生有条纹。从英国到中国东部，同时从北方的挪威到南方的马来群岛，全部都是一个样子。在世界各个地方，这样的条纹最常见于暗褐色以及鼠褐色的马身上。暗褐色这样的说法，包括了很大范围内的颜色，从介于褐色与黑色中间的颜色开始，一直到接近淡黄色为止。

在曾根据这个问题写过论文的史密斯上校看来，马的很多个品种是从很多种原种繁衍而来的。其中有一个原种是暗褐色的并且生着条纹，同时他相信前面所讲的外貌都是因为在很久以前同暗褐色的原种杂交而造成的。不过我们能够稳妥地驳斥这样的意见。因为那些强壮的比利时驾车马、威尔士矮种马、挪威的短腿马还有细长的凯替华马等，都生存于世界上相隔非常遥远的地方，如果说它们都不得不曾经与一个假定的原种杂交过，那么这绝对是不可能发生的。

接下来让我们来研究一下马属中几个物种的杂交效果。罗林曾断言，驴与马杂交后产生的普通骡子，在腿部尤其容易出现条纹。根据戈斯先生提出的意见，美国有些地方的骡子，百分之九十腿上都生有条纹。有一次我见过一匹骡

一群马掠过广阔平原，给人以有力、优雅、狂野和自由的印象。

子，腿上的条纹多的让人不由得去想象它是不是斑马的杂种。马丁先生一篇有关马的优秀论文中有一幅骡子绘图，和这种情况十分相像。我曾看到过四张驴与斑马的杂种的彩色图，在它们的腿上生长着的非常显著的条纹，远比身体的别的部位多很多。而且其中有一匹在肩上还生着双重的条纹。莫顿爵士曾经拥有过一个著名的杂种，是从栗色雌马与雄斑驴杂交而来的，这样的杂种还有后来这匹栗色雌马同黑色阿拉伯马所产生的那些纯种的后代，在腿上都生有这样的比纯种斑驴还要更加明显的横条纹。此外，还有一个非常值得注意的例子，格雷博士曾绘制过驴子与野驴的一个杂种（而且他还告诉过我，他还清楚有第二个事例），虽然驴只是很偶尔地才在腿上生有条纹，而野驴的腿上并没有条纹，甚至它们的肩上也没有任何的条纹，但是由它们而来的杂种的四条腿上，依然生有条纹，而且就像暗褐色的德文郡马同韦尔什马的杂种一样，在肩上竟然还生着三条短条纹，更为奇怪的是在它们脸的两侧竟然还生有一些斑马状的条纹。对于最后的这个事实，我十分坚定地认为绝不会有一条带色的条纹像我们简单所说的那样是偶然出现的，所以，驴与野驴的杂种在脸部生有条纹的事情，就引导着我去问普尔上校：是不是条纹显著的凯替华品种的马在脸上也曾出现过类似的条纹，就和前面所讲的一样，他的答案是十分肯定的。

面对这样的事实，我们该进行一个什么样的说明呢？我们看到马属中几个不同的品种，因为简单的变异，在腿上长出了就像斑马似的条纹，或者像驴一样在肩上生出了条纹。而说到马，我们能够注意到，当暗褐色（这样的颜色接近于该属别的物种的一般颜色）出现时，这样的倾向就表现得更为强烈。条纹的出现，并没有伴随着生形态上的其他变化，也没有出现其他任何的新性状。我们会发觉，这样的条纹出现的倾向，还有不相同的物种之间所产生的杂种关系，是最强烈的。我们再看看那些鸽品种的情况，它们是由拥有一些条纹还有别的标志的一种浅蓝色的鸽子（包括两个或三个亚种或者是地方种）繁衍而来的。假如不管是哪种品种，因为简单的变异而出现了浅蓝色时，那么这些条纹还有别的标志也一定会重新出现。不过它们的形态或者是性状是不会有别的变化的。当最古老的与最纯粹的各种不同颜色的品种进行杂交之后，我们就能够看到这些杂种出现了重现蓝色与条纹还有别的标志的强烈倾向。我之前曾提到过，想要解释清楚这种古老性状重现的合理假设，是在每一连续世代的幼鸽当中都有重现早已失去的性状的倾向。而这种倾向，因为不知道的原因，有时会占有一定的优势。我们在前面说，在马属的很多个物种当中，幼马的条纹总是比老马更为显眼或者说是表现得更为普遍。如果将这些鸽的品种，其中有的是在很多个世纪中纯正地繁殖而来的，称作物种，那么这样的情形和马属的很多个物种的情况会是多么完全一致。而我呢？我能够大胆地追溯回千万代之前，在那个时代，有一种动物具有斑马状的条纹，或许它们的构造非常不相同，这就是家养马（不管它们是不是从一个或更多个野生原种传下来的）、驴、亚洲野驴还有斑驴以及斑马的共同祖先。

我推断那些坚信马属的各个物种均是独立创造出来的研究者会极力认定，每一个物种被创造出来后就具有一种倾向，在自然环境中还有在家养状况里，都会依照这种特别的方式去发生变异，这能够让它们往往像该属中的别的物种一样，变得具有条纹。而且每一个物种被创造出来的时候，就具有一种强烈的倾向，当它们与栖息在世界上的那些相隔非常远的地区的物种进行杂交时，最后生出来的杂种后代，在条纹方面与它们自己的双亲并不十分相像，却是会像该属的别的物种。在我的观念里，如果接受这样的观点，那么就是在排斥那些真实的原因，却用不真实的或者应该说是不可知的原因去取代。这样的观点致使

在出生后的第一个星期里，小马驹会一直紧挨着它的母亲。当它们逐渐变得自信后，就会离开母亲，探索外面的世界。

上帝的工作反倒变为仅仅是模仿还有欺骗了。假如说认可了这样的观点，我差不多就要同老朽而无知的天地创成论者们一起去相信贝类化石从来就不曾存在过，只不过是在石头中被创造出来，以模仿生活在海边的贝类的这一事实了。

# 摘　要

事实上，对于变异法则，我们依然充满了深深的无知。我们并不能够解释明白这部分或别的部分出现变异的任何原因，目前在一百个例子中连一个都找不到。不过，当我们运用比较的方法时，就能够看出同种的变种之间那些微小的差异，与同属的物种之间存在着的较大的差异，都受相同法则的约束。改变了的外界环境通常只会诱发不稳定的变异，不过有些情况下也能够引起直接的和稳定的效果。这些效果跟着时间的流动能够变为十分显著的存在。对于这一点，我们还没找到有力的证据。习性在生成体制的特性方面，使用在器官功能的强化方面，还有不使用在器官的削弱与缩小方面，在绝大多数的场合里，都表现出非常有力的效果。同源部分有根据相同方式出现变异的倾向，同时还有合生的倾向。坚硬部分与外在部分的变化有时会影响较柔软的以及那些内在的部分。当一部分非常发达时，它就会出现向邻近部分吸取养料的倾向，而且构造的每一部分假如都受到了节约却没有损害，那么它就会被慢慢地节约掉。前期构造的变化能够影响到之后发育起来的部分；很多与变异有关的例子，虽然我们还无法去真正理解它们的性质，但是毫无疑问它们还是会发生的。重复部分在数量方面以及构造方面都容易发生变异，估计是因为这些部分没有为了一些特殊的机能而密切

专业化，因此它们的变异没能够受到自然选择的严重影响。估计也是因为相同的原因，那些低等的生物总是比高等的生物更容易发生变异，由此高等生物的整个体制是越来越专业化了。残迹器官，因为没有什么用处，不受自然选择的支配，所以很容易出现变异。物种的性状，也就是很多个物种从一个共同祖先分出来之后所渐渐出现的不同的性状，比起属的性状更容易出现变异，属的性状遗传了很久，并且在这一时期之中没有出现变异。在这些说明之中，我们所指的是如今依然在变异的那些特殊部分或者是器官，由于它们在近代出现了变异而且因此而有了一定的区别。不过，我们在前面的章节中能够看到，同样的原理也能够应用于其他别的个体之中。只是由于，假如在一个地区发现了一个属的许多物种，那么也就是说在那里，曾经有过很多的变异以及分化，也可以说在那里，曾经有新的物种的类型的制造活跃地进行过。那么在那个地区还有在这些物种之中，如今我们能够发现很多的变种。副级性征的变异是非常高级的，这样的性征在同群的物种中，彼此之间的差异往往都会很大。体制中相同部分的变异性，通常曾被利用来产生同一物种中两性间的次级性征的差异，还有同属的很多个物种中的种间差异。不管是哪部分或者是不管是哪个器官，和它们近缘物种的相同部分或者是器官进行比较，假如已经发达到一定的大小或异常的程度，那么这些部分或者是器官就一定是从该属产生以来，已经经历异常大规模的变异，而且由此我们能够理解，为什么它到现在还会比其别的部分拥有更活跃变异。由于变异是一种长久持续的、渐进的过程，但是自然选择在前面所说的情形里还没有足够的时间去克服进一步变异的倾向，也来不及去克服那些重现较少变异状态的倾向。不过，假如具有不管是哪个异常发达器官的一个物种，成为很多变异了的后代的祖先，我们觉得这绝对是

一个非常缓慢的过程，需要经历很长的时间，在此种类型的情况之下，自然选择就能够成功地给予这个器官一些固定的性状，不管它是依据什么异常的方式变异强壮了的。由一个共同的祖先遗传了基本上体制相同的物种，当被置于相似的影响下的时候，自然就会出现表现相似变异的倾向，或者说这些相同的物种很偶然地就会重现它们的原始祖先的一些性状。尽管说新出现的并且重要的变异，并不是因为返祖还有相似的变异而发生的，可是这些变异也能够增加自然界的美丽还有协调的多样性。

不管后代与亲代之间的每一个微小的差异的原因是什么，每一种差异肯定有它自己的原因，我们有理由相信：这样的变化是有利差异循序渐进的，缓慢的积累，它能够慢慢引发每种物种的构造方面所有较为重要的变异，而这些构造是同习性有关系的。

英国植物学家约瑟夫·班克斯曾经和詹姆斯·库克一起进行环球考察，他搜集了 1300 个新的植物种类，有不少后来成为园林新宠。

# 第六章

# 学说的难点

# 学说中的难点

想必读者在看到本书这一部分之前，就早已经遇到很多很多的疑问和困难。有的难点是非常严重的，就算是到了现在，我每每回想到它们时，还难免会有些迟疑。不过，按照我可以做出的判断来说，大部分的难点只是表面的，就算是那些真实的难点，个人认为，对于这个学说来说也不会有致命的威胁。

这些难点以及异议能够分为以下几类：

第一，假如如今我们所能够见到的物种是从别的物种慢慢地演变而来的，那么，为什么我们并没有随处都见到那些还在变异过程中的物种的类型呢？为什么物种就如同我们所见到的那样差别很明显，但是整个自然界又不会出现混乱的状况呢？有那样构造以及习性的动物，可以由其他习性还有构造完全不同的动物变化而来吗？我们可以相信自然选择一方面能够产生出一些非常不重要的器官，就好比只可以用来拂蝇的长颈鹿的尾巴，另一方面，又能够产生出如眼睛那样的奇妙器官吗？

第二，本能可以从自然选择中获得吗？自然选择可以改变它吗？引导蜜蜂营造蜂房的本能事实上出现在学识渊博的数学家的发现之前，对这样的情况我们又应该如何进行解说？

第三，对于物种杂交时的不育性还有它们后代的不育性，对于变种杂交时的可育性的不受损害，我们应该如何进行说明呢？

前两项将在这里进行讨论，而别的种种异议我们会在下一章中进行讨论。本能与"杂种状态"则会在接下去的其他章节中进行详细的讨论。

# 过渡变种的缺少

由于自然选择的作用只是在于保存那些对物种有利的变异，因此在充满生物的地区当中，每种新的类型都有一种倾向，去替代同时在最后消灭那些比它自己改进较少的亲类型还有那些与它竞争而受益较少的种类。所以说绝灭与自然选择是同时进行着的。因此，假如我们将每一个物种都看作是从那些我们所不知道的类型繁衍而来的，那么它们的亲种与所有过渡的变种通常在这个新类型的形成以及完善的过程中就已经被渐渐消亡掉了。

不过，按照这样的理论，数不胜数的过渡的类型，以前一定是存在过的，那么为什么我们没能找到它们大规模埋存于地壳中呢？在我们后面的《论地质记录的不完全性》这一章中，将会与大家一起去讨论这一问题，到时候才会更为便利一些。在这里，我只是想说一下，我认为对于这个问题的答案，主要在于地质记录的不完全并不是一般人能够想象得到的。地壳是一个巨大的博物馆，可是

侏罗纪鱼类化石，它与现代硬骨鱼极其相似。

自然界的采集品并不够完整，并且是在很久的一段间隔时期里进行的。不过，能够主张，当很多个亲缘密切的物种生存于相同的地区当中的时候，那么到如今，我们就应该能够真实地看到很多过渡的类型才对。举一个简单的事例来看一下：当我们在大陆上自北向南旅行时，通常情况下都能够在不同的地方见到亲缘关系的或者是代表的物种很明显在自然组成中占据着差不多相同的地位。所有的代表的物种经常会相遇并且进行互相之间的混合。当有的物种逐渐减少的时候，就会有另一种物种会慢慢地繁多起来，直到最后，新的物种彻底代替了旧的物种。不过假如我们在那些物种互相混杂的地方去对它们进行比较的话，就能够看出它们的构造的各个细点通常都是非常不同的，就如同从每个物种的中心生活地区搜集而来的标本一样。依据我的观点，那些近缘的物种是由一个共同的亲种繁衍而来的。在不断变异的过程中，每个物种都慢慢地适应了自己所在环境中的生活条件，同时也渐渐地排斥并消灭了那些原有的亲类型以及所有的连接过去还有现在的那些过渡变种。所以说，我们不用去指望如今能够在每个地方都可以遇到大量的过渡变种，尽管说它们以前确实是在那些地方生存过，而且也有可能以化石的状态在那些地方埋存着。不过，在具有中间生活条件的那些中间地带当中，为什么我们如今没能看到密切连接的中间变种呢？这样的问题在很长一段时间内很让我感到惶惑，可是换个角度，我觉得，这个问题基本上还是可以解释的。

首先，假如，我们现在看到一个地方的生物是连续的，于是就推断那里在相当长的一段时期里也是连续的，对于这点我们应该十分慎重。地质学让我们相信：大部分的大陆，甚至在第三纪末期的时候还出现了分裂，出现了一些岛屿。在这些新出现的岛屿上，应该说没有中间变种在中间地带生存的可能性，不一样的物种应该说或许是分别形成的。因为陆地的形状还有气候的变迁，如今我们看到的连续的海面，在最近之前的时期，我们可以肯定地说，一定没有现在那样的连续还有一致。不过我不会选择这条道路去逃避困难，因为我坚定地认为，很多界限非常分明的物种是在原来严格连续的地面上形成的。尽管我并不怀疑如今连续地面的以前断离状态，对于新种形成，

尤其是对于自由杂交而漫游的动物的新种形成，具有非常重大的意义。

我们留意一下如今在一个大范围地区中分布的物种，我们通常都能够看到那些物种在一个大范围的地区中是非常多的，但是在边界的地方会多多少少地突然地稀少起来，直到最后消失无踪。所以说两个代表物种之间的中间地带，比起每个物种的独有的地带，通常总是狭小的。在登山的时候我们同样能够见到类似的现象。有些情况下，就像德康多尔所观察到的那样，一种普通的高山植物很是突然地消失

蝴蝶分布范围非常广泛。

阿尔卑斯山　沼泽　草地　北极草地　沙漠　海滨　公园和森林　城市

不见了，那么这就是一个十分值得我们注意的事情。福布斯在用捞网探查深海时，也曾留意到相同的事实。有的人将气候还有物理的生活条件看成是分布的最重要因素，这些事实差不多能够引起那些人的惊讶，因为气候与高度或者是深度，都是在不知不觉的情况下慢慢地发生着变化的。不过假如我们能够记得住几乎所有的物种，甚至在它们分布的中心地区，假如没有与它们进行生存斗争的物种，它们的个体数量将会增加到一个难以计算的程度。假如我们能够记住几乎所有的物种，不是吃别的物种就是被别的物种所吃掉。总的来说，假如我们记得每一生物都与其他的生物用非常重要的方式直接地或间接地发生关系，那么我们就能够知道，不管什么地方的生物，它们的分布范围并不会完全决定于不觉间变化着的物理条件，它们大部分决定于别的物种的存在，或者依赖于别的物种而生活，或者是被别的物种所毁灭，还有可能就是与别的物种进行竞争。由于这些物种都已经是区别非常明显的实物了，没有被无法觉察的各级类型混淆成一片，所以说不管是哪一个物种的分布范围，因为依存于别的物种的分布范围，那么它们的界限就会出现非常明显的倾向。另外，每个物种在它自己的个体数目生存比较少的分布范围的边缘地带，因为它的敌害还有它们的猎物数量的变动，或者是季候性的变动，都可能很轻易地遭遇完全的毁灭。所以说这样一来这些物种的地理分布范围的界限就更为明显了。由于近似的或者是代表的物种，当生存在一个连续的地区中时，所有的物种都有很大的分布范围，它们之间存在着一个比较狭小的中间地带，在这个地带当中，它们会比较突发地越来越稀少；

又因为变种与物种之间还没有本质上的区别，因此相同的法则基本上能够应用于二者。假如我们用一个栖息于大范围地区中的正发生着变异的物种作为事例，那么就一定会有两个变种适应于不同的两个大范围之内，而且还会有第三个变种适用于那个狭小的中间地带。于是，中间变种因为生活在一个狭小的环境当中，它们的个体数目就比较少。事实上，按我所能理

在世界各地的湖海都有附着甲壳动物，如藤壶。

解的去说的话，这个规律非常适合于自然环境中的变种。对于藤壶属中明显变种的那些中间变种，属于我见到的这个规律的明显的事例。从华生先生还有阿萨·格雷博士以及沃拉斯顿先生给我的材料中能够看出，当介于两个类型之间的中间变种存在的时候，这个中间变种的个体数目通常都比它们所连接的那两个类型的数目要少很多。如今假如我们能够相信那些事实还有推论，而且可以断定介于两个变种中间的变种的个体数量，通常比它们所连接的类型较少的话，那么，我们就可以理解中间变种为什么不可以在很长的一段时间之内继续地生存着。依据常见的规律，中间变种为什么比被它们自己原来所连接起来的那些类型绝灭的快消失得也比较早呢？

很简单，那是由于，就像前面我们所讲到的，不管是哪种生物，只要是个体数目较少的类型，就比个体数目多的类型，更能出现非常大的绝灭机会。在这样的特殊情形当中，中间类型很容易被两边生活着的那些亲缘密切的类型欺压，不过还有更为重要的理由，那就是在假设两个变种改变并且完全成为两个不同的物种的这种进一步的变异过程当中，个体数目较多的两个变种，因为都是生活于较大的地区当中，就比那些生存于狭小中间地带当中的，个体数目比较少的中间变种，占据了很大的优势。这是由于个体数目较多的类型，比那些个体数目较少的类型，不管是在什么样的时期当中，都有比较不错的机会，能够出现更为有利的变异来供自然选择的利用。所以，那些普通的类型，在自己的生存斗争当中，就具备压倒并且代替那些较不普通的类型的倾向。而后者的改变还有改良是比较缓慢一些的。我认为，就像第二章中讲到的那样，这个相同的原理也能够说明为什么每个地区当中的普通物种，可以比那些稀少的物种平均可以展现出更多的一些特征明显的变种。我能够举一个例子来对我的观点进行一个说明，假设我们饲养着三个绵羊的变种，一个适应于广大的山区环境；一个适应于比较狭小的丘陵地带；还有一个适应于广阔的大平原环境。我们进行一个假设，假设这三个不同的地区的居民都有相同的决心以及技巧，利用选择去改良它们的品种。处于此种情况之下，有着大量羊的山区或者是平原的饲养者，将会拥有更多成功的机会，他们比那些只有少数羊的狭小中间丘陵地区的饲养者在改良品种方面要来得快一些。

于是，直到最后，改良的山地品种还有平原品种将会用最快的速度代替那些改良较少的丘陵品种。于是，原本个体数目还比较多的这两个品种，自然就会彼此密切相接，然后将那些没能够被代替的丘陵地带的中间变种夹在其中。

总的来说，我们相信物种到底还是界限非常分明的实物，不管是在哪一个时期之中，都不会因为无数变异着的中间连锁而出现不能分解的混乱。首先，由于新变种的形成是非常缓慢的，正是因为变异是一个非常缓慢的过程，所以如果没有有利的个体差异或者变异发生的话，那么自然选择就不会有什么作用也不会产生什么影响了，与此同时在这个地区的自然环境当中，假如没有空的位置能够使一个或者更多个改变的生物更好地生存，那么自然选择也是没有什么作用与影响的。这样的新位置取决于气候的缓慢变化，有时候也取决于新生物的偶然移入。而这里最为重要的，也许是决定于某些旧生物的徐缓变异。因为后者产生出来的新类型，就会与旧的类型之间互相发生作用还有反作用。因此不管是在哪个地方，不用考虑是在什么时候，我们一定要看到只有很少的一部分物种在构造方面表现着很多稳定的小量的变异。这确实是我们看到的情景。其次，现在连续的地域，在以前的时期当中，一定一直都经常是隔离的那部分。在这些地方，有很多的类型，尤其是属于每次生育都不得不进行交配，与漫游范围很大的那些类型，估计已经分别变得非常不同，足以列入代表物种当中去了。在这样的情景当中，很多个代表物种与它们的共同祖先之间的中间变种，之前在这个地区的各个隔离部分之中，曾经一定存在过，不过这样的连锁在自然选择的过程中，基本上都已被排除甚至已经绝灭，因此现在已经看不到它们的存在了。

然后，假如两个或两个以上的变种，在一个严密连续，并且地域完全不同的部分当中形成了，那么在中间地带基本上会有中间变种的形成，不过这些中间变种通常存在的时间带不会很长，这是因为这些中间变种，鉴于那些已经说过的理由（也就是那些我们所清楚的，亲缘密切的一些物种，或代表物种的实际分布情形，还有那些大家都认可的，变种的实际分布状况），生活于中间地带的个体数目的确比被它们所连接的那些变种的个体数量少，仅仅是从这种原因去看的话，中间变种就无法摆脱被绝灭的命运。在经过自然选择进一步发挥作用的整个过程中，它们几乎一定要将这些所连接的那些类型压倒然后进一步代替。正是因为这些类型的个体数量比较多，在整个系统中有更为可观的变异，这样就能够方便生物通过自然选择得到进一步的改进，同时也进一步占有更大的优势。

最后我要说，并不是从任何一个时期去看，而是对所有的时期进行研究，如果说，我的学说是正确的，那么，我们所数不清的大量的中间变种曾经一定是存在着的，而将同群的所有物种密切连接起来。不过，就像前面已经多次提起的，自然选择这个过程，往往有着让亲类型与中间变种绝灭的倾向。那么就算是一直到最后，它们曾经存在过的证据，只能去化石的遗物中寻找了，而那些化石的保存就像我们在后面的章节中所要讲的那样，是非常不完整并且是间断性的。

# 具有特殊习性与构造生物的起源与过渡

对我的意见持反对态度的人曾经提出疑问：比如说，一种陆栖食肉动物如何才能够转化成为具有水栖习性的食肉动物呢？而这种动物在它的过渡过程中又是如何去维持自己的生命的呢？这并不难解说，现在有很多的食肉动物表现出从严格的陆栖习性到水栖习性之间密切连接的中间各级，而且因为每种动物都必须为了自己的生活进行斗争才可以生存下去，所以很显然，每个动物都必须很好地适应它在自然界中所生活的位置。让我们来看一下北美洲的水貂，它的脚有蹼，它的毛皮还有短腿以及尾的形状都与水獭很像。在夏季，这种动物为了生活，在水中游泳捕鱼为食，而到了漫长的冬季之后，它们就会离开冰冻的水，然后像那些鼬鼠一样，抓捕鼷鼠还有别的陆栖动物为食。要是用另一个例子提问：一种食虫的四脚兽是经过怎样的过程转变为能飞的蝙蝠的？那么这个问题的答复恐怕就要难得多了。但是按我所研究的，这个难点的重要性并不重要。

在这里，就像在其他场合中，我正位于对自己非常不利的局面，因为从我搜集的很多显著的例子当中，我仅仅可以举出一两个来说明近似物种的过渡习性还有构造，以及同一物种中不管是恒久的还是暂时性的各种各样的习性。依我看来，像蝙蝠这样特殊的情况，如果不将过渡状态的事例列为一张长表的话，好像不足以减少其解说的困难程度。

我们来看看松鼠科吧。有些种类，它们的尾巴只是稍微扁平一些，而有的品种，像理查森爵士所提到过的，它们的身体后部非常宽阔，并且两胁的皮膜开张得非常充满，从那些种类开始，一直到大家所说的飞鼠，中间存在着区分非常细的很多级。飞鼠的四肢甚至尾的基部，都与宽大的皮肤连接成为一体，它的作用就如同降落伞一样，能够使飞鼠在空中从这棵树滑翔到那棵树，而滑翔距离之远，确实让人感到十分惊奇。我们不可以怀疑，每一种构造对于每一种松鼠在它们生活的环境中都有着自己的作用，它能够让松鼠躲开那些食肉鸟或者是食肉兽，可以让它们较快地寻觅自己的食物，或者就像我们有理由能够相信的，还能

水獭

鼯猴，也叫猫猴，是世界上最大的滑翔哺乳动物。它的四肢伸展时，皮膜就使得它可以像有生命的风筝般滑翔。

够让它们减少偶然跌落的危险。但是我们不能单从这样的事实方面就得出结论说，每一种松鼠的构造在所有可能的条件下都是我们所能想象到的最优的构造。假如气候与植物发生了改变，假如与它们竞争的别的啮齿类或新的食肉动物来到属于它们的环境中，或者说原来就有的食肉动物发生了变异，就这样类推下去，能够让我们相信，最起码会有一部分的松鼠要减少数量了，甚至还有可能被绝灭，除非它们的构造会以相应的方式

及时出现相关的变异以及改进。所以说，尤其是在变化着的生活环境之中，那些肋旁皮膜变得越来越大的个体，会被继续保存下去，对于这样的现象，如果要解释的话，我认为不存在什么难点。生物的每一变异对于它们来说都是有用的，而且都会继续繁衍遗传下去，正是因为这种自然选择过程的累积效果，那么在往后的日子当中，总有一天，真正的飞鼠就产生了。

接下来我们再看看猫猴类，也就是人们所说的飞狐猴，在以前它曾被归于蝙蝠类中，而到现在，人们则认为它是属于食虫类的了。它那非常宽大的腹侧膜，从颚角起，一直延伸到尾部，甚至包住了生着长指的四肢，它腹侧膜旁的皮膜还长着伸张肌。尽管现在还没有适于在空中滑翔的构造的各级连锁，将猫猴类同别的食虫类连接起来，但是不难想象，这种连锁在之前一定存在过，并且每种都是像滑翔较不完整的飞鼠那样一步步发展而来的。所有的构造对于自己的所有者，都曾发挥过或多或少的作用。我认为也没有什么无法超越的难点去让我们进一步相信，连接猫猴类的指头同前臂的膜，因为自然选择的作用而大大地增加了，这一方面，就飞翔器官来说，能够让这个动物演化为蝙蝠。在有的蝙蝠当中，翼膜从肩端起会一直延伸到尾部，而且还会将后腿都包含在里面，我们基本上在那里能够看到一种原本适合滑翔但是不适合飞翔的构造痕迹。

如果有12个属左右的鸟类都绝灭了，谁能够贸然去推测，只将它们的翅膀用来拍打谁的一些鸟，比如大头鸭；将自己的翅膀在水中当作鳍来使用，在陆上则当作前脚来使用的一些鸟，比如企鹅；还有将自己的翅膀当作风篷用的一些鸟，比如鸵鸟；还有翅膀在机能方面几乎没有任何用处的一些鸟，如几维鸟，谁敢断言推测这些种类的鸟曾经存在过呢？但是以上这些鸟，它们每一种的构造在自己所处的生活环境之中都具有一定的用处，因为每一种鸟都必须要争取在斗争中求生存。不过它们在所有的可能条件下并不能说就一定都是最好的，一定不要从这些话去推断。这里所说到的各级翅膀的构造（它们基本上都是因为不使用的结果），都代表了鸟类实际得到完全飞翔能力所经过的过程，不过它们足以表示出有多少过渡的方式，

最起码是具有可能性的。

看到与甲壳动物还有软体动物这些在水中呼吸的动物十分相像的少数种类，能够适应陆地的生活，又看到飞鸟、飞兽还有很多样式的飞虫，还有之前曾经存在过的飞爬虫，那么我们能够想象那些依靠鳍的拍击而稍微上升、旋转并能在空中滑翔很远的飞鱼，基本上是能够进化成完全有翅膀的动物的。如果真的会发生这样的事情，谁能够想象到，它们在最开始的过渡状态中，曾经是大洋中的居住者呢？并且，有谁能想到它们最开始的飞翔器官，是专门用来逃脱其他鱼的吞食的呢？按照我们所知道的，确实是这样的。

假如我们看到适应于不论是哪种特殊习性，而达到高度完善的构造，比如为了飞翔的鸟翅，那么我们必须牢记，具有早期各级过渡构造的动物，极少能够保留到今天，因为它们慢慢地就被后继者排除掉了，而这些后继者恰好就是经过自然选择之后慢慢地变得越来越完善的。我们可以进一步推断，适用于不同生活习性的构造之间的过渡状态，在最开始的时候，极少会大量发展，也极少拥有很多从属的类型。如此，我们再回到先前假设的飞鱼的例子，真正能够飞的鱼，估计不是为了可以在陆上还有水中用各种方法去捕捉更多种类和数量的食物，而是在很多的从属类型中发展起来，直到它们的飞翔器官达到高度完善的阶段，能够让它们在生存斗争中有力而顺利地战胜别的竞争者，它们才可以得到相应的发展。所以说，在化石状态中看见具有过渡各级构造的物种的机会一般都很少，因为它们个体的数目总是低于那些在构造上充分发达的物种的个体数目。

接下来我举两三个事例来对同种的诸个体间习性的分歧和习性的改变加以说明。在二者当中随便的一个情形中，自然选择都可以轻易地让动物的构造去适应它们发生了变化的习性，或者专门适应很多个习性中的一种习性。可是难以做出决定的是，到底是习性先出现变化然后构造随后出现变化，还是构造的微小变化触发了习性的变化呢？不过这些对于我们的研究来说也不是很重要。估计二者基本上常常是同时出现的。对于改变了的习性的情况，只要列出如今只食外来植物或人造食物的那些英国的昆虫就可以了。对于出现了分歧的习性，有大量的例子能够举出来：我曾经在南美洲时常去观察一种暴戾的霸鹟，它们就像隼一样总是在一个地方的高空翱翔一段时间之后，又飞到另一地方的天空去，而在其他时间里，它们安静地立在水边，然后会如同翠鸟一样飞速地冲入水中扑鱼。在英国，有些时候能够看到大山雀基本上就和旋木雀一般攀行于树枝上；有的时候它们又如同伯劳一般去啄小鸟的头部，将小鸟们弄死。另外，我有很多次看到而且还听见它们如鸦鸟一样，在树枝上啄食紫杉的种子。赫恩在北美洲见过黑熊大张自己的嘴巴在水里游泳好几个小时，看起来就像鲸鱼一样，去捕捉水里的一些昆虫。

有些情况下既然我们可以看到一些个体拥有不同于同种以及同属异种们所原本就都有的习性，那么我们就能够预期那些个体基本上偶尔可能就会出现新的品种，

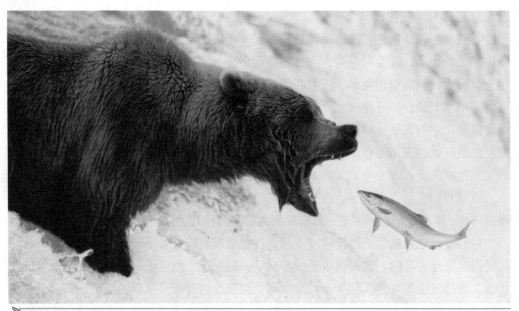

阿拉斯加的棕熊到河流中捕食洄游的大马哈鱼

那些新出现的物种具有很不一样的习性，并且它们的构造稍微地或者是明显地出现一些改变，与它们的构造模式完全不相同。自然界中的确存在着这样的事例。啄木鸟攀登树木同时还会从树皮的裂缝当中捉捕昆虫，我们可以列出比这种适应性更加生动有说服力的例子吗？但是在北美洲，有的啄木鸟的主要食物是果实，还有一些啄木鸟竟然长着长翅膀，在飞行的过程中捕捉昆虫为食。在拉普拉塔平原上，基本上找不到一棵树木，在那个地方，有一种啄木鸟被称为平原䴕，它们的两趾朝前，两趾朝后，舌长并且尖，尾部的羽毛尖细并且坚硬，足以帮助它们在一个树干上保持直立的姿态，不过却远没有典型啄木鸟的尾羽那么坚硬，而且它们还有直并且非常有力的嘴，不过它们的嘴还是没有典型啄木鸟的嘴那么直还有强硬，不过想要在树木上穿孔也足够用了。所以，这类鸟在构造的所有的主要部分上算是一种啄木鸟。而对于像那些不太重要的性状，比如羽色还有比较粗哑的音调以及波动式的飞翔，都明确地向我们展示了它们同英国普通啄木鸟之间密切的血缘关系。不过按照我自己的观察，还有依据亚莎拉的精确研究结果，我能够确切地说，在一些较大的地区当中，它们不攀登树木，而且竟然是选择在堤岸的穴洞中做巢。不过在一些其他地方，按赫德森先生所提出的，正是这种相同的啄木鸟时常往来于树木之间，同时还会选择在树干上凿孔当巢。我能够列出一个别的例子来说明这一属的习性改变的状况，按照德沙苏尔所讲到的，有一种墨西哥的啄木鸟在坚硬的树木上打孔，则是用来储存橡树的果实。

海燕是最有空中性以及海洋性的鸟类，可是在火地岛恬静的海峡间，有一种被称为水雉鸟的鸟类，从它的一般习性方面来看，不论是它惊人的潜水能力，还是它游泳以及起飞时的飞翔姿态方面，都能够让任何人将它误认为海雀或者是水壶卢；即使如此，它们在本质方面其实还是属于海燕的一种，不过它们的体制的很多部分已经在新的生活习性的关系中出现了明显的变异。而拉普拉塔的啄木鸟在构造方面只是有轻微的变异。对于河鸟，最敏锐的观察者们依照它的尸体检验，也很难想象得到它们竟然会拥有半水栖的习性。但是这种同鸫科近似的鸟以潜水为生，它们在水中使用翅膀，用双脚抓握石子。膜翅类这一大目中的所有昆虫，除了卵蜂属之外，都是生活于陆地上的，卢伯克爵士以前就已发现，卵蜂属有水栖的习性。它们经常进入水中，不用脚却是用翅膀，随处潜游，它在水面下可以逗留四个多小时那么长的时间，但是它们的构造并没有随着这种变化的习性而出现了改变。

有的人认为，不管是哪种生物，只要是被创造出来，那就是像今天我们所看到的那样，如果这些人看到有的动物的习性和构造不相一致的时候，就一定会觉得非常奇怪。鸭还有鹅的蹼脚的形成是为了能够游泳，还有什么比这个事实更具有说服力呢？可是，那些生存于高地的鹅，尽管长着蹼脚，可是它们极少会走近水边，除了奥杜邦之外，没有人曾见到过四趾都有蹼的军舰鸟会选择海面来进行降落。换个方面来看，水壶卢与水姑丁均是非常显著的水栖鸟，尽管它们的趾只是在边缘上长着蹼。涉禽类的长且没有蹼的趾的出现与成型，是为了更方便它们在沼泽地还有浮草中行走，还有比这样的事实更加明显的吗？不过苦恶鸟还有陆秧鸡均属于这一目，但是前者几乎与水姑丁一样是水栖性的，后者却基本上与鹌鹑以及鹧鸪一样，是陆栖性的。在这些例子还有别的可以列出来的例子当中，均是习性已经发生了变化但是构造没有相应地出现变化。高地鹅的蹼脚在机能上应该说已经变得几乎是残迹的了，尽管它在构造方面并不是这个样子的。军舰鸟的趾间深凹的膜，显示出它的构造已经开始出现变化了。

信奉生物是分别经过很多次之后被创造出来的人，通常都会这么说，在前面的所有例子当中，是由于造物主喜欢让一种模式的生物来替代另一种模式的生物。不过在我看来，这仅仅是用庄严的语言将事实又说了一遍而已。而对于相信生存斗争还有自然选择原理的人来说，则会认为每种生物都在不断地努力去增加自己个体的数目，同时他们还会承认，不用去计较是哪种生物，不管是在习性方面还是在构造方面，只要出现很小的变异，就可以比同一地区的其他生物占有生存的优势，进而夺取其他生物在那个地区的位置，不管那个位置与它本身原来的位置有多大的不同。如此一来，人们就不会对下面的现象觉得难以理解了：具有蹼脚的鹅还有军舰鸟，生活在干燥的陆地上，极少会降落于水面上；具有长趾的秧鸡，生活于草地并不

🐦 啄木鸟用爪子抓住树干，而尾巴上的羽毛则像是支架一样，帮助它们在啄木时保持平稳。

是生活于泽地上；啄木鸟生活于几乎没有树木的地方，还有，潜水的鸫、潜水的膜翅类以及海燕具有海鸟的习性特征。

# 极完备而复杂的器官

眼睛这个器官，具有无法模仿的装置，能够对不同的距离进行调焦，可以接纳不同量的光，还能够校正球面以及色彩的像差以及色差，它的结构的精巧简直无法比拟。如果假设眼睛可以由自然选择而形成，我坦白地承认，这样的观点应该说是非常荒谬的。当最开始说太阳是静止的，但是地球确实环绕着太阳进行旋转的时候，人类自身的常识就曾经提出这样的说法是不正确的。不过每个哲学家所知道的"民声就是天声"这句谚语，在科学的世界中是不可以相信的。理性告诉我们，假如可以显示，从简单而不完善的眼睛到复杂并且完善的眼睛之间，存在着无数的各种等级，而且如实际情况那样，每个等级对于它的所有者都有一定的作用。那么，假如眼睛也如实际情况那样之前也出现过变异，而且这些变异是可以遗传的，同时假如这些变异对于处于变化着的外界环境中的所有的动物均是有用的，那么相信完善并且复杂的眼睛，其形成过程用自然选择的学说来进行论证虽然有难点，即使是这样却不可能影响到和否定了我的学说。神经是如何对光有感觉，就像生命自身是如何起源的一样，并非我们所研究的范围。不过我可以指出，有的等级非常低的生物在它们体内是无法找到神经的，但是依然可以感光，所以说，在它们的原生质中，有某些感觉元素聚集到一起，慢慢地发展为具有这种特殊感觉性的神经，这看起来好像并不是不可能的。

在寻索任何一个物种的器官所赖以完善化的各个等级时，我们应该专注于观察它

们的直系祖先，可是这几乎是无法实现的。如此一来我们就不得不去观察同群中的其他物种还有其他的属了，也就是要去观察共同始祖的旁系，来帮助我们找出在完善的过程中究竟有哪些级是可能的，或许还有机会看出遗传下来的，未曾改变或只是有一丁点改变的某些级。不过，不同纲中的同一器官的状态，对于它达到完善化所经过的步骤，很多时

金鹰敏锐的视力范围远远大于人类，它能在1600米的高空发现猎物。

候也能够向我们提供一定数量的说明。

可以被称作眼睛的最简单器官，是由一条视神经组成的，它被色素细胞环绕着并被半透明的皮膜覆盖着，不过它没有任何的晶状体或别的折光体。但是依据乔登的研究，我们甚至还能够继续下降一些，追溯到更为低级的视觉器官，我们能够看到色素细胞的集合体，它们的确是用作视觉器官的，可是却没有任何神经，只是着生在肉胶质组织上的一团色素细胞的聚集体。我们所讲的这种简单性质的眼睛，无法明确地看清东西，但是可以用来辨别明暗。按照刚才我们所提到的作者的说法，在一些星鱼当中，围绕神经的色素层存在着小小的凹陷，里面充满着透明的胶质，表面凸起，就像是高等动物中的角膜。他觉得这并不是用来反映形象的，只不过是将光线进行了集中，让它们的感觉更容易一些罢了。在这种集中光线的情况下，成像型眼睛形成的最重要步骤就具备了，这是因为，只要将裸露的感光神经末梢（在一些比较低等的生物中，视神经的这一端的位置并没有固定，有的深埋于身体中，有的接近于体表），安放在同集光器合理距离的位置，就能够在这上面形成影像。

在关节动物这一大纲当中，我们能够看到最原本的是单纯的仅仅是被色素层包围着的视神经，这种色素层有些情况下会形成一个瞳孔，不过并没有晶状体或别的光学装置。对于昆虫，如今我们都已知道，在它们庞大的复眼的角膜上存在着很多个小眼，形成真正的晶状体，而且这种晶状体包含着神奇变异的神经纤维。不过，在关节动物当中，视觉器官的分歧性是这般大，以至于米勒之前曾经将它们分为三个主要的大类另外还有七个小类，除了这些以外还有聚生单眼的第四个主要的大类。

假如我们细细思考一下这其中非常简单的情景，也就是关于低等动物的眼睛构造广阔并且具有分歧的同时还逐渐分级的范围。假如我们记得所有现存类型的数量，比起那些已经消失的类型的数量，毫无疑问会少很多，那么就不难理解，自然选择可以将那些被色素层包围着的还有被透明的膜遮盖着的一条视神经的简单装置，渐渐地变化成关节动物的任何成员所具有的，那种完善的视觉器官。

如果读完了这本书之后，很多人就会发现其中的很多事实，无法用其他的方法去进行解释，只可以通过自然选择的变异学说才能够给出有力的说明，那么，我们就应该毫不犹豫地继续向前迈进一步。他应该认可，甚至如雕的眼睛那么完善的构造，也是这样形成的，就算是在这样的情形下，我们并不知道它的过渡状态。有人曾经提出来反对意见，他认为，为了能够让眼睛发生变化，同时作为一种完善的器官被保存下来，就不得不有很多种变化同时发生才有可能。但是按照推断，这样的说法是无法经过自然选择来实现的。不过就像我在论家养动物变异的那部著作当中曾试图阐明的那样，假如说变异是非常微细并且是逐步发生着的，那么就没有必要假定所有的变异均是在同一时间发生的。而且，不同类型的变异也有可能为共同的一般性的目的而服务，就像华莱斯先生曾经提到过的："假如一个晶状体具有过短的或太长的焦点，它能够由改变曲度或者是改变密度去进行调整，假如它的曲度不规则，致使光线无法聚集于

白头海雕翱翔在北美大陆

一点，那么让曲度慢慢地趋向于规则性，就是一种改进了。因此，虹膜的收缩还有眼睛肌肉的运动，对于视觉来说都不是必需的，只不过是让这个器官的构造在不论是哪个阶段中都能够得到添加的以及完善化的改进罢了。"在动物的世界中，占据最高等地位的脊椎动物当中，它们的眼睛在最初的时候是多么的简单，比如文昌鱼的眼睛，仅仅是透明皮膜所构成的小囊，它的上面生着神经并用色素包围了起来，除了这些以外，就没有别的装置了。在鱼类还有爬行类当中，就像欧文曾经讲到过的："折光构造的那些等级范围是非常大的。"依据微尔和卓越的见识来看，就算是人类的这种精致的透明晶状体，在胚胎期也是由袋状皮褶里的表皮细胞的堆积来形成的，至于玻璃体，则是由胚胎的皮下组织

形成的，这样的事实有着非常重要的意义。即使真的就是如此，对于如此奇异的却又并不是绝对完善的眼睛的形成，如果想要得出公正的结论，理性不得不战胜想象。不过我深深地感到这是非常困难的，因此就有人在将自然选择原理应用到这么深远的境地时出现了踌躇，对于大家的犹豫心理我反而觉得非常理解。

人们总是容易拿眼睛与望远镜进行比较，这一点是不可避免的。我们都明白，望远镜是人类运用自己的高智慧经过很长时间的努力之后研究出来的。我们很自然地就会去推断眼睛也是经过一种在一定程度上类似的过程之后慢慢形成的。可是，这样的推论不是专横吗？我们能找出什么理由去假设"造物主"也是用人类那样的智慧去工作的呢？假如我们不得不将眼睛与光学器具进行一个比较的话，我们就应该想象，它拥有着一厚层的透明组织，在自己的空隙当中充满着液体，之下存在着感光的神经，而且还应该假设这一厚层中的每一部分的密度都在缓缓地发生着改变，以便分离为不同密度以及不同厚度的各层。这些层彼此之间的距离都是不相同的，每层的表面也都在慢慢地发生着变化。于是我们还不得不假定存在着一种力量，这种力量就是自然选择，也就是我们所说的最适者生存。这一力量时常高度重视着透明层中所发生和出现的每一个微小的变化，而且还会在改变了的条件之下，将不管是用任何方式或者是任何程度产生的比较明确一些的映像的每一个变异认真地保存起来。我们不得不假设，这个器官的任何一种新状态，都是成百万地倍增着的，而每种状态都会被一直保存至更好的出现之后，直到那个时候，旧的状态才会全部毁灭。在生物体当中，变异能够引发一些轻微的变化，生殖作用能够让那些改变基本上是无限地倍增着，而自然选择则会用准确的技巧，将每一次的改进和变化都详细认真地挑选出来。这样的自然选择过程会一直持续千百万年，每年又都会作用于千百万种不同种类的个体。这种活的光

学器具能够优胜于玻璃器具制造出来的，就像"造物主"的工作比人的工作做得更好一样，关于这一点，难道我们还不能够完全去相信吗？

# 过渡方式

　　假如可以证明不管是哪种复杂器官，不是经过无数的、连续的、轻微的变异之后形成的，那么我的学说就该完全破灭了。不过，目前我还未曾发现这样的情况。当然，现在还有很多的器官，我们还无法知道它们的过渡中间的各个等级，假如我们对于那些非常孤立的物种进行研究时，就更是这样的，因为按照我的学说，它们的周围的类型已大部分被绝灭了。或者，我们用一个纲中的所有成员所共有的一种器官作为论题时，得到的结论也是这个样子的，这是因为在这样的情况之下，那些器官最原本一定是在遥远的时代中形成的，到后来，本纲中的所有成员才渐渐地发展了起来。为了寻找那些器官最开始经历的过渡的各个等级，我们就不得不观察非常古老的原始的那些类型，但是那些类型早已绝灭了。

　　我们在确切地提出一种器官能够不通过某一种类的过渡的各个等级就会形成时，一定要非常谨慎。在低等动物当中，能够列出无数的例子去说明相同的器官同时可以进行完全不同的机能，比如蜻蜓的幼虫还有泥鳅，它们的消化器官就同时兼有呼吸功能，具有消化以及排泄的机能。又比如水螅，它能够将身体的内部翻到外面去，这样，外层就会具有消化功能，而原本主管消化的内层就可以负责呼吸了。在这样的情况中，自然选择或许会让本来具有两种机能的器官的全部或一部专门去负责一种机能，假如这样能够获得任何利益的话。于是在经历了不知不觉的步骤之后，器官的性质就在很大程度上被改变了。很多人都知道，有很多种植物在正常情况下能够同时产生不同构造的花，假如这些植物只是产生一种类型的花，那么这一物种的性质估计就会突然地出现较大的变化。不过同一株植物所产生的两类花差不多原来是由分级非常细的步骤分化出来的，那些步骤直到今天都有可能依然在一些少数的情况中还在进行着。

　　还有，两种不同的器官，或者说两种形式非常不相同的同种器官，能够同时在同一个个体当中去负责相同的机能，

🐉 蜻蜓的蜕皮过程

发现于新西兰的鲉类鱼

而且这是非常重要的过渡方法。我们可以找一个事例来进行一个说明，鱼类用鳃呼吸溶解于水里的空气，与此同时还会用鳔去呼吸游离的空气，鳔由充满血管的隔膜将其分割为很多个部分，而且有一个鳔管来提供空气。在植物的世界里还能够举出另外一个例子，那就是植物的攀缘方式有三种，用螺旋状的卷绕，用有感觉的卷须卷住一个支撑物，同时还会用发出的气根；一般情况下是不同的植物群只运用其中的一种方法，不过也有几种植物会同时使用两种方法，甚至还有一些个体会同时使用三种方法。在所有的这些情况当中，两种器官之中的一个或许会被轻易地改变以及完善化，然后去担当所有的工作，它在发生变异的过程当中，曾经得到来自另一种器官的帮助，那么，另一种器官就有可能会因为完全不同的其他目的而被改变，也有可能会被整个地消灭掉。

鱼类的鳔就是一个非常不错的例子，因为它非常清楚地向我们阐明了一个非常重要的事实，那就是原本为了一种目的——漂浮而构成的器官，到后来渐渐地变化成了完全不同目的的用以呼吸的器官。在有的鱼类当中，鳔还会被用于听觉器官的一种补助器。全部的生理学家们都认为鳔在位置还有构造方面都与高等脊椎动物的肺是同源的，或者说是理想地相似的。所以，没有理由去怀疑鳔事实上已经化为了肺，也就是变成了一种专门负责呼吸的器官。

依据这个观点就能够推断，所有具有真肺的脊椎动物全都是从一种古代的尚不可知的具有漂浮器，也就是鳔的原始型一代一代地传下来的。那么，照此下去，就像我按照欧文关于这些器官的有趣描述推断出来的那样，我们就能够理解为什么吞下去的每一点食物还有饮料都不得不经过气管上的小孔了，就算是那里存在着一种精美的装置能够让声门紧闭，可是它们依然有落入肺中的危险。高等的脊椎动物已经完全没有了鳃，不过，它们的胚胎当中，颈两旁的裂缝预计弯弓形的动脉中依然代表着鳃之前存在着的位置。不过如今完全失掉的鳃，也许是被自然选择慢慢地利用于某种不同的目的，是能够想象得到的。比如兰度伊斯之前就阐述说明过，昆虫的翅膀是由气管发展演化而成的，因此，在这个大的纲当中，曾一直用来呼吸的器官，事实上完全有可能已转变为飞翔器官了。

在对器官的过渡进行考察时，要注意牢记生物器官的一种机能转变为另一种机能的可能性是存在着的，因此我想再举出另外一个例子加以说明。有柄蔓足类拥有两块非常小的皮褶，我们将它称为保卵系带，它们以分泌黏液的方式去将卵粘在一起，一直到卵成功孵化为止。这种蔓足类并没有鳃，全身的表皮还有卵袋表皮以及小保卵的系带，都能够进行呼吸。藤壶科，也就是无柄蔓足类就不是这样的了，它们没有保卵系带，于是卵松散地位于袋底，外部包着紧闭的壳，可是在相当于系带的位置上生有巨大的、非常褶皱的膜，它们同系带以及身体的循环小孔自由相通，因此很多博物学者都认为它具有鳃的功能。我觉得，现在没有人会否认这一科当中的保卵系带同其他科当中的鳃是严格同源的。事实上，它们之间是彼此逐步转化而来的。因此，不用去怀疑，原本作为系带的同时也能够在一定程度对呼吸有一点帮助的那两个小皮褶，已经过自然选择，只是因为它们的增大与它们的黏液腺的消失，于是最后就转化为鳃了。假如所有有柄蔓足类均已全部绝灭（事实上有柄蔓足类所遭到的绝灭远远地超出了无柄蔓足类），谁可以想到无柄蔓足类里的鳃原来竟然是用于预防卵被冲出袋外的一种器官呢？

还有一种可能的过渡方式，那就是经过生殖时期的提前或者是推迟来实现的。这是近来美国科普教授与别的一些研究者所主张的。如今知道有的物种在还未曾完全获得完整的性状之前就可以在非常早的时期进行生殖。假如这样的能力在一个物种当中得到彻底发展的话，那么成体的发育阶段估计迟早会失掉。在这样的情境之中，尤其是当幼体和成体明显不一样时，这个物种的性状就会出现极大的改变以及退化。有很多动物的性状，一直到成熟之后，基本上还在它们的整个生命历程中继续进行。比如哺乳动物，这类动物头骨的形状，伴着年龄的增长往往会有非常大的改变，对于这一点，穆里博士曾就海豹列举过一些十分生动的例子。所有的人都明白，鹿越老那么它的角的分支也就越多，有些鸟越老的话，其羽毛也就会发展得越加美丽。科普教授曾说过，有些蜥蜴的牙齿形状，伴着年龄的增长会出现非常大的变化，按照弗里茨穆勒的记载，在甲壳类当中，不只是很多微小的部分，就算是一些非常重要的部分，在成熟之后也依然会呈现出新的性状。在全部的这种类型的例子当中，当然，还有很多的例子能够列出来，假如说生殖的年龄遭到了推迟，物种的性状最起码成年期的性状，

就会出现一些变异。在有些时候，前期的还有早期的发育阶段将会用最快的速度结束，直到最终消失不见，这也不是不可能发生的。而对于物种是不是经常经过或之前曾经过这样比较突然的过渡方式，我还尚未得到成熟的见解。但是，如果这样的情形曾经真的发生过，那么幼体与成体之间的差异，还有成体与老体之间的差别，基本上最开始还是一点一点地得到的。

鹿角的大小部分取决于鹿的年龄，另一部分取决于鹿的食物。这只红鹿每只鹿角上分别长有 6 个尖，而最大的红鹿角甚至可以长到 12 个尖。

# 第七章

# 对于自然选择学说的种种异议

# 长 寿

　　我准备专门用这一章来对那些反对我的观点的多种多样的异议进行讨论，因为这样能够将之前的一些讨论看着更明白一些。不过用不着将所有的异议都进行讨论，因为有很多的异议是由不曾用心去理解这个问题的研究者们提出来的。比如，一位知名的德国博物学家断言我的学说中最为脆弱的一个内容，是我将所有的生物都看成是不完善的。实际上我说的是，所有的生物在同自己的生活环境的关系里，并没有尽可能地那么完善。世界上很多地方的土著生物让位于外来侵入的生物向我们证明了这是事实。就算是生物在过去任何一个时期可以完全适应它们的生活条件，可是当环境发生了变化的时候，除非它们自己也随之而发生改变，否则就无法再完全适应了。而且不会有人反对每个地方的物理条件还有生物的数目以及种类曾经经历过很多次的变化。

　　近日，有位批评家为了炫耀自己数学方面的精确性，坚定地认为长寿对于所有的物种都有非常大的利益，因此相信自然选择的人就应该将生物系统发生树按照所有后代的寿命都比自己的祖先更为长寿的方式去进行排列。但是，一种两年生植物或者是一种低等动物假如分布到寒冷的环境当中，每到冬季就会死去。不过，因为通过自然选择所获得的利益，它们利用种子或者是卵就可以年年复生，我们的批评家们难道不会考虑一下这样的情况吗？最近雷兰克斯特先生对这个问题进行了进一步的讨论，他总结说，在这一问题的极端复杂性所允许的范围之中，他的判断是，长寿通常是同每个物种在体制等级中的标准有一定关系的，同时还和在生殖中以及普通活动中的消耗量有着一定的关系。这些条件估计大多数是经过自然选择来决定的。

# 变异未必同时发生

　　以前有过这样的讨论，说在过去的三千或者是四千年当中，埃及的动物还有植物，就是那些我们所知道的都没有发生过变化，因此世界上其他随便一个地方的生物估计也没有出现过变化。不过，就像刘易斯先生所讲的那样，这样的议论不免有些太过分了，由于刻在埃及纪念碑上的还有那些制成木乃伊的古代的家养族，尽管和现今生存的家养族十分相像，甚至是相同的，但是所有的博物学家都认为，这些家养族都是经过它们的原始类型在经过变异之后产生出来的。自冰河期开始以来，很多保持不变的动物基本上能够用来当作一些十分有力的例子，因为它们曾经暴露在气候的巨大变化之中，并且曾经远距离地搬迁生活过。而换成在埃及，按我们所知道的，在逝去的数千年当中，生活条件从来都是完全一致的。自从冰河时期以来，那些很少会出现变化甚至是从来没有出现变化的事实，用以反对那些相信内在的以及必然的发展法则的人们，估计是有一些效力的。不过用来反对自然选择也就是最适合生存的学说的话，却不具备什么力量，因为这个学说表示着只有当有利性质的变异或者说个体差异出现的时候，它们才会被保存下来。不过这只有在某些有利的环境条件中才有可能实现。

奔跑的康尼马拉马

著名的古生物学家布朗在他译的本书德文版的后面，问道：依据自然选择的原理，一个变种如何可以与亲种并肩生存呢？假如二者都可以适应稍微不一样的生活习性或者说生活条件，它们大概可以一同生存的。假如我们将多形的物种（它的变异性看起来好像具有特殊的性质），还有暂时的变异，就像大小、皮肤变白症等情况，都先放在一边不去讨论，别的比较稳定的变种，就我所能发现的，通常都是栖息在不同地区的，比如高地或低地，干燥地段或者是潮湿地段。另外，在喜欢到处漫游还有自由交配的一些动物当中，它们的变种好像通常都是局限于不同地区当中的。

布朗还觉得，不一样的物种从来不只是表现于一种性状方面，反而是在很多方面都会有一定的差异。而且他还问道，体制的很多部分是如何因为变异还有自然选择经常同时出现变异的呢？不过也没有必要去猜想哪种生物的所有部分是不是会同时出现变化。最能适应一些目的的最明显变异，加上我们之前所讲到的，估计经过连续的变异，就算是轻微的，最开始是在某一部分，然后就会在其他部分而被获得的。由于这些变异都是一同传递而来的，因此才会让我们看起来觉得好像是同一时间发展的了。有的家养族主要是因为人类选择的力量，朝着一些特殊的目的发生变异的，这种类型的家养族对于前面提到的异议提供了最好的回答。让我们来看看赛跑马还有驾车马，也可以看看长躯猎狗还有獒。它们全部的躯体，甚至就连心理特性都已经遭到了改变。不过，假如我们可以查出它们的变化史中的每一阶段，当然，那些最近的几个阶段是能够查出来的，那么我们将看不到巨大的以及同时发生着的变化，反而只会看到，最开始是这一部分在变化，接下来是另一部分发生了细小的变异还有改进。甚至可以讲，当人类只对其中的一种性状进行选择时，栽培植物能够在这方面提供最好的例子，那么我们就会看到，尽管这一部分，不管它是花、果实还是叶子，在很大程度上被改变了。这样的话，那么几乎所有别的部分也会出现稍微的变化。这一个现象能够归因于相关生长的原理，还有一部分能够归因于我们所说的自发性变异。

# 表面上无直接作用的变异

　　布朗还有布罗卡提出了更为严重的异议，他们认为，有很多性状看起来对于它们的所有者，并未发现有什么作用，因此它们无法被自然选择干扰和影响。布朗列出了不同种的山兔以及鼠的耳朵还有尾巴的长度还有很多动物牙齿上的珐琅质的复杂皱褶，以及大量类似的情形来进行有力的论证。对于植物，内格利在一篇值得称赞的论文当中已经讨论过这个问题了。他认可自然选择非常具有影响力，可是他主张各科植物彼此之间的主要差异在于形态学的性状，而这些性状对于物种的繁盛来说似乎并不怎么重要。所以他认为生物有一种内在的倾向，能够让它

长耳大野兔

朝着进步的以及更加完善的方向去发展。尤其是以细胞在组织中的排列还有叶子在茎轴上的排列为例，更说明自然选择无法发挥作用。我觉得，另外还能够加上花的各部分的数目还有胚珠的位置，以及在散布方面并没有什么作用的种子形状等。

　　前面的异议非常有力。不过就算是这样，首先，当我们决定判断什么样的构造对于每个物种现在有用或者是以前曾经有用时，还是需要十分谨慎的。其次，我们一定要记住，有的部分在出现变化时，别的部分也会出现变化，这是因为一些我们还不是很明白的原因，比如流到一部分去的养料的增多或者是减少，各个部分之间的互相挤压，先发育的那部分对后来发育的那部分还有别的方面的影响等。除此之外，还有一些我们完全无法理解的别的原因，它们造成了很多相关作用的神秘现象。而那些作用，为了用起来方便简单，都能够包括于生长法则这个用语当中。再者，我们不得不考虑到改变了的生活条件具有直接的以及一定的作用，而且不得不考虑到我们所说的自发性变异，在自发变异当中生活环境的性质很明显发挥着十分次要的作用。芽的变异，比如在普通蔷薇上突然生长出来的苔蔷薇，或者是在桃树上生长出来了油桃，那就是自发变异的最好的例子了。不过就算是在这样的情况之下，假如我们还记得虫类的一小滴毒液在产生复杂的树瘿上的力量，我们就不可以百分百地肯定，

前面讲的变异不是因为生活环境的一些变化所引发的。树液性质微小部分变化的结果，对于每一个细小的个体差异，还有对于偶然发生的，更为明显的变异，一定存在着某种有道理的理由，而且假如这种未知的原因不间断地发挥其作用，那么这个物种的所有个体基本上就一定会出现相似的变异了。

在本书的前几版当中，我过低地估计了因为自发变异性而发的变异的频度还有重要性，现在看起来，这似乎是有可能存在着的。不过也绝不可以将每个物种的这么良好地适应于生活习性的很多种构造都归功于这个原因，我无法相信这一点。对适应性非常好的赛跑马还有长躯猎狗，在人工选择原理还没有被了解之前，曾让一些前辈的博物学家发出感叹，我也不认为能够用这个原因去进行解释。

非常有必要举出例证去说明一下前面讲到的一些论点。对于我们所假定的每种不同部分还有器官的无用性，就算是在最熟知的高等动物当中，也依然有着很多这样的构造存在着，它们是那么发达，以至于从来无人会怀疑它们的重要性。可是它们的作用还未能被确定下来，或者说仅仅是在最近才被确定下来。有关这点，基本上也没必要再说了。布朗既然将很多个鼠类的耳朵还有尾巴的长度作为构造没有特殊作用而呈现差异的例子，尽管说这不是非常重要的例子，可是我能够指出，依据薛布尔博士的观点，普通鼠的外耳具有数目可观的以特殊方式分布的神经，没必要去怀疑，它们是用来当作触觉器官使用的，所以耳朵的长度看起来就不会是不太重要的了。此外，我们还能够见识到，尾巴对于某些物种是一种极为有用的把握器官，这样一来它的作用就要大受它的长短的影响。

对于植物，鉴于已有内格利的相关论文，我就只作以下的一些说明。人们会承认兰科植物的花有很多奇异的构造，多年之前，这些构造还只是被看成是形态学上的差异，并没有什么特殊的机能。不过现在我们都已知道，这些构造经过昆虫的帮助在受精方面是非常重要的，而且它们估计是通过自然选择来被获得的。一直到近来，没有人能够想象到在二型性的或者是三型性的植物当中，雄蕊还有雌蕊的不同长度以及它们的排列方法会带来什么样的作用，不过我们如今已经知道，这些确实是有作用的。

在一些植物的整个群当中，胚珠直立，而在别的群中，胚珠则会倒挂着。也有为数不多的植物，在同一个子房中，一个胚珠呈直立状，而另一个则呈倒挂状。这些位置在最初看起来好像纯粹是形态学的，或者说并不具有生理学的意义，可是胡克博士曾经对我说，在同一个子房当中，有些只有上方的胚珠会受精，而有的只有下方的胚珠会受精。在他看来这估计是由于花粉管进入子房的方向不同而造成的。假如真的是这样的话，那么胚珠的位置就算

一朵兰科植物的花可以结出 200 多万颗极小的种子。

是在同一个子房中一个直立一个倒挂的时候，估计是位置上的任何微小的偏差的选择造成的结果，这样受精还有产生种子才获得了利益。

属于不同"目"的一些植物，常常会出现两种花，一种是开放的、具有普通构造的花，还有一种是关闭的、不完全的花。这两种花有些情况在构造方面表现得极为不同，但是在同一株植物上还是能够看出来它们是相互渐变而来的。一般的开放的花能够异花受精；而且还因此保证了确实得到异花受精的利益。但是关闭的不完全的花也一样。明显极为重要的，由于它们仅需要耗费很少的花粉就能够非常稳妥地产生出大量的种子。刚刚我们已经说过，这两种花在构造方面往往是非常不同的。不完全花的花瓣基本上总是由残迹物构成的，花粉粒的直径也会缩小很多。在一种柱芒柄花当中，它的五本互生雄蕊都已退化了。在堇菜属的一些物种当中，三本雄蕊是退化了的，剩下的二本雄蕊尽管保持着正常的机能，但是是非常小的。在一种印度堇菜当中（无法知晓它的名字，因为我从未见过这种植物开过完全的花），在拥有的三十朵关闭的花中，有六朵花的萼片从五片的正常数目退化成三片。在金虎尾科当中的某一类里，依据米西厄提出的观点，关闭的花会出现更进一步的变异，那就是与萼片对生的五本雄蕊全都退化了，只留下与花瓣对生的第六本雄蕊还是发达的。可是那些物种普通的花却并没有这样的雄蕊存在，花柱的发育也不全，而且子房也由三个退化成了两个。尽管自然选择有足够的力量能够阻止一些花的开放，同时还能够因为让花闭合起来以后来减少过剩的花粉数目，可是前面讲的各种特殊的变异，是无法如此进行决定的。而不得不看作这是按照生长法则的结果，在花粉减少还有花闭合起来的过程中，有一些部分在机能方面的不活动，也能够纳入生长法则之中。

生长法则的重要影响是如此地需要得到我们的重视，因此我还要再举出其他的一些例子，表明相同的部分或器官，因为在同一植株上的相对位置的不同因而会出现一些差异。按照沙赫特所说的，西班牙栗树还有一些枞树的叶子，它们分出的角度在近于水平的还有直立的枝条上有一定的不同。在普通芸香还有一些别的植物当中，中间或者是顶部的花往往是最先盛开的，这朵花有 5 个萼片以及 5 个花瓣，子房同样是五室的，但是这些植物的所有别的花全是四数的。英国的五福花属顶上的花一般只有 2 个萼片，而它的其余部分却是四数的，周围的花通常都有 3 个萼片，但是其余的部分是五数的。很多聚合花科还有伞形花科（还有一些别的植物）的植物，它们外围的花比中间的花拥

金虎尾的花瓣

有着更为发达的花冠；这些情况好像往往与生殖器官的发育不全有一定的关系。还有一件我们之前提到过的更为奇妙的事实，那就是外围的还有中间的瘦果以及种子经常在形状、颜色，还有别的性状方面彼此间存在着很大的不同。在红花属还有一些别的聚合花科的植物当中，只有中间的瘦果具有冠毛。而在猪菊芭属当中，相同的一个头状花序上会生有三种不同形状的瘦果。在其他一些伞形花科的植物当中，依据陶施提出的意见，长在外面的种子属于直生的，而长在中央的种子则是倒生的，在德康多尔看来，这样的性状在别的物种当中具有分类上的高度重要性。布劳恩教授曾列出延胡索科的一个属，其穗状花絮下面的花结有呈卵形的还有呈棱形的一个种子的小坚果。但是在穗状花絮的上面，则结有披针形的以及两个蒴片的，两个种子的长角果。在这么多的情况中，除了为了引来昆虫注目的十分发达的射出花之外，按照我们所能判断的来看，自然选择通常都没有发挥出什么作用，或者是只会发挥十分次要的作用。所有这样的变异全部均是每个部分的相对位置还有它们相互作用的结果。并且，基本上没有任何疑问，假如同一植株上所有的花还有叶，如同在一些部位上的花还有叶那般都曾受相同的内外条件的影响，那么它们就都会依照同样的方式而被改变。

# 进步的发展

在别的很多情况当中，我们常能看到，被植物学家们看作是通常具有高度重要性的构造变异，仅仅发生在同一植株上的一些花当中，或者只是出现在相同外界条件下的，密接生长的不同植株之上。由于这样的变异看起来对于植物没有什么特殊的作用，因此它们并不会受到自然选择的影响。其中的原因到底么，我们还不是十分清楚，甚至不可以像前面所讲到的最后一类例子那样，将它们归因于相对位置方面的各种的近似作用。在这里我仅仅列出少数几个事例就好。在相同的一株植物上，如果花没有规则地表现为四数或者是五数，那都属于很平常的现象，对于这点我不需要再举出实例了。不过，由于在一些部分的数目比较少的情况里，数目方面的变异也会比较稀少，因此我还需列举一些例子出来，按照德康多尔所说的，大红罂粟的花具有两个萼片以及四个花瓣，或者三个萼片以及六个花瓣。花瓣在花蕾中的折叠方式在大多数植物群中都是一个非常稳定的形态学方面的性状。不过阿萨·格雷教授曾说，对于沟酸浆属的一些物种，它们的花的折叠方式基本上总是不但像犀爵床族而且还像金鱼草族，而沟酸浆属是属于金鱼草族的。圣·提雷尔以前举出过下面的例子：芸香科拥有单一子房，它的一个部类花椒属的某些物种的花，在同一植株上或者说是在同一个圆锥花序方面，生有一个或两个子房。半日花属的蒴果有一室的，也有三室的。不过，变形半日花则生长有一个稍微宽广一些的薄隔，隔于果皮与胎座之间。关于肥皂草所生的花，按照马斯特斯博士的仔细观察，它们不但拥有着边缘胎座同时还有着游离的中央胎座。最后，圣·提雷尔曾在油连木分布地区的近南端的地方找到两种类型，一开始他毫不怀疑这是两个不相同的物种，可是后来他看见它们生长于同一个灌木上，只好接着又补充道："在同一个个体当中，子房还有花柱，有时生长于直立的茎轴上，有时生长于雌蕊的基部。"

我们由这些可看出，植物的很多形态方面的变化，能够归因于生长法则以及各部分的相互作用，但是与自然选择没有什么关系。不过内格利曾经提出，生物有朝着完善或进步发展的内在倾向。按照这个学说，可以说在这些显著变异的场合当中，植物是朝着高度的发达状态前进的吗？事实正好相反，我只是按照前面讲到的各部分在相同植株上，差异或变异非常大的这个事实，就能够对这些变异进行一个推论，不管通常在分类方面有多么大的重要性，但是对于植物本身来说是非常不重要的。一个没有作用的部分的获得，真的是无法说它是提高了生物在自然界中的等级。而至于前面所讲到的那些不完全的关闭的花，假如不得不引用新原理进行解释的话，那么肯定是退化原理，而不是进化原理。很多寄生的还有退化的动物一定也是这个样子的。对于那些造成前面所说的特殊变异的原因，我们目前还是无法弄明白的。不过，假如这种未知的原因基本上非常一致地在很长的一段时间里发挥它的作用，那么我们就能够推论，所造成的结果也一定是几乎一致的，而且在这样的情况下，物种的所有个体会用相同的方式出现一些变异。

# 作用小的性状最稳定

前面所讲的每种性状对于物种的安全并没那么重要，从这一事实来看的话，这样的性状所发生的不论是哪种轻微的变异，都不会经过自然选择而被累积和增加的。一种经过长久继续选择而发展起来的构造，等到对于物种没有效用的时候，通常就容易发生变异，正像我们在残迹器官当中所看到的那样，由于它已不再受相同的选择力量所支配了。不过因为生物的本性还有外界条件的性质，对于物种的安全并不重要的变异发生了，它们就能够而且很明显经常是这样的，基本上都会用相同的状态传递给很多在别的方面已经出现了变异的后代。对于很多哺乳类、鸟类或者是爬行类，是否生有毛、羽或者是鳞，并不特别重要。不过，毛基本上已经传递给所有的哺乳类，羽本上也已经传递给所有的鸟类，鳞已经传递给所有的真正爬行类。在所有的构造当中，不管它是哪种构造，只要被很多的近似类型所共有，那么就被我们看成是在分类方面有着高度的重要性，结果就经常被认定为对于物种具有决定生死的重要性。所以我更倾向于相信我们所认为重要的形态方面的差异，比如叶的排列、花与子房的区别、胚

珠的位置等诸多情况，一开始
在很多情况下是以不太稳定的
变异情况而出现的，再到后来，
因为生物的本性还有周围条件
的性质，同时还因为不同个体
之间的杂交，不过不是因为自
然选择，于是迟早就能够稳定
下来。其原因在于，由于这些
形态方面的性状并不会影响到

| 绒毛 | 廓羽 | 翅羽 | 尾羽 |

羽毛类型。鸟是唯一能长羽毛的动物。

物种的安全，因此它们不管是什么样的轻微偏差，都不会受到自然选择作用的支配或
累积。那么，我们就能够得到一个很奇特的结果，那就是对于物种生活非常不重要的
性状，对于分类学家来说是非常重要的。可是，等到我们以后讨论到分类的系统原理
时，就会发现这一切绝不像我们初见时那么矛盾。

　　尽管我们没有良好的证据去证明生物体内存在着一种朝着进步发展的内在倾向，
但是就像我曾经在前面的章节中所试图指出的，经过自然选择的不断作用，一定能够
产生出朝着进步的发展，而对于生物的高等的标准，最合适的定义是器官专业化或分
化所达到的程度，那就是，自然选择具有达到这个目的的倾向，由于器官越加专业化
或分化，那么它们的机能就越发有效。

　　杰出的动物学家米瓦特先生最近搜集了我还有其他人对于华莱斯先生还有我所
主张的自然选择学说曾经提到过的一些异议，而且还用能够值得称赞的技巧以及力量
进行了解说。那些异议经过这样的排列之后，就变为非常可怕的阵容。由于米瓦特先
生并没有计划列举同他的结论相反的各种事实以及论点，因此读者要衡量双方的证
据，就不得不在推理还有记忆方面进行非常大的努力研究。而在讨论到特殊情形的时
候，米瓦特先生将身体各部分的增强使用还有不使用的效果暂时忽略不谈，可是我时
常主张这是非常重要的，而且，在之前的一些章节当中，我认为我比任何别的作者都
更为详细地讨论了这个问题。而且，他还经常觉得我没有将与自然选择没有关系的变
异提前估计到，事实正好相反，在刚才所讲的著作当中，我搜集了许多非常确切的例
子，超出了我所知道的所有别的著作。我的判断并不一定非常有道理，不过在详细读
过米瓦特先生的书，并且逐段将他所讲的同我在相同题目下所讲的进行比较之后，我
从来没有这么强烈地相信这本书中所得出的诸结论具有普遍的真实性，自然，在如此
错综复杂的问题当中，很多局部性的错误也是无法避免的。

　　米瓦特先生的所有异议都会在本书当中进行讨论，有一些我们已经讨论过。其中，
有一个新的论点打动了很多的读者，那就是："自然选择无法说明有用构造的最开始
的每个阶段。"这个问题与经常伴随着机能变化的每种性状的级进变化之间的关系十
分密切。比如已在前面一章讨论过的鳔变成肺等机能的变化。即使真的是这样，我依

然愿意在这里对米瓦特先生所说的那几个例子，选择其中最具有代表性的，进行稍微详细的讨论，由于篇幅有限，因此无法对他所提出的所有问题都一一进行讨论。

长颈鹿，由于身材非常高，颈、前腿还有舌都非常长，因此它的整体构造非常地适于咬吃树木上那些较高的枝条。所以它们可以在同一个地方获得别的有蹄动物所接触不到的食物。这一点，在饥荒的时候对于它们一定非常有益，南美洲的尼亚太牛向我们证明，构造方面不管是什么样的微小差异，在饥荒的情况之中，都能够对保存动物的生命引起比较大的差别。这种牛与别的牛类一样，均在草地上吃草，只是由于它们的下颚比较突出，因此在不断发生干旱的季节当中，无法如普通的牛还有马那样，在这个特殊的时期里，能够被迫去吃树枝还有芦苇，等等。于是，在这样的情况之中，假如主人没有去饲养它们，那么尼亚太牛就会死去。在讨论米瓦特先生的异议之前，最好再一次说明自然选择如何在所有的普通情形当中发挥其作用。人类已经改变了他们的一些动物，而不需要注意构造方面的一些特殊之点，比如在赛跑马与长躯猎狗的场合当中，仅仅是从最快速的个体中进行选择并且加以保存还有繁育，或者是在斗鸡的场合当中，仅仅是从斗胜的鸡当中进行选择并且加以繁育。在自然环境当中，初生状态的长颈鹿也是这个样子的，可以从最高处求食的而且在饥荒的时候甚至可以比别的个体从高一英寸或者是二英寸的地方求食的那部分个体，往往能够被保存下来，这是由于它们是可以漫游全区去寻找自己的食物的。同种的一些个体，往往会在身体各部分的比例长度方面稍稍有一些不同，这在很多博物学著作当中均有一定的描述，而且还会举出非常详细的测计内容。这些比例方面的微小差异，是因为生长法则以及变异法则所造成的，对于很多物种都没有太大的作用或者说并不怎么重要。不过，对于

长颈鹿是世界上现存最高的动物，它们的高度加上有着金色花纹的皮毛和特殊的身体构造，让人过目不忘。

初生状态下的长颈鹿来说，如果考虑到它们当时可能的生活习性，情况就有所不同了。由于身体的某一部位或者是某几个部位如果比普通的多少长一些的个体，那么通常就可以生存下来。这些个体在杂交之后能留下来的后代，就会遗传有相同的身体特性，要不就是倾向于按照同样的方式继续进行变异；而在这些方面比较不适宜的一些个体就很容易在这个过程之中遭到灭亡。

我们从这里能够看出，自然界不需要如同人类那样有计划地去改良品种，不需要像人类那样地分出一对一对的个体。自然选择保存并从这里分出所有优良的个体，凭它们进行自由的杂交，同时将所有劣等的个体毁灭掉。按照这样的过程，基本上全部与我所说的人类无意识选择的长久继续，而且无疑用非常重要的方式还有器官增强使用的遗传效果结合在一块儿，一种寻常的有蹄兽类在我的观点里，正常情况下是能够转变为长颈鹿的。

对于这样的结论，米瓦特先生曾经为我们提出了两种异议，其中一种异议是说身体的增大很明显是需要食物供给的增多的，他觉得"因此而出现的不利在食物缺乏的时候，是不是能够抵消它所拥有的利，这一点相当成问题"。不过，由于事实上南非洲确实生存着大群的长颈鹿，而且有一些世界上最大的羚羊比牛的个头还要高，在那些地方大量生活着，因此只是按身体的大小来说的话，我们为什么要去怀疑那些如同现在一样遭遇到严重饥荒的中间的那些等级之前曾在那些地方存在过呢？在身体增大的每个阶段当中，可以得到当地别的有蹄兽类触及不到而被留下来的食物供应，这一点对于那些初生状态的长颈鹿来说，在一定程度上当然是十分有利的。我们也不能忽视另一个事实，那就是身体的增大能够防御除了狮子之外的，差不多其他所有的食肉兽，而且在靠近狮子时，它的长颈当然是越长越好，就像昌西·赖特先生所讲的那样能够当作瞭望台来用。就是因为这样的情况，因此依据贝克爵士提出来的说法，想要悄悄地走近长颈鹿，比走近任何动物都更为困难。长颈鹿还能够借着猛烈摇撞它的生着断桩形角的头部，将它的长颈当作攻击或者是防御的工具。每个物种的保存很少可以由任何一种有利条件而决定，并且一定得联合所有大的还有小的有利条件去决定。

米瓦特先生问道（此为他的第二种异议），假如自然选择具有这么大的力量，再说，假如可以朝着高处咬吃树叶有这么大的利益，那么为什么除了长颈鹿还有颈项稍短的骆驼、原驼以及长头驼之外，别的任何有蹄兽类都没能够获得长的颈还有高的身体呢？换句话说，为什么这一群的任何成员都没能够获得长的吻呢？由于在南美洲以前曾经有不计其数的长颈鹿生活过，对于上面的几个问题的回答并不是什么难题，并且还可以用一个实例来进行合理的解答。在英国的每一片草地当中，假如有树木生长在它上面，那么我们就会看到它的低枝条，因为遭到马或牛群的咬吃，而被剪断为同等的高度。比如说，如果生活在那里的绵羊，获得了稍微长一点的颈项，那么这对于它们来说具有什么样的利益呢？在每一个地区当中，某一种类的动物基本上肯定地可

长颈鹿咬吃金合欢树上的叶子

以比别的种类的动物咬吃较高的树叶，而且几乎一样肯定地只有这一种类可以经过自然选择以及增强使用的效果，为了这个目的而让它的颈伸长。在南非洲，为着咬吃金合欢以及其他树上高枝条的叶子而进行的竞争，毫无疑问是在长颈鹿与长颈鹿之间，而不会是发生在长颈鹿与别的有蹄动物之间。

在世界别的地方，为什么属于这个"目"的很多种动物，都没有获得长的颈或长的吻呢？这一点还无法得出确切的解释。不过，想要确切解答这个问题，就像想要确切解答为什么在人类历史中一些事情不在这一国家发生却会在那一国家发生这类问题一样，是一样不合理的。对于决定每个物种的数量以及分布范围的条件，我们是无法知道的。甚至可以这么讲，我们都无法推测出什么样的构造变化对于生物的个体数量在某一新地区的增加是有利的。不过我们基本上可以看出关于长颈或者是长吻的发展的种种缘由。碰触到相当高处的树叶（当然不是指攀登，由于有蹄动物的构造非常不适于攀登树木），也就代表着躯体极大地增大。大多数的学者均知道，在一些地区当中，比如在南美洲，大的四足兽非常稀少，尽管那些地方的草木是那么繁茂。可是在南非洲，大的四足兽的数目多得无法比拟，这又是为什么呢？我们尚且无从知道。为什么第三纪末期比现在更适于它们的生存呢？对于这点我们同样不知道。不管它的原因是什么，我们却可以看出在一些地方以及一些时期当中，能够比别的地方以及别的时期在绝大程度上有利于像长颈鹿这样的巨大四足兽的发展。

一种动物，如果为了在一些构造方面获得特别并且巨大的发展，那么别的一些部分就几乎无法避免地也会出现相应的变异以及相互适应。尽管身体的每个部分都会发生细小的变异，不过必要的部分并不一定都会朝着适当的方面还有依照适当的程度出现变异。对于我们的家养动物的不同物种，我们知道它们身体的各部分是依照不同的方式以及不同的程度发生变异的，而且我们还知道一些物种比其他的物种更容易出现变异。就算是适宜的变异已经出现了，但是自然选择也并不一定会对这些变异发生作用，然后去产生一种明显对于物种有利的构造。比如，在某个地方生存的个体的数目，如果主要是按照食肉兽的侵害去决定，或者是按照外部的以及内部的寄生虫等的侵害去决定的话，好像经常会有这样的情况，那么，在这样的环境面前，在让任何特别构造发生变化而方便取得食物方面，自然选择所发挥的作用就非常小了，或者说会受到很大的阻碍。因为自然选择是一个漫长的过程，因此为了产生任何明显的效果，同样有利的条件必须长时间地持续。除了提出这些一般的还有含糊的理由之外，我们确实是无法解释有蹄兽类为什么在世界上很多地方没能够获得很长的颈项或其他的器官，以供自己方便地去咬吃高枝上的树叶。

很多著作者曾提出同前面相同性质的异议。在每一种情况当中，除了上面所说的一般原因之外，或者还有其他很多种原因能够干涉经过自然选择获得想象中有利于某一物种的构造。有一位著作者曾提问，为什么鸵鸟没能够获得飞翔的能力呢？可是，只要稍微地想一想就能够知道，要想让这种沙漠之鸟具有在空中运动它们巨大身体的能力，那得需要多少量的食物供应才可以。海洋岛上生活着蝙蝠还有海豹，但是没有陆栖的哺乳类。不过，由于某些这样的蝙蝠是特别的物种，它们一定在这个岛上居住了很久的时间。因此莱尔爵士才会提问，为什么海豹与蝙蝠不在这些岛上产出适合陆栖的动物呢？而且他举出一些理由去答复这个问题。可是假如变起来，海豹在最开始一定会先转变为非常大的陆栖食肉动物，蝙蝠则一定会先转变为陆栖食虫动物。对于前者来说，岛上没有可供其捕食的动物；而对于蝙蝠，地上的昆虫虽然能够作为食物，可是它们基本上都已被先移住到大多数海洋岛上来的，并且数量巨大的爬行类还有鸟类吃掉了。构造方面的级进变化，假如在每一阶段对于一个变化着的物种来说都有益处，这只会在某种特定的条件当中才有可能发生。一种严格的陆栖动物，因为经常在浅水当中猎取食物，然后在溪或湖中猎取食物，再到后来就有可能会变为一种这么彻底的水栖动物，甚至还能够在大洋里栖息。不过，海豹在海洋岛上无法找到有利于它们更进一步变为陆栖类型的生存发展条件。而蝙蝠们，前面我们就讲过，为了逃避敌害或者说避免跌落，估计最开始如同所谓飞鼠那样地由这棵树从空中滑翔到那棵树，这样渐渐地获得了它们的翅膀。不过，真正的飞翔能力一旦获得之后，最起码为了前面所讲的目的，绝对不会再退化到效力较小的空中滑翔能力当中。蝙蝠确实同很多鸟类一样，因为不使用，能够让翅膀退化缩小，甚至是完全失去。不过在这样的情况当中，它们必须先获得只靠自己的后腿在地面上迅速奔跑的本领，以便可以同鸟类以及其他地面上的动物进行竞争。不过蝙蝠好像非常不适于这样的变化。前面所讲的这些推想，无非是想指出，在每一阶段上均为有利的一种构造的转变，是非常复杂的事情，而且无论在什么样的特殊的情形当中，都没有出现过渡的情况，这一点都不值得奇怪。

最后，不止一个著作者提出疑问，既然智力的发展对所有的动物都有利，那么为什么有一部分动物的智力比其他动物有高度的发展呢？为什么猿类没能够获得人类的智力呢？对这点是能够举出多种多样的原因来的。不过都是推想的，而且还无法衡量它们的相对可能性，就算是列出来也没有多大的用处。对于下面要提出的这个问题，也没有希望能够得到确切的解答，因为目前还无人可以解答比这更简单的问题，那就是在两族没有开化的人中，为什么其中一族的文化水平会比另一族高呢？文化水平的提高，很明显代表着脑力的增加。

我们再回过头来谈谈米瓦特先生的别的异议。昆虫经常会为了保护自己而同各种各样的物体相似，比如绿叶或枯叶、枯枝、地衣、花朵、棘刺、鸟粪还有其他的活昆虫，不过有关最后一点，我要留在以后再讲。这样的相似常常是十分神奇的，而且不仅仅限于颜色，甚至是在形状还有昆虫支持它的身体的姿态等方面也会有神奇的相似现象。在灌木上取食的尺蠖，经常会将自己的身子翘起来，一动也不动地看起来就像是一条枯枝，这是这一种类中最好的例子。模拟如鸟粪那样物体的情景是比较少见的，甚至可以说是比较例外的。针对这个现象，米瓦特先生曾经说过："依照达尔文的学说，有一种稳定的倾向趋向于不定变异，并且还由于微小的初期变异是面向所有的方面的，因此它们一定会出现彼此中和以及最初出现非常不稳定的变异的倾向。所以说，比较不容易理解，假如不是不可能的话，这样的无限细小发端的不定变异，如何可以被自然选择所掌握并且保存并延续下去，直到最终形成对一片叶子、一个竹枝或别的东西的充分类似性。"不过在这一段讲述的所有情形当中，昆虫的原来状态还有它屡次访问的一些地方的某些普通的物体，毫无疑问是存在着一些约略的以及偶然的类似性的。只要稍微考虑周围物体的数目基本上是无限的，并且昆虫的形状以及颜色是多种多样的，就能够明白这并不是完全不可能的事。有的稍微的类似性对于最开始的变化具有十分重要的意义，那么我们也就可以理解为什么较大的还有较高档的动物（按照我所知道的，有一种鱼属于例外）不会为了保护自己而同一种特殊的物体十分相像，而仅仅是只同周围的表面相类似，并且主要是颜色方面的相类似。假设有一种昆虫原本同枯枝或枯叶有一定程度上的类似，而且它轻微地朝着很多方面出现了变异，那么就是让昆虫更像随便一种这些物体的所有变异就会被保存下来，因为这样的变异对于昆虫逃避敌害来说非常有利，不过从另一方面来看，别的变异就会被忽略，甚至最后会慢慢消失。还有，假如这些变异导致昆虫完全与模拟物不像了，那么它们注定会遭受毁灭。假如我们没有按照自然选择而只是依据不稳定的变异去说明前面讲到的类似性，那么米瓦特先生的异议很显然是十分有力的，可是事实上并不是这样的。

# 想象的自然选择无法说明有用构造的初期阶段

华莱斯先生曾列出一种竹节虫的例子，它如同"一枝满生鳞苔的棍子"。这样的类似是那么真切，以至于当地的大亚克土人竟然说这棍上的叶状瘤是真正的苔。米瓦特先生觉得这种"最为高级的拟态完全化妙计"是一个难点，不过我实在找不到它有什么样的力量。昆虫是鸟类以及别的敌害的食物，鸟类的视觉估计比我们的还要更加敏锐一些，而协助昆虫逃避敌害的注意以及发觉的各级类似性，就有将这类昆虫保存下来的倾向。而且这样的类似性越是完全，那么对于这类的昆虫就越加有利。考虑到前面所讲到的竹节虫所属的这一群当中的物种之间的差异性质，就能够知道这类型的昆虫在它的身体表面上变得不规则，并且或多或少地会带有绿色，这不是不可能的。由于在每个群当中几个物种之间的不同性状最容易出现差异，但是另一方面属的性状也就是所有物种所共有的性状又是最为稳定的。

格陵兰的鲸鱼是一种世界上最为奇特的动物，它的奇异在于鲸须或鲸骨是它的最大特点之一。鲸须生长于颚的两侧，分别有一行，每行大约有 300 片，非常紧密地对着嘴的长轴横排着。在主排的里面还长着一些副排。所有须片的末端以及内缘都磨成了坚硬的须毛，这些坚硬的须毛遮盖着整个巨大的颚，作为滤水之用，借此来获得这些巨大动物赖以生存的微小食物。格陵兰鲸鱼的中间最长的一个须片可以长达 10 英尺，有的 12 英尺，甚至还有长达 15 英尺的。不过，在鲸类的不同物种当中它的长度分为不同的等级，按照斯科列斯比所说的那样，中间的那一须片在有的物种当中是 4 英尺长，而在另一物种当中只有 3 英尺

马来群岛的一种竹节虫

长，但是在还有的其他物种当中竟然会有 18 英寸长，但是在长吻鳁鲸当中，它的长度只有 9 英寸左右。鲸骨的性质也随物种的不同而有一定的不同之处。

对于鲸须，米瓦特先生曾提出自己的疑问："当它一旦达到不论是什么样的有用程度的大小以及发展之后，自然选择才会在对它有利的范围之中促进它的保存以及增大。不过，在最初期阶段当中，它是如何获得这种有利的发展的呢？"在回答的时候，我们是不是也可以问，具有鲸须的鲸鱼的最原始祖先，它们的嘴为什么不可以同鸭嘴那样具有栉状片呢？鸭也如同鲸鱼一样，是依靠滤去泥还有水来获取食物的。所以这一科有些情况下被称作滤水类。我希望不要有人误解我说的内容，我不是说鲸鱼祖先的嘴确实以前具有如同鸭的薄片喙那样的嘴。我只是想要说明这一点并不是不可信的，而且格陵兰鲸鱼的巨大鲸须板，也许是最开始经过细小的渐进步骤才慢慢地由这种栉状片发展而来的，每一个渐进的步骤对这种动物本身来说都有着一定的用途。

琵琶嘴鸭的喙，在构造方面比鲸鱼的嘴更为巧妙并且还十分复杂。按照我检查的结果，在它们的上颚两侧，各有一行 188 枚富有弹性的薄栉片，这些栉片对着喙的长轴横生，斜列为尖角形。它们均是由颚生出来的，依赖着一种韧性膜而附着于颚的两侧。生长于中央附近的栉片是最长的，大概为 0.3 英寸，突出边缘下面达 0.14 英寸之长。在它们的基部，还有一些斜着横排的隆起，构成了一个短的副列。这几方面都与鲸鱼口中的鲸须板十分相似。不过在接近嘴的先端，它们就存在着很大的差异，由于鸭嘴的栉片是朝里倾斜的，而不是朝向垂直的。琵琶嘴鸭的整个头部，尽管无法与鲸进行比较，不过与须片只有 9 英寸长的、中等大的长吻鳁鲸比较起来，大概是其头长的十八分之一。因此，如果将琵琶嘴鸭的头放大到这种鲸鱼的头那么长的话，那么它

们的栉片就应该会有六英寸长，也就是相当于这种鲸须的三分之二长。琵琶嘴鸭的下颚所生的栉片在长度方面同上颚的相等，不过会稍微细小一些，正由于有这样的构造，它们很明显地同不生鲸须的鲸鱼下颚有一定的不同之处。 再有一方面，它的下颚的栉片顶部磨成细尖的硬须毛，却又与鲸须出奇的相似。锯海燕属属于海燕科的成员，它们仅仅在上颚上长有非常发达的栉片，伸出到颚边之下，这种鸟的嘴在这一方面与鲸鱼的嘴非常相似。

按照萨尔文先生为我提供的资料以及标本的信息来看，我们能够就滤水取食的适应，从高度发达的琵琶嘴鸭的喙的构造，经由湍鸭的喙，同时在某些方面经过鸳鸯的喙，一直追踪到普通家鸭的喙，这整个过程当中，并没有什么大的间断。家鸭喙中的栉片比琵琶嘴鸭喙中的栉片要粗糙许多，而且还十分坚固地附着在颚的两侧，在每侧上基本上只有 50 枚，不会朝着嘴边的下方伸出。它们的顶部是方形的，而且还镶着透明坚硬组织的边，看起来就像是为了轧碎食物一般。下颚边缘上横生着大量细小并且突出极少的突起线。作为一个滤水器来说，尽管这种喙比琵琶嘴鸭的喙要差很多，但是每个人都知道，鸭时常会用它来滤水。我从萨尔文先生那里听说，还有别的物种的栉片比家鸭的栉片更为不发达，不过我也不知道它们是不是也将它用来滤水的。

接下来我们再谈一谈同科中的另一群。埃及鹅的喙同家鸭的喙非常相似，不过栉片却没有那么多，也没那么分明，并且朝里的突出也没有那么明显。可是巴利特先生曾经告诉过我说，这种鹅"与家鸭一样，用它的嘴将水从喙角排出来"。不过它的主要食物是草，如同家鹅一般地咬食它们。家鹅上颚的栉片比起家鸭的要粗糙很多，基本上是混生在一起，每侧差不多有 27 枚，在末端形成齿状的结节。颚部也满布坚硬的圆形结节。下颚边缘由牙齿形成锯齿的形状，比鸭喙的要更为突出一些，也更为粗糙一些，而在锐利方面也更胜一筹。家鹅不用借喙来滤水，而是全部靠喙去撕裂或切断草类，它的喙非常适用于这种用途，可以靠近根部将草切断，而其他动物在这一点

5 种不同的须鲸：1. 长须鲸；2. 小布氏鲸；3. 蓝鲸；4. 北小须鲸；5. 大翅鲸。

上都比不上它们。此外还有一些鹅种，我听巴利特先生曾讲过，它们的栉片比家鹅的还要不发达。

因此我们可以看出，长有像家鹅嘴那样的喙，并且只是用来咬草用的鸭科的一些成员，或者说生有栉片较不发达的喙的一些成员，因为细微的变异估计会成为如埃及鹅一般的物种的，那么就更会演变为同家鸭一样的物种，再到后来则会演变成如琵琶嘴鸭一般的物种，而长有一个基本上完全适于滤水的喙。由于这类型的鸟除了会去使用喙部的带钩先端意外，不会再去使用喙的任何别的部分，去方便自己捉取坚硬的食物并且撕裂它们。我还能够补充地说，鹅的喙同样能够由细小的变异变成长有突出的、朝后弯曲的牙齿的喙，就如同同科的一些成员如秋沙鸭的喙一般，这样的喙的使用目的完全不相同，是用来捕捉活鱼用的。

接着我们再回头去看一看鲸鱼，无须鲸很缺乏有效状态的真牙齿，不过按照拉塞佩德的说法，它的颚散乱地长着小型的、不相等的角质粒点。一次我们假设有一些原始的鲸鱼类型在颚上长有这些比较相像的角质粒点，不过排列得稍微整齐一些，而且如同鹅喙上的结节一般，用来帮助该生物捕食以及撕裂食物，并不是没有可能的。假如是这样的话，那么就基本上不得不承认这些粒点能够经过变异以及自然选择，演变为如同埃及鹅那样的非常发达的栉片。而那样的栉片是用来滤水还有抓取食物的，之后又会演变为如同家鸭那样的栉片。如此演变下去，一直到如琵琶嘴鸭那样的，专用作滤水器用途的构造极好的栉片。从栉片的长度达到长吻鲲鲸须片的三分之二长这个阶段开始，于现存鲸鱼类中研究所看出的级进变化，能够将我们朝前引导至格陵兰鲸鱼的巨大须片上。在这所有系列中的每一个步骤就如同鸭科不同现存成员的喙部级进变化一般，对那些在发展过程里自己的器官机能慢慢发生着变化的一些古代鲸鱼都有

着一定的作用，有关于这一方面，根本不用去怀疑。我们不得不牢记，每一个鸭种都是生活于激烈的生存斗争之中的，而且它们身体中的每一部分的构造必须要非常适应于自己的生活条件。

比目鱼科以躯体不对称而著称。它们靠于一侧躺下休息，大部分物种会卧在左侧，有一部分会卧在右侧。与这点相反的成鱼也会经常出现，下面也就是卧着的那一侧，在最初期看上去，同普通鱼类的腹面非常相像，它是白色的，在很多方面没有上面那一侧发达，侧鳍通常也比较小。它的双眼具有非常显著的特征，由于它们都长在头部的上侧，在还很小的时期，它

们本来分长于两侧，那个时候整个的身体是对称的，两侧的颜色也是一样的。但是没过多久，下侧的眼睛就会开始沿着头部慢慢地朝着上侧移动；不过并不会如同我们以前所想的那样，是直接穿过头骨的。很明显，除非下侧的眼睛移到上侧，当身体按习惯性的姿势卧在一侧的时候，那么很自然有一只眼睛就没有什么作用了。此外，这估计还有可能是因为下侧的那一只眼容易被沙底磨损的原因。比目鱼科那样的扁平的以及不对称的构造与它的生活环境非常融洽，也十分适应于它们的生活习性。这样的情景，在很多物种比如鳎、鲽当中也非常普通，这就是最好的证明。因此获得的主要利益看起来好像在于能够防避敌害，并且还易于在海底觅食。但是希阿特说，本科中的不同成员能够"列为一个长系列的物种过程，这系列代表了它们的逐步过渡，从孵化后在形状方面没有多大改变的庸鲽开始，一直到完全卧倒于一侧的鳎为止"。

米瓦特先生曾经提出过这样的情况，而且还说，在眼睛的位置上有突然的、自发的转变是很难让人信服的，我非常同意这样的说法。他又说，"假如说这样的过渡是逐步完成的，那么这样的过渡，也就是一只眼睛移向头的另一侧的过程中的非常小的段落，又是怎么去有利于个体的呢？真的比较不好理解。这样初期的转变与其说它是有利的，还不如说是多多少少有害的"。不过，曼姆在1867年所报道的优秀观察当中，他能够找到与这个问题有关的答复。比目鱼科的鱼在还非常幼小以及对称的时期，它们的眼睛分长于头的两侧，不过由于身体过高，侧鳍又非常小，又因为没有鳔，因此无法长期地保持直立的姿势。过了不多久它感到疲倦了，就朝着一侧倒在了水底。按照曼姆的观察，它们这么卧倒的时候，经常会将下方的眼睛向上转，看着上面，而且眼睛转动得那么有力，以至于眼球紧紧地抵着眼眶的上边。于是造成两眼之间的额部暂时缩小了宽度，这些状况是能够清楚地看到的。有一次，曼姆看到一条幼鱼抬起下面的眼睛，同时还将它压倒约70度角左右的距离。

我们不得不牢记，头骨在这样的早期是软骨性的，而且还是可挠性的，因此它容易顺从肌肉的牵引。而且我们也知道，高等动物甚至在早期的幼年以后，假如它们的皮肤或肌肉因病或某些意外而长期地收缩着，那么头骨也会因此而改变它最开始的形状。长耳朵的兔，假如它们的一只耳朵朝前和朝下垂下，那么它的重量就可以牵动这一边的所有头骨朝前，我之前画过这样的一幅图。曼姆说，鲈鱼以及大马哈鱼还有几种别的对称鱼类的新孵化的幼鱼，常常也有在水底卧在一侧的习性，而且他还看到，这种情况下那些幼鱼经常会牵动自己下面的眼睛朝上看，于是，就是因为这些情况，它们的头骨都会变得有些歪斜。不过这些鱼类过不了多久就可以保持直立的姿势，因此永久的效果不会因此而产生。比目鱼科的鱼不是这个样子的，因为它们的身体越来越扁平，因此长得愈大，卧在一侧的习性也就越深，于是在头部的形状上还有眼睛的位置方面就会出现永久的效果。用类推的方式能够判断，这种骨骼歪曲的倾向，依照遗传原理，毫无疑问会得到一定的加强。希阿特还有一些别的博物学者恰好相反。他们认为比目鱼科的鱼甚至在胚胎时期就已经不太对称了，假如说真的是如此的话，那么我们就可以理解为什么某些物种的鱼在幼小的时期就开始习惯于卧在左侧，而别的一些物种的鱼又习惯于卧在右侧。曼姆在证实前面所讲的意见时，还说道，不属于比目鱼科的北粗鳍鱼的成体，在水底同样是卧在左侧，而且还斜着游泳前进。这类型的鱼的头部两侧，听说有点不太像。我们的鱼类学大权威京特博士在描述曼姆的论文之后又进行了评论："作者对比目鱼科的非正常状态，只给出了一个非常简单的解释。"

于是，我们就会看到，眼睛从头的一侧移向另一侧的最开始的阶段，米瓦特先生觉得这是有害无利的，不过这样的转移能够归因于侧卧于水底时两眼努力朝上看的习性，不过这样的习性对于个体还有物种来说，毫无疑问均是有利的，有几种比目鱼的嘴弯向下方，并且没有眼睛那一侧的头部颚骨，就像特拉奎尔博士所猜想的，因为便于在水底觅食，所以比另一

亨斯洛1835年的植物学著作

侧的颚骨强而有力，我们能够将这样的事实归因于使用的遗传效果。此外还有另一面，包括侧鳍在内的鱼的整个下半身比较不发达，这样的情形能够借不使用的原理来进行说明。尽管耶雷尔推断这些鳍的缩小对于比目鱼也是有益的，由于"比起上面的大型鳍，下面的鳍只有非常小的空间可以活动"。星鲽的上颚长着4个至7个牙齿，下颚则长着25个到30个牙齿，这样的牙齿数目的比例同样也能够借不使用的原理加以说明。按照大部分鱼类还有很多别的动物的腹面没有颜色的情况，我们能够合理地假定，比目鱼类的下面一侧，不管是右侧还是左侧，不存在颜色，均是因为没有光线照射的原因。不过我们无法假定，鳎的上侧身体的特殊斑点十分类似于沙质的海底，或者就像普谢近来所提出来的某些物种，具有跟着周围表面而改变颜色的功能，还有要不就是欧洲大菱鲆的上侧身体具有骨质结节，也是因为光线作用的缘故。在这里，自然选择估计会发生作用，就如同自然选择让这些鱼类身体的一般形状还有很多别的特性适应于自己的生活习性一样。我们一定要牢牢记住，就像我之前所主张的，器官增强使用的遗传效果或者是它们不使用的遗传效果，会因为自然选择的作用而得到增强。这是因为朝着正确方向出现的所有自发的变异都会这样被保存下来。这与因为任何部分的增强使用以及有利使用所得到的最大遗传效果的那些个体可以被保存下来是同一个道理。而对于那些在各个特殊的情况下多少能够归因于使用的效果，多少能够归因于自然选择，看起来好像是无法一时决定的。

海马把卵放在育儿袋里，孵化时机成熟，小海马便从父亲的育儿袋里爬出来。

我还能够再举出一个例子来加以说明，一种构造的起源很明显完全是因为使用或习性的作用。有的美洲猴的尾部已变为一种非常完善的把握器官，可以当成第五只手来使用。一位完全赞同米瓦特先生的评论家，在对于这种构造方面曾提出："不可以相信，在不管是哪个悠久的年代当中，那个把握的最初微小的倾向，可以保存具有这些倾向的个体生命，或者还可以有利于它们以生育后代的机会。"不过不管是哪种类似的信念，都是没必要的。习性基本上足以从事这样的工作，习性基本上就意味着可以因此而获得一些或大或小的好处。布雷姆曾经见到过一只非洲猴的幼猴，这只幼猴用手攀住它的母亲的腹面，同时还用它的小尾巴钩住了母亲的尾巴。亨斯洛教授曾经饲养过几只仓鼠，那些仓鼠的尾巴构造得是无法把握东西的，可是他不止一次地观察到它们用尾巴卷住放在笼内的一丛树枝上，来帮助自己顺利攀缘。

我从京特博士那儿得到一个类似的报告，他曾见到过一只鼠用尾巴将自己挂了起来。假如说仓鼠有严格的树栖习性，那么它的尾巴也许会如同同一目中一些成员的情况一样，构造得具有把握性。可是，考察非洲猴在幼年时期的这种习性，为什么它们到后来就这么做了呢？显然我们还很难找到确切的答案。这种猴的长尾或许可以在巨大的跳跃时当作平衡器官，比当作把握器官对于它们来说更为有意义吧。

乳腺是哺乳动物全纲所共有的，而且对于它们的生存是必不可少的，因此乳腺一定是在非常久远的时代就已开始它的发展了，不过对于乳腺的发展过程，我们当然也是什么都无法知晓的。米瓦特先生曾提问："可以设想所有动物的幼体偶然从自己母亲的胀大的皮腺吸了一滴不大滋养的液体，就可以避免死亡吗？就算是有过一次这样的情形，那么有什么样的机会能够让这样的变异永远地延续下去呢？"不过这个例子举得并不怎么恰当。大部分的进化论者都认为哺乳动物是由有袋动物传下来的。如果说确实是这样的话，那么乳腺最开始一定是在育儿袋中发展起来的。在一种鱼（海马属）的场合当中，卵就是在这样的性质的袋中孵出来的，而且幼鱼有一段时间也是养育在那里的。有位美国博物学者洛克伍得先生按照他自己观察到的幼鱼发育的情况，十分肯定地认为它们是由袋内皮腺的分泌物而养育的。那么对于哺乳动物最开始的祖先，基本上在它们能够适用这个名称以前，它们的幼体依照相同的方法被养育，最起码是有可能的吧？而且在这样的情形当中，那些分泌带有乳汁性质的，同时还在一些程度或者说方式上属于最营养的液汁的个体，比起分泌液汁较差的个体来说，毕竟能够养育更多数量的营养良好的后代。所以说，这样的同乳腺同源的皮腺就会得到一定程度上的改进，或者是变得更为有效，分布在袋中的一定位置上的腺，会比其他的腺变得更加发达，这是同广泛应用的专业化原理所符合的。这样一来它们就会慢慢地变为乳房，但是一开始并没有乳头，就如同我们在哺乳类中最低级的鸭嘴兽当中所看到的那样。分布于一定位置上的腺，经过什么样的作用，就能够变得比其他的更为专业化呢？是不是一部分因为生长的补偿作用还有使用的效果抑或是由于自然选择的作用，这些我都还无法断定。

除非幼体可以同时吸食这种分泌物，那么乳腺的发达就没有什么作用，并且也就不会受到自然选择的影响。想要理解幼小哺乳动物是如何本能地懂得吸食乳汁，并不比理解未孵化的小鸡是如何知道用特别适应的嘴轻轻击破蛋壳，或者如何在离开了蛋壳数小时之后就懂得啄取谷粒的食物更为困难一些。在这样的情形当中，最能够进行的解释好像是，这样的习性在最开始是在年龄较大的时候从实践当中获得的，再后来就会传递给年龄较幼的后代。不过，听说幼小的袋鼠是不吸乳的，仅仅是紧紧地含住母兽的乳头，母兽就会将乳汁射进它的软弱的半形成的后代的口当中。对于这样的问题，米瓦特先生是这样说的："假如说没有特殊的设备，小袋鼠一定会由于乳汁侵入气管而导致窒息的，可是，特别的设备是存在着的。它的喉头生得那么长，从上面一直通到鼻管的后端，如此一来就可以让空气自由地进入肺中，而乳汁也就能够无害地路过这种延长了的喉头两侧，安全地到达位于后面的食管了。"于是米瓦特先生问道，自然选择是如何从成年袋鼠还有从大部分的别的哺乳类（假设是从有袋类传下来的）当中将"这种最起码是完全无辜的并且也是无害的构造除去的呢"？我们能够如此进行答复：发声对很多动物确实具有高度的重要性，只要喉头通进鼻管，就无法大力地发声。而且弗劳尔教授曾经也曾告诉过我，这样的构造对于动物吞咽固体食物是存在着很大的妨碍的。

现在我们来简单地谈一谈动物界中比较低等的那些门类。棘皮动物（比如海星以及海胆等）长着一种引人注意的器官，被称为叉棘，在非常发达的情况之中，它会变成三叉的钳，也就是由三个锯齿状的钳臂组成的，三个钳臂又精巧地配合在一起，位于一个能够伸屈的由肌肉牵动而运动的柄的顶部。这种钳可以牢固地挟住任何东西。亚历山大·阿加

这只铅笔形海胆是最原始的海胆品种，它能斜着脊骨在海床上行走。

西斯曾见到过一种海胆可以很快地将排泄物的细粒从这个钳传递到那个钳，沿着身体上特定的几条线路传递下去，以免弄脏了自己的壳。不过它们除了移去各种污物这种用途之外，显然还有别的的作用，其中最为明显的一个作用就是防御。

对于这些器官，米瓦特先生又如同之前很多次的情形那样提出了疑问："此种构造最开始的不发育的开端，能够有什么样的作用呢？而且这种初期的萌芽如何可以保存一个海胆的生命呢？"他还补充说道："就算是这样的钳的作用是突然发展的，假如没有可以自由运动的柄，那么这样的作用也是没有什么益处的。同样的，假如没有可以钳住的钳，那么这种柄也不会有什么存在的意义了，但是光是细微的以及不定的变异，并不可以将构造方面的这些复杂的相互协调同时进化。假如不承认这一点，那么就好像是肯定一种惊人的自相矛盾的理论一样了。"尽管在米瓦特先生看来，这好像是自相矛盾的，不过基部固定不动的，但是还拥有钳住作用的三叉棘，确实是在一些星鱼类当中存在着，这一点也是能够理解的。假如它们至少部分地将它当成防御手段去使用，在这个问题方面为我提供很多材料让我十分感激的阿加西斯先生曾经对我说，还有别的星鱼，它们的三枝钳臂的其中一枝已经退化为别的二枝的支柱，而且还有其他的属，这也就意味着，它们的第三枝臂已经全部亡失了。按照柏利那先生的详细描述，斜海胆的壳上长有两种叉棘，一种与刺海胆的叉棘很像，还有一种则与心形海胆属的叉棘十分相像。这样的情形一般都是非常有趣的，因为它们经过一个器官的两种状态中，其中一种亡失，表明了明确突然的过渡方法。

对于这些奇异器官的进化步骤，阿加西斯先生按照他自己的研究还有米勒的研究，提出了下面的推论：在他的概念当中，星鱼与海胆的叉棘毫无疑问应该被看成是普通棘的变形。这能够从它们个体的发育方式，而且也可以从不同物种以及不同属的一条长并且完备的系列的级进变化，由简单的颗粒到普通的棘，再到完善的三叉棘慢慢地推断出来。这样逐步演变的情况，甚至能够在普通的棘还有具有石灰质支柱的叉棘怎样同壳相连接的方式中都可以看到。在星鱼的一些属当中能够看到，"就是那样的连接表明了叉棘不过是变异了的分支叉棘"。那么这样一来，我们就能够看到固定的棘具有三个等长的、锯齿状的、可以动的、在它们的近基部的位置相连接的枝。假如前面的三个可动的分支在同一个棘顶端，那么就成为一个简单的三叉棘了，这样的情形在具有三个下面分支的同一棘上能够看得到。叉棘的钳臂以及棘的能动的枝具有相同的性质，这是不存在问题的。几乎所有人都承认，普通的棘是具有防御用的；假如确实如此的话，那就没有理由去怀疑那些生着锯齿还有能动分支的棘也是用于同样的目的了。而且只要让它们在一起作为把握或钳住的器具而发生作用时，它们就更加效果明显了。因此，从普通固定的棘成为固定的叉棘所经过的每一个级进都具有一定的作用。

在一些星鱼的属当中，这样的器官实际上是不固定的，也就是说它们不是生于一个不动的支柱上的，而反而生长在可以挠曲的、具有肌肉的短柄上的。当遇到这样的

紫海胆是北美西海岸生态系统中的重要组成部分

情况，除了用来防御之外，它们估计还具有一些别的附加机能。在海胆类当中，由固定的棘演变成为连接于壳上并且慢慢成为可以动的棘，所经历的步骤是能够追踪出来的。可惜在这里篇幅有限，法将阿加西斯先生对于叉棘发展的有趣考察作一个更为详细的摘要。依据他所说的，在星鱼的叉棘还有棘皮动物的另一群当中，也就是阳遂足的钩刺之间，也能够找到所有可能的级进，而且还能够在海胆的叉棘以及棘皮动物这一大纲的海参类的锚状针骨之间找到所有可能的级进。

有一些复合动物，以前被叫作植虫，如今又被叫作群栖虫类，长着十分奇特的器官，被唤作鸟嘴体。这样的器官的构造在不同的物种当中存在着很大的不同。在最完善的状态当中，它们同秃鹫的头还有嘴十分神奇相像，生于颈上，而且还可以动。下颚也是这个样子的。我曾观察过一种物种，它们生在同一枝上的鸟嘴体经常会同时朝着前和朝着后运动，下颚张得非常大，大约呈十度的角可以张开五秒钟。它们的运动带动着整个群的栖虫体都颤动起来。假如用一支针去触它的颚，那么它们就会将它牢牢地咬住不放，于是就会摇动它所在的整个一枝。

米瓦特先生列出来的这个例子，主要在于他觉得群栖虫类的鸟嘴体还有棘皮动物的叉棘 在"本质上是十分相像的器官"，并且这些器官在动物界远不相同的这两个部门当中经过自然选择而得到发展是比较难的。不过只是从构造方面来说，我看不出三叉棘与鸟嘴体之间有哪些相像之处。鸟嘴体倒是与甲壳类的钳非常相像；米瓦特先生估计能够稳妥地举出这样的相似性，甚至它们与鸟类的头还有喙之间的相似性，作为比较特殊的难点。巴斯克先生还有斯密特博士以及尼采博士，他们均是仔细研究过这一类群的博物学者，他们也都相信鸟嘴体同单虫体还有组成植虫的虫房是同源的。可以运动的唇，也就是虫房的盖，是同鸟嘴体可以运动的下颚十分相似的。但是巴斯克先生并不知道如今存在于单虫体还有鸟嘴体之间的任何级进，因此也就无法猜想经

共同寄居蟹

过什么样的有用级进，这个就可以变为那个，不过绝不可以因为这样就说这样的级进从来没有存在过。

由于甲壳类的钳在一定程度上同群栖虫类的鸟嘴体十分相像，两者都是当作钳子来使用的，因此值得指出，关于甲壳类的钳到现在依然有很长一串有用的级进存在着。在最开始以及最简单的阶段当中，肢的末节关上时要不会抵住宽阔的第二节的方形顶端，要不就是抵住它的整个一侧，于是就可以将一个所碰到的物体夹住。不过这种肢依然还只是当成一种移动器官来使用的。再到后来，慢慢地就会发现，宽阔的第二节的一个角稍微有一些突起，有些时候还会带有一些不规则的牙齿，末端的一节朝下闭合时就会抵住这些牙齿，跟着这样的突出物增大，它的形状还有末节部位也都会出现一些细微的变化还有改进，于是钳就会变得越来越完善，直到最终演变为龙虾钳那样的有效工具，事实上所有的这些级进都是能够追踪出来的。

除了鸟嘴体之外，群栖虫类当中还有一种神奇的器官，被称为震毛。这些震毛通常都是由可以移动的并且容易受到刺激的长刚毛所组成的。我曾经观察过一个物种，它们的震毛稍微弯曲一些，同时外缘有一圈锯齿状，并且同一群栖虫体所长有的所有震毛经常会同时运动着。它们如同长桨一般地运动着，让一枝群体迅速地在我的显微镜的物镜下面穿过去。假如将一枝群体面朝下放着，震毛就会纠缠在一起，那么它们就会猛力地将自己弄开。震毛被假设具有防御作用，就像巴斯克先生所说的那样，能够看到它们"慢慢地静静地在群体的表面上擦过，等到虫房中的柔弱栖息者伸出触手时，就会将那些对于它们有害的东西除去"。鸟嘴体和震毛非常相像，估计也有防御的作用，不过它们还可以用来捕捉和杀害小动物。大家都觉得这些小动物被杀之后，会被水流冲到单虫体的触手所能够得着的范围之内。有的物种兼有鸟嘴体还有震毛，有的物种则只有鸟嘴体，此外还有少数的物种，仅仅有震毛。

在外观上比刚毛（也就是震毛）还有类似鸟头的鸟嘴体之间的差异更大的两个物体，是很难想象出来的，不过它们基本上肯定是同源的，并且还是从同一个共同的根源，也就是单虫体还有它们的虫房发展而来的。所以，我们可以理解，就像巴斯克先生和我说的，这些器官在某些情况之下，如何从这种样子慢慢地转变为另一种样子。如此，膜胞苔虫属有一些物种，其鸟嘴体的，可以运动的颚是这么突出，还有是这么的与刚毛相似，以致只好依据上侧固定的嘴才能够判断出它的鸟嘴体的性质。震毛也许会直接由虫房的唇片发展而来，并没有经过鸟嘴体的阶段。不过它们历经这一阶段的可能性好像更大一些，这是因为在转变的最初期，包藏着单虫体虫房的别余部分，一般都不会立刻消失。在很多时候，震毛的基部有一个带沟的支柱，这支柱看起来就像是一个固定的鸟嘴状构造。尽管有的物种完全没有这样的支柱。这种震毛发展的观点，假如可靠的话，倒是十分有趣的。因为，假设所有具有鸟嘴体的物种都已绝灭，那么最富有想象力的人也绝不可能想到震毛最原本竟然是一种类似于鸟头式的器官当中的一部分，或者是像不规则形状的盒子或是兜帽的器官的一部分。见到这么大不相同的两种器官竟会从一个共同根源发展而来，真的是十分有趣的事情，而且由于虫房的可以运动的唇片具有保护单虫的功能，因此不难相信，唇片最开始先变为鸟嘴体的下颚，之后又变为长刚毛，整个过程中它所经过的所有的级进，一样能够在不同的方式以及不同的环境条件中发挥其保护作用。

在植物界当中，米瓦特先生只谈到了两种情况，那就是兰科植物花的构造还有攀缘植物的运动。对于兰科植物，他讲道："对于它们的起源的说法根本就无法让人满意，对于构造最开始的、最微细的发端，人们所提出来的解释，非常不到位、不完整。那些构造只有在相当发展的时候才有作用。"我在别的著作当中已经详细地讨论过这个问题了，所以这里仅仅对兰科植物花的最明显的特性，也就是它们的花粉块稍微详细地进行一下讲解。极为发达的花粉块是由一团花粉粒集成的，生长于一条有弹性的柄，也就是花粉块柄上面，这个柄则附着在一小块非常黏的物质上。花粉块就通过这样的方式去依靠昆虫从这朵花被运送到那朵花的柱头上。有的兰科植物的花粉块没有柄，花粉粒只是由细丝联结在一起。不过这种情形不只是局限于兰科植物当中，因此不需要在这里进行讨论。不过我可以谈一谈处于兰科植物系统当中最下等地位的杓兰属，从其中我们能够看出这那些细丝基本上是如何在最开始的时候就发达起来的。在别的兰科植物当中，这样的细丝粘着在花粉块的一边，如此便就是花粉块柄在最开始发生的痕迹。这便是柄，就算是相当长并且是高度发达的柄的起源，我们还可以从有时埋藏于中央坚硬部分的发育不全的花粉粒当中找出非常不错的证据。

对于花粉块的第二个主要特性，也就是附着在柄端的那一小块的黏性物质，能够列出一长列的级进变化，而每一个级进很明显对于此株植物都是有一定用处的，而别的"目"的大部分的花的柱头只会分泌少量的黏性物质。有些兰科植物也能够分泌出类似的黏性物质，不过在三个柱头中仅仅有一个柱头上分泌得非常多，这个柱头估计是由于分泌过盛的原因，而成为不育的了。当昆虫访问这样的花的时候，它会擦去一些黏性物质，如此一来就能够同时将若干花粉粒粘去了。从这种同大多数普通花差别比较小的简单情形开始，一直到花粉块附着在很短的以及游离的花粉块柄上的那些物种，接着再到花粉块柄固着在黏性物质上的而且不育柱头变异非常大的别的物种，均存在着数不

黄花杓兰

洋常春藤

清的级进。在最后的场合当中，花粉块最是发达并且也最是完全。只要是亲自细心认真研究过兰科植物的花的人，都不可能去否认有前面讲的一系列级进存在，有一些兰科植物的花粉粒团只是由细丝连接在一起，它们的柱头与普通花的柱头并没有太大的差别，从这样的情形开始，一直到极其复杂的花粉块，它们尤为适应于昆虫的运送。也不会有人去否认哪一些物种的所有级进变化都会相当适应于各种花的普通构造由不同昆虫来授粉。在这样的情况之下，并且还是在差不多所有别的情形当中，还能够更进一步地朝下追问下去，能够追问普通花的柱头为什么会变成粘的，不过，由于我们还不知道随便哪一种生物群的全部历史，因此这样的疑问也是没有什么用处的，就像想要解答它们之没有希望一般。

接下来我们要谈一谈攀缘植物。从简单地缠绕一个支柱的攀缘植物开始，一直到被我称为叶攀缘植物以及生有卷须的攀缘植物为止，能够排列成一个非常长的系列。后两类植物的茎尽管依然保持着旋转的能力，而且不会经常消失，不过通常都已经失去缠绕的能力，不过卷须同样也具有旋转的功能。从叶攀缘植物到卷须攀缘植物的级进具有十分密切的关系，有些植物能够随便放于随便一类当中。不过，从简单普通的缠绕植物上升再到叶攀缘植物的过程当中增加了一种非常重要的性质，那就是对接触的感应性，依赖于这样的感应性，叶柄或者是花梗，再或者是已变为卷须的叶柄或花梗，才会因为刺激而弯曲于接触物体的周围并绕住它们，只要是读过我的关于这类型植物的研究报告的人，我觉得，都会肯定在单纯的缠绕植物以及卷须攀缘植物之中，它们机能方面以及构造方面的所有级进变化，每个对于物种来说都有着很大的益处。比如说，缠绕植物发展成叶攀缘植物，很明显是非常有利的，具有长叶柄的缠绕植物，假如这叶柄稍有着必需的接触感应性，那么估计就能够发展为叶攀缘植物。

缠绕是顺着支柱向上攀升的最简便的办法，而且是在这整个系列当中最下级的地位，所以我们自然而然地会问，植物最开始是如何获得这样的能力的，之后才经过自然选择而得到了改进还有增大。缠绕的能力，首先，依赖茎在幼小时极度可挠性（这是很多不是攀缘植物所共有的性状）；其次，依赖茎枝依据相同顺序逐次沿着圆周各点的不断弯曲。茎依赖这样的运动才可以向着每个方向旋转，茎的下部就算是遇上任何物体而停止缠绕，那么它的上部依然可以继续弯曲、旋转，这样就一定能够缠绕着支柱继续上升，在每一个新梢的最初期的生长之后，这样的旋转运动就会停止。在系统相距非常远的很多不同科植物当中，一个单独的物种与单独的属往往都具有这样旋转的能力，而且还由此而变为缠绕植物，因此它们一定是独立地获得了这样的能力，并不是从共同祖先那儿遗传得到的。所以说，这能够让我预言，在非攀缘植物当中，微小的具有这样的运动的倾向，也并不是不常见到的，这便为自然选择提供了发挥作用以及改进的前提。在我做出这一预言的时候，我仅仅了解一个不完全的例子，那就是轻微地还有不规则地旋转的毛籽草所拥有的幼小花梗，与缠绕植物的茎非常像，可是它的这个习性一点都没有被利用起来。之后没过多久，米勒发现了一种泽泻属的植物还有一种亚麻属的植物，两者都并不属于攀缘植物，并且在自然系统之中也有着非常遥远的距离的幼茎，尽管旋转得不够规则，可是很明显是可以如此的。在他看来，他有理由去猜测，有的其他类型的植物也有这样的情形。这些轻微的运动看起来对于那种植物并没有什么作用。不管怎么样，它们对于我们所讨论的攀缘作用来说，最起码是没有什么作用的。就算是如此，我们依然可以看出，假如这样的植物的茎原来是能够挠屈的，而且假如在它们所处的条件中有利于它们的升高，那么，轻微的以及不规则的旋转习性就能够经过自然选择而被增大并被利用，直到它们转变为非常发达的缠绕物种。

对于叶柄还有花柄以及卷须的感应性，几乎同样能够用来说明缠绕植物的旋转运动。属于大不相同的群的很多物种，都被赋予了这样的感应性，所以在很多还没有变为攀缘植物的物种当中，应该也能够看到这种性质的初生状态。事实是这样的：我观察到前面所讲到的毛籽草的幼小花梗，自己可以朝着所接触的那一边微微弯曲。莫伦在酢浆草属的一些物种当中，发现了假如叶与叶柄被轻柔地、反复地触碰着，或者是植株被摇动着，叶与叶柄就会出现运动，尤其是暴露在烈日之下之后就更是这样的。我对别的几个酢浆草属的物种来来回回地进行了一段时间的观察，所得到的结果是相同的。而且有些物种的运动是非常明显的，不过在幼叶当中看得最清楚。在其他几个物种当中的运动是非常微小的。按照高级权威霍夫迈斯特所讲到的，所有的植物的幼茎以及叶子，在被摇动之后都可以进行运动，这是一个更为重要的事实。而那些攀缘植物，根据我们所了解和熟知的，仅仅是在生长的最初期，它们的叶柄还有卷须才是敏感的。

在植物幼小的还有成长着的器官当中，因为被触碰或者被摇动所出现的轻微运动，对于它们来说好像极少会出现任何机能方面的重要性。不过植物顺应着各种刺激而发生运动能力，对于它们来说是非常重要的。比如朝着光的运动能力还有比较罕见的背向光的运动能力，此外还有，对于地球引力的背性以及非常罕见的向性。当动物的神经还有肌肉受到电流的刺激时，或者是因为吸收了木鳖子精而受到刺激时所出现的运动，能够看作是偶然的结果，因为神经还有肌肉对于这样的刺激并没有什么特殊的敏感。植物估计也是这样的，因为它们具有顺应一定的刺激而出现运动的能力，因此在遇到被触碰或者是被摇动时，就会出现偶然状态的运动。所以，我们不难承认在叶攀缘植物还有卷须植物的情况当中，被自然选择所利用的以及增大的就是这样的倾向。但是按照我的研究报告所列出来的各项理由，估计只在已经获得了旋转能力的而且因此已变成缠绕植物的植物当中才会出现这样的情形。

我已经尽最大的努力去解释植物如何因为轻微的以及不规则的、最开始对于它们并没有什么作用的旋转运动这种倾向的增大而变为缠绕植物。这样的运动还有因为触碰或摇动而出现的运动，是运动能力的偶然结果，而且是为了别的有利的目的而被获得的。在攀缘植物一步一步发展的过程当中，自然选择是不是可以获得使用的遗传效果的帮助，我还无法断定。不过我们都知道，某种周期性的运动，比如植物的所谓睡眠运动，是受习性的掌控的。

有位老练的博物学者仔细挑选了一些例子去证明自然选择无法足够解释有用构造的最初阶段，如今我对他提出的异议已做出足够充分的讨论，应该说已经讨论得太多了。而且我已能够解释说明，就像我所认为的，在这个问题上并不存在多么大的难点，于是就提供了一个非常好的机会，能够稍微多讨论一些与构造的级进变化有关的内容，那些等级进变化常常伴随着机能的改变，这是一个非常值得重视的问题，而在本书之前的几版当中也没有作过详细的讨论。那么现在我就将前面所讲的情况再扼要地重述一次。

有关长颈鹿，在一些已经绝灭了的，能够触及到高处的反刍类当中，只要是具有最长的颈还有腿等，而且可以咬吃比平均高度稍高一点的树叶，那么这个个体就能够继续得到保存，而那些无法在那些高处获得食物的个体，就会不断地遭到毁灭。于是，基本上就可以满足这种异常的四足兽产生了。不过所有部分的长期使用，还有遗传作用的影响，估计也曾经大大地帮助了各部分的相互协调。对于模拟各种物体的很多昆虫，完全能够相信，对于某一普通物体的偶然类似性，在每个场合当中都曾是自然选择发挥作用的基础，之后通过让这种类似性更加接近细小的变异的偶然保存，如此模拟才渐渐地趋于完善。如果昆虫继续出现变异，而且只要是越来越加完善的类似性可以让它逃出视觉锐利的敌害，那么这样的作用就会继续发生。在有些鲸鱼的物种当中，存在着一种颚上长有不规则的角质小粒点的倾向，而且直到这些粒点开始变为栉片状的突起或者是齿时，如同鹅的喙上所长的那样，接着就会变为短的栉片，如同家鸭的喙上所长的那样，再到后来则会变为栉片，就如同琵琶嘴鸭的嘴那么完善，再到最后，则会变为鲸须的巨片，就像格陵兰鲸鱼口中的那个样子，而所有的这些有利变异的保存，基本上全部都是在自然选择的范围之中的。在鸭科当中，这样的栉片最开始是当牙齿用的，到后来只有一部分被当作牙

一头刚出生的长颈鹿可以高达2米

齿用，有一部分会被当作滤器使用，接着一直到最后，就基本上全部被当滤器来用了。

对于上面所讲的角质栉片或者是鲸须的这些构造，按照我们所能判断的来讲，习性或者是使用，对于它们的发展，极少或者说没有什么作用。而与此相反的是，比目鱼下侧的眼睛朝着头的上侧转移，还有一个具有把握性的尾的形成，基本上能够全部归

比目鱼有扁平的形状和黯淡的颜色

因于连续的使用还有伴随着的遗传作用。有关高等动物的乳房，最可能出现的设想是，最开始有袋动物的袋当中全表面的皮腺都能够分泌出一种营养的液体，到后来这样的皮腺经过自然选择，在机能方面得到了一定的改进，渐渐地集中于一定的部位，于是就慢慢形成了乳房。想要理解一些古代棘皮动物用来进行防御的分支棘刺是如何经过自然选择而进化成为三叉棘，比起理解甲壳动物的钳是如何经过最开始的专门用来行动的肢的末端两节的细小的，并且是有用的变异，从而得到发展，并不存在着更多的难题。在群栖虫类的鸟嘴体以及震毛当中，我们能够发现从同一根源发展为外观方面非常不相同的器官。而且对于震毛，我们可以理解那些连续的级进变化估计会有哪些作用。对于兰科植物的花粉块，能够从原先用于将花粉粒结合在一起的细丝，一直追踪出慢慢黏合为花粉块的柄。还有，像那些普通花的柱头所分泌出来的黏性物质，能够用来做虽然不是特别相同但是基本一样的目的使用。这类型的黏性物质附着在花粉块柄的游离末端上，它们经历过的步骤，同样是能够追踪出来的。一切这样级进变化对于各植物来说均是明显有益的。而至于攀缘植物，我没必要再重复先前已经讲过的那些了。

# 阻碍自然选择获得有用构造的原因

时常会有人提出疑问，既然自然选择这么有力量，那么为什么对于有的物种那些很明显有利的这样的或者是那样的构造，没能够被它们获得呢？不过，考虑到我们对于每种生物的过去历史还有对于现在决定它们的数目以及分布范围的条件是无法知晓的，要想对于这样的问题给出十分肯定的回答，是很难做到的。在大部分的情况下，只可以举出一些一般的理由，仅仅在少数的情况下，才能够列出具体的理由来。如此，想要让一个物种去适应新的生活习性，很多协调的变异基本上是不能少的，而且往往

能够遭遇下面的情形，也就是那些必要的部分不去依照正当的方式或正当的程度进行变异。很多的物种一定会因为破坏作用而阻止它们在数目方面的增加，这样的作用与一些构造在我们看来，对于物种是有利的，所以就会想象它们是经过自然选择而被获得的，可是并没有什么关系。处于这些情况之中，生存斗争并不依赖于这样的构造，因此这些构造不会经过自然选择而被获得。在很多情况当中，一种构造的发展需要复杂的、长久持续的并且往往需要具备特殊性质的条件。可是遇到这样的所需要的条件的时候估计是非常少的。我们常常会错误地以为只要是对物种有益的任何一种构造，就都是在所有的环境条件中均是经过自然选择而被获得的，这样的认为同我们所可以理解的自然选择的活动方式正好是相反的。米瓦特先生并不否认自然选择具有一定的效力，只不过在他看来，我用自然选择的作用来解说这样的现象，"例证还不够充分"。他的主要论点之前已被讨论过，而别的论点在后面还会讨论到的。如果让我看的话，这样的论点好像极少有例证的性质，它的分量远比不上我们的论点，我们所认识的自然选择是有力量的，并且时常会得到别的作用的帮助。我不得不补充一点，我在这儿所用的事实以及论点，有的已在最近出版的《医学外科评论》的一篇优秀的论文当中因为相同的目的而被提出过了。

现如今，基本上所有的博物学者都肯定了有一些形式上的进化。米瓦特先生相信物种是经过"内在的力量或倾向"而发生变化的，这种内在的力量到底是什么，我们实在无法得到答案。一切进化论者都认为物种有变化的能力。可是在我看来，在普通变异性的倾向以外，好像没有主张任何内在力量的必要性。一般的变异性经过人工选择的帮助，曾经出现了很多适应性非常好的家养族，并且它们经过自然选择的帮助，就会一样好地、一步一步出现自然的族，也就是我们所说的物种。最后的结果，就像我们之前说过的那样，通常是体制的进步，不过在一些少数的例子当中则是体制的退化。

米瓦特先生于是认为新种是"突然出现的，并且还是由突然变异而成"，而且还有一部分博物学者在附和他这样的观点。比如，他假设已经绝灭了的三趾马与马之间的区别就是突然出现的。如果让他去看，鸟类的翅膀"除了因为具有十分明显并且重要性质的、比较突然的变异而发展而来的之外，别的方式均是让人难以相信的"；而且非常明显的，他将这样的观点推广到蝙蝠还有翼手龙的翅膀方面。这也就意味着进化系列当中存在着巨大的断裂或者是不连续性，这样的论断，在我看来，是绝对没有存在的可能性的。

不管是谁，如果相信进化是缓慢并且逐步的，那么也就一定会承认物种的变化也能够是突然的以及巨大的。就像我们在自然环境当中，或者甚至是在家养状况当中所看到的，任何单独的变异一样。可是假如说物种受到了饲养或者是栽培，那么它们就比在自然环境当中更容易出现变异。因此，像在家养状况当中经常出现的那些巨大而突然的变异，不一定会在自然环境当中经常出现。家养状况下的变异，有一些能够归翼手龙身体上长有毛皮，这表明它们可能是温血动物。

因于返祖遗传的作用，如此重新出现的性状，在很多的情形当中，估计最初是逐步慢慢获得的。还有更多的一些情形，一定会被称为畸形，比如六指的人、多毛的人还有安康羊以及尼亚太牛等。由于它们在性状方面同自然的物种非常不一样，因此它们对于我们的问题所能提供的帮助是非常少的，除了这些突然的变异以外，为数不多的剩下来的变异，假如是在自然环境当中发生，那么最多也只可以构成同亲种类型依然具有密切相连的可疑物种。

# 巨大而突然的变异之不可信的原因

　　我就对自然的物种会像家养族那样也突然发生变化存在着很多疑问，而且我完全不相信米瓦特先生所说的自然的物种在以奇怪的方式发生着变化，理由我列在下面。按照我们的经验，那些突然而十分明显的变异，是单独地而且间隔时间还比较长的，在家养生物当中发生的。假如这样的变异在自然环境当中发生，就像前面所讲的，将会因为偶然的毁灭还有之后的相互杂交而容易消失；在家养的状况当中，除非这类的突然变异因为人的照顾被隔离同时被特别地保存起来，我们所知道的情况正好是这样的。那么，假如新种如米瓦特先生所假定的那种方式一样突然地出现，那么，就一定有必要去相信很多奇异变化了的个体能够同时出现于相同的地区当中，不过，这是与所有的推理都违背的。就如同在人类的无意识选择的环境当中那样，这样的难点只有按照逐渐进化的学说才能够避免。而所讲的逐渐进化，是经过很多朝着任何有利方向变异的大多数个体的保存以及朝相反方向变化的大多数个体的毁灭而得以实现的。

　　很多物种以逐渐的方式进行着进化，可以说是无须怀疑的。很多自然的大科当中巨大的阿根廷巨鹰化石发现于 1979 年，是现代北美洲火鸡兀鹫的祖先。

的物种甚至是属，彼此之间是那么密切近似，以至于很难分辨的数目并不少。在每个大陆上，从北到南，由低地到高地等，我们能够看到很多密切相似的或具有代表性的物种。在不同的大陆中，我们有理由相信它们以前曾经是连续着的，还能够看到相同的情形。不过，在得出这些以及下面的叙述时，我不能不先谈一谈以后还会讨论到的问题，看一看环绕一个大陆的很多个岛屿，那些地方的生物有多少只可以升到可疑物种的地位。假如我们观察过去的时代，拿消逝不多久的物种同如今还在同一个地域当中生存的物种进行比较，或者将埋存于同一地质层当中的各亚层里的化石物种进行比较，情况同样如此。很明显的，很多很多的物种同如今仍然生存着的或近年来曾经生存过的别的物种之间的关系，是非常密切的。我们很难说清楚这些物种是不是以突然的方式发展而来的。而且还不能忘记，当我们观察近似物种而不是不同物种的特殊部分的时候，有一些非常细小的无数级进能够被追踪出来，这些微细的级进能够将完全不相同的构造连接起来。

很多的事实，只有按照物种由非常细小的步骤发展起来的原理，才能够获得解释。比如，大属的物种一般都比小属的物种在彼此关系方面更为密切，并且变种的数目也比较多。大属的物种又如同变种环绕着物种那样地集成小群。此外它们还有相似于变种的别的方面，我在前面的章节当中已经详细地说过。按照相同的原则，我们能够想明白，为什么物种的性状比属的性状的变异更多一些；还有为什么以异常的程度或方式发展起来的部分比同一物种的别的部分的变异更多一些。在这个方面还能够举出很多相似的事实。

尽管产生很多物种所经历的步骤，基本上一定不比出现那些分别细微变种的步骤大，可是还能够主张，有的物种是用不同的以及突然的方式发展而来的。但是，想要这么去承认，就不能够没有强有力的证据。昌西·赖特先生曾举出一些模糊的，并且在很多方面存在着错误的类型去支持突然进化的观点，比如说无机物质的突然结晶，还有具有小顶的椭圆体从一小面陷落到另一小面等。然而这样的例子基本上是没有讨论的意义的。不过有一类事实，比如在地层当中突然出现了新的并且是不同的生物类型，刚开始看上去，似乎可以支持突然变异的信念。不过这样的证据的价值，完全决定于同地球史的辽远时代有关的地质记录是否完全。假如那记录如同很多地质学者所坚决主张的一样是片断的话，那么，新类型看起来就像是突然出现的这种说法，就不值得称奇了。

除非我们去承认转变就如同米瓦特先生所主张的一样那么巨大，就像鸟类或蝙蝠的翅膀是突然发展的，或者说三趾马会突然变为马，那么，突然变异的信念对于地层当中相接连锁的缺乏，无法提供任何的说明。不过对于这样的突然变化的信念，胚胎学给出了非常有力的反对。几乎所有的人都明白，鸟类还有蝙蝠的翅膀，还有马以及其他走兽的腿，在胚胎的最初期是没有什么分别的，它们之后用无法觉察的微细步骤分化了。假如之后还要谈到的胚胎学方面左右种类的相似性能够做出如下的解释，那就是现存物种的祖先在幼小的早期之后出现了变异，同时还将新获得的性状传递给了相当年龄的后代。于是，胚胎基本上是不会受到影响的，而且还能够作为那个物种的过去情况的一种记录。所以，现存物种在发育的最初阶段当中，同属于同一纲的古代的、绝灭的类型往往非常相似。依据这种胚胎相似的观点，其实不管是按照什么样的观点，都无法相信一种动物会经过前面所讲的那种巨大而突然的转变。更何况在它们的胚胎的状态之中，丝毫找不出任何突然变异的痕迹。它们的构造的每一个微细之处，均是以无法觉察的细小步骤渐渐地发展而来的。

假如相信某种古代生物类型经过一种内在的力量或内在倾向而突然发生了转变，比如，有翅膀的动物，那么它就基本上是要被迫去假设很多个体都同时出现了变异，而这一点同所有的类比的推论都是违背的。我们无法否认，这些构造方面的突然并且巨大的变化，同大部分物种所显著发生的变化是非常不相同的。于是他还要被迫去相信，和同一生物的别的所有部分美妙地互相适应的还有同周围条件美妙地进行适应的很多构造都是突然出现的。而且对于这么复杂且奇特的相互适应，他就无法举出一丁点解释来了。他还要被迫承认，这样巨大并且突然的转变在胚胎上不曾留下过丁点痕迹。要我说的话，承认这些，就相当于走进了奇迹的领域，而离开科学的领域了。

蝙蝠的翅膀由特别的皮层组成

# 第八章

# 本能

# 本能和习性的对比

　　很多的本能是这么的不可思议，这一点致使它们的发达在读者看来估计是一个能够推翻我的所有学说的难点。我在这里首先要声明一下，那就是我不打算讨论智力的起源，就像我从没有讨论过生命本身的起源一样。我们所要讨论的，仅仅是同纲动物中本能的多样性还有别的精神能力的多样性的问题。

　　我并没有打算给本能得出什么样的定义，容易解释说明，这个名词通常情况下包含着很多个不同的精神活动。不过，当我们说本能驱使杜鹃迁徙并让它们将蛋下在别种的鸟巢当中，无论是谁都能够理解这具有什么样的意义。通常我们自己需要经验才可以顺利完成的一项活动，却会被一种没有任何经验的动物尤其是被幼小的动物所完成时，而且很多个体并不知道为了什么样的目的按照相同的方式去完成时，通常就会被称为本能。不过我可以阐明，这些性状没有一个具有普遍性。就像于贝尔所讲到的，在自然系统当中，就算是那些低等级的动物当中也具有某种神奇的理性，而这样小量的判断或者说理性也会时不时地发挥其作用。

　　居维叶还有那些曾经非常擅长于抽象思维的较老的形而上学者们，以前将本能同习性进行比较。如果要问我的观点，这样的比较对于完成本能活动时的心理状态，提供了一个精确的观念，可是不一定会涉及它的起源。很多习惯性活动是如何地在无意识的情况下进行的，甚至不少直接同我们的有意识的意志相反！但是意志还有理性能够让它们发生变化。习性容易与别的习性相联系，同时也会和一定的时期还有和身体的状态相联系。一旦获得某个习性，往往是终生都会保持不变。能够指出本能与习性之间的别的一些类似之处。就像反复去吟唱一首熟知的歌曲，在本能当中也算是一种具有一定节奏的活动，而这样的节奏常常会伴随着另一个活动。假如一个人在歌唱时被打断了，或者说当他在反复背诵任何东西的时候被打断了，那么通常情况下，他就得被迫重新返回去再次重新去背诵来恢复已经成为习惯的思路。胡伯尔发现可以制造非常复杂茧床的青虫就是这个样子的。因为，假如在它完成构造的第六个阶段时将它取出来，放在只完成构造的第三个阶段的茧

　　杜鹃发育迅速，很快个头就会超过养鸟。在一些地区，由于杜鹃的寄生极为成功，导致寄主数量下降，以至于杜鹃不得不更换另一个寄主种类。

床当中，那么这个青虫只是需要重筑第四、第五、第六个阶段的构造。但是，假如将完成构造第三个阶段的青虫放入已完成构造第六个阶段的茧床当中，那么它的工作基本上大多数已经完成了，但是并没有从其中得到什么利益，那么它就会非常不满，而且为了完成它的茧床，它好像必须得从构造的第三个阶段开始（它是从这个阶段离开的），也就是说它在试图去完成已经完成了的工作。

莫扎特是音乐神童，但仍需要经过训练才能演奏乐器。

假如说我们假设不管是什么样习惯性的活动都可以遗传，能够提出有些情况下这样的情形确实会出现，那么就可以说，一种习性与一种本能之间原来存在着的相似性就会变得十分密切相似，甚至会很难对其进行区别。假如说莫扎特不是在他三岁的时候经过很少的练习就可以弹奏钢琴，而是完全没有任何的练习就可以弹奏一曲，那么就能够说他的弹奏的确是因为本能使然了。不过假设大部分的本能是经一个世代中的习性而有的，之后又遗传给以后的世世代代，这样的认为却是一个非常严重的错误。可以非常清楚地表明，我们所熟知的那些最神奇的本能，比如蜜蜂以及很多蚁的本能，是不可能从它们的习性而来的。

普遍承认，本能对于其如今所处的生活环境之中的各个物种的安全，就像是肉体构造一般，是十分关键的。在发生变化的生活环境当中，本能的细小的变异估计对物种有一定的益处，最起码是有可能的。那么，假如可以指出，尽管本能很少会出现变异，不过确实曾经出现过变异，那么自然选择将本能的变异保存下来，而且还继续累积到任何有利的程度，这个问题在我看来，就不具有什么样的难点了。我认为，所有最复杂的以及非常奇异的本能就是通过这样的方式而来的。使用或习性引起身体构造方面的变异，同时还会让它们得到增强，但是不使用就会让它们缩小甚至是消失，我毫不怀疑本能也是这样的情况。不过我相信，在很多情况之下，习性的效果，与所谓的本能自发变异的自然选择的效果相比的话，前者很显然是不太重要的。产生身体构造的细小的差异有一些我们还不知道的原因，同理，本能自发的变异也是因为某些我们所不知道的原因所引起的。

除非是经历了很多细小的，而且还是有益的变异的缓慢并且逐渐的积累，不管是多么复杂的本能，估计是无法经过自然选择来产生的。所以说，就如同在身体构造的情形中一样，我们在自然界当中所寻求的不应是获得每一复杂本能所经历的实际过渡的类型，因为这些类型，只可以在各个物种的直系祖先那里才能够找到，不过我们应该从旁系的系统当中去寻求这些级的一些证据，或者最起码我们可以指出某一种类的过渡类型是有可能存在着的。不过我们一定可以做到这一点。在考虑到除了欧洲以及北美洲之外，动物的本能还很少被观察过，而且对于绝灭物种的本能，更是无法全部知晓。因此让我觉得十分惊异的是，最复杂的本能所赖以形成的中间过渡类型竟然被这么广泛地发现。相同的物种在生命的不同时期或者是一年中的不同季节当中，还有在被放置于不同的环境之中时，各种条件下的相同物种会具有不相同的本能，这就常常可以促进本能的变化。处于这一种情况之中，自然选择估计会将这样的或那样的本能保存下来。能够解释说明，相同的物种中，本能的多样性在自然环境当中也是存在着的。

另外，就如同在身体构造的情形中那样，每个物种的本能都是服务于自己的利益的。按照我们所能判断的，它们从来没有完全地为了别的物种的利益而被产生过。这与我的学说也是符合的。我还知道有一个非常有力的事例，证明一种动物的活动从表象上看的话完全是为了其他动物的利益。就像于贝尔最开始观察的，那就是，蚜虫自愿地将甜的分泌物供给蚂蚁，它们这么做完全是出于自愿，能够由下面的事实来说明。我将一株酸模植物上的全部的蚂蚁都捉去，而且在好几个小时之内不让它们回来，另外还留下了大约 12 只左右的蚜虫。过了一段时间之后，我真的感觉到蚜虫要开始分泌了。可是我拿放大镜观察了一段时间，发现竟然没有一个分泌的。于是，我尽力地去模仿蚂蚁用触角触动它们那样的动作，用一根羽毛轻轻地触动它们并且拍打它们，可是依然没有一只分泌，接着我让一只蚂蚁去接近它们，从它那慌忙跑走的情形来看，它似乎马上就觉得自己发现了多么丰富的食物，于是它开始用自己的触角去碰触蚜虫的腹部，先是这一只，接着是那一只。而每只蚜虫一旦感觉到蚂蚁的触角时，就会立刻举起自己的腹部，分泌出一滴澄清的甜液，于是蚂蚁就赶紧将这滴甜液吞食了。就算是非常幼小的蚜虫也会出现这样的动作，由此可见这样的活动属于一种本能，并不是经验的结果。按照于贝尔的观察，蚜虫对于蚂蚁一定是没有厌恶的反应的。假如没有蚂蚁，它们结果只能被迫排出自己的分泌物。不过，由于排泄物非常黏，假如被取去，不用怀疑这对于蚜虫们来说是便利的，因此可以说它们分泌估计不是专门为了蚂蚁们的利益的。尽管无法证明任何动物会完全为了别的物种的利益而活动，但是每个物种都在试图去利用别的物种的本能，就如利用别的物种的较弱的身体构造是一个道理。那么，有些本能就无法被看成是绝对完全的。不过，全面地去讨论这一点还有别的类似的点，并不是非常有必要的，因此在这里就略去了。

本能在自然环境中有一定程度上的变异，还有这些变

蚜虫喜欢吮吸植物的汁液

异的遗传既然是自然选择的作用所不可少的，那么就应该尽量地举出大量的事例来。可是篇幅的缺乏限制我无法做到这点。但是我能够断言，本能一定是变异的。比如迁徙的本能，不仅会在范围与方向方面变异，同时也有可能完全消失，鸟巢亦是这个样子的，它的变异有一部分会依赖于所选定的位置还有居住地方的性质以及气候等，不过经常会因为根本就不知道的原因而出现变异。奥杜邦曾列出一些明显的例子来说明美国北部与南部的相同物种的鸟巢之间存在着的不同。曾有人提出过这样的质问：假如说本能是变异的，那么当蜡质出现缺乏的时候，蜂类为什么没有被赋予使用其他材料的能力呢？可是，换一个说法就是，蜂类又可以使用什么样的其他自然材料呢？我以前见到过，它们会用加过朱砂而变硬了的蜡，或者用加过猪脂而变软了的蜡去进行工作。安德鲁·奈特曾经注意到他的蜜蜂并不积极地去采集树蜡，而是去用那些封闭树皮剥落部分的蜡还有松节油黏合物。近来有人指出，蜜蜂不去寻找花粉，却喜欢采用一种非常不相同的物质，被称为燕麦粉。对于不管是什么样的特种敌害的恐惧，一定是一种本能的性质，这样的情形从还没有离开巢的雏鸟身上就能够看出来。尽管这样的恐惧能够因为经验或因为看见别的动物对于同一敌害的恐惧而得到强化。对于人类的恐惧，就像我在其他地方所指出的，栖息在荒岛上的那些动物，是缓慢地获得的。甚至在英国，我们也见到过这样的一个事实，那就是所有的大型鸟比小型的鸟更怕人，因为大型鸟更多地遭遇过人类的迫害。英国的大型鸟更恐惧人类，能够肯定地归于这个原因。这是因为，大家来看一下就知道，在无人的岛上，大型鸟并不比小型鸟更惧怕人类一些；喜鹊在英国非常警惕，可是在挪威非常驯顺，埃及的羽冠乌鸦同样也是不会害怕人类的。

有大量的事实能够证明，在自然环境当中产生的同类动物的精神性能变异非常大。还有一些事例能够列出来去证明野生动物中某些偶然的、奇特的习性，假如这样的习性对于这个物种有益，那么就会经过自然选择而出现新的本能。不过我非常清楚，这样的一般性叙述，假如不能够举出详细的事实，那么，在读者的心目中就只能够产生非常微小的效果。我只能是一再地说明，我保证我不会说没有可靠证据的话。

# 家养动物习性或本能的遗传变异

如果是稍微地去考察一下家养状况中的少数例子，那么自然环境当中本能的遗传变异的可能性甚至确实性就会被加强。我们从这点能够看到习性还有所谓的自发变异的选择，在改变家养动物精神能力方面所发挥出来的作用。大家都知道，家养动物精神能力的变异是多么大。就比如猫，有的天生就喜欢捉大老鼠，而有的只喜欢捉小老鼠，而且我们还知道这样的倾向是会遗传的。按照圣约翰先生所说的，有一只猫经

猫捉老鼠

常将猎鸟捕捉回家，而另一只猫却总是将山兔或兔捕捉回来，还有一只猫总是在沼泽地中行猎，基本上每夜都会去捕捉一些山鹬或者是沙锥。有大量十分奇怪但是真实的例子能够用来说明与一些心理状态或某一个时期内有关的各种不同痹性还有嗜好以及怪癖均为遗传的。不过让我们来看一下大家都知道的狗的品种的例子。完全不用去怀疑，将幼小的向导狗首次带出去的时候，它有时可以指示猎物的所在，甚至还可以援助其他的狗（我曾亲眼见到过这样动人的情景）。拾物猎狗确实是在一定程度上能够将衔物的这种特性遗传下去。牧羊犬并不跑在绵羊群当中，但是有在羊群周围环跑的倾向。幼小的动物没有任何经验却进行了这一系列的活动，同时每个个体又差不多用相同的方式进行了这样的活动，同时每种品种都十分乐意并且不知道目的地去进行这些活动。幼年时期的向导狗并不知道它所指示的方向是在帮助自己的主人，就像白色蝴蝶并不知道为什么要在甘蓝的叶子上产卵一样，因此我不能够看出来这样的活动在本质方面同真正的本能有着什么样的区别。假如我们看见一种狼，在它们幼小并且没有受过任何训练的情况下，一旦嗅出了猎物，它们会先站着不动，如同雕像一样，接着还会用特殊的步法去渐渐地接近猎物。还见到过另一种狼，会环绕着鹿群追逐，但是并不直冲，以便将那些猎物赶到较远的地方中去。这种情况下我们一定会将这样的活动称为本能。被称为家养下的本能，确实是远远没有自然的本能那么稳定。不过家养状态下的本能，所经历的选择作用也不是非常严格的，并且是在比较不固定的生活条件下，在比较短暂的时间中被传递而来的。

当我们让不同品种的狗进行杂交时，就可以很好地看出那些家养状态下的本能还有习性以及癖性的遗传是多么强烈，而且它们彼此之间融合得是多么神奇。几乎所有人都知道，长躯猎狗和斗牛犬杂交，能够影响到前者的勇敢性还有顽强性，这样的情况甚至会一直遗传很多代。牧羊犬同长躯猎狗进行杂交的话，则会让前者的全族都能够获得捕捉山兔的能力，它只在一方面表示出它的野生祖先的痕迹，那就是当呼唤它时，它在朝着它的主人走来时并不是直线的。

家养状况下的本能，有时候会被说为完全由长期继续的以及强迫养成的习性所遗传下来的动作，不过，这样的说法是不对的。从来没有人会想象去教，或者说从来没有人曾试图教过翻飞鸽去翻飞，按照我所见到的，一只幼小的鸽子从来没有见过别的鸽翻飞，但是它可以翻飞。我们认为，曾经有过一只鸽子，它展示出那样奇怪习性的细小的倾向，而且还在连续的世代当中，经过对于最好的个体的长期选择，于是才会有如现在那样的翻飞鸽。格拉斯哥地区附近的家养翻飞鸽，按照布伦特先生曾经对我说的，它们只要飞到18英寸的高度，就会翻筋斗。如果说从来没有出现过一只狗天生就具有指示方向的倾向，那么是不是会有人想到要去训练一只狗来指示方向呢？这一点值得我们去怀疑。每个人都清楚，这样的倾向常常出现在纯种的狗当中。我就曾见到过一次这样的指示方向的行为，就像很多人所设想的，这样的指示方向的行为，估计也就是这个动物在准备扑击它的猎物之前，所停顿时间的一种延长而已。只要这种初期的指示方向的倾向出现之后，那么在此后的每一世代中，去进行有计划的选择以及强迫性的训练，其遗传效果就能够快速地去完成这项工作，那么就能够很快地培养出具有这种倾向的狗了。正是因为每个人都十分想要获得那种最具有最擅长指向还有捕猎的狗，而最初一向不在于去改良品种，于是无意识的选择就会一直持续地存在着，继续进行着。此外还有一点就是，在有些情况下，只是习性一项就已经足够了。估计没有一种动物比野兔更加难以驯服了，也几乎没有一种动物比已经驯服了的幼小家兔更为驯顺的了。不过我很难去设想家兔只是为了驯服性才经常会被选择下来。因此从非常野到非常驯服的性质的遗传变化，最起码大部分都必须归因于习性还有长久连续着的严格圈养。

在家养的环境中，自然的本能有消失的可能。最明显的例子见于那些极少孵蛋的，或者是从不孵蛋的一些鸡的品种，这也就意味着，这些鸡基本上不喜欢去孵蛋。只不过是因为经常见到，所以才会影响我们去看出家养动物的心理曾经有过多么巨大的以及持久的变化。主动与人类亲近已经成为狗的一种本能，这已是一个丝毫不用去怀疑的事实。所有的狼、狐、胡狼还有猫属的物种，就算是在被驯养之后，也总是非常想要去攻击鸡、绵羊还有猪等。火地还有澳大利亚这些地方的未开化人不养狗，因为他

狼群分享食物

们将小狗拿到家里去养时，发现那样的倾向是无法矫正的。还有一方面，我们已经文明化了的狗，就算是在非常幼小的时候，也基本上没有什么必要去专门教它们不要攻击鸡、绵羊还有猪。当然，它们也会偶尔去攻击一下，于是就会遭受一顿打，假如还不能得到改正的话，那么它们就会被消灭掉。于是，经过遗传、习性还有一定程度上的选择，基本上协同地让我们的狗文明化了。除此之外，小鸡完全因为习性，已经没有了对于狗还有猫的惧怕的本能。但是这样的本能，最开始的它们是拥有的。赫顿上尉也曾经告诉过我，原种鸡，印度野生鸡的幼小鸡，在由一只母鸡抚养时，最开始的野性非常大。在英国，由一只母鸡抚养的小雉鸡，同样如此。并不是说小鸡没有了所有的惧怕，而只是没有了对于狗还有猫的惧怕。这是由于，假如母鸡发出一声报告危险的叫声，那么小鸡就会从母鸡的翼下跑开（小火鸡更是这样）， 躲到四周的草丛当中或者是丛林里去了。这很明显是一种本能的动作，有利于母鸡逃走，就像我们在野生的陆栖鸟类当中所见到的一样。不过我们的小鸡依然保留着这种在家养状况下已经变得没有什么用处的本能，这是因为母鸡由于长期不使用的缘故，几乎已经失去飞翔的功能了。

所以，基本上是可以确定，动物在家养状况下能够获得新的本能，而失去自然的本能，这一方面是因为习性，另一方面是因为人类在世世代代里选择了和累积了比较特别的精神习性还有精神活动，但是此等习性还有活动的最开始的发生，是因为偶然的原因，由于我们的无知无识，因此不得不如此称呼这样的原因。在有些时候，仅仅是强制的习性一项，已足够出现遗传的心理变化。在别的一些情况下，强制的习性就无法发挥作用，所有都是有计划选择以及无意识选择的结果。不过在很多的情况里，习性还有选择基本上是同时发挥其作用的。

# 杜鹃的本能

我们仅需考察少量的事例，估计就可以很好地去理解本能在自然环境中是如何因为选择的作用而被改变的。我在这里只选择三个例子，那就是杜鹃在其他的鸟巢中下蛋的本能，有些蚂蚁养奴隶的本能，还有蜜蜂造蜂房的本能。博物学家们已经将后两种本能通常地并且恰当地列为所有已知本能中最为奇特的本能了。

杜鹃的本能，有的博物学者们假设，杜鹃的此种本能比较直接的原因，是因为它们并不是每日都会下蛋，而是间隔两天或者是三天下一次蛋。因此，如果它们自己建巢，自己孵蛋，那么最开始下的蛋就必须经过一定的时间之后才可以等到孵抱，或者说，在同一个巢当中，就会出现不同龄期的蛋还有小鸟了。假如真的是这个样子的，那么下蛋还有孵蛋的过程就会相对的比较长并且十分不方便了，尤其是雌鸟，在非常早的时候就要迁徙，而那些最开始孵化出来的小鸟就不得不由雄鸟来单独哺养。可是美洲杜鹃就处于这样的困境之中。因为它们会自己建巢，并且要在同一时期当中产蛋以及照顾相继孵化出来的幼鸟。也有人说，美洲杜鹃有些情况下也在别的鸟巢当中下蛋，同意和否认这种说法的都有。不过我最近从衣阿华的梅里尔博士那里听到，他有一次在伊里诺斯见到过在蓝色松鸦的巢当中有一只小杜鹃还有一只小松鸦，而且

🐍 杜鹃会将卵放到当时无亲鸟照看的其他鸟巢中

由于这两只小鸟差不多都已羽翼丰满起来，因此可以说，对于它们的鉴定是不会出现错误的。我还能够列出各种不同的鸟总是会在其他的鸟巢当中下蛋的一些事例。现在让我们假设，欧洲杜鹃的古代祖先也同样有着如同美洲杜鹃一样的习性，它们也时不时地会将蛋下在其他鸟的鸟巢当中。假如说这种偶尔在其他鸟巢当中下蛋的习性，通过了可以让老鸟早日迁徙或者通过别的一些原因而有利于老鸟，或者说，如果那些幼鸟，因为利用了别的物种的误养的本能，比起由自己的母鸟去哺养而更加强壮的话，由于母鸟不得不同时照顾不同龄期的蛋还有小鸟，于是难免就会受到牵累，那么老鸟或者是被错误哺养的小鸟都能够获得利益。按照这样去推断的话，我们就能够相信，通过这样的方式哺养起来的小鸟，因为遗传估计就会具有自己的母鸟那种经常存在着的还有十分奇怪的习性，而且当它们下蛋的时候，也会倾向于将蛋下在其他鸟的巢当中，于是，它们就可以更为成功地哺养它们的幼鸟。我认为杜鹃的奇特本能可以由这样性质的连续过程而被产生出来。此外，最近米勒用足够的证据证明，杜鹃偶尔还会在空地上下蛋，孵抱，而且回去哺养它们的幼鸟。这样少见的现象估计是重现了消失了很久的最原始造巢本能的一种情景。

有人曾提出反对，认为我对杜鹃的研究并没注意到别的有关的本能以及构造适应，听说这些一定是相互关联着的。不过在所有的情况当中，只在一个单独的物种当中，对一种我们已知的本能的推测，是完全没有什么作用的。由于一直到现在，还没有出现可靠的能够指导我们的任何事实。一直到最近，我们所了解的也仅仅有欧洲杜鹃还有非寄生性的美洲杜鹃的本能。如今，通过拉姆齐先生详细的观察，我们了解了澳大利亚杜鹃的三个物种的一些情况，它们也是在其他鸟的巢当中下蛋的。能够提出的有关杜鹃的本能的要点主要有三个：首先，普通的杜鹃，除了少数的例外之外，通常只在一个巢中下一个蛋，以保证让大型并且贪吃的幼鸟可以获得足够量的食物。

其次，杜鹃的蛋非常小，没有云雀的蛋大，但是云雀只有杜鹃的四分之一那么大。我们由美洲非寄生性的杜鹃所产出来的非常大的蛋能够推断出来，蛋的个头小是一种真正意义上的适应情况。最后，小杜鹃孵出后用不了多久就有了将义兄弟排出巢外的本能、力气，还有一种适当形状的背部，而那些被排出的小鸟就会因为挨冻挨饿而丢掉性命。这一点以前被大胆地称作是仁慈的安排，因为如此就能够让小杜鹃获得足够量的食物，而且还能够让义兄弟在尚未获得感觉之前就死去。

现在我们来谈一谈澳大利亚杜鹃的物种。尽管它们通常只在一个巢当中下一个蛋，但是在同一个巢当中下两个甚至是三个蛋的情况也并不少见。青铜色杜鹃的蛋在大小方面的变化非常大，它们的长度通常在8英分到10英分之间。为了欺骗一些养亲，或者更确切地说，为了能够在较短的时间里得到孵化（听说蛋的大小与孵化的时间之间有一定的联系），于是杜鹃妈妈们生出来的蛋甚至比现在的还要小。假如说这点对于这个物种十分有利，如此一来想要理解也就没那么困难了，一个产卵越来越小的族或者是物种，估计就是这么被形成的，这是因为小型的蛋可以比较安全地被孵化以及哺养。拉姆齐先生曾经说，澳大利亚有两种杜鹃，当它们在没有掩蔽的巢中下蛋时，尤其会去选择那样一些鸟巢，巢中蛋的颜色与自己所下的非常相似。欧洲杜鹃的物种在本能上非常显著地表现出类似于此的倾向，不过相反的情况也并不少。比如，它们会将暗而灰色的蛋下在篱莺的巢当中，与原本亮蓝绿色的蛋相混。假如欧洲杜鹃总是一直不变地表现前面所讲的本能，那么在所有被假定共同获得的那些本能方面一定还得加上这样的本能。按照拉姆齐先生所说的，澳大利亚青铜色杜鹃的蛋在颜色方面有着异常程度的变化，因此在蛋的颜色还有大小方面，自然选择估计保存了同时也固定了所有有利的变异。

在欧洲杜鹃的生存环境里，在杜鹃被孵出后的三天里，养亲的后代通常都会被排逐出巢外去。由于小杜鹃们在这种时候还处于一种非常无力的状态之下，因此古尔得先生之前认为这样的排逐行为是来自养亲的。不过他如今已得到与一个小杜鹃有关的可靠记载，该幼小的杜鹃这个时候眼睛还闭着，甚至连头都还无力抬起来，却能够将义兄弟排逐出巢外，这是真实观察到的情况。观察者曾将它们中间的一只捡起来又放回巢中，不过很快就又被排逐出去了。而对于获得这样神奇并且可恶的本能的方法，假如小杜鹃在刚刚孵化后就可以得到足够多的食物，这对于它们来说是非常重要的话（基本上是这个样子的），那么，我觉得，在连续的几个世代中，慢慢地获得为了排逐行

杜鹃的卵通常最先孵化，它在极幼小的时候把巢中的其他卵或幼雏挤出去。

动而必需要有的盲目欲望还有力量以及构造，是不会存在多么大的困难的。因为具有这样的，最为先进的习性以及构造的小杜鹃，就能够最安全顺利地获得养育。得到这种独特本能的第一步，估计只不过是表现在年龄以及力量方面稍微大一些的小杜鹃们的无意识的乱动。这样的习性之后慢慢地会获得改进，而且还会传递给比较幼小年龄的杜鹃。我找不到比下面所讲的情况更难理解，那就是别的鸟类的幼鸟，在还没有孵化时就得到了啄破自己蛋壳的本能，或者就像欧文所讲的，小蛇们为了成功地切破自己强韧的蛋壳，于是在上颚位置获得了一种暂时性的锐齿。因为，假如身体的每个位置在所有的龄期中都容易出现个体变异，并且这样的变异在相当龄期或者是较早的龄期当中有被遗传的倾向，这一点是无可争辩的主张，那么幼体的本能以及构造，就会如同成体的一样，可以慢慢地发生改变。这两种情况一定同自然选择的所有学说存亡与共。

牛鸟属是所有的美洲鸟类中非常特殊的一属，同欧洲椋鸟非常相像，它们的有些物种如同杜鹃那样地具有寄生的习性，而且它们在完成自己的本能方面表现出非常有趣的级进。褐牛鸟的雌鸟还有雄鸟，按照优秀的观察家赫得森先生所讲的，它们有时候会群居，然后过着乱交的生活，有时又会过着配对的生活。它们有可能会自己造巢，也有可能会去夺取其他的巢，偶尔也会将其他鸟的幼鸟抛弃于鸟巢之外。它们有时候会在这个已经据为己有的巢中下蛋，还有些时候，它们会非常奇怪地在霸占着的这个巢的上端再为自己筑造另一个巢。它们一般都是自己孵自己的蛋然后自己哺养自己的幼鸟的。不过按照赫得森先生所说的，估计有时候它们也是寄生的，因为他曾见到过这个物种的小鸟追随着不同种类的老鸟，并且还叫喊着要求它们哺喂。牛鸟属还有另一个物种，叫作多卵牛鸟，它们的寄生习性比之前讲的物种更加发达，不过距离完全化还是相当遥远的。这类型的鸟，按照所知道的，一定会在其他鸟的巢中下蛋；不过值得注意的一点是，有些情况下一些这样的鸟会一起建造一个属于自己的，并不规则并且不整洁的巢，而这个巢通常会被放置在非常不适宜的地方，比如会在大蓟的叶子上。不过就赫得森先生所可以确定的来说，它们从来都没能够完成自己的巢。它们经常在别的鸟的巢里下那么多的蛋，多达 15 到 20 个，导致的结果就是很少被成功地孵化，甚至完全无法被孵化。此外，它们还有在蛋上啄孔的奇怪习性，不管自己的或所占据的巢当中的养亲的蛋都会被啄掉。它们还会在空地上很随意地产下很多的蛋，当然，那些蛋就那么遭到了废弃。还有一个物种，北美洲的单卵牛鸟，它们已经获得如同杜鹃一般完全的本能，因为它们从来不会在其他的鸟巢当中生出一个以上的蛋，因此小鸟就能够有保证地得到哺育。赫得森先生是坚定地不相信进化的人，可是他看到了多卵牛鸟的不完全本能，好像也深受感动，于是他引用了我的话，同时提出疑问："我们是不是必须认为这样的习性是特别赋予的或特创的本能，而将之看作是一个普遍的法则，是鉴于过渡的一个小小的结果呢？"

各类不一样的鸟，就像前面所说的，偶尔会将它们的蛋下在其他鸟的巢中去。这达尔文在阿根廷发现的鸵鸟，后来以他的名字命名为达尔文美洲鸵。

样的习性，在鸡科当中并不是不普通，而且对于鸵鸟的奇怪本能提供了一些解说。在鸵鸟科当中的几只母鸟，先是一起在同一个巢当中生活，然后又会在另一个巢当中去下少数的蛋，然后由雄鸟去孵抱那些蛋。这样的本能也许能够用下面所讲的事实进行解释，那就是雌鸟下蛋很多，但就像杜鹃鸟一样，每隔两天或三天才会下一次。不过美洲鸵鸟这样的本能，同牛鸟的情形一样，还尚未达到完全化。因为有很多的蛋都散在地上，因此我在一天的游猎中就捡到了不少于 20 个散失的还有废弃的蛋。

很多的蜂都是寄生的，它们时常将卵产在其他蜂的巢当中，这样的情况比杜鹃鸟们更需要我们去注意。也就是说，这些蜂随着它们的寄生习性，不仅仅是改变了自己的本能，同时还改变了自己的构造。它们并没有采集花粉的器具，假如它们为幼蜂储存食料，那么这样的器具是一定不能少的。泥蜂科看起来外形很像胡蜂的一些物种，一样也是寄生的。法布尔最近提出了可靠的理由来让我们相信：尽管一种小唇沙蜂一般都是自己造巢，并且还会为自己的幼虫储存被麻痹了的食物，不过假如发现其他泥蜂所造的还有储存有食物的巢，它们就会加以利用，于是就顺理成章地成为临时的寄生者。这样的情况与牛鸟或杜鹃的情况是一样的，在我的概念当中，假如一种临时的习性对于这个物种有利益的话，同时被害的蜂类不会因为巢还有储存的食物被无情夺取而遭到绝灭的话，那么自然选择就很有可能会将这样的临时性的习性变为永久性的。

# 蚂蚁养奴的本能

如此奇异的本能，是由于贝尔最开始在红褐蚁当中发现的，他是一位甚至超越了他的著名的父亲的优秀观察者。这种蚂蚁完完全全地依赖于奴隶而生活，如果没有奴隶的帮助，那么这个物种在一年的时间里就一定会绝灭。雄蚁与可以生育的雌蚁从来不做任何工作，而工蚁也就是不育的雌蚁，尽管在捕捉奴隶方面非常奋发勇敢，不过也不会去做别的任何工作。它们无法营造自己的巢，也无法哺喂自己的幼虫。等到老巢到了无法继续生活使用，不得不迁徙的时候，通常都是由奴蚁去决定迁徙的事情，而且实际上，它们会将主人们衔在颚间搬走，主人们是如此的不中用。当于贝尔捉了30只将它们关起来，并且没有一个奴蚁时，尽管那里放了大量它们最喜爱的食物，并且为了刺激它们进行工作，还放入它们自己的幼虫以及蛹，可是它们依然根本不会去工作。它们自己甚至都不去吃东西，于是有很多的蚂蚁就这样饿死了。于贝尔接着又放进一个奴蚁黑蚁，它刚进去就马上开始工作，哺喂和拯救那些留下来的生存者，同时还营造了几间虫房，用来照料幼虫，所有的事情都安排得井井有条。有什么比这样非常确切的事实更为神奇的呢？假如我们不清楚任何别的养奴隶的蚁类，那么基本上就无法想象这么神奇的本能在以前是如何完成的。

还有一种物种，名为血蚁，一样也是养奴隶的蚁，在最开始也是被于贝尔发现的。这个物种发现于英格兰的南部地区，英国博物馆史密斯先生研究过它们的习性，对于这个问题还有别的一些问题，我非常感激他的帮助。尽管我充分相信贝尔还有史密斯先生的叙述，不过我仍然用怀疑的态度去处理这个问题，因为不管是谁对于养奴隶这样非常异常的本能的存在，抱有怀疑态度，估计都能够得到谅解。所以，我很乐意稍微详细地谈一谈自己所做的观察。我曾掘开过14个血蚁的巢，而且在所有的巢里都发现了少数的奴蚁。奴种也就是黑蚁的雄蚁还有能育的雌蚁，只出现在它们自己固有的群当中，在血蚁的巢里从来没有见到过它们。黑色奴蚁没有红色主人的一半大，因此它们在外貌方面的差异是很大的。当巢受到轻微的扰动时，奴蚁会偶尔跑出外边来，如同它们的主人一样，非常激动，而且会去保卫它们的。当巢被扰动得程度非常大，幼虫还有蛹都被暴露出来的时候，奴蚁会与主人一起努力地将它们运送到安全的地方。所以，奴蚁很明显是非常安于自己的现状的。在连续的三个年头的六月还有七月当中，我在萨立还有萨塞克斯这些地方曾对几个蚁巢观察了好几个小时，不过从来没有见到过一只奴蚁从一个巢当中走出来或者是走进去。在这些月份当中，奴蚁的数目非常少，所以我认为当它们的数目渐渐多了的时候，行动估计就不同了。可是史密斯先生曾经对我说，五月、六月还有八月期间，在萨立还有汉普郡这些地方，他曾在

育儿白蚁保护蚁
卵及幼蚁之处

白蚁王下卵之处

工蚁存
食处

白蚁巢穴剖面

各种不同的时间里注意观察了蚂蚁们的巢，就算是在八月份，奴蚁的数目非常多，但也没有见到过它们走出或走进自己的巢。所以，他认为那些奴蚁是严格的家中奴隶。但是它们的主人不是这个样子的，时常可以看到它们不断地搬运着造巢的材料还有各种食物。但是在 1860 年的 7 月中，我见到一个奴蚁十分多的蚁群，经过观察我发现有少数的奴蚁与主人混在一起离巢出去，沿着相同的路朝着约 25 码远的一棵高苏格兰冷杉前进，它们一齐爬到树上去，估计是为了寻找蚜虫或胭脂虫的。于贝尔有过很多观察的机会，他讲到，瑞士的奴蚁在建造蚁巢的时候，经常与主人一起工作，不过它们在早晨还有晚间则会单独看管门户。于贝尔还明确地提出，奴蚁的主要工作是寻找蚜虫。两个国度中的主奴两蚁的普通习性存在着这么大的不同，估计只是由于在瑞士被捕捉的奴蚁数量比在英格兰的要多的缘故。

有一次，我幸运地遇上了血蚁从一个巢搬到另一个巢中去。主人们谨慎地将奴蚁带在颚间，而不是和红褐蚁一样，主人还要让奴隶带着走，这真的是非常有趣的奇异现象。还有一天，大概有 20 个养奴隶的蚁在同一个地方猎取东西，但是很明显不是在找寻食物，这引起了我的注意。它们走近一种奴蚁，独立的黑蚁群，同时遭到猛烈的抵抗。有些情况下有三个奴蚁揪住养奴隶的血蚁的腿不放，养奴隶的蚁残忍地弄死了这些弱小的抵抗者，而且还将它们的尸体拖到 29 码远的巢里去当食物。不过它们无法得到一个蛹来培养成奴隶。于是我从另一个巢当中掘出一小团黑蚁的蛹，置于邻近战斗的一个空地上，于是这些暴君马上非常热切地将它们捉住并且拖走，它们估计觉得毕竟是在最后的战役中取得胜利了。

在同一个时间，我在相同的场所放下了另一个物种，黄蚁的一小团蛹，它们上面还有几只攀附于案的碎片上的小黄蚁。就像史密斯先生所描述的，这个物种有些情况下也会被当作奴隶使用，就算是这样的情况非常少见。这种蚁虽然身形很小，不过却非常勇敢，我见到过它们凶猛地攻击其他种蚁。有一个事情，让我感到十分惊奇，我曾发现在养奴隶的血蚁巢下有一块石头，而在石头下面竟然是一个独立的黄蚁群。当我偶然地扰动这两个巢的时候，那些小黄蚁竟然以惊人的勇敢去攻击它们的大邻居。当时我十分想要确定血蚁是不是可以辨别常被捉作奴隶的黑蚁的蛹同极少被捉的小型但是非常猛烈的黄蚁的蛹，很显然，它们确实可以立刻分辨出来。因为当它们碰到黑蚁的蛹时，就会马上热切地去捉，但是当它们遇到黄蚁的蛹或者只是遇到黄蚁的巢的泥土时，就会马上惊惶失措地逃离开去。不过，大约等过一刻钟左右，当这种小黄蚁都离去之后，它们才会鼓起勇气，将蛹搬走。

一天傍晚，我发现另有一群血蚁，看见很多这种蚁拖着黑蚁的尸体（能够看出并不是迁徙）还有无数的蛹回去，走入自己的巢当中。我随着一长行背着战利品的蚁朝前追踪而去，在大概有 40 码之远的地方，我看到了一处非常茂盛的石南科灌木丛，在那里我发现了最后一个拖着一个蛹的血蚁出现，不过我并没有在密丛中找出被踩蹿的巢在什么位置。不过那个巢一定就在附近，因为我看到有两三只黑蚁非常慌张地冲了出来，有一只嘴中还衔着一枚自己的卵，一动不动地停留在石南的小枝顶上面，同时对于遭到毁坏的家表现出绝望的神情。

这些都是与养奴隶的奇特本能有关的事实，不用我去证实。让我们来看一看血蚁的本能的习性与欧洲大陆上的红褐蚁的习性之间有什么样的不同之处。后者不会建造蚁巢，无法对自己的迁徙做出决定，也不会为自己还有幼蚁去寻找食物，甚至它们竟然不会自己吃东西，完完全全地依赖于自己的无数奴蚁。血蚁却不是这个样子的，它们的奴蚁数量非常少，并且在初夏的时光奴蚁是非常少的，主人会自己决定在什么时候还有什么地方去营造自己的新巢而且当它们进行迁徙的时候，主人会带着奴蚁走。瑞士还有英国的奴蚁好像都是用来专程照顾幼蚁的，而主人则会单独地进行捕捉奴蚁的远征。瑞士的奴蚁与主人一同工作，搬运材料回去造巢。主奴同进退，不过主要是奴蚁在照顾蚁族的蚜虫，同时还会进行所谓的挤乳，那么，主奴都会为本群采集食物。而在英国，经常是主人单独出去搜寻筑巢的材料还有为它们自己以及奴蚁和幼蚁寻找食物。因此，在英国，奴蚁为主人所服的劳役，比在瑞士的要少很多。

依赖哪些步骤而形成了血蚁的本能，我不想去妄加臆测。不过，由于不养奴隶的

在澳大利亚，罗盘白蚁可以造出扁平的蚁穴，一般都是南北朝向。蚁穴两面可以在日出和日落时吸收太阳的热量，而正午时则可以保持凉爽。

蚁，按照我所看到的，假如有别的物种的蛹散落在它们的巢的附近时，也会将这些蛹拖走，因此这些原本是贮作食物的蛹，就有可能发育起来。那些无意识地被养育起来的外来蚁就会追随着它们的固有本能，而且会去做它们所可以做的所有工作。假如它们的存在证明对于捕捉它们的物种有用，假如捕捉工蚁比自己生育工蚁对于这个物种更为有益的话，那么，原来是采集蚁蛹用来食用的这种习性，估计会因为自然选择的作用而得到加强，而且成为永久的，来达到非常不同的养奴隶的目的。而一旦本能被获得，就算是它的应用范围远没有英国的血蚁（就像我们所看到的，这种蚁在依赖奴蚁的帮助方面比瑞士的同一物种要少一些），自然选择估计也可以去增强和改变这样的本能，我们时常会假设每一种变异对于物种都有用处，直到出现了一种像红褐蚁那般卑鄙地依赖着奴隶去生活的蚁类。

# 蜜蜂建造蜂房的本能

对这个问题我不打算在这里进行详细的讨论，而只是将我所得到的结论简单地谈一谈。只要是考察过蜂集的精巧构造的人，见到它们那么美妙地适应蜂类的目的，如果不去热烈地加以赞赏，那么他一定是一个愚钝的人。我们听到数学家说，蜜蜂实际上已解决了一个深奥的数学问题，它们将蜂房造成适当的形状，来尽可能多地容纳大量的蜜，同时还尽可能多地节省了建造中需要用到的贵重的蜡质。以前有过这样的说法，就算是一个熟练的工人，用适合的工具还有计算器，也很难建造出一个真正形状的蜡质蜂房来。可是一群蜜蜂可以在黑暗的蜂箱当中将这项工程顺利结束。不管你说这是什么样的本能，最开始看起来这好像是不可思议的，它们如何可以制造出所有必需的角还有面，或者说，我们甚至不知道它们是如何可以觉察出这项工程是合理地被完成了。不过这个难点并没有如最初看起来那么大，我觉得能够说明，这所有神奇的

蜜蜂的蜂房，用于储存花粉、蜂蜜及抚养幼虫。

工作都是来源于几种简单的本能。

我对这个问题的研究是受了沃特豪斯先生的影响。他阐释说明过,蜂房的形状与邻接蜂房的存在有着十分密切的关系。下面所讲的观点估计只可以看作他的理论上的一些修正。让我们来看看伟大的级进原理,看看"自然"是不是向我们揭示了它的工作方法。在一个尖端系列的一端是土蜂,它们用自己的旧茧来贮蜜,有时候会在茧壳上添加一些蜡质的短管,并且相同的也会建造出分隔的、非常不规则的圆形的蜡质蜂房。在这个系列的另一边则存在着蜜蜂的蜂房,它排列为两层。每一个蜂房就像我们所知道的那样,都是六面柱体,六边的底边倾斜地联合为由三个菱形所组成的倒角锥体。这样的菱形都具有一定的角度,而且在蜂巢的一面,构成一个蜂房的角锥形底面的三条边,正好形成了反面的三个连接蜂房的底部。在这一系列当中,位于非常完善的蜜蜂蜂房还有简单的土蜂蜂房之中的,还有墨西哥蜂的一种蜂房。于贝尔曾经详细地描述和绘制过它们的蜂房。墨西哥蜂的身体构造算是在蜜蜂与土蜂之间,不过同土蜂的关系更为接近一些。它们可以营造差不多规则的蜡质蜂巢,它们的蜂房是圆柱形的,它们在那儿孵化幼蜂,另外还有一些用来贮蜜的大型蜡质蜂房。那些大型的蜂房近似于球状,大小基本上是相等的,而且聚集为不规则的一堆。这里需要我们注意的要点是,这些蜂房时常被营造得非常靠近,假如完全成为球状的话,那么蜡壁就一定要交切或穿通了。可是事实上从来没有出现过这样的情况,因为在有交切倾向的球状蜂房之间这种蜂会将蜡壁造成平面状。所以,每个蜂房都是由外方的球状部分还有两三个或更多个平面构成的。平整的数目由相邻连接的蜂房的数目来决定。当一个蜂房与别的三个蜂房相连接时,因为它们的球形差不多是相同大小的,因此在这样的情况下,经常地,并且也一定会是三个平面连成为一个角锥体。按照于贝尔所说的,这样的角锥体同蜜蜂蜂房的三边角锥形的底面都极为相像。在这里,与蜜蜂的蜂房一样,不管是哪个蜂房的三个平面,必然会成为所连接的三个蜂房当中的构成部分。墨西哥蜂用这样的营造方法,很明显能够节省蜡,更为可贵的是,能够节省劳力。由于连接蜂房之间的平面壁并不是双层的,它们的厚薄与外面的球状部分是相同的,但是每一个平面壁构成了两个房的一个共同部分,因此可以节省很多劳动力。

考虑到这样的情况,我认为假如墨西哥蜂在一定的彼此距离间营造它们的球状蜂房,同时将它们造成一样的大小,并且将它们对称地排列为双层,那么这种构造就会如同蜜蜂的蜂巢一样地完善了。于是我写信给剑桥的米勒教授,按照他的复信,我写出了下面的叙述,这位几何学家认真地读了它,同时还告诉我说,下面的这些表述是完全正确的。

假如我们画出一些相同大小的球,它们的球心都在两个平行层上,每一个球的球心和同一层当中围绕它的六个球的球心之间的距离等于或者是稍微小于半径乘以 2 的开方,也就是半径乘以 1.41421,而且同时和另一个平行层中连接的球的球心相距也

达尔文的书房

与前面的一样。那么，假如将这双层球的每两个球的交接面都画出来，于是我们就能够看到形成一个双层六面的柱体，这个双层六面柱体相互衔接的面都是由三个菱形所组成的角锥形底部连接而成的。这个角锥形同六面柱体的边组合出来的角，同那些经过精密测量的蜜蜂蜂房的角完全相同。不过怀曼教授也曾告诉我，他曾做过很多详细的测量，他谈到蜜蜂工作的精确性曾被过分地夸大，因此不管是蜂房的典型形状如何，它的实现就算是比较不可能，不过也是非常少见的。

所以说，我们能够稳妥地断定，假如我们可以将墨西哥蜂的那些不太奇异的已有的本能稍稍作一些改变，那么这种蜂就可以造出如蜜蜂那样十分完善的蜂房了。我们不得不假定，墨西哥蜂有能力去营造真正球状的以及大小相等的蜂房。见到下面的情形，于是就不会觉得有什么值得奇怪的了。比如，它们已经可以在一定程度上做到这点，同时，还有很多的昆虫也可以在树木上建造出一定程度上的完全的圆柱形孔穴。这很显然是按照一个固定的点旋转而来的。如此一来我们只好进行一个假设，墨西哥蜂可以将蜂房排列于水平层上，就像它们的圆柱形蜂房就是如此进行排列的。我们还不得不更进一步作一些假设，但是这又是极为困难的一件事情。当几只工蜂开始营造它们的球状蜂房时，它们可以设法正确地去判断出彼此之间应该距离多远。因为它们已经可以判断距离，因此它们时常可以让球状蜂房有某种程度上的交切。接着再将交切点用完全的平面连接起来。原本并没有多么奇异的本能，并不一定比指导鸟类建巢的本能更奇特，经过这种变异以后，我十分肯定地认为蜜蜂经过自然选择就获得了自己难以模仿的营造能力。

这样的理论能够拿试验去进行证明。参考特盖特迈耶那先生的例子，我将两个蜂巢分开，在它们之间放一块长并且比较厚的长方形蜡板。于是蜜蜂很快就开始在蜡板上凿掘圆形的小凹穴。当它们朝着深处凿掘这些小穴时，慢慢地让它们朝着宽处扩展，最终变成大体具有蜂房直径的浅盆形，看起来就正好像是完全真正球状或者球状的一部分。接下来的情形是非常有趣的：当几只蜂彼此之间靠近，并开始凿掘盆形的凹穴时，它们之间的距离正好能够让盆形凹穴得到前面所讲的宽度（大约与一个普通蜂房的宽度差不多），而且在深度上达到这些盆形凹穴所构成的球体直径的六分之一，这种情况下盆形凹穴的边就会互相交切，或者是彼此穿通，只要遇到这样的情况时，蜂们就会立即停止朝着深处凿掘，同时开始在盆边之间的交切处建筑起平面的蜡壁。因此，每一个六面柱体并不是如普通蜂房的情况一般，建筑在三边角锥体的直边上面，而是建筑于一个平滑盆形的扇形边上面的。

接着我将一块薄而狭的，涂有朱红色的，边如刃的蜡片放入蜂箱当中，来代替之前所用的长方形厚蜡板。于是蜜蜂们马上就如同之前一样，在蜡片的两面开始凿掘一些彼此之间比较接近的盆形小穴。可是蜡片是那么单薄，假如将盆形小穴的底掘得如同前面所讲到的试验中一样深，两面就会彼此穿通了。可是蜂儿们并不会让这样的事情发生，它们到适当的程度，就会停止开掘；于是那些盆形小穴只要被掘得深一点时，就会出现平的底，那些由剩下来而未被咬去的一些小薄片朱红色蜡而形成的平底，按照眼睛可以判断的，恰好位于蜡片反面的盆形小穴之间想象上的交切面位置。在相反一面的盆形小穴之间遗留下来的菱形板，彼此大小并不相同，由此我们能够知道，在这种并非自然状态的蜡片之上，蜂类确实是无法精巧地完成自己的工作的。尽管是这样，蜂儿们在朱红色蜡片的两面，还可以浑圆地咬掉蜡质，同时还能够让盆形加深，它们工作的速度一定是差不多一样的，只有这样才可以成功地在交切面的位置停止工作，同时保证在盆形小穴之间留下平的面。

在考虑到薄蜡片是多么柔软之后，我在想一个问题，当蜂儿们在蜡片的两面工作时，很容易就可以及时觉察到什么情况下咬到适当的薄度，然后就会及时停止工作。

在普通的蜂巢当中，我觉得蜂在两面的工作速度，并不一定可以做到任何时候都成功地完全相等。这样的情况是因为，我曾注意过一个刚刚开始营造的蜂房，这个蜂房底部上半完成的菱形板引起了我的注意，此菱形板在一面稍稍凹进，我猜想这是由于蜂在这面掘得太快而造成的，而它的另一面却是凸出的，这估计是由于蜂在这面工作慢了一些的原因。在一个非常明显的事例当中，我将这个蜂巢放入了蜂箱当中去，让蜂继续

蜜蜂的巢

工作一小段时间，然后再检查蜂房，然后我就看到菱形板已经完成，而且已经变成完全平的了，这块蜡片是非常薄的，因此绝对不可能是从凸的一面将蜡咬去，而做成刚刚所讲的样子。我估计这样的情况很有可能是站在反面的蜂将可塑而温暖的蜡正好推压到它的中间板的位置，让它弯曲（我尝试过，非常容易实现），于是就能够将它弄平了。

从朱红蜡片的试验当中，我们能够看出：假如说蜂必须为自己建造一堵蜡质的薄壁时，它们就会互相之间站在一定距离的位置，然后用相同的速度凿掘下去，同时还会努力做成相同大小的球状空室，不过它们永远都不会允许这些空室之间彼此出现穿通的现象，如此一来，它们就能够造出合适形状的蜂房了。假如你去检查一下正在建造的蜂案边缘，就能够显著地看出蜂先在蜂巢的四周造出一堵粗糙的围墙或者是缘边。而且它们就如同营造每一个蜂房一般，时常会环绕着进行工作，将这围墙从两面咬去。在一般的情形之下，蜂儿们并不会在相同的时间中营造任何一个蜂房的三边角锥形的整个底部，一般它最开始营造的是，处于正在建造的极端边缘的一块菱形板，或者是先建出两块菱形板，这要看情况来确定。而且，在还未建造六面壁之前，蜂儿们肯定不会先完成菱形板上部的边。这些叙述的一些部分与颇负盛名的老于贝尔所讲的有一些不同，不过我认为这些叙述是正确的。假如有足够的篇幅，我将会阐释说明这与我的学说其实是非常一致的。

于贝尔说，最开始的第一个蜂房是从侧面相平行的蜡质小壁凿掘造出来的，按照那些我所看到的情景，这个说法不完全准确。最开始着手的往往是一个小蜡兜。不过在这里我准备进行详细的讨论了。我们都知道，在蜂房的构造当中，凿掘所发挥的作用是多么重要，不过假如设想蜂无法在适当的位置，也就是沿着两个连接的球形体之间的交切面去建造粗糙的蜡壁，估计会是一个非常大的错误。我有几个标本很显著地指出它们是可以做到这点的。甚至是在环绕着建造中的蜂巢周围的粗糙边缘，也就是我们所能看见的蜡壁上，有些情况下也能够观察到一些弯曲的情况，而那些弯曲所在的位置就相当于将来蜂房的菱形底面所处的位置。不过在所有的场合里，粗糙的蜡壁是因为咬掉两面的绝大多数蜡之后完成的。蜂类这样的营造方法属于巧夺天工。它们总是将最开始还非常粗糙的墙壁到最后建造得比最后要留下的蜂房的非常薄的

在英国，驯养蜜蜂的蜂箱很常见。

壁厚 10 倍甚至是 30 倍。我们按照下面所讲的情况，就能够去全面地理解它们是怎样进行工作的。假设建筑工人开始拿水泥堆起一堵宽阔的基墙，接着开始在近地面的地方的两侧，将水泥按照相同的量削去，直到中间部分形成一堵光滑并且非常薄的墙壁。这些建筑工人经常将削去的水泥堆在墙壁的顶

辛勤工作的蜜蜂。

上，接着又加入一些新的水泥。于是，薄壁就按照这样的方式不断地高上去，不过上面往往存在着一个厚大的顶盖。所有的蜂房，不管最开始营造的还是已经完成的，上面都有这样一个坚固的蜡盖。所以，蜂儿们可以聚集在蜂巢上爬来爬去，而不用担心会将薄的六面壁损坏。米勒教授以前曾十分亲切地为我量过，那些壁在厚度方面有着很大的不同之处。在接近蜂巢的边缘地方所作的 12 次测量向我们表明，平均厚度是 1/352 英寸，而到了菱形底片的地方，则比较厚些，基本上是三比二，按照 21 次的测量结果，所得的平均厚度是 1/229 英寸。用前面所讲的这种特殊的营造方法，能够极端经济地使用蜡，同时还可以不断地让蜂巢坚固。

由于很多蜜蜂都会聚集到一块儿工作，在最初期看上去的话，对于理解蜂房是如何建造而成的，有可能会带来一些困难。一只蜂在一个蜂房当中工作一小段时间之后，就会到另一个蜂房当中去。因此，就像于贝尔所讲的那样，甚至是当第一个蜂房开始营造的时候，就有 20 只蜂在工作，我能够拿下面所讲的情形去实际地阐释说明这个事实。拿朱红色的熔蜡非常薄地涂在一个蜂房的六面壁的边上，或者是涂于一个扩大着的蜂巢围墙的极端边缘上，就一定可以看出蜂将这颜色非常细腻地分布开去，它们的工作让这些颜色细腻得就如同画师用刷子刷过的一般。那些带颜色的蜡从涂抹的地方被一点一点地拿走，置于周围蜂房的，扩大着的边缘上去。这样的营造的工作，在很多的蜂之间，好像存在着一种平均的分配，全部的蜂彼此之间都会本能地站在相同比例的距离之内，几乎全部的蜂都会去试图凿掘相同的球形。于是，就会建造出或者是留下不咬这些球形之间的交切面。有时候它们会遇到一些困难，提起来，这些例子确实真的比较神奇，比如，当两个蜂巢在一角相遇时，蜂儿们竟然经常会将已经建成的蜂房拆掉，同时用不同的方法去重新建造，并且，重新建造出来的蜂巢，其形状往往会与拆去的一样。

假如蜂遇到一处地方，在那个地方能够在适当的位置去开始自己的工作时，比如，站在一块木片上，这木片正好又处于向下建造的一个蜂巢的中间部分的下方，那么，

这个蜂巢就注定会被建造于这个木片的上面，面对这样的状况，蜂儿们就会筑起新的六面体的一壁的基部，比其他的已经完成的蜂房更为突出，并且将它放在完全适当的位置。只要蜂儿们可以彼此站在适当的距离，同时可以同最后完成的蜂房墙壁保持适当的距离，那么，因为掘造了想象的球形体，它们就完全能够在两个邻接的球形体之间建造出一堵中间的蜡壁来。不过按照我所见到的，要不是那蜂房与邻接的几个蜂房基本上建成，蜂儿们是从不会去咬和修光蜂房的角的。蜂在一定的环境条件之下可以在两个处于初级阶段的刚刚营造的蜂房中间，将一堵粗糙的壁建立于适当位置上。这样的能力是极其重要的，因为这个能力同一项事实有关，最开始看起来，它好像能够推翻前面的理论。这个事实就是，黄蜂的最外边缘上的一些蜂房，通常也是严格的六边形的，不过我在这里没有足够的篇幅去讨论这个问题。我并不认为单独一个昆虫（比如黄蜂的后蜂）营造六边形的蜂房能够有多么大的困难。假如它可以在同时开始的两个或三个巢房的内侧还有外侧交互地工作，时常可以同刚开始了的蜂房的各部分保持恰当的距离，掘造球形或者是圆筒形，同时建造起中间的平壁，就能够做到前面所讲的一点。

自然选择只是在于对构造或本能的微小变异的积累，才可以发挥出作用，而每个变异均对个体在它的生活环境中是有益的。因此能够合理地发问：所有变异了的建筑本能所经历的漫长并且级进的连续阶段，都有趋向于如今那样的完善状态，对于它们的祖先，以前曾有过什么样的有利作用？我觉得，解答这个疑问也不困难：如同蜜蜂或黄蜂的蜂房那般建造起来的蜂房，是十分坚固的，并且还能够节省很多的劳力和空间还有蜂房的建造材料。想要制造蜡，每个人都深知，不得不采集足够量的花蜜，在这件事情上，蜂往往是非常辛苦的。特盖特迈耶先生曾经给我讲过，实验已经证明，蜜蜂想要完成一磅蜡，就得消耗掉12磅到15磅的干糖。因此在一个蜂箱当中的蜜蜂，为了分泌建筑蜂巢所不得不用的蜡，无法逃避地只能去采集并且消耗足够量的液状花蜜。此外，很多的蜂在分泌的过程中，难免会有很多天无法去工作。大量蜂蜜的贮藏，保证能够维持大群蜂的冬季生活，是一定不可以缺少的。而且我们还清楚，蜂群的安

蜜蜂在花丛中采蜜

全主要取决于大量的蜂得以维持。所以，蜡的节省就在很大程度上节省了蜂蜜，同时也节省了采集蜂蜜的时间，这显然是所有蜂族成功的重要因素。当然，一个物种的成功，还有可能取决于它的敌害或寄生物的数量，或者取决于别的非常特殊的情况，所有的这些都与蜜蜂所能采集的蜜量没有什么关系。不过，假设采集蜜量的能力可以决定，而且估计曾经经常决定了一种近似于英国土蜂的蜂类是不是可以在随便一个地方大量地存在；而且让我们进一步假设，那些蜂群需要度过一个冬季，于是很显然就需要贮藏足够量的蜂蜜。如果出现了这种情况，假如它们的本能有细小的变异来影响它们将蜡房造得靠近一些，稍微彼此相切，这无疑问将会对我们所想象的这种土蜂的生活与生存产生有利条件。由于一堵公共的壁就算只是连接着两个蜂房，也能够节省少量的劳力还有蜡。所以，假如它们的蜂房建造得一天比一天整齐，一天天靠近，而且还如同墨西哥蜂的蜂房那般聚集在一块儿，那么就会一天比一天更有利于这种土蜂的生存与发展。因为在这种时候，每个蜂房的大部分蜡壁，将会被当作邻接蜂房的壁，那么就能够极大程度地节省劳力还有蜡了。此外，因为相同的原因，假如墨西哥蜂可以将蜂房建筑得比现在的更为接近一些，同时在所有的方面都更为规则些，那么这对它们也是非常有利的。因为，就像我们所看到的，蜂房的球形面将会完全消失，而被平面完全取而代之。那么墨西哥蜂所造的蜂巢估计就能够达到蜜蜂巢那般完善的地步了。在建造方面超越这种完善的阶段，自然选择就无法再发挥作用，因为蜜蜂的蜂巢，按照我们所知道的，在使用劳力还有蜡方面是绝对完善的。

所以，正像我所相信的，所有已知的最为奇特的本能，能够理解为自然选择保留了由比较简单的本能所产生的，那些足够量的，连续的，细小的对于物种十分有利的变异。自然选择一直以缓慢的，越来越完善的方式，去引导蜂在双层上掘造出彼此保持一定距离的、相同大小的球形体，同时沿着交切面筑起以及凿掘蜡壁。当然，蜂类是不会知道它们自己是在彼此保持一个特定的距离去掘造球形体，就像它们不会知道六面柱体的角还有底部的菱形板的角有很多个度。自然选择过程的动力，在于让蜂房建造得有合适的强度以及合适的容积还有形状，来最优化地去容纳幼虫，最大可能地去使用劳力还有蜡来让这个工程完成。每一个蜂群，假如都可以按照这样的方式，用最小的劳力，同时在蜡的分泌上消耗最少的蜜，去营造出最好的蜂房，那么它们就可以获得最大的成功，同时还能够将这种新获得的节约本能传递给新的蜂群，这些新蜂群在它们的那一代，在生存斗争中就能够得到最大成功的机会。

# 第九章

# 杂种性质

# 不育性的程度

博物学者们普遍都持有一种观点，大家都觉得一些物种相互杂交，被特别地赋予了不育性，用来阻止它们的混杂。一开始看上去的话，这样的观点好像确实是非常正确的，因为有的物种生活在一起，假如能够自由杂交，就极少可以保持不混杂的。这个问题在很多的方面对于我们都是非常重要的，尤其是因为第一次杂交时的不育性还有它们的杂种后代的不育性，正像我将要表明的，并不可以因为各种不同程度的、连续性的、有益的不育性的保存而得来。不育性是由亲种生殖系统中所出现的一些差异所产生的一种附带的偶然结果。

在对这个问题进行讨论时，通常有两类根本就非常不相同的事实却总是会被混淆在一块儿，那就是：物种在第一次进行杂交时的不育性，还有由它们产生出来的杂种的不育性。

纯粹的物种毫无疑问是具有完善的生殖器官的，但是当互相杂交之后，它们产生极少的后代，甚至是不产生后代。还有一个特点就是，不管是从动物或植物的雄性生殖质的状态上都能够显著地看出，杂种的生殖器官在机能方面已没有了效能。尽管它们的生殖器官自身的构造置于显微镜下面去看的话依然是完善的。在前面所讲的第一种情况当中，形成胚体的雌雄性生殖质是完善的，而在第二种情况当中，雌雄性生殖质要不是完全不发育，要不就是发育得不完全。当不得不考虑上面所讲的这两种情况所共有的不育性的原因时，这样的区别是非常重要的。因为将这两种情况下的不育性都看成是并不是我们的理解能力所可以掌握的一种特别的禀赋，那么这样的区别估计就会被忽略了。

变种，也就是知道是或者相信是由共同祖先传下来的类型，在杂交时的可育性，还有它们的杂种后代的可育性，对于我的学说来说，同物种杂交时的不育性，有相同的重要性。因为这好像在物种与变种之间划出了一个明确并且十分清楚的区别。

马和驴杂交后，它们产生极少的后代，甚至是不产生后代。

# 支配杂种不育性的规律

首先我们来看看关于物种杂交时的不育性还有它们的杂种后代的不育性。凯洛依德还有格特纳这两位谨慎并且十分值得称赞的观察者，几乎用了自己一生时间去研究这个问题，只要是读过他们的几篇研究报告以及著作的，不可能没有深深地感到某种程度上的不育性是极为普遍的，凯洛依德将这个规律普遍化了。但是在 10 个例子当中，他注意到有两个类型，尽管被大部分的作者看成是不同物种，在杂交的时候是非常能育的，于是他采取快刀斩乱麻的方式，

水稻在杂交的时候，有些品种是非常能育的，这对人类粮食生产而言可谓福音。

毫不犹豫地将它们列为变种。格特纳也将这个规律同等地普遍化了。而且他对凯洛依德所举的 10 个例子的完全能育性有一定的争论。不过在这些以及很多的别的一些例子当中，格特纳不得不谨慎地去数种子的数量，以便能够查出其中有任何程度的不育性。他时常将两个物种第一次杂交时所产生的种子的最高数量还有它们的杂种后代所产生的种子的最高数量，同双方纯粹的亲种在自然环境当中所产生的种子的平均数量进行比较。不过，严重错误的原因就在这里侵入了：进行杂交的一种植物一定要去势，更重要的是不能不进行隔离，来保证防止昆虫带来别的植物的花粉。格特纳所试验的植物基本上全都是盆栽的，放置于他的住宅的一间屋子当中。这样的做法毫无疑问往往能够损害一种植物的可育性。因为格特纳在他的表中所列出的大约 20 个例子的植物都被去势了，而且用它们自己的花粉进行人工授粉（所有的荚果植物不包括其中，因为它们难以施加手术），这 20 种植物中有一半在可育性方面都受到了某种程度上的损害。此外，格特纳反复让普通的红花海绿与蓝花海绿彼此之间进行杂交，这些类型以前被最优秀的植物学家们列为变种，发现它们属于绝对不育的类型。我们能够去怀疑是不是很多物种在互相杂交时，会像他所相信的那样，真的会无法繁育。

事实确实是如此：一方面，每个不同物种杂交时的不育性，在程度方面是那么的不相同，而且是那么不易觉察地渐渐消失；此外还有一点，纯粹物种的能育性是那么易受各种环境条件的影响，最终导致为着实践的目的，很难道出完全的能育性是在哪个阶段哪个时间终止的，而不育性又是在什么时候开始的。对于这样的情况，我想没

有比最有经验的两位观察者凯洛依德还有格特纳所提出来的证据更为可靠的了，他们对于有些完全一样的类型之前也提出过正相反的结论。对于有些可疑类型，到底是应该列为物种的问题还是变种的问题，尝试着将最优秀的植物学家们提出来的证据同不同的杂交工作者从可育性推论出来的证据，还有同一观察者从不同时期的试验当中所推论出来的所有证据放于一起进行比较，也是十分有意义的。不过我在这里没有足够的篇幅去对这些进行详细的说明。因此能够示明，不管是不育性还是可育性，都无法在物种与变种之间提供出什么明确的区别。从这一来源所得出的证据慢慢地减弱，那么它的可疑程度也就像从别的体制方面以及构造方面的差异所得出的证据。

对于杂种在连续的好几代中的不育性，尽管格特纳谨慎地阻止了一些杂种与纯种的任一亲本进行杂交，可以将它们培育到六代或七代，在一个例子当中甚至能够一直到了十代。不过他肯定地讲道，它们的能育性从未增高，可是通常会突然地或者是在很大程度上降低了。对于这一降低的情况，首先需要注意的是，当双亲在构造方面或者是体制方面一起出现了任何偏差时，它们往往就会以扩增的程度传递给后代。并且杂种植物的雌雄生殖质在一定程度上也会受到影响。不过我相信它们的可育性的降低，在差不多所有的情况当中都是因为一个独立的原因，那就是过于接近的近亲交配。我曾做过很多试验，而且还搜集到很多的事实，一方面解释说明了同一个不同的个体或者是变种进行偶然的杂交，能够提高后代的生活能力以及可育性，另一方面还解释说明了非常接近的近亲交配能够降低它们的生活力以及可育性，此结论的正确性是不用去怀疑的。试验者们极少会培育出大量的杂种。而且因为亲种，或者是别的近缘杂种通常都生长于同一园圃之中，因此在开花的季节一定要谨慎防止昆虫的传粉。假如杂种独自生长，在每一世代中通常情况下都会由自花的花粉去受精。它们的可育性本

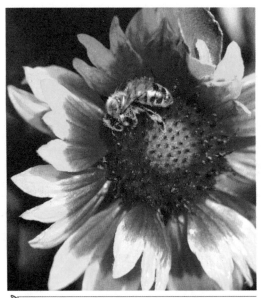
授粉过程中，偶尔会从另一朵花的花蕊上采来花粉。

来就因为杂种根源的问题而被降低，所以估计更会受到损害。格特纳反复提出的一项非常值得我们注意的叙述，坚定了我的这一信念。他说，对于那些可育性较差的杂种来说，假如用同类杂种的花粉进行人工授精，就算是因为手术经常会带来一些不良的影响，但是它们的能育性常常还是会出现明显的提高，并且还会持续性地不断增高。如今，在人工授粉的过程当中，偶尔地从另一朵花的花蕊上采来花粉，就好像经常从准备被受精的一朵花的花蕊上采花粉一样，是司空见惯的事情（按照我的经验，我认为确实是这样的）。因此，两朵花就

算是基本上经常是同一植株上的两朵花的杂交，也会因此而受到影响。此外，不管是在哪种情况之下进行复杂的试验，就算是那么谨慎的观察者格特纳，也会将杂种的雄蕊去掉，这样就能够在每一代当中保证用异花的花粉进行杂交，而这异花有可能是来自同一植株，也有可能是来自同一杂种性质的其他植株。所以，我相信，同自发的自花受精恰好相反的是，人工授精的杂种在连续的几代当中能够很好地增高自身的能育性，这个神奇的事实是能够按照避免了过于接近的近亲进行杂交去解释的。

接下来让我们谈一谈第三位非常富有经验的杂交工作者赫伯特牧师所得到的结果。在他的结论当中，他强调有些杂种是完全可育的，同纯粹的亲种一样可育，就如同凯洛依德还有格特纳强调的，不同物种之间存在着一定程度上的不育性，是很常见的自然法则一样。他对于格特纳曾经试验过的完全相同的一些物种也进行了试验。之所以他们得到的结果并不相同，我估计一方面是因为赫伯特的高超的园艺技能，还有一方面是因为他有温室可作为实验的场地来用。在他的很多重要记载当中，我只准备举出一项作为例子。那就是："在长叶文殊兰的一个荚中的每个胚珠上，授以卷叶文殊兰的花粉，那么就能够产生出一个在它的自然受精情况下我们从来没见到过的植株。"因此在这里我们能够看到，两个不同物种的第一次杂交，就能够获得完全的或者甚至比普通更为完全的可育性。文殊兰属的这个例子指导我想起了一个很神奇的事情，那就是半边莲属、毛蕊花属还有西番莲属当中的一些物种的个体植物，非常容易用不同的物种的花粉去受精，可是不容易用同一物种的花粉去进行受精。尽管这种花粉在与别的植物或者是物种的受精方面被证明是完全正常的。就像希尔德布兰德教授所解释和说明的那样，在朱顶红属以及紫堇属当中，又好比斯科特先生还有米勒先生所解释说明的，在各种兰科的植物当中，所有的个体都存在着这样的特殊情况。因此，对于有些物种的某些异常的个体还有别的物种的所有的个体，比用同一个体植株的花粉去进行授精，往往都更为容易产生出杂种。我再举一个例子，朱顶红的一个鳞茎开出了四朵花，赫伯特在其中的三朵花上授以了它们自身的花粉，来让它们受精，接着又在第四朵花上授以了从三个不同物种传下来的一个复杂种上的花粉，去让它受精，得到的结果是："那三朵花的子房没过多久就停止了生长，过了几天之后就全部枯萎了，而那个借着杂种花粉去进行受精的另一部分，却生长得非常旺盛，很快就达到了成熟，而且还结下了可以自由生长的优秀种子。"赫伯特先生在许多年当中重复了同一个试验，每次会得到相同的结果。这些例子能够解释说明，决定一个物种能育性的高低，它们的原因往往是多么细小并且让人觉得不可思议。

园艺工作者的实际试验，尽管缺乏科学的精确性，不过也值得引起注意。我们都知道，在天竺葵属、吊金钟属、蒲包花属、矮牵牛属以及杜鹃花属等的物种之间，曾经进行过多么复杂方式的杂交，但是很多这些杂种都可以自由地结子。比如，赫伯特曾经断言，从绉叶蒲包花还有车前叶蒲包花，这是两个在习性方面非常不相同的物种，所得到的一个杂种，"它们自己完全可以繁殖，就如同是来自智利山里的一个自然物种"。我曾耗费很多的心思去探究杜鹃花属的一些复杂杂交的可育性的程度，我能够确切地说，其中大部分是完全可生育的。诺布尔先生曾经告诉过我，他曾将小亚细亚杜鹃与北美山杜鹃之间的一个杂种嫁接于有些砧木上，这个杂种"有我们所能够想象到的自由结子的功能"。杂种在经过正当的处理之后，假如它的可育性在每一个连续的世代中时常出现不断降低的情况，就像格特纳所相信的那样，那么这个事实早就被园艺者们注意上了。园艺工作者们将同一个杂种培育于广大的园地上，只有这样才是正当的处理。只是因为，鉴于昆虫的媒介作用，一些个体能够彼此自由地进行杂交，因此就会阻止接近的近亲进行交配所带来的不利影响。只要检查一下杜鹃花属杂种的比较不育的花，不管是谁都可能轻易地去相信昆虫媒介作用所造成的重大影响了，它们不会产生出花粉，但是在它们的柱头上能够看到来自异花的大量花粉。

对动物所进行的认真试验，远比对植物的要少很多。假如我们的分类系统是靠谱的，那也就是说，假如动物各属彼此之间的区别程度就可育性来说，我基本上不知道一个事例能够表明，从不同父母同时培育出来的同一杂种的两个家族，能够避免接近的近亲交配所产生的不良影响。与这些正好完全不一样的是，动物的兄弟姊妹往往会在每一连续的世代中进行杂交，也就很自然地会违背每一个饲养者反复不停提出的告诫。处于这样的情况里，杂种生来就有的不育性将会得到继续的增高，这一点完全不是什么奇怪的事情。

尽管我还无法举出完全可靠的例子去说明动物的杂种是完全可育的，不过我有理由相信凡季那利斯羌鹿还有列外西羌鹿二者之间的杂种还有东亚雉与环雉之间的杂种是完全可育的。卡特勒法热曾经说过，有两种蚕蛾与阿林地亚蚕的杂种在巴黎被证明，从互相交配一直到繁育八代那么久之后，依然可以生育。近来有人确定他说过，如此不同的两个物种，比如山兔与家兔，假如互相杂交，也可以产生后代，这些后代同随便一个亲种进行杂交，均是高度可育的。欧洲的普通鹅与中国鹅也是那么不同的物种，通常都会将它们列为不同的属，它们的杂种同任何一个纯粹亲种杂交，也往往

飞翔的环颈雉

是可育的，而且在一个仅有的例子当中，杂种互相交配，也是可育的。这是艾顿先生的成就，他从同一父母培育出的两只杂种鹅，不过不是同时孵抱的。他用这两只杂种鹅又育成一巢八个杂种（是最开始的那两只纯种鹅的孙代）。可是，在印度，这些杂种鹅绝对是可以繁育的。因为布莱斯先生还有赫顿大尉曾经对我说过，印度随处可见饲养着这种类型的杂种鹅群。由于在纯粹的亲种已不存在的地方饲养它们是为了谋利，因此它们一定是高度地或者完全地可育的。

而说到我们的家养动物，每个不同的族相互之间进行杂交，也都是可育的。不过通常在很多情况下，它们是从两个或两个以上的野生物种繁衍而来的。按照这个事实，我们也就能够决断出，假如不是原始的亲种在最开始就产生了完全可育的杂种，那么就是杂种在后来的家养环境之下变成了可育的。后面的这种情况最开始是由帕拉斯提出来的，它的可能性看起来是最大的，的确是很少有人会去怀疑的。比如，我们现在的狗是由几种野生的祖先杂交繁衍而来的，这基本上已经是非常肯定的了。估计除了南美洲的一些原产的家狗以外，所有的家狗彼此相互进行杂交，都是非常可育的。不过类推起来，却会让我大大地怀疑这几个原始的物种是否在最开始的时候曾经互相杂交，并且还产生出非常可育的杂种。近来我再一次得出了决定性的证明，那就是印度瘤牛和普通牛的杂交所产生的后代，互相交配是完全可育的。而按照卢特梅耶对于它们的骨骼方面的重要差别的观察，还有布莱斯先生对于它们的习性以及声音还有体制方面的差别的观察，这两个类型必须被看成是真正不同的物种。相同的意见能够引申到猪的两个主要的族。因此我们必须明白，假如不放弃物种在杂交时的普遍不育性的信念，那么就要去承认动物的这种不育性并非是无法消除的，而是能够在家养的环境当中被消除的一种特性。

最后，按照植物还有动物的互相杂交的所有已经确定的事实，我们能够得出一个结论，那就是进行首次杂交还有它们的杂种具有某种程度的不育性，都是非常普遍的结果。不过按照我们目前所能够了解和掌握的知识来说，却无法去认定这些就是完全普遍的。

# 对初始杂交不育性及杂种不育性起支配作用的法则

与支配初始杂交不育性与杂种不育性有关的法则，我们还需要讨论得更为详细一些。我们的主要目的是想要看一看，那些法则是不是绝对地表示了物种曾被特殊地赋予了这种不育的性质去阻止它们的杂交还有混乱。接下来的结论主要是从格特纳的能够值得称赞的植物杂交工作中得到的。我曾耗费了很多心思去确定那些法则在动物方面究竟可以应用到什么样的地步，由于考虑到我们关于杂种动物的知识非常贫乏，我

野外的鲜花偶尔也会因授粉的昆虫来往而产生杂交

意外地发现那些相同的规律是那么普遍地可以在动物界以及植物界当中应用。

之前已经谈过，初始杂交能育性与杂种能育性的程度，是从完全不育的程度慢慢地变化为完全能育的。让人觉得奇怪的是，这样的级进能够由许多奇奇怪怪的方式去表现出来。但是就目前来说，我只能道出最简单的事实概要。假如将某一科植物的花粉置于另一科植物的柱头上，那么所会引起的影响并不比无机的灰尘大多少。从这种绝对的不育开始，将不同的物种的花粉置于同属的某一物种的柱头上，能够产生数量不同的种子，然后形成一个完全系列的级进，直到基本上可以完全能育或者是非常完全能育。而且我们都知道，在有的异常的情况下，它们甚至会出现过度的能育性，远远超出用自己花粉所产生的能育性。杂种也是这个样子的，有的杂种，甚至会去用一个纯粹亲种的花粉去受精，不过也从来没有产生过，而且估计永远也不会产生出一粒可育的种子来。不过在有些这样的例子当中，能够看出能育性最原本的痕迹，那就是用一个纯粹亲种的花粉去受精，能够导致杂种的花比没有这样受粉的花凋谢得要早一些。并且花的早谢是初期受精的一种征兆，这是我们大家都早已知道的。从这种非常严重的不育性开始，我们有自交可育的杂种，能够产生越来越多的种子，直到拥有了完全的能育性为止。

从杂交难度非常大的以及杂交后很少会产生任何后代的两个物种所产生出来的杂种，通常都是非常不育的。不过第一次杂交的困难与这样产生出来的杂种的不育性之间的平行现象，这两种事实通常都会被混淆在一块儿，一点都不严格。在大多数的情况下，比如毛蕊花属，两个纯粹物种可以异常轻易地进行杂交，同时产生出无数的杂种后代，但是这些杂种很明显是不育的。再加上一个方面，有的物种极少可以杂交或者杂交的难度非常大，可是到最后产生出来的杂种意外地非常能育。甚至是在同一个属的范围之中，比如在石竹的属当中，也存在着这两种相反的情况。

首次杂交的能育性与杂种的能育性，比起纯粹物种的能育性，更易被不良的条件所影响。不过，首次杂交的能育性内在地也很容易出现变异，由于相同的两个物种在相同的环境条件中进行杂交，它们的能育性的程度并不会永远都是一样的。它们会部分地取决于偶然选作试验之用的个体的体制。杂种同样是这个样子的，由于在从同一个荚当中的种子培育出来的而且还处于相同条件下的若干个体，它们的能育性程度一般都存在着很大的差异。

分类系统方面的亲缘关系，有关于这个名词的意义，是针对物种之间在构造方面还有体制方面的一般相似性来说的。那么，首次杂交的能育性还有由此所产生出来的杂种的能育性，大多数是受它们的分类系统的亲缘关系所支配的。被那些分类学家列为不同科的物种，它们彼此之间从未有过杂种，还有一点就是密切近似的物种，通常情况下都比较容易杂交，这也向我们非常清楚地解释说明了前面所讲到的那一点。不过分类系统方面的亲缘关系与杂交难易之间的相应性并不很严格。大量的例子都能够解释说明，非常密切近似的物种是无法进行杂交的，或者说是非常难以进行杂交的。除此以外，非常不相同的物种可以非常轻易地进行杂交。在同一个科当中，或许存在着一个属，比如石竹属，在这个属当中就有很多的物种可以非常轻易地进行杂交。但是另一个属，比如麦瓶草当中，在这个属里，之前曾极为努力地去让两个非常接近的物种进行杂交，但是无法产生出一个杂种，甚至在同一个属的范围之中，我们也会遇到相同的不同情况。比如，烟草属当中的很多物种基本上是比任何别的属的物种更为容易进行杂交，可是格特纳发现并不是特殊不同的一个物种，智利尖叶烟草以前也与不下 8 个烟草属的别的物种进行过杂交，它非常顽固，迟迟无法受精，也无法让别的物种受精。与这相似的事实还能够举出很多米。

从来没有人可以指出，对任何能够辨识的性状而言，到底是什么种类的或什么数量的差异才能去阻止两个物种之间的杂交。能够解释说明的是，习性与通常的外形非常显著不同的，并且花的每一部分，甚至包括花粉还有果实以及子叶，都存在着强烈明显差异的植物，同样可以杂交。一年生植物与多年生植物，落叶树与常绿树，生长在不同地点的，并且非常适应各种不同气候的植物，也往往很容易进行杂交。

我们所认为的两个物种之间的互相杂交，指的是这样的一种情形，比如，先让母驴与公马杂交，接着再让母马与公驴杂交；这样，就能够说这两个物种是互交了。在进行互交的难易程度方面，通常存在着非常广泛可能的差异性。这样的情形是极为重要的，因为它们证明了随便的两个物种的杂交能力经常与它们的分类系统的亲缘关系完全没有关联，就算是完全与它们在生殖系统之外的构造还有体制的差异没有关系。凯洛依德很早之前就注意到相同的两个物种之间的互交结果的多样性。现在再举出一个例子，紫茉莉可以轻易地由长筒紫茉莉的花粉进行受精，并且它们的杂种是充分可育的。不

海藻

过科尔路特曾经企图用紫茉莉的花粉去让长筒紫茉莉受精，他连续在 8 年之中进行了 200 次以上的实验，结果是全部以失败告终。还有一些明显的例子能够举出来，特莱在有些海藻也就是墨角藻属当中见到过相同的事实。此外，格特纳发现互交的难易程度并不相同，是非常普遍可见的事情。他曾在被植物学家们只是列为变种的一些亲缘接近的类型当中，比如一年生紫罗兰还有无毛紫罗兰等，见到过这样的情况。还有一个值得我们注意的事实，那就是从互交中产生出来的杂种。当然，它们是由完全相同的两个物种混合而来的，但是一个物种先用作父本，接着又用作母本，尽管它们在外部性状方面差异很小，可是通常在能育性方面有着细微的不同之处，有些时候还表现出高度的差异性。

从格特纳的著述当中还能够举出一些别的神奇规律。比如，有的物种非常适合与别的物种进行杂交。同属的别的物种尤其可以让自己的杂种后代同自己十分相像。不过这两种能力并不一定会一起伴随着出现。有一些杂种不像平日那般地具有双亲之间的中间性状，但是往往能够和双亲中的某一方密切相似。具有这种特点的杂种，尽管在外观方面与纯粹亲种的一方看起来很像，可是除了很少的例外之外，通常均是极端不育的。此外，通常在具有双亲之间的，中间构造的一些杂种当中，有些时候会出现例外的以及异常的个体，它们同纯粹亲种的一方密切相似。这样的杂种基本上往往都是非常不育的，就算是从同一个荚当中的种子培育出来的别的杂种是非常可育的时候，也是这个样子的。这些事实向我们解释说明了一个杂种的能育性与它在外观方面同任何一个纯粹亲种的相似性，是能够完全没有关系的。

在对刚才所举出的，支配初次杂交的还有杂种的能育性的一些规律进行考察之后，我们就能够看出，当不得不看成是真正不同物种的那些类型进行杂交时，它们的可育性会从完全不育逐渐发展为完全可育，甚至说是可以在某些条件下过分地能育。它们的能育性不仅仅是很明显地容易受到良好条件以及不良条件的影响，同时也是内在地易于发生变异的。初次进行杂交的能育性还有那些介于此而产生出来的杂种的能育性，在程度方面是不可能永远一致的。杂种的能育性同它与任何一个亲种在外观方面的相似性，是没有什么关系的。最后，两个物种之间的首次的杂交的难与易，也不是永远都受到它们的分类系统的亲缘关系，也就是彼此之间的相似程度的严格支配。最后的这一点，已在相同的两个物种之间的互交结果里所表现出来的差异方面得到了肯定的证实。由于某一个物种或者是别的一个物种被用作父本或者是母本时它们杂交所存在的难易，通常情况下都会有一些差异，而且有时存在着非常广泛可能的差异。此外，从互交中产生出来的杂种往往在能育性方面存在着一定的差异。

那么，这些复杂并且十分神奇的规律，是不是可以证明只是为了阻止物种在自然环境之下的混淆，所以它们才会被赋予了不育性呢？我认为并不是这个样子的。因为，我们不得不假设避免物种混为一体对于每个不同的物种都是同样重要的话，那么为什么当每个不同的物种在进行杂交时，它们在不育性程度方面会出现这么极端的差别呢？为什么相同的物种的一些个体中的不育性程度会内在地容易出现变化呢？为什么有的物种进行杂交就很容易，但是会产生出非常不育的杂种，而有的一些物种进行杂交时非常困难，却能够产生出非常能育的杂种呢？为什么在相同的两个物种的互交结果中往往会存在着这么巨大的差异呢？我们还可以问，为什么会允许杂种的产生呢？既然是赋予了物种以产生杂种的特殊的能力，接着又用不同程度的不育性去阻止它们进一步繁殖，并且这种不育程度又与初次结合的难易并没有什么严格的关联性。这看起来好像是一种很难解的安排。

相反地，前面所讲的一些规律还有事实，如果让我说的话，已经十分清楚地表明了初次杂交的还有杂种的不育性，只不过是伴随于，或者说是决定于它们的生殖系统中的一些我们所不知道的差异。那些差异拥有着那么特殊的以及严格的性质，导致在相同的两个物种的互交中，一个物种的雄性生殖质尽管往往可以自由地作用于另一物种的雌性生殖质，却无法翻转过来发挥其作用。最好举出一个例子去充分地解释我所讲的不育性是伴随着别的一些差异而出现的，而不是特别地被赋予的一种性质。比如，一种植物嫁接或芽接在别的植物之上的能力，对于它们在自然环境当中的利益来说没有多么重要，因此我设想，没有一个人会去假设这样的能力是被特别赋予的一种性质，不过他们会承认，这样的能力是伴随那两种植物的生长法则方面的差异而出现的。些情况下，我们能够从树木生长速度的差别、木质硬度的差别还有树液流动期间与树液性质的差别等方面看出来，为什么有的一些树无法嫁接于另一些树上的原因。不过在很多情况下，我们却完全看不出什么理由来。不管两种植物在大小方面的巨大差异，不管一个是木本的、另一个是草本的，也不管一个是常绿的，另一个是落叶的，也不去理会它们对于广泛不同的气候的适应性，所有的这些往往都不会成为阻止它们是不是可以嫁接在一起的原因。杂交的能力在一定程度上受分类系统当中亲缘关系的限制，嫁接也是这样的。由于还没有人可以将属于非常不同科的树嫁接到一块儿去，不过相反的，密切近似的物种还有同一物种的变种，尽管不一定可以，不过时常也可以轻易地嫁接于一块儿去。不过这样的能力，与在杂交中一样，绝对不受分类系统的亲缘关系的支配。尽管同一科当中很多不同的属能够嫁接到一块儿去，不过在其他的一些情况当中，同一属中的一些物种却无法彼此进行嫁接。梨与温孛被列为不同的属，梨与苹果被列为相同的属，可是将梨嫁接于温孛上远比将梨嫁接在苹果上要容易很多。甚至，不同的梨变种在与温孛进行嫁接时，所呈现出

开花的苹果树

来的难易程度也有一定的不同；不同的杏的变种与桃的变种在一些李子的变种上的嫁接，有着同样的情况。

就像格特纳发现相同的两个物种的不同个体常常在杂交中存在着内在的差异，萨哥瑞特认为相同的两个物种的不同个体在嫁接的时候也是这个样子的。就像在互相进行杂交时，彼此间结合的难易往往是非常不相同的，在嫁接中也经常是这个样子的。比如，普通的醋栗无法嫁接于穗状的醋栗上，可是穗状的醋栗可以嫁接于普通的醋栗上，尽管这个有些困难。

我们已经明白，拥有着不完全生殖器官的杂种的不育性与拥有着完全生殖器官的两个纯粹物种很难进行结合是两种情况。但是这两类不同的情况在很大的程度上是平行着的。在嫁接方面同样有与此相似的情况发生。因为杜因通过观察见到刺槐属的三个物种在本根上能够自由结子。不过还有一面，当花楸属的一些物种被嫁接于别的物种上面时，所结出来的果实却会比在本根上多出一倍之多。这个事实能够让我们想起朱顶红属以及西番莲属等的比较特殊的一些情况，它们由不同物种的花粉去受精，比由本株的花粉去受精，可以产生出更多的种子来。

所以说，我们能够看得出来，尽管嫁接植物的单纯愈合与雌雄性生殖质在生殖中的结合之间存在着分明的以及巨大的区别，可是不同物种的嫁接与杂交的结果，还存在着大体上的平行现象。就像我们不得不将支配树木嫁接难易的奇特并且复杂的法则，看成是伴随营养系统中某些还不曾得知的差别而发生的一样，我认为支配初次杂交难易的，更加复杂的那些法则，是伴随生殖系统中一些我们所不知道的差异而发生的。这两方面的差异，就像我们所预料到的，在有些范围当中是遵循着分类系统的亲缘关系的。而我们所讲的分类系统当中的亲缘关系，是尝试用来说明生物之间的每种相似以及相异的情况的。这些事实好像并没有指明每个不同物种在嫁接或杂交方面存在着多么大的或者多么小的困难，而是一种比较特殊的禀赋。尽管在杂交的场合，这样的困难对于物种类型的存续以及稳定是非常重要的，但那会是在嫁接的场合当中，这样的困难对于植物的利益没有多大的意义。

# 初始杂交不育性及杂种不育性的缘由

在过去的一个时期当中，我也曾与别人一样，以为初次杂交的不育性还有杂种的不育性，估计都是经过自然选择将能育性的程度慢慢地减弱而慢慢获得的，而且还认为稍微减弱的能育性就如同别的任何变异一般，是当一个变种的有些个体与另一变种的一些个体进行杂交时自己出现的。当人类同时对两个变种进行选择时，将它们隔离开是非常有必要的，按照这同样的原则，假如可以让两个变种或者是初期的物种避免混淆，那么对于它们很明显是非常有利的。首先能够指出，栖息于不同地区的物种在进行杂交时通常都是不育的。那么，让这样隔离的物种相互不育，对于它们很明显是没有什么利益可言的，所以这就不可以通过自然选择来发生。不过或者能够这样地争论，假如一个物种与同地的其他物种进行杂交后成为不育的，那么它与别的物种杂交然后也不育，估

狮子和它的孩子。据说狮子和老虎的杂交产生的后代是不育的。

计也是必然的事情了。其次，在互交中，第一种类型的雄性生殖质完全不会让第二种类型受精，同时第二种类型的雄性生殖质可以让第一种类型自由地受精，这样的现象基本上与违反特创论一样，也是违反自然选择学说的。其原因在于，生殖系统的这样的奇异状态对于任何一个物种来说都不存在着什么利益。

当我们认为自然选择估计在让物种彼此不育方面发挥作用时就会发现，最大的难处在于从稍微减弱的不育性到绝对的不育性之间，还存在着很多级进的阶段。一个初期的物种与它的亲种或某一别的变种进行杂交时，假如呈现出某种轻微程度的不育性，就能够看作是对于这个初期的物种是有好处的。因为如此一来就能够少产生出一些劣等的以及退化的后代，来避免它们的血统和正在形成过程中的新种出现混合。不过，如果有人不怕麻烦去认真考察那些级进的阶段，也就是从最开始程度的不育性经过自然选择的作用之后得到增进，达到许多物种所共同具有的还有已经分化为不同属以及不同科的物种，所普遍具有的高度不育性，那么他就会发现这个问题是非常复杂的。在经过一番深思熟虑之后，我觉得这样的结果好像不是经过自然选择而得到的。我们现在来用任何两个物种在杂交时产生少数并且不育的后代为例，那么，偶尔被赋予稍微高一些程度的相互不育性，同时因此而跨进一小步然后走向完全不育性，这些对于那些个体的生存存在着多大的利益呢？可是，如果自然选择的学说能够应用于这方面的话，那么这种性质的增进就一定会在很多的物种里继续发生，这是因为大部分的物种是完全相互不育的。对于不育的中性昆虫，我们可以确信，它们的构造以及不育性方面的变异，之前是被自然选择慢慢地积累起来的，只有这样，才能够间接地让它们所属的这一群比同一物种的另一群更加具有优势。不过不同群体生活的动物，假如一个个体和别的某一变种进行杂交，然后被给予了稍稍的不育性，是不可能获得任何利益的，或者也不可能会去间接地给予同一变种的别的一些个体什么利益，然后导致这些个体被保存下来。

不过，如果我们对这个问题进行详细的讨论的话，也会是多余的。因为，有关于

植物，我们已找到确切的证据来证明杂交物种的不育性一定是因为与自然选择完全没有关系的某项原理。格特纳与科尔路特曾证明，在包含有很多物种的属当中，从杂交时产生越来越少的种子的物种开始，到再也不会产生一粒种子，可是依然受某些别的物种的花粉影响（从胚珠的胀大能够判断出来）的物种为止，能够形成一条系列，选择那些已经停止产生种子的，更无法生育的个体很明显是不可能的。因此只不过是胚珠受到影响时，并不可以经过选择来得到极度的不育性。并且因为支配各级不育性的法则在动物界还有植物界当中是那么一致，因此我们能够推论，其中的缘由，不管它是什么，在任何的情况下都是相同的，或者说是近乎相同的。

　　造成初次杂交的与杂种的不育性的物种之间是存在着差别的，现在我们对这样的差别的大概性质开始一个比较深入的考察。在首次杂交的情况下，对于它们互相之间的结合以及获得后代的难易程度，很明显地取决于多种不同的原因。有时候雄性生殖质因为生理的关系，有可能无法到达胚珠，比如雌蕊过长导致花粉管无法到达子房的植物，正是这个样子的。我们也曾留心注意过，当我们将一个物种的花粉置于另一个远缘物种的柱头上时，尽管花粉管伸出来了，可是它们是无法穿入柱头的表面的。还有就是，雄性生殖质虽说能够到达雌性生殖质，可是无法引起胚胎的形成，特莱对于墨角藻所进行的一系列试验看起来好像就是这样的。关于这样的事实，目前还不能做出解释，就好像是对于有些树为什么无法嫁接于别的树上，无法提出什么解释是一样的。最后，或许胚胎能够发育，不过早期就会死亡。最后这一点，目前还未引起大家足够的注意，不过在山鸡与家鸡的杂交工作方面具有丰富经验的休伊特先生之前曾用书面告诉过我他所进行过的一些观察。这让我相信胚胎的早期死亡就是首次杂交不育性经常见到的原因。索尔特先生之前曾检查过由鸡属当中的三个物种与它们杂种之间的各种进行杂交之后所产生出来的 500 个蛋，近来他发表了这个检查所得出的结果。绝大部分的蛋都受精了，而且在大部分的受精蛋中，胚胎或者会部分地发育，不过没有多久就死去了，要不就是接近成熟，可是雏鸡无法啄破蛋壳。在孵出来的雏鸡当中，有五分之四的小鸡在最开始的几天之中或者是最久的在几个星期之内就死去了。"找不出任何显著的原因，很明显这是因为只是缺乏生活的能力而已"。因此，从 500 个

雏鸡在壳内使用喙上的一颗卵齿从里边把蛋壳打破一个孔。

雏鸡不断地啄去卵壳，直到裂缝向四周蔓延。

然后雏鸡把脚伸入裂缝，用力把壳推挤成两半。雏鸡通常需要一分钟才能从残破的壳里完全出来。

小鸡孵化过程

蛋中，到最后只养活了 12 只小鸡。说到植物，杂种的胚体估计也能够用相同的方式往往死去。最起码我们知道从非常不相同的物种培育出来的杂种，往往都是十分衰弱的也都是低矮的，并且还会在早期当中就消亡。面对这样的现实，马克思·维丘拉近来发表了一些与杂种有关的明显现象。这其中最值得注意的是，在单性生殖的有些情况下，从没有受精的蚕蛾卵的胚胎在经历了早期的发育阶段以后，就如同

骡子通常都是健康并且长命的

从不同物种杂交中产生出来的胚胎一般会很快地死去了。在还未能弄清楚这些事实之前，以前我不愿相信杂种的胚胎经常会在早期死去。其中的原因在于，一旦产生了杂种，就像我们所看到的骡的情况那样，通常都是健康并且长命的。可是杂种在它产生前后，是生活在不同的环境条件之中的。假如杂种产生并生活在双亲所生活的地方，那么它们通常都是处于合适的生活环境之中的。不过，一个杂种仅仅承继了母体的本性以及体制的一半，于是在它产生之前，还在母体的子宫当中或者是在由母体所产生的蛋或者种子当中被养育的时候，估计它们就已处于某种方面的不适条件之中了，所以它们就很容易在早期死去。尤其是由于所有非常幼小的生物对于有害的或者不自然的生活条件存在着明显的敏感性。不过，总体来说，其存在的原因更有可能是因为原始授精作用中的一些或者某个缺点而导致了胚胎无法完全地正常发育，这一点比它之后生存的环境更加重要一些。

对于两性生殖质发育不完全的杂种的不育性，情况看起来好像真的有些不同。我曾经不止一次地提出过大量的事实来表明假如动物还有植物离开了自己现在的自然条件，那么它们的生殖系统就会非常容易地遭遇很严重的影响。而其实，这正是动物家养化所面临的非常严重的障碍。这样诱发的不育性还有杂种的不育性之间有很多的相似之处。在这两种情况当中，不育性通常与普通的健康没有关系，并且不育的个体常常是身体肥大或者是异乎寻常的茂盛。在这两种情况之下，不育性借着各种不同的程度而出现。此外，还要知道雄性生殖质是最容易受到影响的。不过有时雌性生殖质比雄性生殖质更容易遭遇影响。在两种情况之下，不育的倾向在有的一些范围当中同分类系统的亲缘关系是一致的。因为动物与植物的全群都是因为相同的不自然条件而造成不孕的。而且全群的物种都存在着产生不育杂种的倾向。还有一点就是，整群中的一个物种经常会抵抗环境条件的巨大变化，同时还在能育性方面没有什么损伤。而一个群中的有些物种会产生出超乎寻常的能育的杂种，如果没有经过试验，就无人可以说，任何比较特殊的动物是不是可以在栏养中生育，或者任何外来的植物是不是可以在栽培下自由地结出种子。同时如果没有经过试验，也无法说，一属中的任意两个

物种究竟可不可以产生，或者说是不是会或多或少地产生一些不育的杂种。最后，假如植物在几个世代中都处在不是它们习惯的自然环境之中，那么它们就非常容易出现变异，变异的原因好像是部分地因为生殖系统受到特别的影响，尽管这样的影响比造成不育性发生时的那种影响要小一些。杂种同样是这样的，因为就像每一个试验者所曾观察到的那样，杂种的后代在连续的世代当中，也很明显地属于容易变异的一类。

所以，我们可以非常明白地看出来，当生物处在新的以及不自然的环境当中时，还有当杂种从两个物种的不自然杂交中产生出来的时候，生殖系统通常都在一种极为相似的方式下遭受影响，这些是同一般健康状态没有关系的。在前面的一种情况之中，它们的生活环境遭遇到了扰乱，尽管这通常是我们所无法觉察到的那种非常细小的程度。在后面的一种情况之中，也就是在杂种的情况之中，即使是外界条件依然保持一样，不过因为两种不同的构造还有体制，当然也包括生殖系统在内混合于一块儿，于是它们的体制就会遭到扰乱。因为，当两种体制混合变成一种体制的时候，在它的发育方面，周期性的活动方面，还有不同部分与器官的彼此相互关联方面，以及不同部分与器官对于生活条件的相互关系方面，如果说不会有某种扰乱出现，这基本上是不可能的。假如说杂种可以互相杂交并且进行生育，那么它们就会将相同的混成体制一代一代地遗传给自己的后代。所以说，虽然它们的不育性在一定程度上出现了变异，但也不会被消灭，这一定是不值得我们去称奇的。它们的不育性甚至还存在着增高的倾向，就像前面所讲的，这通常是因为过分接近的近亲交配而导致的结果。维丘拉曾极力主张前面所讲的观点，那就是杂种的不育性是两种体制混合于一起造成的结果。

不得不承认，按照前面所讲的，或者是任何别的一些观点，我们是无法理解有关杂种不育性的很多事实的。比如，从互交的过程里产生出来的杂种，它们的能育性并不一样。再比如那些偶然地以及例外地同任何一个纯粹亲种密切类似的杂种的不育性出现了一定的增强。我不敢说前面所讲的论点已经接触到事物的根源。又是为什么有的生物被放置于不自然的环境中时就会变为不育的，对这些还无法提供出任何的解释。我曾经想要解释说明的只不过是，在有些方面存在着相似之处的两种情形，同样能够造成不育的结果。在前一种情况当中，是因为生活条件遭遇了扰乱，在后面的一种情况当中，是因为它们的体制由于两种体制混合于一起而遭受了扰乱。

同样的平行现象也适用于类似的不过是非常不相同的一些事实当中。生活环境方面的细小变化对于所有生物来说均是有利的，这是一个古老的并且是近于普遍的观点，这个观点是建立于我曾在其他地方列出来的大量事实之上的。我见到农民还有园艺者就这样做，他们经常会从不同的土壤以及不同气候的地方交换种子还有块根等，接着再换回来。在动物生病后恢复的整个过程当中，几乎所有生活习性方面的变化，对于它们来讲，都具有非常大的利益。此外，对于不管是植物还是动物已经非常明确地证实，相同物种的，不过多少存在着一些不同的个体之间的杂交，能够增强它们的后代的生活力以及能育性。并且，最近亲属之间的近亲交配，如果可以连续经过几代都能保证生活环境不变的话，那么基本上就会永远导致身体的缩小、衰弱或者是不育了。

所以说，生活环境方面的微小变化对于所有的生物均有利；此外，细小程度上的杂交，也就是处于稍微不同的生活环境之中的，或者是已有细微变异的同一物种的雌雄之间的杂交，能够增强后代的生活力以及能育性。不过，就像我们曾经见到过的，在自然状态中长时期习惯于某些相同条件的生物，当它们突然处在一定变化的条件之中时，就比如在栏中生活，常常会出现或多或少的不育的。而且我们均十分清楚，如果两种类型相差非常远的话，或者由于不同的物种，它们之间

一只非洲母象和小象

的杂交几乎经常会产生一定程度上不育的杂种。我完全确信，这样双重的平行现象并不是偶然的也不是错觉。如果一个人可以解释为什么大象与别的许多动物在它们的乡土方面只是处于部分的栏养下就会出现无法生育，他就可以解释杂种通常不能生育的主要原因了，同时也就可以解释为什么往往处于新的以及不一致的条件下的某些家养动物族在杂交时完全可以生育，尽管它们是从不同的物种繁衍而来的，并且这些物种在最开始杂交时估计是不育的。前面所讲的两组平行的事实好像被某一个共同的、不清楚的纽带连接在一起了，这一纽带在本质上是与生命的原则有关系的。依据赫伯特·斯潘塞先生所说的，这个原则就是，生命决定于或者存在于每种不同力量的不断作用以及不断反作用之中，这些力量在自然界中永远是倾向于平衡的；当这种倾向被任何变化进行扰乱时，生命的力量就会变得强大起来。

# 交互的二型性同三型性

对于这个问题，我们要在这里进行简单的讨论，我们会发现这对于杂种性质问题能够提供一些有用的说明。那些分属不同"目"的很多种植物表现了两个类型，这两个类型的存在在数目方面基本相等，而且除了它们的生殖器官之外，没有其他别的差异。一种类型的雌蕊长但是雄蕊短，另一种类型的雌蕊短而雄蕊长，这两个类型拥有

着大小不相同的花粉粒。三型性的植物有三个类型，同样地在雌蕊以及雄蕊的长短方面，花粉粒的大小以及颜色方面，还有在别的一些方面，存在着一些不同。而且三个类型的每一个都拥有着两组雄蕊，因此三个类型就会有六组雄蕊以及三类雌蕊。这些器官彼此之间在长度方面是那么相称，导致其中两个类型的一半雄蕊和第三个类型的柱头拥有着相同的高度。我曾解释说明过，为了让这些植物获得充分的可育性，用一个类型的高度相当的雄蕊的花粉来让另一个类型的柱头受精，是非常有必要的，而且这种结果已被别的观察者所证实了。因此，在两型性的物种当中，有两个结合，能够称为合法的，是完全可育的。而有两个结合能够称作是不合法的，是或多或少不育的。在三型性的物种当中，有六个结合是合法的，也就是充分可育的，而有十二个结合是不合法的，也就是或多或少不育的。

当各种不同的二型性植物与三型性植物被不合法地授精时，也就是说，拿同雌蕊高度不相同的雄蕊的花粉进行授精时，我们能够观察到它们的不育性，就像在不同物种的杂交中所发生的情形一样，在很大程度上表现出差异，一直到绝对地、完全地不育。不相同的物种杂交的不育性程度很明显地取决于生活条件的适宜与否，我发现不合法的结合也是这个样子的。我们都知道，如果将一个不同物种的花粉置于一朵花的柱头上，之后将它自己的花粉，等到过了一个相当长的期间之后，也置于同一个柱头上，它的作用是那么强烈地占着优势，而导致通常的能够消灭外来花粉的效果。相同物种的有些类型的花粉也是这样的。当我们将合法的花粉与不合法的花粉同时置于同一柱头上时，前者很明显地比后者占有强烈的优势。我依照一些花的受精情况对这一点做出了肯定。首先我在一些花上进行了不合法的受精，等过了 24 小时以后，我用

紫色千屈菜的一种可以非常容易地进行不合法受精，并产生很多种子。

一个具有特殊颜色的变种的花粉，进行了合法的受精，于是我看到所有的幼苗都带有同样的颜色。这也就证明，虽然合法的花粉在 24 小时后施用，但依然可以破坏或阻止先前施用的不合法的花粉所产生的作用。此外，相同的两个物种之间的互交，通常都会出现很不同的结果。三型性的植物亦是这样。比如，紫色千屈菜的中花柱类型就可以非常容易地由短花柱类型的长雄蕊的花粉去进行不合法的受精，并且可以产生很多的种子。不过如果用中花柱类型的长雄蕊的花粉去让短花柱的类型受精，却无法产生出一粒种子。

在所有的这些情况当中，还可以补充的别的情况当中，相同的没有疑问的物种的一些类型，假如进行不合法的结合，那么它们的情况就正好同两个不同物种在杂交时的情况全都一样。这一

点引导我对于从几个不合法的结合培育出来的很多幼苗进行了认真的观察，长达四年之久。最后主要得出的结论是，这些能够称为不合法的植物都不是充分可育的。从二型性的植物可以培育出长花柱以及短花柱的不合法植物，从三型性的植物可以培养出三个不合法的类型。这些植物可以在合法的方式下正当地结合起来。当真的经过了这些之后，如果这些植物所产生的种子没有像它们的双亲在合法情况下受精时所产生的数目多，那么很明显是没有充足的道理的。可是事实不是这样的。那些植物都是不育的，只不过在程度方面有所不同而已。有些属于非常地和无法矫正地不育，甚至是在四年当中都未曾产生过一粒种子或者是一个种子葫。当这些不合法的植物在合法的方式下进行结合时的不育性，能够同杂种在互相杂交时的不育性展开严格的比较。再有一方面，假如一个杂种与纯粹亲种的任何一方进行杂交，那么它的不育性也往往都会大大降低。当一个不合法的植株靠一个合法的植株去受精时，所表现出来的情况也是这样的。就像杂种的不育性与两个亲种之间第一次杂交时的困难情况并不是永远都会互相平行一样。有的不合法植物具有非常大的不育性，不过产生它们的那一结合的不育性却一定不是大的。从同一种子葫中培育出来的杂种的不育性程度，存在着内在的变异，那些不合法的植物更是这个样子。最后，很多杂种开花多并且长久，可是别的不育性较大的杂种开花很少，并且它们是衰弱的，十分矮小。每种二型性与三型性植物的不合法后代，也存在着完全一样的情况。

总的来说，不合法植物与杂种在性状还有习性方面有着最密切的同一性。换句话说就是，不合法植物就是杂种，不过这样的杂种应该说是在同一物种范围当中由某些类型的不适当结合所产生而来的。可是普通的杂种，却是从所谓不同物种之间的不适当结合所产生而来的。这样的观点基本上可以说一点也不夸张。我们还见到过，进行首次不合法结合与不同物种的第一次杂交，在很多方面都有着非常密切的相似性。用一个例子加以说明，或者可以更清楚一些。我们假定有一位植物学者发现了三型性紫色千屈菜的长花柱类型有两个显著的变种（事实上是有的），而且他打算用杂交去试验它们是不是不同的物种。他估计就会发现，它们所产生的种子数目只达到了正常数量的五分之一，并且它们在前面所讲的别的各方面所表现出来的，似乎是两个不同的物种。不过，为了肯定这样的情况，他用自己所假设的杂种的种子去培育植物，于是他发现，幼苗是多么可怜地矮小又是多么极端地不育，并且它们在别的每个方面所表现的，与普通的杂种一样。于是，他会宣称，他已经根据一般的观点，确实证明了他的两个变种是真实的并且是不同的物种，与世界上的任何其他物种是一样的。不过，他完全错误了。

前面所讲的有关二型性还有三型性植物的那些事实都是比较重要的。首先，因为它们解释说明了，对初次杂交能育性还有杂种能育性降低所进行的一系列生理测验，并非区别物种的安全标准；其次，由于我们能够断定，有某一我们所不知道的纽带连接着不合法结合的不育性还有它们的不合法后代的不育性，同时还会引导我们将这相

酸浆结的果实

同的观点引申到初次杂交以及杂种方面去，还有由于我们能够看得出来，相同的一个物种有存在着两个或三个类型的可能性，它们在同外界条件有关的构造或者是体制方面并不存在着什么不同的地方，不过它们在有的方式下结合起来时就是不育的，这一点在我看来好像是非常重要的。因为我们不得不记住，出现不育性的正好就是同一类型的两个个体的雌雄生殖质的结合，比如两个长花柱类型的雌雄生殖质的结合。此外，产生可育性的正好是两个不同类型所固有的雌雄生殖质的结合。所以，在最开头看上去的话，这样的情况就像同一物种的个体的普通结合还有不同物种的杂交情况恰好相反。但是，是不是真的就是这个样子的，真的需要我们对其进行怀疑。不过我不准备在这里对这个暧昧的问题进行详细的讨论。

不管怎么样，估计我们能够从二型性还有三型性植物的考察中去推论不同物种杂交的不育性还有它们杂种后代的不育性，全部都取决于雌雄性生殖质的性质，与构造方面或者是一般体制方面的任何差异则没有什么关系。按照对于互交的考察，我们同样还能够得出相同的结论。在互交的过程里，一个物种的雄体无法或者非常困难地可以与第二个物种的雌体相结合，但是反转过来进行杂交是十分容易的。那位优秀的观察者格特纳也提出来相同的观点，他也断定了物种杂交的不育性只不过是因为它们的生殖系统存在着的差异造成的。

# 变种杂交及其混种后代的能育性

作为一个非常有根据的论点，能够主张，物种与变种之间肯定是存在着某种本质方面的区别的，因为变种彼此在外观上不管是有多么大的差异，还是能够非常容易地杂交的，而且还可以产生完全能育的后代。除了某些马上就要谈到的例外之外，我完全承认这就是规律。不过围绕这个问题，还存在着很多的难点，因为当我们探索在自然环境当中所产生的变种时，假如有两个类型，从来被认为是变种，不过在杂交中发现它们有不管是什么程度上的不育性，大部分的博物学者就会立刻将它们列为物种。比如，被很大一部分植物学者认为是变种的蓝蘩蒌以及红蘩蒌，按照格特纳的说法，它们在杂交中是十分不育的，所以他就将它们列为很确切的物种了。假如我们用这样的循环法一直辩论下去，就一定将会承认在自然环境当中产生出来的所有的变种都是可育的了。

假如回过头来看一看在家养状况下产生的或者是假设产生的一些变种，我们还会被卷入很多的疑惑之中。因为，比如当我们说有一些南美洲的土著家养狗在与欧洲狗进行结合时非常不容易，在每一个人心里都会出现一种解释，并且这估计是一种正确的解释，那就是这些狗本最原来就是从不同的物种传下来的。不过，在外观上有着显著的不同差异的许多家养族，比如鸽子或者是甘蓝，都有着完全的能育性，是一件非常值得我们注意的事情，尤其是当我们想到有众多的物种，尽管彼此之间非常密切近似，可是杂交时却严重不育，这是更应该被注意到的事实。但是，通过以下几点的考虑，就能够知道家养变种的可育性并不那么出人意料。首先，能够观察到，两个物种之间的外在差异量并非是它们的相互不育性程度的确切指标，因此在变种的情况下，外在的差异也不是确切的指标，对于物种，它们一定是完全在于自己的生殖系统，而对家养动物以及栽培植物发生作用的，变化着的生活条件，很少会有改变它们的生殖系统而导致互相不育的这种倾向。因此我们有很多很好的根据去承认帕拉斯的直接相反的学说，也就是家养的条件通常情况下能够消除不育的倾向。所以说，物种在自然环境之中进行杂交时，估计有某种程度上的不育性，不过它们的家养后代在进行杂交时就能够变成完全可育的。在植物当中，栽培并没有在不同的物种之间引起不育性的倾向，在已经谈过的一些确切有据的例子当中，有的植物反而遭到了相反的影响，因为它们发展为自交不育的，但是同时依然拥有着让别的物种受精还有由别的物种受精的能力。假如说帕拉斯提出的与不育性通过长久继续的家养而消除的有关学说能够被接受（这基本上是很难反驳的），那么长时间继续的同一生活条件一样地也会诱发不育性，就是高度不可能的了，就算是在某些情况当中具有特别体制的物种偶尔会因此出现不育性。如此，我们也就能够想明白，就像我所相信的，家养动物为什么不会出现互相不育的变种，植物们为什么除了即将举出的少数的情况之外不会产生不育的变种。

在我看来，我们现在所讨论的问题中的真正难点并非为什么家养品种在进行杂交时没能够变成为互相不育的，而是为什么自然的变种在经过恒久的变化之后获得了物种的等级时，就这样很普遍地出现了不育性。我们还远远无法确切地知道它的原因。当看到我们对于生殖系统的正常作用以及异常作用是多么的无知时，也就不会觉得这有什么奇怪的了。不过，我们可以知道，因为物种同它们的无数竞争者展开过激烈的生存竞争，它们就会长期地比家养变种暴露在更为一致的生活环境之中，所以也就不免会产生出非常不相同的结果。因为我们知道，假如将野生的动物还有植物从自然环境之中取来，进行人工家养或者是栽培，那么它们就会成为不育的，这已是非常普遍的事实。而且一直生活在自然环境当中的生物的生殖机能，对于不自然杂交的影响估计一样是十分明显敏感的。还有就是，家养生物只是从它们受家养的事实去看，对于它们的生活环境的变化原本就不是高度敏感的，而且今日通常的可以抵抗生活条件的反复变化而不会使自己的能育性降低，因此能够预料到，家养生物所产生的品种，就像和同样来源的别的变种进行杂交，也极少会在生殖机能方面受到这一杂交行为的不利影响。

我以前谈到过同一物种的变种进行杂交，好像一定都是可育的。不过，下面我将扼要地讲述少量的事实，也就是一定程度上的不育性的证据。这些证据与我们相信无数物种的不育性的证据，最起码具有相同的价值。这些证据也是从反对说坚持者那里得到的，他们在一切的情形当中都将能育性还有不育性作为区别物种的安全标准。格特纳在他的花园中曾培育了一个矮型黄子的玉米品种，同时在它的不远之处还培育了一个高型的红子的品种，这个实验持续了长达数年之久。虽然说这两个品种是雌雄异花的，不过绝对没有自然杂交。于是他用一类玉米的花粉在另一类的十三个花穗上进行授精，不过却只有一个花穗结了一些种子，而且也只是结了五粒种子，由于这些植物是雌雄异花的，因此人工授精的操作在这里不会出现有害的作用，我觉得没有人会去怀疑这些玉米变种是属于不同物种的。而更重要的是，要注意这样育成的杂种植物本身是完全可育的。因此，甚至格特纳也不敢断定这两个变种是不同的物种了。

别沙连格曾经杂交过三个葫芦的变种，它们与玉米一样均是雌雄异花的，他曾断定它们之间的差异越大，那么彼此之间相互受精就越发不容易。这些试验具有多大的可靠性，我无从知晓。不过萨哥瑞特将这些被试验的类型列为变种，他的分类法的主要依据是不育性的试验，而且诺丹也做出了相同的结论。

以下的情况就更值得我们去注意了，最开始看上去这好像是难以相信的，不过这是那么优秀的观察者与反对说坚持者格特纳在很多年之中，对于毛蕊花属的9个物种所进行的不计其数的试验得出的结果，那就是，黄色变种与白色变种的杂交比同一物种的同色变种的杂交，所产生的种子要少很多。于是他进一步断言，当一个物种的黄色变种与白色变种同另一物种的黄色变种还有白色变种进行杂交时，同色变种互相间的杂交比异色变种互相间的杂交，可以产生出较多的种子。斯科特先生以前也对毛蕊花属的物种同变种进行过一系列

对于毛蕊花属的9个物种所进行的不计其数的试验得出的结果，那就是，黄色变种与白色变种的杂交比同一物种的同色变种的杂交，所产生的种子要少很多。

的试验。尽管说他没有能够证实格特纳的有关不同物种杂交的结果，不过他发现了同一物种的异色变种比同色变种所产生的种子较少这一现象，它们之间的比例是86：100。不过这些变种除了花的颜色之外，并不存在任何别的不同之处。有些情况下这一种变种还能够从另一个变种的种子培育而来。

凯洛依德工作的准确性已被在他之后的每一位观察者所证实，他曾证明过一项非常值得注意的事实，那就是普通烟草的一个特别的变种，假如同一个大小相同的物种进行了杂交，比别的变种更能生育。他对那些普通被称为变种的五个类型进行了试验，并且是非常严格的试验，也就是互交试验，他发现那些类型的杂种后代都是完全可育的。不过这五个变种中的一个，不管是用作父本还是母本，在同黏性烟草进行杂交之后，它们所产生的杂种永远不会同别的四个变种与黏性烟草杂交时所产生的杂种那般不育。所以说，这个变种的生殖系统一定是以某种方式并且在某种程度上出现变异了。

从这些事实来看的话，就不可以再坚持变种在进行杂交时一定是完全能育的。按照确定自然环境之中的变种不育性的困难，由于一个假定的变种，假如被证实有某种程度上的不育性，基本上普遍就都会被列为物种。按照人们只注意到家养变种的外在性状，同时按照家畜变种并没能长期地处于完全相同的生活环境之中，按照这几项考察，我们就能够总结出，杂交时的能育与不能育并不可以作为变种与物种之间的基本区别。杂交的物种的一般不育性，不可以看成是一种特别获得的或者是看成禀赋，而能够稳妥地看成是伴随它们的雌雄性生殖质中一中尚未清楚的性质的变化而发生的。

# 除能育性外，杂种与混种的比较

杂交物种的后代与杂交变种的后代，不只是在能育性方面可以比较，还能够在别的几个方面进行比较。以前热烈地希望在物种与变种之间能够划出一条明确界限的格特纳，在种间杂种后代以及变种间混种的后代之间，仅仅可以找出极少的，并且是在我看来都不怎么重要的差异。此外还有就是，它们在很多的重要之点上是密切相同的。

这里我准备对这个问题进行一个简单明了的讨论。最重要的区别是，在第一代当中混种较杂种更容易出现变异，不过格特纳觉得经过长时间的培育的物种，所产生的杂种在第一代当中通常都是最容易出现变异的。我自己也曾看见过这个事实的明显的例子。紧接着格特纳又认为非常密切近似物种之间的杂种，比那些非常不同的物种之间的杂种更容易出现变异。这一点解释说明了变异性的差异程度是一步一步慢慢消失的。我们都非常地清楚，当混种与较为能育的杂种被繁殖了几代之后，两者后代的变异性均是非常的大的。不过，还可以举出少数的一些例子去证明杂种或混种长时间保持着一致的性状。不过混种在连续世代当中的变异性估计要比杂种的更大一些。

混种的变异性比杂种的变异性要大很多，好像根本就不是什么奇怪的事情，因为混种的双亲是变种，并且大部分是家养变种（有关自然变种只做过非常少的一些试验），这也就代表着那里的变异性是最近才出现的，而且还代表着由杂交行为所产生的变异性往往能够持续下去，并且还能够增大。杂种在第一代的变异性比起在它后来逐续世代的变异性来说，是比较很小的，这是一个十分神奇的事实，并且也是值得引起注意的。因为这与我提出的一般的变异性的原因中的一个观点有一定的关系。这个观点是，因为生殖系统对于变化了的生活条件是非常明显敏感的，因此在这样的情况之下，生殖系统就无法运用它固有的机能去产生在所有的方面都与双亲类型密切相似的后代。第一代杂种是从生殖系统还没有受到任何影响的物种身上传下来的（经过长时间培育的物种不包括在内），因此它们不容易出现变异。不过杂种本身的生殖系统已遭到非常严重的影响，因此它们的后代是高度变异的。

让我们再回过头来谈谈混种与杂种的比较：格特纳曾指出，混种比杂种更为容易重现任何一个亲本的类型的性状。不过，假如说这是真实的，也只能说一定仅仅是程度方面的差别而已。还有，格特纳确切地说过，从长时间栽培的植物所产生出来的杂种比从自然环境之中所产生出来的物种产生出来的杂种，更为容易返祖。这对不同观察者所得到的极为不同的结果，估计能够给予一些解释。维丘拉以前对杨树的野生种进行过一些试验，他怀疑杂种是不是能够重现双亲类型的性状。但是诺丹用强调的语句坚持认为杂种的返祖基本上是一种普遍的倾向。他的试验主要是针对栽培植物所展开的。格特纳还进一步谈到，不管是哪两种物种就算是彼此之间密切近似，可是在同第三个物种进行杂交之后，其杂种彼此之间的差异就会很大，不过一个物种两个极为不相同的变种，假如同另一物种进行杂交，那么它的杂种彼此之间的差异也不会很大。不过按照我所知道的，这个结论是建立在一次试验之上的，而且好像与凯洛依德所做的几个试验的结果恰好是相反的。

这些就是格特纳所指出来的杂种植物与混种植物之间的不重要的差异了。除了这点之外，杂种与混种尤其是从近缘物种所产生出来的那些杂种，依据格特纳的说法，同样也是按照相同的法则的。当两个物种进行杂交时，其中的一个物种有时具有优势的力量去迫使杂种像它自己。我相信与植物有关的变种也是这个样子的。而且对于动物，一定也是一个变种时常比另一个变种具有优势的传递力量。从互交中产生出来的杂种植物，通常都是彼此密切相似的。而由互交中产生出来的混种植物同样是这样的。不管是杂种还是混种，假如说在连续的世代当中反复地与任何一个亲本进行杂交，都能够让它们重现任何一个纯粹亲本类型的性状。

这几点观点很明显也可以应用于动物。不过对于动物，部分地因为次级性征的存在，而导致前面所讲的问题变得更为复杂。尤其是因为在物种间杂交与变种间杂交当中，某一方的特性比另一方的特性更为强烈地具有优势的传递力量，那么这个问题就会变得更为复杂了。比如，我觉得那些主张驴比马具有优势的传递力量的著作者们是正确的，因此不管是骡还是驴骡均都更像驴一些而不会像马多一些。不过，公驴比母驴更强烈地拥有着优势的传递力量，因此由公驴与母马所产生的后代也就是骡，比那些由母驴与公马所产生的后代，也就是驴骡，更同驴相像一些。

有的作者尤其注重下面所讲的假定事实，那就是，只有混种后代不具有中间性状，并且还会密切地相似于双亲中的一方。不过这样的情况在杂种当中也曾经发生过。不过，我也承认，这比在混种当中发生的要少得多。看一看我搜集来的事实，因杂交育成的动物，只要同双亲中的一方密切相似的，那么它的相似之点就好像主要局限在性质方面非常近于畸形的和突然出现的那些性状，比如皮肤白变症、黑变症还有无尾或无角以及多指或者多趾，并且同经过选择慢慢获得的那些性状都没有什么关系。突然重现双亲中的任何一方的完全性状的倾向，同样是在混种里远比在杂种里更容易出现。混种是由变种繁衍而来的，而变种往往都是突然产生的，而且在性状方面还是半畸形的。杂种是由物种繁衍而来的，而物种却是慢慢自然地出现的。我完全同意普罗斯珀·芦卡斯博士的论点，他在搜集了相关动物的大量事实之后得出了如下的结论：不管双亲之间彼此的差异有多少，这也就代表着在同一变种的个体结合里，在不同变种的个体结合里，或者说在不同物种的个体结合当中，子代类似亲代的法则都是相同的。

除了可育性与不育性的问题之外，物种杂交的后代与变种杂交的后代，在所有的方面好像都有着普遍的以及密切的相似性。假如我们将物种看成是特别创造出来的，而且将变种看成是依据次级法则所产生出来的，那么这种相似性就会成为一个让人吃惊的事实。不过这是与物种和变种之间并不存在本质区别的观点完全相符合的。

对人类的粮食作物而言，即使人工杂交的品种，在第一代也容易出现变异。

# 摘　要

　　足以清晰无误地被列为不同物种的生物彼此之间的第一次杂交，还有它们杂种的不育性，是非常普遍的，不过并不会普遍地不育。每种生物及杂交后代的不育性的程度都是不一样的，并且它们之间的差异也常常比较微小，以至于那些最谨慎的试验者们，按照这个标准也会在类型的排列上获得完全与之相反的结论。不育性在同一物种的个体当中是内在地容易出现变异的，而且对于适宜的还有不适宜的生活条件是非常敏感的。不育性的程度并不是严格地遵循分类系统的亲缘关系，不过却会被一些神奇的以及复杂的法则所支配。在相同的两个物种的互交当中，不育性通常是不同的，有些情况下还是大大的不同的。在初次杂交还有因此而产生出来的杂种当中，不育性的程度并不是永远相等的。

　　在树的嫁接里，一种物种或变种嫁接于别的树上的能力，是伴随着营养系统的差异而发生的，并且这些差异的性质通常都是未知的。与这些相同的是，在杂交当中，一个物种与另一物种在结合方面的难易，是伴随着生殖系统当中的未知差异而发生的。想象一下，为了预防物种在自然环境之中的杂交以及混淆，物种就被特别地赋予了各种程度的不育性，再想象一下，为了预防树木在森林中的接合，于是树木就被特别地赋予了各种不同但是多少有一些近似程度的难以嫁接的性质，这一样是丝毫没有什么道理的。

　　首次杂交与它的杂种后代的不育性并不是经过自然选择而获得的。在第一次进行杂交的场合，不育性好像决定于几种条件：在有的事例当中，主要决定于胚胎的早期死亡。在杂种的场合当中，不育性很明显地决定于它们的整个体制被两个不同类型的混合所扰乱了。这样的不育性与暴露在新的还有不自然的生活条件下的纯粹物种所一次又一次出现的不育性，具有十分密切的关系。可以解释前面所讲的情况的人们就可以解释清楚杂种的不育性。这个观点有力地被另一种平行的现象所支持，那就是，首先生活环境方面细小的变化能够增加所有生物的生活力以及能育性；其次，暴露在稍微出现不同的生活条件下的，或已经变异了的类型之间的杂交，对于后代的大小、生活

白杨是迅速生长的柳属科树种，有35个不同种类。

力还有能育性具有一定的利益。对于二型性与三型性植物的不合法的结合的不育性还有它们的不合法后代的不育性，所列出来的一些事实，估计能够确定出下面的一些情况，那就是有某种尚未知晓的纽带在所有的情形当中连接着初次杂交的不育性程度以及它们的后代的不育性程度。对于二型性那些事实的考察，还有对于互交结果的考察，清楚地引出了下面的结论：杂交物种不育的最主要的原因只是单纯在于雌雄生殖质中的差异。不过在不同物种的场合当中，为什么在雌雄生殖质非常一般地发生了或多或少的变异之后，就能够导致它们的相互不育性，我们还无法弄明白。不过这一点与物种长期暴露在近于一致的生活环境之下，好像有着某种密切的关联性。

所有的两个物种的难以杂交与它们的杂种后代的不育性，就算是起因不同，在很多的情况之下应该还是一致的，这并不值得称奇，因为两者都是由杂交的物种之间存在着的差异量所决定的。第一次进行杂交的难易程度，容易与如此产生的杂种的能育，还有嫁接的能力，尽管嫁接的能力是决定于广泛不同的条件的，在一定范围之中应该同被试验类型的分类系统的亲缘关系相平行，这也不算是奇怪的事情，因为系统方面的亲缘关系包含了所有种类的相似性。

被看作是变种的类型之间的首次杂交，或者充分相似但是足以被认为是变种的类型之间的首次杂交，还有它们的混种后代，通常情况下都是可育的，不过不一定会像我们时常说到的那样，一定会这样。假如我们记得，我们是多么易于用循环法去辩论自然环境之中的变种，如果说我们记得，大部分的变种是在家养状况下只是按照对外在差异的选择而产生出来的，而且它们并不曾长时间暴露于相同的生活条件之中。那么变种具有几乎普遍而完全的能育性，就不可能还会让我们称奇了。我们还应该特别留心记一下，长时间连续的家养具有降低不育的倾向，因此这似乎极少会诱发不育性。除了能育性的问题以外，在别的所有方面，杂种与混杂种之间还存在着最密切并且一般的相似性，也就是说在它们的变异性方面，以及在反复杂交中彼此结合的能力方面，还有在遗传双亲类型的性状方面，都是这样的。最后，尽管说我们还不清楚首次杂交的以及杂种的不育性的真实缘由是什么，而且也不知道为什么动物与植物离开自己的自然条件后会变成为不育的，不过本章当中列举出来的一些事实，于我来说，好像与物种原系变种这个信念并不存在着冲突关系。

# 第十章
# 论地质记录的不完全

# 消失的中间变种

　　我在前面的章节当中已经列举对于本书所持观点的一些主要的异议。对这些异议，大部分我们已经讨论过了。其中有一个，就是物种类型的区别分明还有物种没有无数的过渡连锁将它们混淆为一起是一个非常明显的难点。我曾举出理由去说明，为什么这些连锁到今天在很明显非常有利于它们存在的环境条件之中，也就是说在具有渐变的物理条件的广阔并且连续的地域上一般都并不存在。我之前曾努力去解释说明，每个物种的生活对于现在的别的既存生物类型的依存超过了对于气候的依赖程度，因此我们说，真正控制生存的条件并不会如热度或温度一般地在完全不知不觉的情况下渐渐地消失。我也曾尽力阐明，因为中间变种的存在数量比它们所联系的类型要少，因此中间变种在进一步的变异以及改进的过程中，通常都要被淘汰和消灭。但是无数的中间连锁目前在整个自然界中都没有随处发生的主要原因，应该是由于自然选择的这个过程，由于通过这个过程，新变种不断地代替并且排挤了它们的亲类型。由于这种绝灭过程曾经大规模地发挥了自己的作用，按比例去说的话，那么以前生存着的中间变种就确实是大规模存在着的。那么，为什么在各地质层以及每个地层当中

在最上游处，河流在岩石间跌跌撞撞地前进，穿越陡峭的山谷

曲流的颈处到一定时间会被水流磨穿，留下 U 型的湖泊

在下游，河流穿过平坦的冲积平原，转弯处幅度大且平滑

在平坦的土地上，河流可能会产生支流

在中游处，河流蜿蜒着穿过宽广的山谷

从高山顶部到平原和海边，具有渐变的物理条件的广阔并且连续的地域一般并不存在。

都没有充满这些中间连锁呢？地质学确实是没有揭发任何这类微细级进的连锁。这估计是反对自然选择学说的最为显著以及最重要的一些异议，我相信地质纪录的极度不完全能够很好地去解释这一点。

首先，应该永远记住，按照自然选择学说，哪些种类的中间变种应该是之前确实生存过的。当我们对任意两个物种进行观察时，就会发现很难避免不会想象到直接介于它们之间的那些类型。不过这是一个完全不正确的观点。我们应该时常去追寻介于各个物种与它们未知的祖先之间的一个共同的中间类型。不过，是我们还不知道的那些祖先之间的一些类型。可是这个祖先通常在某些方面已与变异了的后代完全不相同。现在举一个简单的例子：扇尾鸽与突胸鸽均是从岩鸽传下来的；假如说我们掌握了所有曾经生存过的中间变种，我们就能够掌握这两个品种与岩鸽之间各有一条非常绵密的系列。不过没有哪种变种是直接介于扇尾鸽与突胸鸽之间的。比如，结合这两个品种的特征，稍微扩张的尾部还有稍微增大的嗉囊，可以说这样的变种是不存在的。此外，这两个品种已经变得这么的不同，假如我们不知道有关它们起源的任何历史的以及间接的证据，却只是按照它们与岩鸽在构造方面的比较，就无法做到去决定它们究竟是从岩鸽繁衍而来的，还是从别的某种近似的类型皇宫鸽繁衍而来的。

自然的物种也是这样的，假如我们观察到非常不相同的类型，比如马与貘，我们就没有什么理由能够去假设直接介于它们之间的连锁以前也曾存在过，不过却能够假定马或者是貘与一个未知的共同祖先之间是存在着某种中间连锁的。它们的共同祖先在整个体制方面同马还有貘具有非常普遍的相似性。可是在某些个别的构造方面，估计与两者存在着非常大的差异。这差异也许甚至会比两者彼此之间的差异还要大很多，所以说，在所有这样的情况当中，除非我们同时掌握了一条近于完全的中间连锁，就算是把祖先的构造与它的变异了的后代加以严密的比较，也一样无法辨识出任何两个物种或两个以上的物种的亲类型。

按照自然选择学说，两个现存类型中的一个来自另一个估计是很有可能的。比如说马来貘。而且在这样的情况之下，之前应该有直接的中间连锁曾存在于它们之间。不过这样的情况也就意味着一个类型在相当长的一段时间内保持不变，但是它的子孙在这期间出现了大量的变异。可是生物同生物之间的子与亲之间的竞争原理将会让这样的情况很少发生。因为在所有的情况当中，新出现并且改进的生物类型均存在着压倒旧而不改进的类型的倾向。

按照自然选择学说，所有现存的物种都曾经与本属的亲种有一定的联系，它们之间存在着的差异并不比今天我们见到的同一物种的自然变种以及家养变

马来貘

种之间的差异更大。这些现在通常已经绝灭了的亲种，同样地与更为久远之前的类型有一定的联系。就这样回溯上去，往往就能够融汇到每一个大纲的共同祖先中。因此，在所有现存物种以及绝灭了的物种之间的中间的以及过渡的连锁数量，一定是很难数得清楚的。如果说自然选择学说是正确的，那么这些无数的中间连锁就一定曾经生活于地球上过。

# 从沉积速率及剥蚀程度推断时间进程

　　除去我们没有发现的那么无限数量的中间连锁的化石遗骸之外，还有一种反对的意见，那就是认为既然所有变化的成果均是缓慢达到的，因此没有充分的时间去完成大量的有机变化。假如读者不是一位有实践经验的地质学者，我将很难做到让他去领会一些事实，以帮助他对时间经过有一定的了解。莱尔爵士的著作《地质学原理》被后来的历史家推崇为自然科学界当中掀起了一次革命，只要是读过这部伟大著作的人，假如还不承认过去时代之前是多么久远，那么最好还是马上将我的这本书也收起来不用继续读下去了。不过只是研究《地质学原理》或阅读不同观察者那些与各地质层有关的专门论文，并且还能注意到每位作者如何试图对于各地质层的甚至是各地层的时间提出来的不太确定的观念，这是远远不够的。假如说我们知道了发生作用的每项动力，同时研究了地面被剥蚀了多深，沉积物被沉积了多少，我们才可以对过去的时间获得一些比较清楚的概念。就像莱尔爵士曾经说过的，沉积层的广度还有厚度就是剥蚀作用的结果，同时也是地壳其他的场所被剥蚀的尺度。因此一个人应该亲自去考察层层相叠的很多地层的巨大沉积物，认真详细地去观察小河是怎样带走泥沙还有波浪是怎样侵蚀海岸岩崖的，如此才可以对过去时代的时间有一些了解，而与这时间有关的标志在我们的周围随处可见。

顺着由不是太坚硬的岩石所形成的海岸走走，同时注意去观察一下它的陵削过程，对于我们来说是有好处的。在大部分的情况当中，到达海岸岩崖的海潮每天仅仅有两次，并且时间都比较短暂，而且只有当波浪挟带着细沙或者是小砾石时才可以对海岸岩崖起到侵蚀作用。因为有足够有力的证据能够证明，清水在侵蚀岩石方面是不存在任何效果的。这样下去，海岸岩崖的基部终有一天会被掘空，那么巨大的岩石碎块就会倾落下来，于是这些岩石碎块就会固定于自己倾落的地方，接着被一点一点地侵蚀，直到它的体积逐渐缩小到可以被波浪将它旋转的时候才能够很快地磨碎为小砾石、砂或泥。不过我们经常看到沿着后退的海岸岩崖基部的圆形巨砾，上面密布着很多的海产生物，这证明了它们极少被磨损并且也极少被转动！此外，假如说我们沿着任何一个正在经受着侵蚀作用的海岸岩崖行走几英里路，就能够发现目前正在被侵蚀着的崖岸只不过是短短的一段而已，或者说只是环绕海角并且零星地存在着。地表与植被的外貌向我们证明，自从它们的基部被水侵蚀以来，已经经过很多个年头了。

但是我们最近从很多优秀的观察者，如朱克斯还有盖基和克罗尔以及他们的先驱者拉姆齐的观察当中，能够知道大气的侵蚀作用比起海岸的作用，也就是波浪的力量，更是一种更为重要的动力。全部的陆地表面均暴露于空气以及溶有碳酸的雨水的化学作用之下，而且，在寒冷的地方，还暴露于霜的作用之下。渐渐分解的物质，就算是在缓度的斜面上，也容易被豪雨冲走，尤其是在干燥的地方，还会超出想象范围之内地被风刮走。于是这些物质就会被河川运去，急流让河道加深，同时将碎块磨得更碎。等到下雨的时候，甚至就算是在缓度倾斜的地方，我们也可以从每个斜面流下来的泥

位于葡萄牙南部阿尔加维的石灰岩悬崖

潮水冲刷海岸并消磨它，形成奇特的岩石形状，当海蚀拱倒塌，它会留下被称为海蚀柱的高大岩石柱。

水当中看到大气侵蚀作用的效果。拉姆齐还有惠特克之前解释说明过，而且这是一个非常动人的观察，维尔顿区庞大的崖坡线还有以前曾被看成是古代海岸的横穿英格兰的崖坡线，应该都不是如此形成的，其原因在于，每个崖坡线都是由一种相同的地质层构成的。而英国的海边悬崖则到处都是由各种各样不同的地质层交切而成的。如果说这样的情况是真实的话，那么我们就不得不承认，这些崖坡的起源主要是因为构成它们的岩石比起周围的表面可以更好地抵御大气的剥蚀作用。于是，这表面就会逐渐陷下，接着就会留下比较硬的岩石的突起线路。从外表来看来的话，大气动力的力量是这么微小，并且它们的工作好像也是那么缓慢，不过曾经产生出这样伟大的结果，依据我们的时间观点来看的话，再没有什么事情能够比前面所讲的这种信念更可以让我们强烈地感受到时间的久远无边了。

假如如此体会到陆地是经过大气作用以及海岸作用而逐渐被侵蚀了，那么要了解过去的时间有多么久远，就要一方面去考察大量的广大地域上被移走的岩石，另一方面还要去考察沉积层的厚度。至今我还清楚地记得当我见到火山岛被波浪冲蚀，四面削去变成高达 1000 或 2000 英尺的直立悬崖时，深深地被感动了。因为，熔岩流凝结为缓度斜面，因为它之前的液体状态，很清楚地解释说明了坚硬的岩层曾经一度在大洋里伸展得多么辽远。断层将与此同类的故事讲解得更为明白一些，沿着断层，也就是那些巨大的裂隙，地层在这一方隆起，或者在那一方陷下，这些断层的高度或者深度神奇地达数千英尺。由于自从地壳裂破以来，不管是地面隆起是突然出现的，或者是像大部分的地质学者所讲的一样，是缓慢地由很多的隆起运动而形成的，并没有多么大的差别，到了今天，地表已经变得完全平坦，导致我们从外观上已经看不出这些巨大的转位曾经存在过的任何痕迹。比如克拉文断层曾经一度上升达 30 英里，沿着这一线路，地层的垂直总变位自 600 到 3000 英尺各不相同。对于在盎格尔西陷落达 2300 英尺的现象，拉姆齐教授之前曾发表过一篇报告；他在报告中提出，他充分相信在梅里奥尼斯郡这个地方有一个陷落深达 12000 英尺，可是在这些情况当中，地表上已没有任何东西能够表示这些巨大的运动了。裂隙两旁的石堆已被夷为平地了。还存在一个方面，世界每个地方沉积层的叠积均曾现出异常厚的状况。我在科迪勒拉山曾测量过一片砾岩，厚度高达一万英尺厚。虽然说砾岩的堆积比致密的沉积岩速度要快些，但是从构成砾岩的小砾石磨为圆形需要耗费很多时间来看的话，一块砾岩的积成是多么缓慢。拉姆齐教授按照他在大部分的场合当中的实际测量，曾与我讲过英国不同部分的连续地质层的最大厚度。其结果我列在了下面：

古生代层（火成岩不包括其中）：57154 英尺

中生代层：13190 英尺

第三纪地层：2240 英尺

总加在一块儿是 72584 英尺。这也就意味着，如果折合英里的话，差不多有十三英里又四分之一的距离。有的地质层在英格兰只是一个薄层，但是在欧洲大陆上却厚达数千英尺。此外，在每一个连续的地质层之中，依据大部分地质学者的意见，空白时期也是非常长久的。因此英国的沉积岩的高耸叠积层只可以对于它们所经历了的堆积时间，向我们提供一个并不太肯定的观念。对于这种种事实的考察，能够让我们得到一种印象，基本上就如同在白花力气去掌握"永恒"这个概念所换取的印象一般。

可是，这样的印象还是存在着部分错误的。克罗尔先生在一篇有趣的论文当中讲道："我们对于地质时期的长度形成了一种过于宽泛的概念，是很少有机会犯错误的，但是假如用年数去计算的话，却是要犯错误的。"当地质学者们见到这种庞大并且非常复杂的现象，接着再见到表示着几百万年的那些数字时，这两者在人们的思想中能够产生出完全不同的印象，于是立刻就会感觉到，这些数字其实太小了。有关大气的剥蚀作用，克罗尔先生按照有些河流每年冲下来的沉积物已知道的量同其流域进行比较，得出了下面的计算，那就是 1000 英尺的坚硬岩石，逐渐粉碎，需要在 600 万

岩石在大自然中不断分解又重新生成，所需要的时间以百万年计算。

岩石被风化

岩浆冷却形成火成岩

岩石碎片被冲刷入海中

海床上的岩屑形成新的沉积岩

高温岩浆通过火山喷发

年的时间里，才可以从整个面积的平均水平线上移走。这看起来好像是一个非常惊人的结果，有的考察让人们不得不去怀疑这个数字实在是太大了，甚至会将这个数字减到二分之一甚至是四分之一，不过仍然是非常惊人的。可是，极少会有人知道，100万的真正意义会是什么。克罗尔先生为我们讲述了下面的比喻，用一个狭条纸八十三英尺四英寸长，让它沿着一间大厅的墙壁延伸出去，然后在十分之一英寸的位置标志一个记号。此十分之一英寸用来代表 100 年，那么全纸条就代表 100 万年。不过一定要记住，在我们所讲的这个大厅当中，被那些没有任何意义的尺度所代表的 100 年，对于这本书的问题来说，却具有非常重要的意义。有一些非常优秀的饲养者只是在他们一生的时间当中，就能够极大地改变有些高等动物，并且高等动物在繁殖自己的种类方面远比大部分的低等动物缓慢很多。他们就是这样，成功地培育出值得称作是新的亚品种。极少会有人非常认真地去研究任何一种物种长达半世纪以上。因此，100年能够代表两个饲养者的连续工作。无法去假定在自然环境当中的物种，能够如同在有计划选择指导之中的那些家养动物一样，快速地发生变化。同无意识的选择，也就是只在于保存最有用的或最美丽的动物，而没有意向去改变那个品种，这一效果进行比较，或许会比较公平一些。不过经过这样的无意识选择的过程，每个品种在两个世纪或三个世纪的时间当中就会被很明显地改变了。

但是物种的变化估计更要缓慢一些，在相同地方当中，只有极少数的物种会同时出现变化。这样的缓慢性是以为内相同的地方当中的所有生物，彼此之间已经适应得非常好了，除非是经过很长的一段时间之后，因为某种物理变化的发生，要不就是是因为新类型的移入，在这自然机构当中是没有新位置的。此外，具有正当性质的变异或者是个体差异，也就是有些生物所赖以在发生了变化的环境条件当中适应新地位的变异，也往往不会马上就发生。不幸的是，我们没有办法去按照时间的标准去决定，一个物种的改变需要经过多长时间。不过，与时间有关的问题，在后面的章节里面我们一定还会进行讨论的。

# 古生物化石标本的缺乏

接下来让我们来看一看，我们藏品最为丰富的地质博物馆，那当中的陈列品却是多么贫乏。每一个人都会承认我们搜集的化石标本是多么的不完全。我们也永远不会忘记那位可歌可颂的著名古生物学者爱德华·福布斯的话。他曾经说过，大部分的化石物种均是按照单个的并且通常是破碎的标本，要不就是按照某一个地点的少量标本被发现以及被命名的。地球的表面只存在着一小部分曾做过地质学方面的发掘，从欧洲每年的重要发现来看的话，能够说没有一个地方曾被非常重视地发掘过。完全柔软的生物没有一种可以被保存下来。落在海底的贝壳还有骨骼，假如那里没有沉积物的掩盖，就会腐朽而消失。我们能够采取一种非常错误的观点，觉得可能整个海底基本上都会有沉积物正在进行着堆积，而且这种堆积的速度足可以埋藏并且保存化石的遗骸。海洋的绝大部分均呈现出亮蓝色，这正是向我们证明了水的纯净。很多被记载的情况都能够看出，一个地质层在经过长时间间隔的时期之后，会被另一个后生的地质层完整地遮盖起来，而下面的一层在这个间隔的时期当中并没有遭受到任何的磨损，这样的现象只有按照海底经常多年不出现变化的观点才能够得到解释。埋藏于沙子或砾层当中的遗骸，遇到岩床上升的情况后，通常都会因为溶有碳酸的雨水的渗

1 动物死去，被水覆盖

2 动物的软组织被清除或腐烂

3 沙子、泥巴或其他沉积物覆盖了动物坚硬的部分，如壳、牙齿或骨头等

4 当壳和其他坚硬部分内的矿物质变为岩石，更多的岩层积建起来

5 上层岩石的侵蚀显露了现已是坚硬石头的化石

化石的形成

入而遭到分解。生长在海边高潮与低潮之间的很多种类的动物，有的好像很难被保留下来。比如，有几种藤壶亚科（是一种无柄蔓足类的亚科）的一些物种，遍布全世界的海岸岩石上，数量十分多。它们均为严格的海岸动物，可是除了在西西里发现过一个在深海中生存的，地中海物种的化石之外，到目前为止还没有在其他任何的第三纪地质层当中发现过任何别的物种。但是已经知道，藤壶属曾经生存在白垩纪当中。最后，还需要非常久的时间才可以堆积起来的很多巨大的沉积物，却完全不存在生物的遗骸，面对这样的现实，我们还无法举出任何原因。其中最为明显的例子之一，就是弗里希地质层，由页岩还有砂岩构成，厚达数千英尺，有的甚至达6000英尺之厚，从维也纳到瑞士至少绵延了300英里之长；尽管这些巨大的岩层被非常仔细地考察过，可是在那里，除了少数的植物遗骸以外，并没有发现任何别的化石。

有关生活于中生代还有古生代的陆栖生物，我们所搜集到的证据是非常片断的，所以无法进行更为深入的讨论。比如，直到近来，除了莱尔爵士还有道森博士在北美洲的石炭纪地层里所发现的一种陆地贝壳之外，在这两个广阔时代当中，还没有发现过别的陆地贝壳。但是目前在黑侏罗纪地层里已经发现了陆地贝壳。对于哺乳

流向地下的溪水　地下瀑布　石灰石被侵蚀形成洞穴

石灰石溶洞和洞穴系统的形成过程

动物的遗骸，只要看一下莱尔的《手册》里所登载的历史年表，就能够将真理带到家中，这比翻阅大量的详细文字资料记载更能够极好地去理解它们的保存是多么偶然和稀少。仅仅需要记住第三纪哺乳动物的骨骼绝大多数是在洞穴里或者是湖沼的沉积物当中被发现的，同时还要记住没有一个洞穴或真正的湖成层是属于第二纪或古生代的地质层的，那么，我们对于它们的稀少就不觉得稀奇了。

不过，地质纪录的不完全主要还是因为另外一个比前面所讲的任何原因都还要重要的原因，那就是，一些地质层间彼此被广阔的间隔时期隔开了。很多的地质学者还有如同福布斯那样完全不相信物种变化的古生物学者，都曾极力支持这种说法。当我们见到有的著作中的地质层的表格时，或者当我们进行实地考察时，就很难不去相信它们均为密切连续的。不过，比如按照默奇森爵士对于俄罗斯的有关巨著我们能够知道，在那个国家的重叠的地质层之间，存在着多么广阔的间隙。在北美洲还有在世界的很多别的地方也是这样的。假如最熟练的地质学者仅仅将他的注意力局限于这些广大的地域，那么他就一定不会想象到，不管是在他的本国或者是在空白不毛的时代当中，巨大的沉积物已在世界的别的一些地方堆积起来了，并且其中含有新而且特别的生物类型。而且，假如在每个分离的地域当中，对于连续地质层之间所经过的时间长度无法形成任何的观念，那么我们能够去推论不管是在什么地方都无法确立这样的观念。连续地质层的矿物构成多次地发生巨大的变化，通常都意味着周围地域出现了地理方面的巨大变化，所以就产生了沉积物，这同在每个地质层之间曾有过非常漫长的间隔时期的信念是相吻合的。

我认为，我们可以理解为什么每个区域的地质层基本上一定是间断的。也就是说，为什么它们之间并不是彼此密切相连接的。当我对最近一段时期升高几百英尺的南美洲数千英里海岸进行调查时，最让我感到震惊的是，竟然没有发现任何近代的沉积物，有大量的广度能够持续在就算是一个短的地质时代而不被毁灭。所有的西海岸都有一定的海产动物栖息着，只是那里的第三纪层十分不发达，于是导致一些连续并且特别的海产动物的纪录估计都无法在那里保存到久远的年代。仅仅需要稍微想一想，我们就可以依照海岸岩石的大量陵削以及注入海洋当中去的泥流去解释为什么沿着南美洲西边升起的海岸无法到处发现含有近代的，也就是第三纪的遗骸的巨大地质层，尽管在悠久的年代当中沉积物的供给必定是富足的。毫无疑问应该这么解释，那就是当海岸沉积物与近海岸沉积物一旦被缓慢并且逐渐升高的陆地带入海岸波浪的磨损作用的范围之中时，就会不断地被侵蚀掉。

我觉得，我们能够确定地提出，沉积物必须堆积为非常厚的，非常坚实的，或者说是非常巨大的巨块，才可以在它最初升高时以及水平面连续变动的时期当中，去抵御波浪的不断作用还有其后的大气陵削作用。如此厚并且巨大的沉积物的堆积，能够由两种方法去完成：一种方法是，在深海底进行堆积，在这样的情形之下，深海底并不会如浅海那样存在着许多变异了的生物类型栖息着。因此当这样的大块沉积物上升之后，对于在它的堆积时期当中生存于邻近的生物所提供的纪录并不是完整的。还有一种方法是，在浅海底进行堆积，假如说浅海底不断缓慢地沉陷，沉积物就能够在那里堆积到任何的厚度以及广度。在后面的这种方法当中，只要海底沉陷的速度同沉积物的供给差不多平衡，海就能够一直保持浅的，并且有利于大部分的以及变异了的生物类型的保存。这样的话，一个富含化石的地质层就会被形成，并且，在上升变成陆地的时候，它的厚度足以抵御大量的剥蚀作用。

我确信，基本上所有的古代地质层，只要是层内厚度的大部分富含化石的，那么就都是经过如此的环节在海底的沉陷期间形成的。自从 1845 年我发表了关于这个问题的看法以后，我就十分注重地质学的进展。让我感到十分惊讶的是，当作者们在讨论到这种或那种巨大的地质层时，一个接一个地得出了相同的结论，全说它们是在海底沉陷期间堆积而来的。我能够补充他们说，南美洲西岸的唯一古代第三纪地质层就是在水平面朝下沉陷的时期当中堆积起来的，而且因此获得了相当的厚度。尽管说这一地质层具有巨大的厚度足以对它曾经经历过的那种陵削作用进行抵御，不过今后它却很难一直维持到一个久远的地质时代而不被消灭。

几乎全部的地质方面的事实均明确地告诉我们，每个地域都曾经历了无数次缓慢

白垩纪晚期，现在美国德克萨斯地区是一片浅海，有很多生物栖息在那里。

海底峡谷　大陆架　大陆坡　深海平原

中海山脊

海沟

海山

海洋内部有平原也有高山和峡谷，地质层经过百万乃至千万年的堆积形成。

的水平面上下振动，并且这些振动的影响范围很明显都是非常大的。结果是，富含化石的并且广度以及厚度足以抵抗接下来的陵削作用的地质层，在沉陷的时期当中，是在广大的范围之中形成的，不过它的形成仅仅限于在下面的地方当中，也就是那里沉积物的供给足够去保持海水的浅度同时还足够在遗骸还没有腐化之前将它们埋藏以及保存起来。与之正好背道而驰的是，在海底保持静止的时期当中，厚的沉积物就无法在最适于生物生存的浅海部分堆积起来。在上升的交替时间里，这样的情况就更少发生。或者更确切地说，那时堆积起来的海床，在升起以及进入海岸作用的界限当中，通常都遭到了毁坏。

前面的那些分析主要是对海岸沉积物以及近海岸沉积物来说的。在马来群岛的广阔的浅海当中，比如从 30 或 40 到 60 英寻（1 英寻 ≈ 1.83 米）深的大部分海中，广阔的地质层估计都是在上升的期间形成的。但是它们在缓慢上升的时候，并没有经历过分的侵蚀。不过，因为上升运动，地质层的厚度比海的深度要小，因此地质层的厚度估计不会很大。而且那些堆积物也不会凝固得非常坚硬，同时也不会有各种各样的地质层覆盖在它们的上面。所以，这种地质层在此后的水平面振动期间就非常容易被大气陵削作用以及海水作用所侵蚀。可是，按照霍普金斯先生所提出的意见，假如地面的一部分在升起来之后与没有被剥蚀之前就已经沉陷，那么，虽然在上升运动中所形成的沉积物不算太厚，但也可能会在以后受到新堆积物的保护，因此而能够保存到一个长久的时间当中。

霍普金斯先生还声明自己相信，水平面相当广阔的沉积层极少会完全地被毁坏。不过所有的地质学者，除了少数相信现在的变质片岩以及深成岩曾经一度形成地球的原核这一观点的人们之外，大多数都承认深成岩外层的绝大一部分范围已被剥蚀。由于这些岩石在没有表被的时候，极少有可能去凝固或者结晶。不过，变质作用假如在海洋的深底出现，那么岩石之前的保护性表被估计就不会很厚。那么这样一来，假如承认片麻岩、云母片岩、花岗岩、闪长岩等曾经一定有一段时间被覆盖起来，那么对于世界很多地方的这些岩石的广大面积均已裸露在外，除了按照它们的被覆层已被完全剥蚀了的信念，我们如何可以得到解释呢？广大面积上均有这些岩石的存在，是无须抱有怀疑态度的。巴赖姆的花岗岩地区，按照洪堡曾经做出的描述，最起码比瑞士大 19 倍。在亚马孙河的南部，布埃之前也曾划出一块由花岗岩构成的地区，它的面积相当于西班牙、法国、意大利、德国的一部还有英国全部岛屿的面积的总和。这个地区还未经仔细的调查，不过按照旅行家们所提出的完全相同的证据，花岗岩的面积是非常大的。比如，冯埃虚维格之前就曾经详细地绘制过这种岩石的区域图。它从里约热内卢延伸到内地，呈一条直线，长约 260 海里。我向着另一个方向旅行过 150 英里，入眼的全部都是花岗岩。有大量的标本是沿着从里约热内卢到普拉塔河口的全部海岸（全程 1100 海里）搜集而来的，我检查过它们，它们全部属于这种类型的岩石。沿着普拉塔河全部北岸的内地，我见到除了近代的第三纪层外，只有一小部分是属于轻度变质岩的，这估计就是形成花岗岩系的一部分原始被覆物的唯一岩石。接下来我们谈一下大家所熟知的地区，美国还有加拿大。我曾按照罗杰斯教授的精美地图所指出的，将它们剪下来，并拿剪下的图纸的重量去计算，我发现变质岩（其中不包括半变质岩）与花岗岩的比例是 19：12.5，两者的面积超过所有较新的古生代地质层。在很多地方，假如将所有的不整合地被覆在变质岩以及花岗岩上方的沉积层都彻底除去，那么变质岩与花岗岩比表面上所看到的还要延伸得久远，而沉积层本来取法形成结晶花岗岩的原始被覆物。所以，在世界某些地方的整个地质层估计已经完全被磨灭了，所以才会没有留下任何的遗迹。

此外还有一点值得大家加以注意。在上升的期间当中，陆地面积还有连接的海的浅滩面积将会增大，并且时常形成新的生物生活场所。前面已经说过，那里的所有环境条件对于新变种以及新种的形成是十分有益的。不过这些时期在地质纪录方面通常均为空白的。不光是这些，在沉陷期间，生物分布的面积与生物的数目将会减少（最开始分裂为群岛的大陆海岸不包括于其中），最后，在沉陷时期，尽管会出现生物的大量绝灭，不过少数的新变种或新物种会形成，并且也是在这个沉陷期间，富含化石的沉积物将逐渐堆积起来。

# 所有地层中都缺失众多中间变种

按照前面所讲的那些考察，能够知道地质记载，从整体来看的话，毫无疑问是非常不完全的。不过，假如将我们的注意力仅仅局限于任何一种地质层方面，那么我们就更难去理解为什么始终生活于这个地质层中的相近的物种之间没有出现密切级进的一些变种。而相同的物种在同一地质层的上部还有下部呈现出一些变种，这些情况曾在一些记载当中见到过。特劳希勒德所列举出来的有关菊石的很多事例就是这个样子的。再比如喜干道夫以前曾描述过一种非常奇怪的情况，在瑞士淡水沉积物的连续诸层中，发现了复形扁卷螺的十个级进的类型，尽管说每个地质层的沉积毫无疑问地需要非常久远的年代，还能够举出一些个理由去说明为什么在每个地质层中普遍找不到一条它们之间递变的连锁系列，介于始终在其中生活的物种之间，不过我对于下面所讲的理由还无法给出相称的评价。

一些广泛分布但存在时间较短的化石在断定岩石年龄时非常有用。

尽管每个地质层能够表示一个相当漫长的过程，不过比起一个物种变为另一个物种所需要的时间，估计看起来还是会短些。两位古生物学者勃龙还有伍德沃德以前曾断言过各地质层的平均存续时期比物种的类型的平均存续时期要多出两倍或者是三倍。我知道，虽然说他们的意见非常值得尊重，可是，如果让我说的话，好像存在着很多无法克服的困难，来妨碍我们对于这样的意见给出任何正确的结论。当我们见到一个物种最开始在任何地质层的中央部分出现时，就会非常轻率地去推论它之前不曾在别的地方存在过。此外，当我们看到一个物种在一个沉积层最后部分形成之前就消灭了的时候，很自然地就会同样轻率地去假定这个物种在那个时候就已经完全绝灭了。我们忽略了欧洲的面积与世界的别的部分比较起来，是多么的小，而全欧洲的相同地质层中的几个阶段也并非完全确切相关的。

我们能够稳妥地推论，所有种类的海产动物因为气候以及别的一些变化，都曾出现过大规模的迁徙。当我们看到一个物种最开始在任何地质层中出现时，不妨估计这个物种是在那个时候初次迁移到这个区域中来的。比如，我们都知道的，一些物种在北美洲古生代层中出现的时间比在欧洲相同地层中出现的时间要早一些。这很明显是因为它们从美洲的海迁移到欧洲的海中，是需要一定时间的。在考察世界各地的最近沉积物的时候，随处能够见到一小部分到今天也依然生存的物种在沉积物中，尽管非常普通，却在周围密接的海中早已绝灭。或者说，相反地，有的物种在周围邻接的海中虽然现在依然非常繁盛，不过在这一特殊的沉积物中是一点都没有的。考察一下欧洲冰期中（这仅仅是全地质学时期的一个部分）的生物确切的迁徙量，同时也考察一下在这个冰期中的海陆沧桑的变化，还有气候的极端变化，以及时间的漫长历程，一定会是最好的一课。不过含有化石遗骸的沉积层，不管是在世界的哪一部分，是否曾经在这一冰期的全部时间里在相同的区域中连续地进行了堆积，是值得怀疑的。比如，密西西比河口的附近，在海产动物最为繁茂的深度范围之内，沉积物估计不是在冰期的整个时间当中连续堆积起来的。因为我们都明白，在这个时期当中，美洲别的地方曾经出现过巨大的地理变化。如同在密西西比河口附近浅水中在冰期的某一段时间当中沉积起来的这些地层，在上升的时候，生物的遗骸因为物种的迁徙以及地理的变化，估计会最开始出现并且消失于不同的水平面中。在遥远的未来，假如有一位地质学者调查这个地层，估计要试着作出这样的结论了，他会觉得在那里埋藏的化石生物的平均持续过程比冰期的时间要短，但是实际上远比冰期要长很多，这也就是在表明，它们从冰期之前就已存在，一直延续到了今天。

假如沉积物可以在很长的一段时期当中持续地进行堆积，而且这个时期足够进行缓慢的变异过程，那么在这样的情况下，才可以在相同的地质层的上部以及下部得到位于两个类型之间的完全级进的系列。所以，这些堆积物可以说绝对是非常厚的。而且进行着变异的物种指定是在整个时期当中全都生活于相同的区域当中。不过我们已经知道，一个非常厚并且全部含有化石的地质层只有在沉陷的时期才可以堆积起来，而且沉积物的供给也一定要同沉陷量互相平衡，让海水的深度保持接近一致，如此才能够让同种海产物种在相同的地方当中生活。不过，这样的沉陷运动具有让沉积物所来自的地面沉没于水里的倾向，如果是这样的话，在沉陷运动持续进行的时期当中，沉积物的供给就会减少。可是真正的事实是，沉积物的供给与沉陷量之间全部接近平衡，估计是一种极为罕见的非常偶然才会出现的事情。由于不止一个古生物学者都观察到在非常厚的沉积物中，除了它们的上部以及下部的范围附近，往往是不存在生物遗骸的。

每个单独的地质层当中，也与任何地方的整个地质层非常相似，它的堆积通常都是间断的。当我们看到，并且确实可以经常看到，一个地质层由非常不同的矿物层构成时，我们就能够合理地去设想沉积过程曾经一定是或多或少地间断过的。尽管非常精密地对一个地质层进行过考察，可是与这个地质层的沉积所耗费的时间长度有关的问题，我们却无法得出任何的概念。很多的事例阐明，厚度仅有数英尺的岩层，却代表着别的地方厚达数千英尺的，并且在堆积方面需要大量时间的地层。忽略这个事实的人们甚至会去怀疑如此薄的地质层能够代表很长一段时间的过程。此外，一个地质在这个浅海地方的截图中，可以看到许多生物，当巨大的地理变化产生的时候，它们有的会成为化石，供科学家进行研究。

寄生蟹

竹蛏

贻贝

蟹

海绵

层的下层在升高后被剥蚀然后又沉没，接着又被相同地质层的上层所覆盖，在这方面的例子也不在少数。这些事实向我们解释说明了，在它的堆积期间中存在着十分容易被人忽视的间隔时期。在其他的一些情况当中，巨大的化石树仍然如同当时生长时那样地直立着，这很清楚地证明了，在沉积的过程当中，有很多长的间隔期间还有水平面的变化，假如没有这些树木被保存下来，估计也就无法想象出时间的间隔以及水平面的变化来了。比如，莱尔爵士还有道森博士曾在新斯科舍地区发现了 1400 英尺厚的石炭纪层，它包含着古代树根的层次，彼此之间相互交叠，不少于 68 个并不相同的水平面。所以，假如在一个地质层的下部、中部还有上部出现了相同的物种时，也许是这个物种没有在沉积的全部时期当中生活于相同的一个地点，而是在相同的地质时代之中，它曾经历过一再绝迹还有重现。因此，假如这个物种在任何一个地质层的沉积期当中出现了明显的变异，那么这一地质层的某一部分不会含有在我们理论上一定存在着的所有细小的中间级进，而只是含有突然的，尽管也许是轻微的，而且是变化着的类型。

最关键的是要牢记，博物学者们没有金科玉律用来去区别物种以及变种。他们承认每个物种都存在着微小的变异性，不过当他们遇到任何两个类型之间存在稍微大一些的差异量时，并且没有最密切的中间级进将它们连接起来，那么就会将这两个类型列为物种。依据刚刚所讲的道理，我们不可能去要求在随便的一个地质的断面中都可以看到这样的连接。假设 B 与 C 是两个物种，而且假定在下面较古的地层中发现了第三个物种 A，那么在这样的情况之下，就算是 A 严格地介于 B 与 C 之间，那也除非它可以同时地被一些非常密切的中间变种还有上述的任何一个类型或两个类型连接起来，那么 A 就能够简单地被排列为第三个不同的物种。但是莫要忘记，就像前面所解释的，A 或许是 B 与 C 的真正的原始祖先，并且在每个方面并不一定全都严格地介于它们两者之间。因此，我们能够从同一个地质层的下层以及上层中得到亲种还有它的若干变异了的后代。但是假如我们没有同时得到无数的过渡级进，那么我们将无法辨识出它们的血统关系，于是也就会将它们排列成不相同的物种。

我们都知道，很多的古生物学者是按照多么微小的差异去对他们的那些物种进行区别的。假如说这些标本来自相同的一个地质层的不同层次，那么他们就会更加毫不犹豫地将它们排列为不同的物种。有一部分有经验的贝类学者如今已将多比内还有别的一些学者所定的很多极完全的物种降成变种了。而且按照这样的观点，我们确实可以看到依据这一学说所应该看到的那些变化的证据。再来看一看第三纪末期的沉积物，大部分的博物学者都相信那里所含有的很多贝壳与如今依然生存着的物种是相同的。不过有的卓越的博物学者，像阿加西斯还有匹克推特这些学者，则主张一切的这些第三纪的物种与现在生存的物种均为明确不同的，尽管它们的差别非常小。因此，除非我们相信这些著名的博物学者被他们的空想误导了，而去承认第三纪后期的物种的确同它们的如今生存的代表并没有什么不同之处，或者除非是我们同大部分的博物学者的判断正好相背离，承认这些第三纪的物种确实和近代的物种完全不一样，我们便可以在这当中获得所需要的那类微小的变异多次出现的证据了。假如我们认真注意一下稍微宽广一些的间隔时期，这就代表着，如果去认真观察一下相同的巨大地质

巨砗磲是最大的活软体动物

层中的不同但是相互连续的层次，我们就可以看到其中埋藏的化石，尽管被列为不同的物种，不过彼此之间的关系比起相隔更为遥远的地质层当中的物种要密切很多。因此，有关向着这个学说所需要的方向的那些变化，我们在这里又获得了确凿的证据。不过对于这个问题，我准备留在下一章节中再进行讨论。

有关繁殖快并且移动不太大的动物还有植物，如同我们在前面已经看到的那样，我们有理由去推测，它们的变种在最开始通常都是地方性的。这些地方性的变种，如果没有到了它们一定程度上被改变了以及完成了，也不会广为分布并且排除自己的亲类型的。按照这样的认为，不管是在什么地方的一个地质层中，要想发现任何两个类型之间所有的早期过渡阶段的机会，是非常小的，由于连续的变化被假定是地方性的，也就是局限于某一地点的。大部分的海产动物的分布范围均是非常宽广的。而且我们看到，在植物的世界里，分布范围最广的是最常出现的变种。因此，有关贝类还有别的海产动物，那些具有最宽阔分布范围的，早已远超已知的欧洲地质层界限之外的，经常最开始产生地方变种，直到产生新的物种。所以说，我们在不管是哪个地质层中想要查出过渡的那些阶段的机会，也被大大地降低了。

最近福尔克纳博士个人所主张的一种更为重要的议论，得出了相同的结果，那就是每个物种进行变化的时期，尽管说用年代计算是长久的，不过比起它们没有进行任何变化的时期来说，基本上还是较短的。

不可以忘记，在现在可以用中间变种将两个类型连接起来的完全标本，是非常稀缺的，那么，除非从很多的地方采集到大量的标本之后，很少可以证明它们是同一个物种。并且在化石物种方面极少可以做到如此。我们只需问问，比如，地质学者在某个未来的时间里是不是可以证明我们的牛、绵羊以及马和狗的每个品种都是从一个或几个原始的物种繁衍而来的，再比如，栖息于北美洲海岸的一些海贝事实上是变种，还是大家所讲的不同物种呢？它们被有的贝类学者列成了物种，与它们的欧洲代表种非常不相同，可是却被别的一些贝类学者只是列为变种，如此一问的话，我们估计就可以最好地了解用无数的、细小的、中间的化石连锁去连接物种是不可能的。将来的

地质学者也只有发现了化石状态的无数中间级进之后，才可以证明这一点，但是这种成功基本上完全是不可能的。

相信物种的不变性的著作家们反复地主张，地质学上找不到任何连锁的过渡类型。我们会在下面的一章中看到这样的主张一定是错误的。就像卢伯克爵士说过的，"每个物种均是别的近似类型之间的连锁"。假如我们以一个具有 20 个现存的以及绝灭的物种的属为例，假设五分之四遭到了毁灭，那么没有人会怀疑残余的物种彼此之间将会表现得十分不同。假如说这个属的两极端类型偶然这么被毁灭了，那么这个属将与别的近似属更加不相同。地质学研究尚且没有发现的是，之前曾经存在着无限数目的中间级进，它们就如同现存变种那般微细，而且将几乎所有现存的以及绝灭的物种连接在了一起。不过不可以去期望能够做到那样。可是这一点却被反复地提出来，当作反对我的观点的一个极为重大的异议。

用一个设想的例证将前面所讲的地质记录不完全的一些原因总结一下，还是非常有必要的。马来群岛的面积基本上相当于从北角到地中海还有从英国到俄罗斯的欧洲面积。因此，除了美国的地质层以外，它的面积同所有的多少精确调查过的地质层的所有面积相差并不太多。我完全同意戈德温·奥斯汀先生所提出的意见，在他看来马来群岛的现状（它的大量大岛屿已被广阔的浅海分隔开），估计能够代表之前欧洲的大部分的地质层正在进行堆积的当时的状况。在生物研究方面，马来群岛算是最丰富的区域之一。可是，假如说将所有的曾经生活在那里的物种全部搜集起来的话，就能够看出它们在代表世界自然史方面将是多么不完全！

不过我们有各种理由去相信，马来群岛的陆栖生物在我们假设堆积在那个地方的地质层中，一定被保存得非常不完全。严格的海岸动物或生活于海底裸露岩石上的动物，被埋藏于那个地方的，不可能有很多，并且那些被埋藏于砾石以及沙中的生物也无法保存到久远的时代中。在海底没有沉积物堆积的地方，或者在堆积的速率不足够可以保护生物体腐败的地方，生物的遗骸就无法被保存下来。

丰富的包含着各类化石的，并且其厚度在未来的时期当中足以延续到像过去第二纪层那么悠久的时间的地质层，在群岛中通常仅仅可以在沉陷的期间被形成。这些沉陷期间彼此之间会被巨大的间隔时期分割开来，在这个间隔时期之中，地面有可能会保持静止也有可能会继续上升。在继续上升的情况下，在峻峭海岸上的含化石的地质层，就会被不断的海岸作用所毁坏，而这个过程的速度基本上与堆积的速度是相同的，就像我们如今在南美洲海岸上所看到的情况一般。在上升的时间里，甚至在群岛间广阔的浅海当中，沉积层也非常难以堆积到很厚的程度，换一种说法，也非常难以被随后的沉积物所覆盖或者是保护，于是也就没有机会能够存续到久远的将来。在沉陷的时期当中，生物遭到绝灭的估计非常多，而在上升的期间，估计会出现大量的生物变异情况，不过这个时候的地质纪录更是不够完全。

群岛全部或一部分沉陷还有与此同时出现的沉积物堆积的任何漫长时间，是不是会超过同一物种类型的平均持续期间，是值得我们对其产生怀疑的。此类偶然的事情对于任何两个或两个以上物种之间的所有的过渡级进的保存来说，是不能够缺少的。假如说这些级进没能够全部被保存下来，那么过渡的变种看起来就如同是很多新的尽管是密切近似的物种。每个沉陷的漫长期间还有可能会被水平面的振动所间断，同时在这样长久的时期当中，稍稍微小的气候变化也有可能发生；处于这样的情况当中，群岛的生物就不得不迁移，所以在任何一个地质层当中就无法保存与它们的变异有关的密切连接的纪录。

大部分群岛的海产生物，现在已超越它的界限并且分布到数千英里之外的地方。按照这样的情况去推断的话能够明确

第四纪 0~200万年前 许多哺乳动物灭绝，人类进化

第三纪 约200万~6500万年前 最初的大型哺乳动物出现，鸟类繁盛，草地扩大

白垩纪 约0.65亿~1.44亿年前 恐龙灭绝，最初的被子植物出现

侏罗纪 约1.44亿~2.13亿年前 恐龙时代，一些恐龙进化成鸟类

三叠纪 约2.13亿~2.48亿年前 哺乳动物和种子植物出现

二叠纪 约2.48亿~2.86亿年前 裸子植物出现，但许多动物因沙漠扩散而灭绝

石炭纪 约2.86亿~3.6亿年前 爬行动物进化出现，出现巨大的蕨类植物

泥盆纪 约3.6亿~4.08亿年前 昆虫和两栖类动物进化出现，蕨类和藓类像树一样大

志留纪 约4.08亿~4.38亿年前 植物在陆地出现，鱼类在河流中出现

奥陶纪 约4.38亿~5.05亿年前 撒哈拉由冰雪覆盖，类鱼动物在海洋中出现并进化

寒武纪 约5.05亿~5.9亿年前 陆地上没有生命，甲壳类动物在海洋中繁盛

隐生宙 约5.9亿年前 最初的微型有机物出现，提供给大气层能让动物赖以呼吸的氧气

科学家们用特定动物或植物化石的线索把最近的5.9亿年地球历史划分为11个被称为"纪"的时间单位。

地让我们相信，主要是这些分布范围十分广阔的物种，就算是让它们之中只有一些可以广为分布，最常产生新变种，这些变种在最开始是地方性的，也就是说仅仅局限于一个地方的，不过当它们得到任何决定性的优势之后，也就是当它们进一步变异并且

改进时，它们就会慢慢地散布开去，同时将亲缘类型逐步地排斥掉。等到这些变种重返故乡时，由于它们已不同于之前的状态，尽管它们的程度或许是非常细微的，而且由于它们被发现时均是埋藏于同一地质层稍微不同的亚层当中，因此依据很多古生物学者所遵循的原理，这些变种估计就会被列为新并且不同的物种。

假如说这些说法有某种程度上的真实性，那么我们就没有权利去期望在地质层当中可以找到这样的没有数目限制的仅有微小差别的过渡类型，而这些类型，依据我们的学说，曾经将所有同群的过去物种以及现在的物种连接于一条长并且分支的生物连锁当中。我们只需要去寻找少数的连锁，而且我们确实也找到了它们，它们彼此之间的关系有的比较远一些，有的则比较近些。而这些连锁就算曾经是非常密切的，如果出现在同一地质层的不同层次，也会被很多的生物学者列为不同的物种。我不讳言，假如不是在每一地质层的初期还有末期生存的物种之间缺少无数过渡的连锁，然后还对我的学说构成这么严重的威胁的话，我将不可能会想到在保存得最好的地质断面里，纪录还是这么贫乏。

# 一些地质层中发现了整群近似物种

物种的整个群体在有些地质层中突然出现的情况，曾被有的古生物学者比如阿加西斯，还有匹克推特以及塞奇威克等人，看成是反对物种可以变迁这一概念的致命异议。假如属于同属或者是同科的无数物种真的能够同时产生出来，那么这样的事实对于以自然选择为依据的进化学说来说确实是致命的。因为按照自然选择，一切从某一个祖先传下来的一群类型的发展，肯定是一个非常非常缓慢的过程，而且这些祖先肯定是在它们的变异了的后代出现很久之前就已经生存着了。不过，我们经常将地质纪录的完全性预估得太高，而且因为某属或某科之前不曾出现在某个阶段当中，于是人们就会错误地推论它们之前并没有在那个阶段存在过。在一切的情形里，只有积极性的古生物证据，才能够完完全全地去信赖。而那些消极性的证据，就像那些按照经验而被多次指出的，并没有什么价值，我们经常忘记，整个世界同被调查过的地质层的面积比较起来，是多么巨大。我们还容易忘记物种群在侵入欧洲的古代群岛还有美国之前，或许在别的地方已经存在很长很长的时间了，并且已经慢慢地繁衍起来了。我们也很少会去适当地考虑，在我们的连续地质层之间所经过的间隔时间当中，在大多数时候，这个时期估计要比每个地质层堆积起来所需要的时间还要长久一些。这些间隔能够给予充分的时间去让物种从某一个亲类型繁衍起来，但是这些群或物种在之后生成的地质层中，就好像突然被创造出来一般就那么出现了。

在这里，我准备将之前已经说过的话再讲一遍，那就是，一种生物对于某种新并

南极的帝企鹅

且特别的生活方式的适应，比如在空中飞翔，估计是需要很长的连续时期的。于是，它们的过渡类型往往能够在某一区域之中留存很长的时间。不过，假如说这样的适应一旦成功了，而且少数的物种因为这样的适应比其他的物种获得了更大的优势，那么，仅仅需要较短的时间就可以产生出很多分歧的类型来，而这些类型就会迅速地并且广泛地散布到全世界去。匹克推特教授在对本书的优秀书评当中评论了早期的过渡类型，同时还用鸟类作为例证，他无法看出假想的原始型的前肢的连续变异估计会有什么样的利益。不过可以去看一看"南方海洋"（即南极洲）上的企鹅，这些鸟的前肢不正是处于"既不是真的臂，也不是真的翼"这样的真正的中间状态之中吗？可是这些鸟在生存斗争中成功地占据了属于自己的地位。由于它们的个体数目是无限多的，并且它们的种类一样也非常多。我并非在假定这里所看到的就是鸟翅所之前所经历过的真实过渡级进。不过翅膀估计有利于企鹅的变异了的后代，让它们首先变为如同大头鸭那样可以在海面上拍打翅膀，最终能够从海面飞起而滑翔于空中，去相信这一点又存在着什么特别的困难呢？

现在我准备列举少数几个例子以证明前面所讲的内容，同时也示明在假定全群物种曾经突然产生的事情方面，我们是多么容易犯错误，甚至是在匹克推特有关古生物学的伟大著作第一版（出版于 1844 到 1846 年之间）还有第二版（出版于 1853 到 1857 年）之间的那样一个较短的时间之内，对于几个动物群的开始出现以及灭绝的结论，就存在着非常大的变更。而第三版估计还需要有更大规模的改变。我能够再提起一件我们都知道的事实。在近日以来发表的一些地质学论文当中，很多人说哺乳动物是在第三纪刚开始的时期才突然出现的。可是现在已知的，富含化石哺乳动物的堆积物之一，是属于第二纪层的中央部分的。同时，在接近这一个大纪开头的新红砂岩中，也发现了真正的哺乳动物。居维叶一直以来都主张，在任何第三纪层中从来没有出现过猴子，可是，目前在印度、南美洲还有欧洲，已经在更为古老的第三纪中的新始祖鸟是经典的"中间"物种，连接了几种不同的生物。

世层里发现了它们的绝灭种。假如不是在美国的新红砂岩中有被偶然保存下来的足迹，谁都不敢去设想在那个时代甚至存在着不下 30 种不同类型的鸟形动物，而且有的还是十分巨大的，这些曾经存在过吗？可是在这些岩层中，并未曾发现这些动物遗骨的一块碎片。不久之前，有的古生物学者主张整个鸟纲出现于始新世，是突然出现的。不过，现在大家基本上都已清楚，按照欧文教授的权威意见，在上部绿砂岩的沉积时期当中，确实有一种鸟存在着了。还有更为接近的是，在索伦何芬的鲕状板岩当中，发现了一种十分怪异的鸟，也就是始祖鸟，它们具有蜥蜴状的长尾，尾部每节还生有一对羽毛，而且翅膀上还长着两个发达的爪。不管是哪种近代的发现，均没有比这个发现更能够有力地向我们证明了，我们对于世界上之前的生物所知道的是多么少。

我还要举一个例子，这是我亲眼见到过的，它曾经让我大受感动。我在一篇论化石无柄蔓足类的报告当中曾经讲到，按照现存的以及绝灭的第三纪物种的大量数目，依照全世界，也就是从北极到赤道，栖息在从高潮线到 50 英寻各不相同深度当中的很多物种的个体的数目，十分繁多。按照最久远的第三纪层中被保留下来的标本的完整状态，按照甚至一个壳瓣当中的碎片，也可以轻易地被辨识出来。依照这所有的条件，我曾推论假如无柄蔓足类曾经存在于第二纪当中，它们一定会被保存下来，并且被发现。不过由于在这一时期当中的一些岩层中并未曾发现过它们的一个物种，因此我曾断言这一大群是在第三纪的最开始的时期突然发展起来的。这让我觉得非常痛苦，因为当时我想，这容易让物种的一个大群的突然出现增加一个事例。不过当我的著作马上要出版的时候，一位有经验的古生物学者波斯开先生恰好给我寄来了一张完整的标本图，毫无疑问它是一种无柄蔓足类，那些化石是他亲手从比利时的白垩层中采到的。就如同是为了让这样的情况更加动人一般，此种蔓足类是属于一个非常普通的，而且比较庞大的并且是遍地存在着的一属，那就是藤壶属，而在这一属中还没有一个物种曾在任何第三纪层中被发现过。更近一些的时期，伍德沃德在白垩层上部发现了无柄蔓足类的另外一个亚科的成员，名为四甲藤壶。因此我们现在已有丰富的证据去证明这群动物曾在第二纪中存在过。

与全群物种分明突然出现的情况有关的，时常被古生物学者们提到的，就是硬骨鱼类。阿加西斯讲到，它们的出现是在白垩纪的下部。这个鱼类包含了现存物种的大

亚德里亚海鲉属于硬骨鱼

部分。不过，侏罗纪以及三叠纪的有些类型，现在普遍都被认为是硬骨鱼类，甚至是一些古生代的类型，也如此被一位高等权威学者分到这一类当中。假如硬骨鱼类真是在北半球的白垩层最开始的时候突然出现的，很显然这是非常值得我们去高度重视的事实。不过，除非可以解释说明这个物种在世界别的地方也在同一时期中突然地出现并且同时地发展了，它并未造成不可克服的困难。在赤道往南的地方并没有发现过任何化石鱼类，对于这点就不用多说了。并且，读了匹克推特的古生物学之后，就应该知道在欧洲的几个地质层当中曾经也只是发现过极少的物种。有的少数鱼科如今的分布范围是非常有限的。硬骨鱼类之前估计也有过类似的被限制的分布范围，它们仅仅是在某一个海里大量发展之后才会广泛地分布开去。而且我们也没有什么权利去假定世界上的海从南到北永远是自由开放的，就如同今天的情况一般。就算是到了今天，假如说马来群岛变成了陆地，那么印度洋的热带部分估计就会形成一个完全被封闭起来的巨大盆地，在其中海产动物的任何大群都有可能繁衍下去，直到它们的有些物种变得适应了比较冷的气候，同时还可以绕过非洲或澳大利亚的南方的角，然后以此去别的远处海洋时，那么这些动物估计会被局限于那个地区之中。

按照这些考察，依照我们对于欧洲还有美国之外的地方的地质学的无知，而且按照近十余年来的发现所掀起的古生物学知识中的革命，在我看来对于全世界生物类型的演替问题进行独断，就好比一个博物学者在澳大利亚的一个不毛之地待了五分钟之后就去讨论那里生物的数量以及分布范围一样，实在是有点太过于轻率了。

# 已知最古老的地质层中出现了整群物种

还有一些类似的难点，更让人感到棘手。我所指的是动物界中的几个主要物种，在已知的最古老的石岩层中突然出现的情况。大部分的讨论让我相信，同群中的所有现存物种都是从一个单一的祖先传下来的，这点也一样有力地适用于最原先的既知物种。比如，所有寒武纪的以及志留纪的三叶虫类均是从某一种甲壳动物传下来的，而这种甲壳类一定远在寒武纪之前就已存在，而且还与任何已知的动物估计都有着大大的不同。有的最古的动物，比如鹦鹉螺还有海豆芽之类的等，同现存的物种并不存在着多么大的差异。根据我们的学说，这些古老的物种无法被假设为在它们后面出现的同群的左右物种的原始祖先，主要是

这只牙形石三叶虫生活在中寒武纪的海洋里。

因为它们并不具备任何的中间性状。

因此，假如说我的学说是真实可靠的，远在寒武纪最下层的沉积之前，必然会经过一个长久的时期，这个时期同从寒武纪到今天的整个时期相比的话，估计一样地长久，或者还要更为长久一些。并且，在如此广阔的时期之中，世界上一定已经充满了生物。这里我们遭到到了一个强有力的异议，那就是地球在适合生物居住的状态下是否已经经历久远的时间，好像值得去怀疑。汤普森爵士曾经就断言过，地壳的凝固不会在 2000 万年以下或者是 4 亿万年以上，估计是在 9800 万年以下或者是在 2 亿万年以上。这么广泛的差限，充分证明了这些数据是非常值得怀疑的。并且，别的一些要素在以后还有可能会被引入这个问题当中来。克罗尔先生计算自从寒武纪以来基本上已经经过 6000 万年，可是依据从冰期开始以来生物的微小变化量去判断的话，这同寒武纪层以来生物确实曾出现过较大并且繁多的变化相比较，6000 万年好像有些太短了。况且之前的 1.4 亿年对于在寒武纪中已经存在的各种生物的发展，也不可以被看成是足够的。不过，就像汤普森爵士所主张的那样，在非常早的时期，世界所面对的物理条件，它们的变化，估计比我们现在还要急促并且激烈。而这些变化则非常有利于诱使当时生存的生物用相应的速率去发生变化。

至于在寒武纪之前的那段被假设为更早时期当中，为什么未曾发现富含化石的沉积物呢？对于这个问题我还无法给出圆满的解答。以默奇森爵士为首的几位优秀的地质学者近来还相信，我们在志留纪最下层所见到的生物遗骸，属于生命最开始的曙光。而别的一些极为有能力的鉴定者们，像莱尔以及福布斯这类研究者，却是反对这个结论的。我们千万要牢牢地记住，我们所精确知道的，只不过是这个世界上的一小部分而已。就在不久前，巴兰得在当时已知的志留纪之下发现了另外一个更下的地层，这一层当中富有特别的新物种。而现在希克斯先生在南威尔士地段更为靠下面的下寒武纪层当中，发现了富有三叶虫的，并且还是含有各种软体动物以及环虫类的岩层。甚至在有的最低等的无生岩当中也发现了有一些磷质小块初沥青物质存在着，这估计暗示了在这些时期中的生命。加拿大的劳伦纪层中存在着有始生虫目前已被大多数人所承认。在加拿大的志留系岩层之下还存在着三大系列的地层，在最下面的地层中曾见到过始生虫。洛根爵士曾经讲道："这三大系列地层总共加起来的厚度，估计远远超过之后从古生代基部到现在的所有岩石的厚度。这样，我们就被带回到一个那么辽远的时代，以致有的人估计会将巴兰得所说的原始动物的出现看成是比较近代的事情。"始生虫的体制在所有的动物纲中是最为低级的，不过在它所属的这一纲当中，它的体制却是高级的。这个物种曾以无限的数目存在过，就像道森博士所讲的，它肯定是以别的微小生物作为食饵，而这些微小的生物也一定是大量存在着的。所以，我在 1859 年所写的有关生物远在寒武纪之前就已存在的一些话，同后来洛根爵士所讲的基本上是相同的，均被证明是正确的了。就算是真的如此，要对寒武系地层以下为什么没有富含化石的巨大地层的叠积列出任何比较好的理由来，还是具有极大的困难叠层石沿着澳大利亚的鲨鱼湾沿线分布，叠层石是地球上最为古老的生命迹象之一。

的。要说那些最古的岩层已经因为剥蚀作用而完全消失，或者说，它们的化石因为变质的作用而整个被消灭，好像是不靠谱的。因为，如果说确实是这样的话，我们就会在继它们之后的地质层里只发现一些微小的残余物，而且这样的残余物往往均是以部分的变质状态存在的。不过，我们所拥有的有关俄罗斯还有北美洲的巨大地面上的志留纪沉积物的描写，并不支持这种观点。一个地质层越古老越是无法避免地要蒙受很大程度上的剥蚀作用以及变质作用。

目前对于这样的情况还无法进行合理的解释，所以说这会被当作一种有力的论据去反对本书所代表的观点。为了指出以后可能会获得某种解释，我愿提出下面的一些假说。按照在欧洲还有美国的若干地质层中的生物遗骸，它们似乎并不存在着在深海中栖息过的性质，而且按照构成地质层的，厚达数英里的沉积物的量，我们能够推断出产生沉积物的大岛屿或者是大陆地，始终都是处于欧洲还有北美洲现存的大陆附近的。后来阿加西斯与别的一些人也采取了相同的观点。不过我们依然不知道在若干连续的地质层之间的间隔期间当中，事物的状态以前是什么样的。欧洲还有美国在这些间隔期间当中，到底是干燥的陆地，还是没有沉积物沉积的近陆海底，要不就是一片广阔的，并且是深不可测的海底，我们现在还无从知道。

看一看现在的海洋，它是陆地的三倍，其中还散布着很多的岛屿。不过大家均十分清楚，除了新西兰之外，几乎没有一个真正的海洋岛（假如新西兰能够被称为真正的海洋岛）提供过一个古生代或者是来自第二纪地质层的残余物。所以，我们基本上能够去推论，在古生代以及第二纪的时期当中，大陆与大陆岛屿并未在如今的海洋的范围之中存在过。这是因为，假如说它们曾经存在过，那么古生代层还有第二纪层就会存在由它们的磨灭了的以及崩溃了的沉积物堆积起来的所有可能，而且这些地层因为在非常长久的时期当中一定会出现水平面的振动，最起码会有一部分隆起了。那么，假如我们从这些事实的方面能够去推论任何事情，那么我们也就能够推论，在如今海洋展开的范围之中，自从我们有任何纪录的最古远的时代以来，就曾出现过海洋的存在。再有一面就是，我们也能够推论，在如今大陆存在的地方，以前也曾有过大片的陆地存在着，它们自从寒武纪以来毫无疑问地遭受过水平面的巨大振动。在我的《论珊瑚礁》一书当中所附的彩色地图让我得出了下面的结论，那就是每个大海洋到今天依然是沉陷的主要区域。大的群岛仍然还是水平面振动的区域，而大陆也仍然是上升的区域。不过我们没有任何理由去设想，自从世界出现以来，事情就是如此依然如昨的。我们大陆的形成好像因为在多次水平面振动的时候，上升力量占了一定的优势而造成的。不过，难道说这些优势运动的地域，在时代的推移过程当中没有出现过变化吗？远在寒武纪之前的一个时期当中，现在海洋展开的地方，或许也有大陆曾经存在过，而现在大陆存在的那些地方，或许之前也存在过广阔的海洋。比如，假如鸬鹚海底现在变成了一片大陆，就算是那里有比寒武纪层还古老的沉积层曾经沉积下来，我们也不可以去假设它们的状态是能够辨识的。因为这些地层当中，因为沉陷到更为接近地球中心数英里的地方，同时因为上面有水的十分巨大的压力，估计就比接近地球表面的地层要遭遇更为严重的变质作用。世界上的一些地方的裸露变质岩的广大范围之中，比如南美洲这样的区域之中，一定曾在巨大的压力之下遭受过灼热的作用。我总是认为对于这样的区域，好像需要给予特别的解释。我们估计能够去相信，在这些广大的区域当中，我们能够看到很多远在寒武纪之前的地质层，是处于完全变质了的以及被剥蚀了的状态之下的。

此处我们所讨论的几个难点是，尽管在我们的地质层当中见到很多介于现在生存为物种以及既往曾经生存的物种之间的连锁，可是并未曾见到将它们密切连接在一块儿的大量微细的过渡类型；在欧洲的地质层当中，有一些群的物种突然出现；根据现在所知道的，在寒武纪层以下基本上完全没有富含化石的地质层；所有这一切难点的性质毫无疑问都是非常严重的。最优秀的古生物学者们也就是居维叶还有阿加西斯和巴兰得、匹克推特、福尔克纳以及福布斯等，此外还有所有最伟大的地质学者们，如莱尔、默奇森还有塞奇威克等，曾经都一致地坚持物种的不变性。由此我们就能够看到，前面所讲的那些难点的严重情况了。不过，莱尔爵士现在对于相反的一面给予了他的最高权威的支持。而且大部分的地质学者还有古生物学者们对于他们以之前的信念也出现了大大的动摇。而那些相信地质纪录多少是完全的学者们，毫无疑问还是会毫不犹豫地去反对这个学说的。而我自己则会遵循莱尔的比喻，将地质的纪录看成是一部已经散失不全的，同时又是常用且变化不一致的方言写成的世界历史。在这部历史当中，我们只有最后的一卷，并且也只同两三个国家有一定的关系。在这一卷中，又仅仅是在这里或那里保存了一个短章，每页只有极为少数的几行。慢慢发生着变化的语言的每个字，在连续的每章当中，又多少存在着一些不同，这些字估计可以代表埋藏于连续地质层中的同时还被错认为突然发生的一些生物类型。根据这样的观点，前面所讨论的难点就能够大大地缩小了，或者说可以消失了。

# 第十一章

# 论生物在地质上的演替

# 关于物种的地质演替

现在让我们来看一下与生物在地质方面的演替有关的一些事实以及法则，到底是同物种不变的普遍的观点最为一致，还是同物种经过变异和自然选择缓慢地、逐步地发生变化的观点最为一致呢？不管是在陆上还是在水中，新的物种是非常缓慢地陆续出现的。莱尔曾解释说明，在第三纪的一些阶段当中存在着这方面的证据，这似乎是无法对其进行反对的。并且，每年都有一种倾向将每个阶段间的空隙填充起来，同时让绝灭类型同现存的类型之间的比例越来越成为级进的。在最近代的有些岩层当中（假如用年去计算，尽管确实是属于非常古老的时候的），其中不过只有一两个物种是绝灭了的，而且其中也不过只有一两个新的物种是首次出现的，这些新的物种有的是地方性的，也有一些据我们所知，是遍布在地球表面的。第二纪地质层是比较间断的。不过按照勃龙所说的，埋藏在各层当中的很多物种的出现还有消灭均不是同时进行的。

不同纲以及不同属当中的物种，并未曾依照相同的速率或者是相同的程度去发生变化。在比较古的第三纪层当中，少数现存的贝类还能够在多数绝灭的类型中找出来。

福尔克纳曾针对相同的事实列举过一个例子，那就是，在喜马拉雅山下的沉积物中，有一种现存的鳄鱼同很多已经灭绝了的哺乳类以及爬行类在一起。志留纪的海豆芽和本属的现存物种差别非常小。可是志留纪的大部分别的软体动物还有所有的甲壳类已经极大地发生改变了。陆栖生物好像比海栖生物变化得要快一些。以前在瑞士曾观察过这样动人的例子。有一些理由能够让我们去相信，高等生物比低等生物的变化要快很多。尽管这个规律是存在着例外的，生物的

长尾，具有尾椎骨

始祖鸟生活想象

三个带爪"手指"，在翅前中部

飞羽，适宜在空中敏捷地运动

牙齿，在长而轻的腭部（现在所有的鸟都没有牙齿）

变化量，根据匹克推特的说法，在每个连续的所谓地质层当中并不相同。可是，如果我们将密切关联的任何地质层进行一个比较就能够发现，所有的物种都曾经发生过一定的变化。假如一个物种一度从地球表面上消失，没有原因能够让我们相信相同的类型会再次出现。只有巴兰得所讲的"殖民团体"对于后面所讲的规律是一个非常显著的例外，有一个时期，它们曾侵入到较久远的地质层当中，于是造成了既往生存的动物群又重新出现了。不过莱尔的解释是，这是从一个完全不同的地理区域暂时移入的一种情况，这样的解释好像还能够让人感到满意。

这些事实同我们的学说非常一致，这些学说并没有包括那种僵硬的发展规律，也就是一个地域当中所有的生物都突然地，或者是同时地要不就是在相同程度上出现了变化。也是说，变异的过程必定是非常缓慢的，并且通常情况下只可以同时影响很少数的物种。因为每个物种的变异性同所有其他的物种的变异性并没有关系。至于能够发生的这些变异，也就是个体差异，是不是可以通过自然选择而多少地被积累下来，然后去引起或多或少的永久变异量，这还要取决于很多复杂的临时事件。比如取决于具有有利性质的变异，取决于物种之间自由的交配，取决于当地缓慢变化的物理条件，取决于新移住者的迁入，而且还取决于同变化着的物种互相竞争的别的生物的性质。所以，有的物种在保持相同形态方面应该比别的物种长久得多。或者说，就算是有变化，变化也是比较少的，这是不足为奇的。我们在每个地方的现存生物之间发现了相同的关系。比如，马得拉的陆栖贝类与鞘翅类，同欧洲大陆上的那些它们最近的亲缘之间的差异非常大，可是海栖贝类与鸟类依然未曾出现改变。按照前章所讲的高等生物对于它们有机的还有无机的生活条件有着更为复杂的关

巨犀比现在的大象大3倍

系，我们估计就可以理解陆栖生物与高等生物比海栖生物还有低等生物的变化速度明显会快很多。当不算是什么地区的生物，大部分已经出现变异以及改进了的情况下，我们按照竞争的原理还有生物和生物在生活斗争中最为重要的关系，就可以理解曾经并没有在某些程度上发生变异以及改进的任何类型，估计都容易遭到绝灭。所以说，假如我们注意了足够长的时间，就能够明白为什么在一个相同的地方的所有物种到最后都会出现变异，这是因为，如果不变异的话，就会遭到绝灭。

同纲的每个成员在长时期并且相同的期间当中的平均变化量估计近于相同。不过由于富含化石的，并且持续久远的地质层的堆积，有赖于沉积物在沉陷地域的大量沉积，因此现在的地质层基本上都必须在广大而且是不规则的间歇期中堆积起来。

于是，埋藏于连续地质层当中的化石所显示的有机变化量就不一样了。根据这个观点，每个地质层并未曾标志着一种新并且完整的创造作用，只不过是在缓慢地变化着的戏剧当中随便出现的非常偶然的一种情况而已。

我们可以非常明白地知道，为什么有的物种一经灭亡了，就算是有完全一样的有机的以及无机的生活条件再出现，它们也绝不会再次出现了。因为，尽管一个物种的后代能够在自然组成中适应并且占据另一物种的位置（这样的情况毫无疑问曾在很多个事例中出现过），而将另一物种排挤掉，可是，旧的类型与新的类型不可能出现完全相同的状况。这是因为两者几乎一定都从它们各自不同的祖先那里遗传了并不相同的性状。而那些已经不再相同的生物，将会依据不同的方式发生变异。比如，假如说我们的扇尾鸽都被毁灭了，养鸽者可以培育出一个与现有品种很难区别出来的新品种来。可是原种的岩鸽假如也同样被毁灭掉，我们有各种理由能够去相信，在自然的环境之下，亲类型通常都会被它们改进了的后代所代替并且消灭，那么也就是说在这样的时候就很难再去相信一个同现存品种十分接近的扇尾鸽，可以从任何别的鸽种，或者说甚至可以从任何别的非常稳定的家鸽族当中培育出来。由于连续的变异在一定的程度来说基本上绝对是不相同的，而且新形成的变种也估计会从它的祖先那里遗传来某些不相同的特性。

物种群，也就是属还有科，在出现以及消灭方面，所遵循的规律同单一物种相同，它们的变化有缓急之分，也有大小之别。一个群一旦被消灭了，就永不会再次出现了。同样也就意味着，它们的生存不管是延续了多么久的时光，也总是连续着的。我深知对于这个规律，存在着一些非常明显的例外，不过这些例外惊人的少，少到就连福布斯还有匹克推特以及伍德沃德（尽管他们都极力反对我们所持的此种观点）都承认这个规律的正确性。并且这个规律同自然选择学说是严格一致的。因为同群中的所有物种不管是延续到多久的年代当中，也均是别的物种的变异了的后代，均是由一个共同的祖先繁衍遗传而来的。比如，在海豆芽属当中，连续出现在所有时代的那些物种，从下志留纪地层一直到今天，肯定都被一条连绵不断的世代系列连接在了一起。

在前面的章节当中我们就已经谈到过，物种的全群有些情况下会呈现出一种假象，表现出好像要突然发展起一般。面对此种事实，我已经提出了一种解释，如果说

远古蜈蚣是最大的陆上节肢动物，但在生物进化中，这一种群已经灭绝了，不会再次出现了。

这样的事实是真实的话，那么对于我的观点将会出现致命的中伤。不过这样的情况确实属于例外。根据通常的规律，物种群渐渐地增加自己的数目，一旦增加到最大的限度之后迟早又会渐渐地出现减少的情况。假如说一个属当中物种的数量，一个科当中的属的数量，用粗细不同的垂直线去代表的话，让这条线通过那些物种在其中发现的连续的质层朝上升起，那么这条线有时在下端开始的地方会假象地表现出并不尖锐的现象，表现的是平截的。接着这条线伴着上升而逐渐加粗，同一粗度往往能够保持一段距离，最后在上层的岩床中渐渐地变细直到消失来表示这种物种已逐渐减少，直到最后被绝灭。一个群当中物种数目的这种逐渐增加，同自然选择学说都是严格一致的，因为同属的物种与同科的属仅仅可以缓慢地并且累进地增加起来。变异的过程与一些近似类型的产生一定会是一个漫长渐进的过程。一个物种先产生两个或三个变种，这些变种又渐渐地转变为物种，它又用相同的缓慢的步骤产生其他的变种以及物种，就这样继续下去，就如同一棵大树从一条树干上抽出很多的分枝是一个道理，直到成为很大的大群。

# 物种及物种群的灭绝

在前面的讨论中，我们只是附带地谈到物种与物种群的毁灭。按照自然选择学说来看，旧类型的绝灭和新并且改进的类型的产生之间存在着非常密切的关系。旧观念看来，觉得地球上所有的生物在连续时期当中都曾被灾变消灭干净，这样的观念已普遍地被抛弃了。就连埃利·得博蒙还有默奇森以及巴兰得等地质学者们，也都抛弃了这样的认识和想法。通常情况下他们的观点估计能够自然地引导他们到达这样的观点之上。如果你留意还会发现，按照对第三纪地质层的研究，我们有多种理由去相信，物种以及物种群先从这个地方，接着又从那个地方，最后终于从全世界逐步地被消灭了。但是在一些极少数的情况当中，因为地峡的断落，而使得大群的新生物侵入邻海中，或者因为一个岛的最后沉陷，灭绝的过程曾经也有可能是非常速度的。不管是单一的物种还是物种的全群，它们延续的期间都非常不相同。有的群，正如同我们所见到的那样，从已知的生命的黎明时代开始，一直延续到现在，而也有些群，在古生代结束之前，就已经灭绝了。好像没有一条固定的法则能够决定任何一个物种或任何一个属可以延续多长的时期。我们有足够的理由去认可，物种全群消灭的过程通常都要比它们的产生过程缓慢很多。假如说它们的出现还有灭绝依据之前所讲的那样，拿着粗细不一样的垂直线来代表的话，就能够观察出，这条表示绝灭进程线的上端出现了变细的情况，要比表示最开始出现以及早期物种数目增多的下端缓慢很多。不过，在有的情况当中，整群的绝灭，比如菊石，在接近第二纪末，曾经很神奇地突然出现了。

　　之前物种的绝灭曾陷入极度无理的神秘当中。有的著作家甚至去假定，物种就如同个体有一定的寿命一般，也有着一定的存续期间。估计不会有人如我那样，曾对物种的绝灭觉得惊奇。我在拉普拉塔曾在柱牙象和大懒兽还有弓齿兽以及别的一些已经绝灭的怪物的遗骸中发现了一颗马的牙齿。这些怪物在最近的地质时期曾同今日依然生存的贝类一起共存了很久，这个现象着实让我感到震惊不已。为什么我会觉得非常惊异呢？这是因为，自从马被西班牙人引进南美洲之后，就在全南美洲变为野生的，而且还以神奇般的速度扩大了它们的数量。因此我问自己，在这样很明显非常有利的生活条件下，是什么原因会将之前的马在这么近的时代消灭了呢？不过我的惊奇是没有什么依据的。欧文教授很快就看出尽管这牙齿同现存的马齿那么相像，却是属于一个已经绝灭了的马种的，假如这种马到现在还依然存在，仅仅是稀少了些，估计任何博物学者对于它们的稀少也一点都不会觉得惊奇，因为稀少现象是一切地方的一切纲当中的大多数物种的属性。假如我们问自己，为什么这一种物种或者是那一种物种会稀少，那么能够回答，是因为它们的生活条件有一些不利。可是，具体有哪些不利，我们却很难说出来。假设那种化石马到现在依然作为一个稀少的物种而存在着，我们按照同所有别的哺乳动物（甚至包括繁殖率非常像）的类比，还有按照家养马在南美洲的归化历史，一定会觉得它们在更有利的条件当中肯定可以在很少的几年之中遍布整个大陆。可是我们却不能够找出抑制它增加的不利条件有哪些，是因为一种偶然的事故，还是因为几种偶然的事故，我们也无法说出在这种马一生中的什么时候，在什么样的程度上，那些生活条件是如何各自发挥其作用的。假如说那些条件日益变得不利，

大多数菊石长有螺旋形的壳，但有一些菊石壳像圆锥一样直直地生长，还有些被弯曲或扭曲成为古怪的形状。

不管是怎样的缓慢，我们确实无法觉察出这样的事实。可是那种化石马一定会逐渐地减少，直到最后走向绝灭。于是它的地位就会被那些更为成功的竞争者顺利取代。

我们很难常常都记住，每种生物的增加是在不断地经历着无法觉察的敌对作用的抑制的。并且这些无法觉察的作用，完全足够让它们渐渐稀少，直到最后绝灭。有关于这个问题，我们了解得是那么少，甚至导致我曾听到有的人对柱牙象还有更为古老的恐龙那种大怪物的绝灭，多次表示惊异，就好像只要有强大的身体就可以在生活战争中获得胜利似的。而正好相反的是，仅仅是身体大，就像欧文所解释说明的，在有些情况下，因为需要大量的食物，反而会导致它们加快绝灭的速度。在人类没有栖住在印度或非洲之前，一定有一些原因曾经抑制了现存象的继续增加。非常具有才能的鉴定者福尔克纳博士认为，抑制印度象增加的因素，主要是昆虫不断地折磨并且削弱了它们。而布鲁斯对于阿比西尼亚的非洲象，也得出了相同的结论。昆虫与吸血蝙蝠确实决定了南美洲一些地方的，归化了的大型四足兽类的生存。

在更接近的第三纪地质层当中，我们见到很多先稀少而后出现绝灭的情况。并且我们也都明白，经过人为的作用，有的动物的局部或者是全部的绝灭过程也是相同的。我愿意再次重复地说一下我在 1845 年发表过的文章，在那篇文章当中，我认为物种通常都是先稀少，接着绝灭，这就如同病是死的前奏一般。不过，假如对于物种的稀少并没有觉得奇怪，而等到物种完全绝灭的时候，却觉得非常惊异，这就如同对于病并不觉得奇怪，但是当病人死去的时候觉得惊异，于是就去怀疑他是死于某种暴行是同一个道理。

自然选择学说是建立在下面的信念上的：每种新变种到了最后都是每个新物种，因为比它的竞争者拥有着某种优势，于是被产生并且保持下来。并且，比较不利的类型的绝灭，基本上是无法避免的结果。在我们的家养生物当中也存在着相同的情况，假如一个新的稍微改进的变种被培育出来，那么它首先就要排挤掉在它附近的，改进比较少的那些变种。等到它们被大程度改进了的时候，就会如同我们的短角牛那般，被运送到各个地方去，同时在那些地方取代当地的其他品种的地位。这样的话，新类型的出现以及旧类型的消失，不管是自然产生的还是人工产生的，都被连接在了一起。在繁盛的群当中，一定时间中所产生的新物种类型的数量，在有的时期估计要比已经绝灭的旧物种类型的数目要多很多。不过我们也都清楚，物种并非是无限持续地增加的，最起码在最近的地质时期当中是这样的。因此，假如注意一下晚近的时代，大家也就能够去相信，新类型的出现曾经造成了差不多相同数目的旧类型的绝灭。

就像之前我们所解释过的以及用实例说明过的一般，在每个方面彼此最相像的类型之间，通常情况下竞争也都进行得最为激烈。所以，一个改进了的以及变异了的后代，通常都会招致亲种的绝灭。并且，假如很多的新类型是从随便的一个物种发展而来的，那么这个物种的最近亲缘也就是同属的物种，则最容易遭到绝灭。所以说，正如我所信任的，从一个物种繁衍而来的一些新物种，也就是新属，最终会排挤掉同科中的一个旧属。不过也会多次反复出现这样的情况，那就是某一群的一个新物种夺取了其他群的一个物种的地位，于是招致它的绝灭。假如说很多的近似类型是从成功的侵入者发展而来的，那么势必会有很多的类型要让出它们自己的地位。被灭绝的往往都是近似的类型，由于它们通常都因为共同地遗传了某种劣性而遭到了损害。不过，让位给别的变异了的以及改进了的物种的那些物种，不管是属于同纲还是属于异纲，总还有少数能够保存到一个较为长久的时间，这是由于它们适合一些特别的生活方式，或者是由于它们栖息在远离的以及孤立的地方，正好逃避了那些激烈的竞争。比如，三角蛤属正是第二纪地质层当中的一个贝类的大属，它的有些物种依然残存于澳大利亚的海里，并且硬鳞鱼类这个基本上已经绝灭的大群中极少数的成员，到今天依然栖息于我们的淡水当中。因此就像我们所看到的，一个群的全部绝灭的过程要比它们的产生过程缓慢一些。

有关全科或者是全目的显著的突然绝灭，例如古生代晚期的三叶虫以及第二纪末期的菊石，我们还需要记住，之前已经说过的情况，那就是在连续的地质层之间，基本上间隔着广阔的时间，而在这些间隔时间之中，绝灭估计都是非常缓慢的。此外，假如一个新群当中的很多物种，因为突然的移入，或者是因为异常迅速的发展而占据了一个地区，那么，大部分的旧物种就会以相应的速度快速地走向绝灭。如此让出自己地位的类型，普遍均是那些近似的类型，由于它们同样具有相同的劣性。

所以，在我的观点当中，单一的物种还有物种全群的绝灭方式，同自然选择学说是非常一致的。我们对于物种的绝灭，没必要感到惊异。假如一定要惊异的话，那么还是对我们的自以为是，很多时候总是想象我们非常理解决定每种物种生存的很多复杂的偶然事情，来表示一下惊异吧。每个物种都存在着过度增加的倾向，并且有着我们极少觉察得出来的某种抑止作用的活动，假如我们某一时间里忘记了这一点，那么整个自然组成就会变得完全无法理解。不管是什么时候，假如我们可以明确地说明为什么这个物种个体的数目要比那个物种个体的数目多一些；为什么会是这个物种而不是那个物种可以在某个地方归化。直到到了那个时候，才可以对于我们为什么无法说明任何一个特殊的物种或者是物种群的绝灭，正式地表示惊异。

# 所有生物的演化几乎同时进行

生物的类型在全世界基本上是在同时发生着变化，任何古生物学的发现极少会有比这个事实更为动人的了。比如，在非常不同的气候当中，尽管没有一块白垩时期的矿物碎块被发现的很多辽远的地方，比如在北美洲，在赤道地带的南美洲还有在火地和好望角，以及在印度半岛，我们欧洲的白垩层都可以被辨识出来。由于在这些辽远

## 三叠纪 2.13 亿 ~ 2.48 亿年前

祖龙日益重要，并成为第一批真正的恐龙。这一时期还有一些小型两腿肉食性动物和大型的植食性动物。

胜王龙　　　　　　板龙

## 侏罗纪 1.44 亿 ~ 2.13 亿年前

这一时期，恐龙种类繁多。大型恐龙成为有势力的动物霸主，例如庞大的植食性恐龙重龙。

重龙　　　异齿龙　　　迷惑龙

## 白垩纪 0.65 亿 ~ 1.44 亿年前

恐龙类型要比其他时期多，包括巨型肉食性恐龙及一些植食性装甲龙。

暴龙（霸王龙）　　　棘龙　　　恐爪龙

恐龙时代

的地方，有的岩层中的生物遗骸同白垩层中的生物遗骸表现出显著的相似性。我们所看到的，并不一定就是相同的一个物种，这是因为在有的情况之下没有一个物种是完全相同的，不过它们属于同科、同属以及属的亚属，并且有些情况下只是在非常细微的方面，比如表面上的斑条，拥有非常相像的特性。此外，不曾在欧洲的白垩层里发现的，不过在它的上部要不是下部地质层中出现的一些别的类型，一样出现在这些世界上的辽远地方，有一部分作者曾在俄罗斯、欧洲西部以及北美洲的一些连续的古生代层中注意到生物类型具有相似的平行现象。根据莱尔的意见，欧洲以及北美洲的第三纪沉积物有着相同的现象。就算是完全不顾"旧世界"还有"新世界"所共有的极少量的化石物种，古生代与第三纪时期的历代生物类型的一般平行现象，也依然是非常明显的，并且有的地质层的相互关系也可以轻易地被确定下来。

但是，这些观察均是与世界上的海栖生物有关的。我们还未曾找到充分的资料去确切地判断在辽远地方当中的陆栖生物与淡水生物是不是也同样地出现过平行的变化。我们能够去怀疑它们是不是曾经也如此变化过。假如说将大懒兽、磨齿兽还有长头驼以及弓齿兽等都从拉普拉塔转移到欧洲，却不去说明它们在地质方面的地位，估计不会有人推想它们曾经与所有的依然生存着的海栖贝类一起生存过。不过，由于这些异常的怪物曾与柱牙象还有马一起生存过，因此最起码能够推论它们在以前曾在第三纪的某一最近的时期里生存过。

当我们谈到海栖的生物类型过去曾在全世界同时出现变化时，一定不会去假定这样的说法是指同一年或者是同一世纪，甚至也无法去假定它有着非常严格的地质学意义。其中的道理在于，假如将现在生存在欧洲的还有曾经在更新世（假如用年代去计算的话，这是一个包括整个冰期在内的，非常遥远的时期）生存在欧洲的所有海栖动物同如今生存在南美洲要不是澳大利亚的海栖动物进行比较，那么就算是最熟练的博物学者，估计也很难指出非常密切类似南半球的那些动物，到底是欧洲的现存动物还是欧洲的更新世的动物。还有一些比较高明的观察者曾经主张，美国的现存生物同曾经在欧洲第三纪晚期的有些时期中生存的那些生物之间的关系，比起它们同欧洲的现存生物之间的关系，更加密切一些。假如说真的是这样的话，那么，现在沉积在北美洲海岸的化石层以后很明显应该同欧洲较古的化石层归成一类才是。即使真的是如此，假如展望遥远未来的时代，研究者们能够确定，所有较近代的海成地质层，也就是欧洲的、南北美洲的以及澳大利亚的上新世的上层、更新世层还有严格的近代层，因为它们含有多少类似的化石遗骸，因为它们不含有只能在较古的下层堆积物中找到的那些类型，在地质学的意义方面是能够确切地被列为同一时代的。

在前面所讲的广泛意义当中，生物的种类在世界的距离较远的一些地方同一时间出现了变化的事实，之前的一段时间曾在很大程度上打动了那些值得称赞的观察者，像得韦纳伊还有达尔夏克等。当他们在谈到欧洲每个地方的古生代生物类型的平行现象的时候，总会说："假如我们被这种奇怪的程序所打动，并且将注意力转

北美落基山脉远眺

到北美洲，而且还在那里发现了一系列相似的现象，那么就能够肯定所有的这些物种的变异，以及它们的绝灭，还有新物种的出现，很明显绝不可以说只是因为海流的变化或者说别的多少局部的以及暂时的其他原因，而是按照支配全动物界的通常法则来的。"巴兰得先生曾经确凿地说出过大意完全相同的话。将海流、气候或者是别的物理条件的变化，看成是处于非常不同气候下的，全世界生物类型出现这么大变化的原因，毫无疑问是有些太过于轻率了。就像巴兰得所讲到的，我们不得不去寻求其所遵照的某一种特别的法则。假如我们讨论到如今生物的分布情况，同时看到每个地方的物理条件和生物本性之间的关系是多么微小，那么我们就会更加清楚地理解前面所讲的那些观点了。

整个世界生物类型的平行演替，对于这个重大的事实，能够用自然选择的学说得到合理的解释。因为新物种对较老的类型占有一定的优势，于是被形成。这些在自己地区中一直居于统治地位的，或者说比别的类型占有一定方面优势的类型，就会产生出最大数量的新变种，也就是我们所说的初期的物种。我们在植物当中能够找到与这个问题有关的一切确切的证据，占有优势的，也就是最普通的并且是分散最广的植物，通常都能够产生出最大数目的新变种。拥有着一定的优势的，变异着的并且是分布比较辽阔的，而且在一定的范围当中已经侵入别的物种领域的物种，很显然毫无疑问是具有最好的机会来进行进一步的分布，同时还能够在新地区产生出新的变种以及物种的那些物种。要决定于意外的偶然事件，而且还要取决于新物种对于自己所必须要经过的每种气候的逐渐驯化。不过，随着时间的推移，占有优势的类型通常都会在分布方面获得成功，然后取得最后的胜利。在分离的大陆上的陆栖生物的分散估计要比连接的海洋中的海栖生物进行得缓慢些。因此我们能够预料到，陆栖生物在进行演替的时候所表现出来的平行现象，它们的程度并没有海栖生物的那么严密，我们所见到的也确实这是这样的。

如此，要我说的话，全世界相同生物类型的平行演替，从广义方面来说，它们的同时演替还有新物种的形成，是因为优势物种的广泛分布以及变异这样的原理非常吻合：如此产生的新物种本身就具有一定的优势，由于它们已经比曾占优势的亲种还有别的物种具有一定的优越性，同时还将进一步地分布、进行变异以及产生新的类型。被击败的还有让位给新的胜利者的那些老的类型，因为共同地遗传了某些劣性，通常都是近似的群。因此，当新的并且是改进了的群分布于全世界时，老的群自然就会从世界上消失。并且，每种类型的演替在最开始出现以及最后消失的方面均是倾向于一致的。

此外，同这个问题相关联的，还有一个值得我们注意的方面。我已经提出了原因表示相信：大部分富含化石的巨大地质层是在沉降的时期沉积下来的。而没有化石的空白并且非常长的间隔，是在海底的静止时，或者是隆起的时候，相同的也在沉积物的沉积速度没能够淹没以及保存生物的遗骸的时候出现的。在那些长久的并且空白间隔的时期里，我想象每个地方的生物都曾经历了相当的变异还有绝灭，并且从世界的别的地方展开了大规模的迁徙。由于我们有理由去相信，广阔的地面曾经遭受过相同运动的影响，因此严格的同一时代的地质层，估计常常是在世界同一部分中的广阔空间之中堆积而来的。不过我们绝没有任何权利去断定这是一成不变的情况，更不可以随意地断定广阔的地面总是不断地会遭受相同运动的影响。当两个地质层在两个地方看起来都基本上是一样的，不过并不完全相同的期间当中沉积下来时，依据之前的章节中所谈到的原因，在这两种情况之下应当看到生物类型中相同的通常的演替。不过物种估计不会是完全统一的，由于对于变异还有绝灭以及迁徙，这个地方可能会比那个地方存在着稍微多一点的时间。

估计在欧洲是存在着这样的情况的。普雷斯特维奇先生之前在有关英法两国始新世沉积物的值得大家赞扬的论文当中，曾于两国的连续诸层之间找出严密的一般平行现象。不过当他将英国的有些层同法国的有些层进行比较时，尽管他发现两地同属的物种数目相当的一致，可是物种本身之间存在着一定的差异，除非假定有一个海峡将两个海隔开，并且在两个海里栖息着相同时代的，不过是不相同的动物群，不然从两国接近这一点来考虑的话，这些差异确实是难以解释。莱尔对有的第三纪后期的地质层也进行过类似的观察。巴兰得也指出，在波希米亚以及斯堪的纳维亚的连续的志留纪沉积物之间，存在明显的一般平行现象。就算真的是这样的，他也依然看出那些物种之间存在着惊人的巨大的差异量。假如说这些地方的地质层并非是在完全相同的时期里沉积而来的，某个地方的地质层常常相当于另一个地方的空白间隔，并且，假如说，两个不同地方的物种是在一些地质层的堆积期间与它们之间的长久间隔期间逐渐发生着变化的，那么在面对这种情况的时候，两个地方的一些地质层依据生物类型的一般演替，估计能够被排列成相同的顺序，并且这样的顺序估计会虚假地呈现出严格的平行现象。即便是如此，物种在两个不同地方的明显的相当诸层中，并不一定就是完全相同的。

# 灭绝物种间及与现存物种间的亲缘关系

接下来让我们考察一下绝灭了的物种和现存物种之间的相互亲缘关系。所有的物种都能够归入少数的几个大纲当中。这个事实按照生物由来的原理马上就能够获得解释。不管是什么类型，越古老，那么遵照一般的规律，它同现存类型之间的差异也就越大。不过，根据巴克兰先生在很久之前曾解释说明过的，绝灭物种都能够分类于至今还在生存的群当中，或者分类在这些群之间。绝灭的生物类型能够有助于填满现存的属、科还有目之间的间隔，这确实是真实的。不过，由于这样的说法总是被忽视或者甚至遭到各种否认，因此讨论一下这个问题并举出一些事例，是有一定好处的。假如我们将自己的注意力仅仅局限于同一个纲当中的现存物种或者是绝灭物种身上，那么其系列的完整就远不如将二者结合于一个系统当中。从欧文教授的文章里，我们会不断地遇到概括的类型这样的用语，这是用在绝灭动物身上的；在阿加西斯的文章里面，却用预示型或者是综合型；所有这样的用语所指的类型，实际上均是中间的也就是连接的连锁。还有一位卓越的古生物学者高得利以前也曾用最动人的方式去解释说明他在阿提卡曾经发现过的很多化石哺乳类打破了现存属与属间的间隔。居维叶曾将反刍类与厚皮类一起排列为哺乳动物中最不相同的两个目。可是有这么众多的化石连锁被发掘出来，从而导致欧文不得不改变所有的分类法，而将有些厚皮类同反刍类一同放于同一个亚目中。比如，他按照中间级进，取消了猪和骆驼之间显著的巨大间隔。有蹄类也就是生蹄的四足兽，如今分为双蹄还有单蹄两个部分。不过南美洲的长头驼将这两大部分在一定的程度上连接起来。不会有人会去否认三趾马是位于现存的马与有的较古老的有蹄类型之中的。由热尔韦教授在之前曾命名的南美洲印齿兽，这种物种在哺乳动物的链条中，是一种多么奇异的连锁，它们无法被纳入任何一个现存的目当中。海牛类形成了哺乳动物当中一种非常特殊的群，现存的儒艮还有泣海牛最为明显的特征之一，就是完全没有后肢，甚至就连一点残余的痕迹都没有留下来，不过，根据弗劳尔教授的意见，绝灭的海豚们曾经都拥有一个骨化的大腿骨，同骨盘中非常发达的杯状窝连接于一起，于是就会让它们与有蹄的四足兽非常接近了。而海牛类则是在别的一些方面同有蹄类非常相似。鲸鱼类同所有的别的哺乳类大为不同，不过，第三纪的械齿鲸还有鲛齿鲸过去也曾被有些博物学者当作是一目，可是赫胥黎教授却觉得它们毫无疑问属于鲸类，"并且对水栖食肉兽构成了连接的连锁"。

一只儒艮为了寻找海草，正在巡游太平洋的浅水区。

达尔文的画像

上面所讲的博物学者曾解释说明，甚至鸟类与爬行类之间的广大间隔，出于出乎意料地一方面由鸵鸟与绝灭的始祖鸟，另一方面由恐龙的一种，细颚龙这个品种，如此包含了所有的陆栖爬虫的最大的一类，部分地连接了起来。而那些无脊椎动物，非常权威的巴兰得曾谈到，他每天都能够得到启发，尽管确实能够将古生代当中的动物分类于现存的群当中，不过在那么古老的时代，每个群并没有如同现在一样地，区别得那么清晰。

有一部分作者反对将任何绝灭物种或者是物种群看成是任何两个现存的物种或者是物种群之间的中间物。假如说这个名词的意义意为一个绝灭类型在自己的所有性状方面都是直接介于两个现存类型的群之间的话，这样的反对也许就是正当的。不过在自然的分类当中，很多的化石物种确实是处在现存物种之间，并且有些绝灭属处在现存的属之间，甚至会处在异科的属之间。最常见到的情况好像是（尤其是差别非常大的群，像鱼类还有爬行类），假设它们现在是由 20 个性状去区别的，那么古代成员赖以区别的性状就会比较少，因此这两个群在之前会或多或少地比在现在更为接近一些。

通常情况下大家都相信，类型越发古老，那么它们的有些性状就越可以将现在区别非常大的群连接起来。这样的意见毫无疑问只可以应用于在地质时期的行程中，曾经出现过巨大变化的一些群当中。不过想要去证明这样的主张的正确性，是存在着一定困难的。这主要是因为，甚至是各种现存动物，比如肺鱼，已被发现往往和非常不相同的群有着亲缘关系。可是，假如说我们将古代的爬行类还有两栖类和古代的鱼类还有古代的头足类以及始新世的哺乳类，同各自该纲的较近代成员进行一下比较时，我们就一定会去认可这样的意见确实具有其真实性的。

让我们来看一看这几种事实以及推论同伴随着变异的生物由来学说，符合到什么样的程度。按照性状不断分歧的原理，不管是哪种类型，越是近代的，通常就越和古代的原始祖先不同。所以，我们对最古化石和现存类型之间的差别最大这个规律就能够有所了解了。不过我们绝不能够去假设性状分歧是一个一定会发生的偶然事件。它完全取决于一个物种的后代是不是可以由于性状的分歧而在自然组成中攫取大量的、不同的地位。因此，一个物种伴着生活条件的微小改变而被稍微地改变，而且在相当长的一段时间里依然保持着相同的一般特性，就像我们见到的有些志留纪类型的情况，是非常可能的。

在自然环境之中，这整个过程复杂得多。由于群的数目会更多，而且它们存续的时间会极度不相同，并且它们变异的程度也不会相同。由于我们所掌握的也仅仅是地质纪录的最后一卷，并且还是非常不完全的，除了在稀有的情况之下，我们并没有权利去期望将自然系统中的广大间隔填充起来，然后将不同的科或目连接起来。

所有我们所能期望的，只不过那些在已经知道的地质时期里曾经出现过巨大变异的群，应该在比较古老的地质层当中彼此稍微接近一些。因此比较古老的成员要比同群的现存成员在有些性状方面的彼此差异来得少些。按照我们最优秀的古生物学者们的一致证明，情况往往是这样的。

如此，按照伴随着变异的生物由来学说，与绝灭生物类型彼此之间还有它们同现存类型之间的相互亲缘关系有关的一些主要的事实就能够圆满地获得解释，而用别的任何观点是完全无法解释这样的事实的。

按照同一学说，地球历史上不管是哪一个大时期当中的动物群，在一般性状方面都将介于该时期之前以及之后的动物之间。那么，生存于图解上第六个大时期的那些物种，就是生存于第五个时期的物种们出现了变异之后的后代，并且还是第七个时期的变异更为明显了的物种们的祖先。于是，它们在性状方面几乎不是介于上下生物类型之间的。不过我们不得不承认有些之前的类型业已全部遭到绝灭，也不得不承认不管在什么地方，都有新的类型从别的地方移入，还不得不承认在连续的地质层之间的长久空白间隔时期当中，曾经出现过大量的变化。只有承认了这些情况，那么每一个地质时代的动物群在性状方面毫无疑问就是介于前后动物群之间的。对于这点我们只需列出一个事例就足够了，那就是当泥盆系最开始被发现时，这个系的化石立刻被古生物学者们看成是在性状方面介于上层的石炭系与下层的志留系之间的。不过，每一个动物群并不一定完全介于中间，主要是因为，在连续的地质层当中有不相同的间隔时间。

每一个时代的动物群从整体方面来看，在性状方面是近乎介于以前的还有以后的动物群之间的，尽管说有的属对于这个规律例外，不过也不足以构成异议去动摇这个说法的真实性。比如，福尔克纳博士曾经将柱牙象与象类的动物依据两种分类法进行了排列，第一个根据它们的互相亲缘，第二个根据它们的生存时代，结果是，两者并不符合，并且具有极端性状的物种，并非最古老的或者是最近代的。具有中间性状的物种也并非一定是属于中间时代的。不过在这种还有在别的类似的情况当中，假如暂时假设物种的第一次出现以及消灭的记录是完全的（并不会存在这样的

栅鱼生活在4亿年前

事），我们就找不到理由去相信连续产生的
每种类型一定有相同的存续时间。一个非常
古老的类型估计有时比在别的地方后生的类
型要存续得更为长久一些，栖息于隔离区域
之中的陆栖生物更是这样。试着用小事情去
比看大事情，假如将家鸽的主要的现在族与
绝灭族依据亲缘的系列进行一个排列，那么
这种排列估计就无法和其产出的顺序密切的
一致，并且同其消灭的顺序更加难以一致。
由于亲种岩鸽到现在依然生存着，很多介于
岩鸽以及传书鸽之间的变种却已经绝灭了。

早期蜘蛛是首批在陆地上生活的动物之一，此化石
发现于苏格兰莱尼燧石层一块有4亿年历史的岩石中。

在喙长这一主要性状方面站在极端位置的传书鸽，比站在这一系列相反一端的短嘴
翻飞鸽发生得要早一些。

　　来自中间地质层当中的生物遗骸，在一定程度上具有中间的性状，和这样的说法
密切相关的有一个事实，那就是所有的古生物学者所主张的，也就是两个连续地质
层当中的化石，它们彼此之间的关系远比两个远隔的地质层当中的化石彼此之间的关
系更为密切一些。匹克推特曾经列出一个很多人都知道的事例：来自白垩层的几个阶
段的生物遗骸通常都是类似的，尽管每个阶段中的物种有一定的不同。不过只是这一
事实，因为它的普遍性好像已经动摇了匹克推特教授的物种不会变的想法。只要是清
楚地知道地球上现存物种分布的人，对于密切连续的地质层当中不同物种的密切类似
性，并不会试图去用古代地域的物理环境保持近乎一致的说法进行解释的。所有的研
究者们一定要记牢，生物类型最起码是栖息于海中的生物类型，曾经在全世界几乎同
时出现了变化，因此这些变化是在非常不同的气候以及条件下进行的。试着想一想，
更新世包含着整个冰期，气候的变化是那么大，可是去看一看海栖生物的物种类型所
受到的影响，却是多么小之又小。

　　密切连续的地质层中的化石遗骸，尽管被排列成不同的物种，不过却密切相似，
它们全部的意义按照生物由来学说是非常显著的。由于每个地质层的累积常常会出现
中断，同时也由于连续地质层之间存在着长久的空白间隔，就像我在前面的章节中所
解释说明过的，我们很显然不可以去期望在任何一个或者是两个地质层当中就找到在
这些时期开始以及结束时出现的物种之间的所有的中间变种。不过我们在间隔的时间
（假如用年去计量的话，这是非常长久的，假如用地质年代去计量的话却并不长久）
之后，应该找到密切近似的类型，也就是有些作者所讲的那些代表种。并且，我们曾
经确实找到了。总体而言，就像我们有权利所期望的一般，我们已经找到证据去证明
物种类型缓慢的、很难被觉察的变异。

# 古生物进化情况与现存生物的对比

　　我们在前面的章节当中已经看到，已经成熟了的生物的器官的分化以及专业化程度，是它们完善化或高等化程度的最显著表现。我们也曾见到，既然说器官的专业化对于生物来说是有利的，那么自然选择就有让每个生物的体制越加专业化以及完善化的倾向，在一定的意义上，就是让它们越加高等化了。尽管同时自然选择能够放任很多的生物具有简单的以及不改进的器官，帮助去适应简单的生活环境，而且在有的情况之下，甚至会让它们的体制退化或者是简单化，而让那些退化生物可以更好地适应生活的新征程。在还有一种更为普遍的情况当中，新物种变得超越于它们的祖先。由于它们在生存斗争当中必须打败所有和自己进行利益竞争的较老类型，所以我们可以断言，假如始新世的生物同现存的生物在几乎相似的气候下展开竞争，那么前者就会被后者打败甚至是消灭，就像是第二纪的生物要被始新世的生物还有古生代的生物要被第二纪的生物所打败是同一个道理。因此，按照生存竞争当中的这种胜利的基本试验，同时依据器官专业化的标准，根据自然选择的学说，近代类型应该是比古代老的类型更加高等。那么事实真的是如此的吗？大部分的古生物学者估计都会做出肯定的答复，而这样的答复尽管说非常难以证明，但好像必须被看成是正确的。

　　有的腕足类从非常非常遥远的地质时代以来只出现过轻微的变异，有些陆地的以及淡水的贝类，从我们所能了解的它们第一次出现的时候一直到现在，基本上就保持着相同的状态，可是这些事实对于前面所讲的结论并非有力的异议。就像卡彭特博士一直以来所主张的，有孔类生物的体制甚至从劳伦纪以来就没有出现过进步，不过这并不是无法克服的难点。因为有的生物不得不继续地去适应简单的生活环境，还有什么比低级体制的原生动物可以更好地适于这样的目的吗？假如我的观点将体制的进步看成是一种必不可缺的条件，那么前面所讲的异议对于我的观点就会是致命的打击。再比如，假如说前面所讲的有孔类可以被证明是在劳伦纪开始就存在着的，或者前面所谈到的腕足类是在寒武纪就开始存在着的，那么之前所说的异议对于我的观点来说也存在着致命的打击。这是由于在这样的情况之下，那些生物还没有足够的时间能够发展到当时的标准。不管是进步到任何一定的高度时，按照自然选择这个学说，就不存在依然继续进步的必要了。尽管在每个连续的时代当中，它们一定是会被稍微地改变的，来方便同它们的生活环境所发生的微细变化相适应，来保证它们的地位。之前的异议还与另一个问题有关，那就是我们是不是真的知道这个世界曾经经历了几何年代还有每个种生物类型最开始是出现于什么时候。可是这个问题是非常难以顺利进行讨论的。

从整体方面去看的话，生物的构造是不是在进化，在很多方面都是极为错综复杂的。地质纪录在所有的时代当中都是不完全的，它无法尽量追溯到远古并且没有任何差错地明确指出在已知的世界历史当中，体制曾经极大地进步了。就算是在今天，如果留意一下同纲中的成员，哪些类型应该被排列为最高等的，博物学者们的意见就无法一致。比如，有的人根据板鳃类也就是所讲的鲨鱼类的构造在有的要点方面接近于爬行类，于是就将它们看成是最高等的鱼类。此外还有些人将硬骨鱼类看成是最高等的。硬鳞鱼类介于板鳃类与硬骨鱼类之间。硬骨鱼类现在在数量方面是占优势的，不过以前只有板鳃类还有硬鳞鱼类生存，面对此种情况，按照所选择的高低标准，就能够说鱼类在它的体制方面曾经进步了或者是退化了。试图去比较不同模式的成员在等级方面的高低，好像是没有希望的。谁可以决定乌贼是不是比蜜蜂更加高等呢？伟大的冯贝尔坚定地认为，蜜蜂的体制"实际上要比鱼类的体制更加高等，尽管说这样的昆虫属于另一种模式"。在复杂的生存斗争当中，完全能够相信甲壳类在它们自己的纲当中并不是非常高等的，不过它们可以打败软体动物中最为高等的头足类。那些甲壳类尽管并没有高度的发展，假如拿所有考验中最有决定性的竞争法则去进行判断，那么它们在无脊椎动物的系统当中就会占有非常高的地位。当决定哪些类型在体制方面是最进步的时候，除了这些固有的困难之外，我们不应该只拿随便的两个时代中的一个纲的最高等成员去进行比较，尽管说这毫无疑问是决定高低程度的一个非常不可少的要素，或许会是最重要的要素，我们应该拿两个时代里左右高低成员去进行比较。在一个古远的时代，最高等的与最低等的软体动物，头足类同腕足类，在数目方面是

始螈是生活在 3.1 亿年前的水陆两栖四足动物。这种动物可长到 4.5 米长，有一个类似鳄鱼的头颅，并有一个类似鳗的身体。

阔头蜥是生活在晚三叠纪和早侏罗纪（2.08 亿~2.15 亿年前）的形似青蛙的两栖动物。像大多数形似青蛙的两栖动物一样，它是肉食性动物。

关于双柄蜥的头颅形状，有一种理论认为，它是用于防御的，因为对于肉食性动物来说，很难吞咽它。另一种观点则认为，它帮助动物在水中游动。

三叠蛙是从马达加斯加一块三叠纪的化石中发现的，是已知最早的青蛙。火蜥蜴和蚓螈首次出现在侏罗纪（1.44 亿~2.13 亿年前）。

几种古老生物复原图

在海洋中游弋的长尾鲨

非常多的。在如今，这两类已大大地减少了，并且具有中间体制的别的一些种类得到了极大的增加。于是，有的博物学者就主张软体动物以前要比现在发达得高些。不过在反对的一面也能够列出一些强有力的例子，那就是腕足类的大量减少，还有现存头足类尽管在数量方面比较少，不过其体制却比自己的古代代表高得多了。我们还应该对两个任何时代的全世界高低各纲的相对比例数进行一下比较，比如，假如今天有五万种脊椎动物生存着，而且假如说我们知道之前的某一时代当中仅仅有一万种生存过，我们就应该将最高等的纲中的这种数量的增加（这也就意味着较低等类型的绝大多数遭到排斥）看成是全世界生物体制的决定性的进步。于是，我们就能够知道，在如此复杂的关系之中，要想对于历代不完全清楚的动物群的体制标准进行完全公平的比较，是多么难以做到。

只需要去看一看有些现存的动物群还有植物群，我们就更可以清楚地去理解这样的困难了。欧洲的生物近年来总用非常之势扩张到新西兰，而且还夺取了那里的很多土著动植物之前所占据的地方，因此我们不得不相信：假如将大不列颠的一切动物以及植物放到新西兰去，很多英国的生物伴着时间的推移估计能够在那里得到彻底的归化，并且还会消灭很多土著的类型。还存在一点就是，以前极少有一种南半球的生物曾于欧洲的随意一个部分变成野生的，按照这样的事实，假如将新西兰的所有生物都放到大不列颠，我们完全能够去怀疑它们之中是不是会有大量的数目可以夺取现在被英国植物以及动物占据着的地方。从这样的观点去看的话，大不列颠的生物在等级方面要比新西兰的生物高出许多多多。但是最熟练的博物学者，按照两地物种的调查，无法预见到这样的结果。

阿加西斯还有一些别的有高度能力的鉴定者均坚定地主张，古代动物和同纲的近代动物的胚胎在一定程度上是类似的，并且绝灭类型在地质方面的演替同现存类型的胚胎发育是接近于平行的。这样的观点和我们的学说非常一致。在接下来的章节当中我将说明成体与胚胎的差别是因为变异在一个不很早的时期发生并在相应的年龄得到遗传的原因。这样的过程，任由胚胎基本上保持不变，并且让成体在连续的世代当中继续不断地增加差异。于是，胚胎好像是被自然界保留下来的一张图画，它描绘着物种之前还没有大量发生变化过的状态。这样的观点也许是正确的，但是也许永远都无法得到证明。比如，最古老的已知哺乳类以及爬行类还有鱼类，均严格地属于自己的本纲，尽管它们之中有些老类型彼此之间的差异比如今同群的典型成员彼此之间的差异要少一些，不过，如果想要找寻具有脊椎动物共同胚胎特性的动物，除非等到在寒武纪地层的最下面发现富有化石的岩床之后，估计是不可能的，不过发现这样的地层的机会是非常稀少的。

# 第三纪末同一地区同一类型生物的演变

很多年前克利夫特先生也曾经解释说明过，从澳大利亚洞穴当中找到的化石哺乳动物和该洲现存的有袋类具有十分密切近似的关系。在南美洲拉普拉塔的一些地方发现的类似犰狳甲片的巨大甲片当中，相同的关系也是非常明显的，甚至就是没有经过训练的眼睛也能够看出来。欧文教授曾经用最动人的方式去解释说明，在拉普拉塔埋藏的无数化石哺乳动物，大部分和南美洲的模式有关系。从伦德还有克劳森曾经在巴西洞穴当中采集来的丰富化石骨里面，能够更加清楚地看到这样的关系，这样的事实给我留下了非常深刻的印象。我曾于 1839 年还有 1845 年坚决主张"模式演替的法则"以及"同一大陆上死亡者与生存者之间的奇妙关系"，后来欧文教授将这种概念扩展到"旧世界"的哺乳动物方面去。在这位作者所复制的新西兰绝灭的巨型鸟当中，我们见到了相同的法则。我们在巴西洞穴的鸟类中同样能够见到同样的法则。伍德沃德教授曾解释说明了相同的法则对于海栖贝类同样是适用的，不过因为大部分的软体动物分布范围比较广阔，因此它们并没有很好地表现出这个法则。还能够举出别的一些例子，如马得拉的绝灭陆栖贝类和现存的陆栖贝类之间的关系，再比如亚拉尔里海一带的绝灭碱水贝类和现存碱水贝类之间的关系。

如此说来，同一地域之中的同一模式的演替，这个值得我们关注的法则意味着什么呢？假如有人将同纬度下澳大利亚的以及南美洲的一些地方的现存气候进行比较之后，就试图用不同的物理条件去解释这两个大陆上生物之间的不同，可是另一方面又用相同的物理条件去解释第三纪末期当中每个大陆上同一模式的一致，如果真是这样，那他真的是太太大胆了，可是也无法断言有袋类主要或者说仅仅是产于澳大利亚的。贫齿类还有别的一些美洲模式的动物就只是产于南美洲，是一种不会变化的法则。因为我们全都明白，在古代欧洲曾经有大量的有袋类动物栖住过，而且我在前面所讲的出版物中也曾解释说明过美洲陆栖哺乳类的分布法则，以前与现在是不一样的。以前北美洲具有该大陆南半部分的特性，南半部分在从前也远比现在更为密切地近似于北半部分。按照福尔克纳还有考特利曾经的发现，相同地我们知道印度北部的那些哺乳动物以前比现在更加密切近似于非洲的哺乳动物。对于海栖动物的分布，也能够列出类似的事实来。

根据伴随着变异的生物由来学说，相同的地域当中，同样的模式持久地不过并非不变地演替这着一个伟大的法则，就能够马上获得合理的说明。由于世界上每个地方的生物，在之后连续的时间当中，很明显都倾向于将密切近似而又有着一定程度上的变异的后代遗留在了该地，假如一个大陆上的生物以前曾和另一个大陆上的生物之间的差别非常大，那么它们的变异了的后代将会依照近于相同的方式以及程度而出现更大的差异。不过经过非常长的间隔时期之后，而且还经过允许大量互相迁徙的巨大地理变化之后，比较弱的类型会将自己的位置让给更具有优势的那些类型，这样一来生物的分布就完全不可能是一成不变的了。

也许会有人用嘲笑的方式去问，我是否曾假设过以前生活于南美洲的大懒兽还有别的近似的大怪物曾遗留下的树懒还有犰狳以及食蚁兽作为它们的退化了的后代，这是完全无法认可的。这些巨大的动物曾全部遭到了绝灭，并没留下后代。不过在巴西的洞穴之中有很多绝灭的物种在大小以及所有别的性状方面同南美洲现存物种密切近似。这些化石中的有些物种或许是现存物种的真实祖先。我们需要牢记，依照我们的学说，同属的所有物种都是某一物种的后代，因此，假如有各具八个物种的六个属出现于同一个地质层中，并且有六个别的近似的或者是代表的属发现于连续的地层之中，它们也具有相同数目的物种，那么，我们就能够确切地说，通常每个较老的属只有一个物种会留下变异了的后代，构成含有一些物种的新属，每个老属的另外的七个物种则都会走向灭亡，并没有留下后代。还有更为普遍的情况，那就是六个老属中只有两个或者是三个属的两个物种或三个物种属于新属的双亲。而别的物种一别的老属则全部走向了绝灭。在衰颓的过程当中，像南美洲的贫齿类，属与物种的数目均在不断地减少，因此只有更少的属与物种可以留下它们的出现了变异的嫡系后代。

# 摘 要

我以前曾试着想去解释说明，地质纪录是超级不完全的。仅仅是有地球一小部分曾被仔细地做过地质学的调查，也仅有一些纲的生物在化石状态下大部分地被保存下来。在我们博物馆当中所保存的标本以及物种的数目，就算是同只是一个地质层当中所经历的世代数目进行比较也完全等于零。因为沉陷对富含很多种化石物种并且厚度足以承受得住未来陵削作用的沉积物的累积，基本上是必须具备的。所以，在大部分的连续地质层之间，一定存在着长久的间隔时期。在沉陷时期估计存在着更多的绝灭生物，而在上升的时期估计存在着更多的变异，并且纪录也保存得越加不够完全。每个单一的地质层不是连续不断地沉积而来的。每个地质层的持续时间同物种类型的平均寿命进行比较的话，估计会短一些。不管是在哪一个地域之中，与随便的哪一个地质层当中，迁徙对于新类型的第一次出现来说，具有非常重要的作用。分布范围广的物种通常都是那些变异最为频繁的，并且还时常产生新种的那些物种。而且变种在最开始是地方性的。最后一点，虽然说每个物种必须经过无数的过渡阶段，不过每个物种出现变化的时期如果是用年代去计算的话，估计会是多并且长的。不过同每个物种停滞不变的时期进行比较的话，还是短的。假如将这些原因结合起来看，就能够大体上说明为什么我们没有发现中间变种（尽管我们曾经确实发现过很多的连锁）用非常微细级进的阶梯将所有的绝灭的以及现存的物种连接起来。还一定要时常牢记，两个类型之间的任何连接变种估计会被发现，不过要不是整个连锁全部被发现，就会被排列为新的而且是界限分明的物种。除非无法说我们已经找到任何确实的标准，能够用来辨别物种与变种。

只要是不接受地质纪录是不完全的这个观点的人，就肯定无法接受我们的所有学说，由于他会徒劳地发问，之前一定曾将同一个大地质层中连续阶段里发现的那些密切近似的物种或代表物种多连接于一起的无数过渡的连锁在什么地方呢？他会无法相信在连续的地质层之中一定要经历悠久的间隔期间。他会在考察不管是哪一个大区域的地质层时像欧洲那样的地质层，而忽略了迁徙发挥着多么重要的作用。他会尽力地去主张整个物种群很清楚的是（不过时常属于假象）突然出现的。他会问：一定有无限多的生物生活于寒武系沉积起来的很久之前，可是它们的遗骸在哪儿呢？现在我们知道，至少有一种动物当时确实曾经存在过。可是，我也只能依据以下的假设去回答这最后的问题，那就是现在我们的海洋所延伸的地方，已经存在一个非常漫长的时间，上下升降着的大陆在它们如今的存在之处，自寒武系开始之后就已经存在了。并且，远在寒武纪之前，这个世界呈现出完全不同的另一种景象。由更古老的地质层形成的古大陆，如今只是以变质状态的遗物存在着，或者依然深埋于海洋底下。

假如说攻克了这些难点，别的古生物学的主要重大事实就能够同依据变异与自然选择的生物由来学说非常一致了。那么，我们就可以解释清楚，新物种为什么会是逐渐缓慢而连续地产生的，也会知道为什么不同纲的物种不需要一起出现变化，或者用相同的速度，用相等程度去出现变化。不过，所有的生物毕

过去的5亿4500万年中物种灭绝示意图

竟都出现了某种程度上的变异。老类型的绝灭基本上都是产生新类型的必然结果。我们可以理解为什么一旦一个物种消灭了就永远不会再次出现了。物种群在数目方面的增加是缓慢的，它们的存续时间的长短也各自不同。由于变异的过程一定会是缓慢的，并且还取决于很多复杂的偶然事件。属于优势大群的优势物种，具有留下很多变异了的后代的倾向，那些后代就会形成新的亚群以及群。当那些新的群形成之后，势力比较差一些的群的物种，因为从一个共同祖先那里遗传得来的低劣性质，就会有全部绝灭，而且无法在地面上留下变异了的后代的倾向。不过物种整个群的完全绝灭，通常是一个十分漫长的过程，由于有少数后代会在被保护的以及孤立的场所残存下来的。假如一个群一旦完全遭到了绝灭，那么就不会再次出现了，因为世代的连锁已经断了。

　　我们可以理解为什么分布范围比较广的还有产生最大数量的变种的优势类型，有些近似的不过变异了的后代分布在世界的倾向。那些后代通常都可以成功地压倒在生存斗争中处于较为低劣地位的群。于是，经过长久的间隔时期之后，世界上的生物就会呈现出曾经同时出现变化的情况。

生物学家在考古现场进行挖掘

　　我们还可以理解，为什么从古代到现在的所有生物类型汇合起来，却只成了少数的几个大纲。我们还能够这样去理解，因为性状分歧的连续倾向，为什么类型的年代越是久远，它们通常和现存类型之间的差别就越大。为什么古代的绝灭类型经常会有将现存物种之间的空隙填充起来的倾向，它们通常可以将先前被分作两个不同的群合并成一个。不过更为普遍的是，只将它们稍微地拉近一些。类型越是古老，它们在某些程度方面就时常处于现在不同的群之间。由于类型越加古老，它们同广为分歧之后的群的共同祖先就越加接近，那么也就越加类似。绝灭类型极少会直接介于现存的类型之间，而只是经过别的不同的绝灭类型的长并且迂曲的路，介于现存的类型之间。我们可以清楚地知道，为什么密切连续的地质层的生物遗骸是密切近似的，这是由于它们被世代密切地连接在一块儿了。我们可以清楚地知道为什么中间地质层的生物遗骸拥有着中间性状。

历史中每个连续时代当中的世界生物，在生存的竞争中打败了它们自己的祖先，而且还在等级上相应地得到了提高，它们的构造通常也变得更为专业化。这能够说明，许多生物学者的普通信念，体制对于整体来说，是得到了进步。绝灭的古代动物在一定的程度上都同同纲中更近代的动物的胚胎相类似，依据我们的观点，这样的惊人事实就能够获得简单的解释。晚近地质时代中构成的同一模式，在同一地域之中的演替已不再是神秘的现象，按照遗传原理，它们是能够充分理解的。

如此，假如地质纪录是和很多人所相信的那样不完全，并且，假如至少能够断定这样的纪录无法被证明得更为完全，那么对于自然选择学说的主要异议，就得到了大大减少，甚至是消失。此外还有一点要我说的话，所有的古生物学的主要法则非常明确地向我们宣告了，物种是由普通的生殖产生出来的。古老的类型被新并且改进了的生物类型所代替，新并且改进了的类型是"变异"以及"最适者生存"的产物。

# 第十二章
# 生物的地理分布

# 关于生物分布情况的解释

在讨论到地球表面生物的分布这个问题的时候，第一件让我们感到非常惊讶的大事，就是每个地方生物的相似和不相似无法从气候以及别的自然地理条件当中获得圆满的答案。近年来几乎所有研究这个问题的学者均得出了这样的结论。只是就美洲的情况来说，基本上就可以证明这个结论的正确性了，因为除了北极还有北温带之外，在所有的学者看来，美洲与欧洲之间的区别，是地理分布上最主要的区别之一。可是，假如说我们在美洲广阔的大陆上旅行，从美国的中部一直到它的最南部，我们会见识到各种各样的自然地理条件，有湿地，有干燥的沙漠，有高山、草原、森林还有沼泽、湖泊以及大河，可以说基本上每种气候条件都包括其中。只要是欧洲有的气候以及自然地理条件，在美洲基本上都能够找出相同的存在。最起码有适宜同一物种生存需要的，极为相似的条件。毋庸置疑，在欧洲能够找出几个小地方，它们的气候比美洲的任何地方都热，不过在这里生存的动物群以及周围地区的动物群并不存在什么区别，因为一群动物仅仅生存于某个稍微特殊的小块地区当中的情况是非常罕见的。尽管欧洲与美洲两地的自然条件总的来说是十分相似的，不过两地的生物非常不同。

在南半球，假如我们将处在纬度25°到35°之间的澳大利亚、南非洲以及南美洲西部广阔的大陆拿来比较的话，我们就能够看到有些地方在所有的自然条件都非常相似，但是它们动植物群之间的差异程度估计再也没有其他地方能够与这三大洲进行比较了。或者说，我们再将南美洲南纬35°以南的生物同南纬25°以北的生物拿来作一个比较，两地之间的距离相差10°左右，自然条件也非常不一样，但是两地的生物都比气候相似的澳大利亚或者是非洲的生物关系要近得多。我们还能够列出一些海产生物类似的事例来。

一般我们在回顾生物的地理分布的时候，让我们感到惊奇的第二件大事，就是障碍物了。不管是哪一种障碍物，只要可以妨碍生物的自由迁徙，那么对于每个地区生物的差异就存在着十分密切的关系。我们能够从欧洲还有美洲几乎所有的陆相生物的悬殊性状当中发现这一点。但是，在两大洲的北部却是十分例外，那些地方的陆地基本上是相连的，气候只是稍微有一点点差别，北温带的生物能够自由地迁徙，就如同现在北极的生物一般。从处在同一纬度下的澳大利亚、非洲以及南美洲的生物的巨大差异当中，我们能够看到相同的事实。因为这三个地区之间的相互隔离程度可以说已达到极点。在每个大陆上，我们也见到了相同的情形，在巍峨连绵的山脉还有大沙漠，甚至是大河的两边，我们都能够找到不同的生物。非常明显的是，山脉还有沙漠等障碍，并不像海洋隔离大陆那般难以跨越，也不像海洋存在了那么长的时间。因此，同一大陆上生物之间的差异，远比不同大陆上生物之间的差异要小得多。

　　再来看一下海洋的情况，也存在着相同的规律。南美洲东西两岸的海产生物，除了极少数的贝类、甲壳类还有棘皮动物是两岸共有的之外，其他生物都非常不同。不过京特博士最近提出，在巴拿马地峡两边的鱼类，大概有30%是相同的。这个事实让很多博物学家相信，这个地峡在以前曾经是连通的海洋。美洲海岸的西边是一眼看不到边的太平洋，没有一个岛屿能够供迁徙的生物去休息停留，这是又一种障碍物，只要越过大洋，我们就能够遇到太平洋东部每个岛上完全不同的生物群。因此，共有三种不一样的海产动物群系（第一类是南美洲东岸大西洋动物群，还有一种是南美洲西岸太平洋动物群，第三种是太平洋东部诸岛动物群）从最南面一直到最北面，形成气候相似但是彼此相距不太远的平行线。不过，因为无法逾越的障碍物（大陆或者是大洋）的阻隔，此三种动物群系几乎完全不一样。与这些相反的是，假如从太平洋热带部分的东部各个岛朝着西部行进，不仅不会有无法逾越的障碍物，还存在着大量的岛屿能够供生物们停留歇息，或者还会有连绵不断的海岸线，一直绕过半个地球，直达非洲的海岸。在这些无比广阔的空间当中，没有见到完全不同的海产动物群。尽管在前面所讲的美洲东西两岸还有太平洋东部的那些岛上，这三种动物群系当中，仅仅有少数几种共有的海产动物。但是从太平洋到印度洋，大部分的鱼类是共有的，就算是在几乎相反的子午线上，也就是太平洋东部的那些岛还有非洲东部的海岸，同样存在着大量共有的贝类。

　　而第三件大事，有的在前面已经谈到，虽然物种类型因地而异，可是同一大陆或者是同一海洋的生物，都具有一定的亲缘关系，这是一个非常普遍的规律，各个大陆上都存在着不计其数的实际例子。比如，一位博物学家在从北朝着南旅行时，无法不被近缘但是又不同物种生物群的顺次更替而感到惊奇。他会听到类似但是完全不属于同种的鸟发出几乎一样的鸣叫声，还能够看到鸟巢的构造十分相似，但绝对不会出现雷同，鸟卵的颜色也有近似不过却完全不同的现象。在靠近麦哲伦海峡的平原上，生活着美洲鸵属的一种鸵鸟，被称为三趾鸵，而北面的拉普拉塔平原上，则生存着同属当中的另一种鸵鸟。这两种鸵鸟和同纬度的非洲以及澳大利亚存在的真正的鸵鸟或者是鸸鹋全都不相同。在拉普拉

两种啮齿动物

塔平原上，我们能够见到习性和欧洲的野兔以及家兔差不多的，同样是啮齿目的刺鼠还有绒鼠，它们的构造可以说是最为典型的美洲类型。我们登上高高的科迪勒拉山，能够找到绒鼠的一个高山种。如果我们对流水进行观察，只可以看到南美型的啮齿目的河鼠还有水豚这些生物，但是无法看到海狸或者是麝鼠。我们还能够举出大量类似的例子。假如我们对那些远离美洲海岸的岛屿进行一个考察，不管它们的地质构造之间存在着多么大的差别，它们的生物类型有多么的独特，不过那里的生物都属于美洲型。我们能够去回顾一下过去时代当中出现的情形，就像上一章当中所讲到的，那个时候，在美洲大陆上还有海洋当中，占据优势的物种均为美洲型。我们所见到的这种种现象和时间还有空间以及同一地区当中的海洋以及陆地紧紧地有机地联系在了一起，但是与自然地理条件没有关系。这样的有机联系到底是什么？如果说博物学家并非傻瓜，那么一定会去追究的。

其实这样的联系非常简单，那就是遗传。就像我们的确知道的，只不过是遗传这一个因素就足够去形成彼此非常相像的生物，或者是彼此十分相像的变种。不同地区的生物之间的差别，主要是因为变异与自然选择的作用造成的改变所引起的，还有也有可能是自然地理环境的差别发挥出一定的影响力。不一样的地区生物变异的程度，取决于过去相当长的时期当中，生物的优势类型从一个地方迁徙到另一个地方时遭遇到多少有效的障碍，也取决于一开始迁入者的数目以及性质，同时还取决于生物之间的斗争所引发的，每种变异性质的不同的保存情况。在生存斗争里，生物和生物之间的关系，是所有关系当中最为重要的一种关系，就像我们在前面时常会提到的那般。因为障碍物妨碍生物顺利地进行迁移，所以它就发挥了极为重要的作用，就如同时间对于生物经过自然选择的漫长变异的过程而引起的重要作用一样。只要是分布广的物种，它们的个体数目也就非常多，已经在它们自己扩大的地盘上打败了大量的竞争者。当它们扩张到新的地区的时候，就能够找到最好的机会去夺取新的地盘。它们在新地盘当中会处在新的自然条件之下，时常地出现进一步的变异以及改良。它们将会再次取得胜利，同时繁衍出成群的变异了的后代。按照这样的遗传演化的原理，我们能够理解为什么有的属的部分，甚至是整个的属或者是整个的科，都会仅仅局限于某一地区分布，而这也恰好是普遍存在的大家都知晓的情况。

前面的一章已经讨论过，我们没有证据去证明存在着某种生物演化所不得不遵循的定律。由于每一个物种的变异都有着自己的独立性，只有在复杂的生存斗争当中，当某种变异对每个个体均有利益的时候，才可能会被自然选择所选择，因此每个物种产生变异的程度并不是相同的。假如说有一些物种在它们的固有地盘上彼此之间的竞争已经有好久，之后全体迁徙到了一个新的和外界完全隔绝的环境，那么它们极少有变异的可能，其原因是，迁徙与隔绝本身对这些物种并没有任何的效果。这些因素仅仅是在让生物之间建立起新的关系，同时，生物和周围的新环境条件关系比较小的时候，才有可能会发挥它的作用。就像我们上一章当中所讲到的，有的生物从远古的地质时期以来就保持了几乎一样的性状特征，因此也许有某些物种在经过非常远的迁徙之后，性状特征并未出现重大的变化，甚至是一点变化都没出现。

根据这个观点，同属的物种非常显眼，最开始一定是起源于相同的一个地点。虽然说这些物种现在散居于世界各地，相距非常远，不过它们均是从一个共同的祖先传来的。至于那些经历了整个地质时期却极少会变化的物种，不难相信它们都是从相同的地区当中迁徙来的。因为从远古一直到现在所发生的地理以及气候方面的巨大变化，让任何大规模的迁徙都变成了可能。但是，在大多数别的情况之中，我们完全能够找到理由去相信，同一属的每个物种，是在比较近的时期当中出现的，那么，假如说它们的分市相隔非常远，就很难解释了。一样显著的是，同一物种的每一个体，尽管说现在分布于相隔遥远的地区，不过它们一定是来自自己的父母最开始产生的地方，因为前面已经讨论过，从不同物种的双亲产生出同种的个体是很难让人相信的。

# 物种单一起源中心论

接下来我们来讨论一下博物学家们曾经详细讨论过的一个问题，那就是，物种是在地球表面的某一个地方，还是在很多个地方起源的。同一物种是如何从某一个地点迁徙到现在所在的那些遥远并且隔离的地方去的，确实是难以弄清楚的。不过最简单的观点，那就是，每一种物种最开始是在一个地点产生的看法却又最可以让人信服。反对这样的观点的人，也就会反对生物中常有的世代传衍以及之后迁徙的事实，而不得不借助某种神奇的作用去进行解释。人们都认可，在大部分情况之下，一个物种生存的地方总是相连的。假如说有一种植物或者是动物，生存于彼此相距非常远的两个地区，或者说，生存的两个地区之间，隔着很难逾越的障碍时，那就是非常不普通的例外了。陆产哺乳动物不能够越过大海迁徙的情况或许比别的任何生物更加显著，所以，直到目前为止，还未曾发现有同种的哺乳动物分布于世界相距遥远的地方而让我们不能够解释的现象。英国还有欧洲别的地区均存在着一样的四足兽类，有关于这一点，没有一个地质学家认为有什么难以解释的。其缘由在于，英国与欧洲曾经一度是连接于一起的。可是，假如同一个物种可以在两个隔开的地方被产

树袋熊是大洋洲特有的哺乳动物

生出来，那么，原因又在哪里，我们在欧洲还有澳大利亚以及南美洲的哺乳动物当中却找不出一种是共有的呢？这三大洲的生活环境可以说基本上是一样的，因此有大量的欧洲的动植物能够迁入美洲和澳大利亚进行驯化。并且，在南北两半球相对比较遥远的地区，也就是南北极的附近，生存着一些完全相同的原始植物。我觉得这答案是，有些植物拥有着很多种传播的方式，能够越过广大的中间隔离地带而进行迁徙，可是哺乳动物无法越过那些障碍得到顺利的迁徙。每种障碍物的巨大并且明显的作用，仅仅会在当障碍物的一边产生出大量的物种却无法迁徙到另一边的时候，才能够清楚地了解。有少数的科还有比较多的亚科以及属还有更多的数量属中的部分物种，均局限于一个地区之中生存。按照几位博物学家的观察，只要是最天然的属，或者是每个物种彼此间关系最为密切的属，它们的分布大部分都局限于同一个区域当中，就算是它们占有广泛的分布区域，那些区域也一定是相连的。假如我们的观察在生物的分类系统中再降低一级，也就是说降低到同一物种中的个体分布时，如果说它们最开始不仅仅是局限于某一个地方出现，而是被什么相反的分布法则所支配着时，那就真的是极端反常的奇怪现象了。

所以说，我的观点与别的大部分博物学家的观点一样，都觉得最有可能的情况是，每个物种最开始仅仅是在一个单独的地方产生，之后再依靠它的迁徙以及生存的能力，在过去以及现在所认可的条件下，从最开始的地方朝外慢慢迁徙。无须怀疑，在大多数的情况之下，我们还无法解释，一个物种是怎么样从一个地方迁徙到另一个地方的。不过，地理以及气象的条件，在最近的地质时期之中，一定出现过变化，这也就会使得大量的物种从前是连续的分布区域破坏为并不连续的了。于是，这就迫使我们考虑，是不是有很多这样例外的连续分布的情况，它们的性质是不是非常严重，以至于能够让我们放弃"物种最开始从一个地方产生，之后尽可能地朝外迁徙"这个十分合理的概念。要想将现在分布于相距遥远而隔离的相同物种的所有例外情况都进行一个讨论，确实是比较难以做到的，而且也十分繁琐，更何况有一些例子我们也无法清楚地解释。不过，在上面几句序言之后，我将对几个最明显的实例进行一下讨论。首先要讨论相隔遥远的山顶上以及在南北两极区域当中生存着相同的物种的这个问题，接着还要讨论一下淡水生物的广泛分布（放于下面的一章当中进行讨论），第三个要讨论的是，有关同一个陆栖物种同时在大陆上以及相距该大陆数百英里外的海岛上同时存在的问题。对于同一个物种在地球表面上相距遥远并且分离的地方同时生存着的现象，假如可以按照"物种由一个原产地朝外迁徙"的观点去解释的话，那么因为我们对过去的气候以及地理变迁还有生物迁移的方式等所知道和了解的非常少而为难的时候，那么要相信"物种最开始仅仅有一个原产地"的规律，则是比较稳妥的信念。

在对这个问题进行讨论的时候，我们还要同时考虑到另一个一样非常重要的问题，那就是根据我们的学说，从一个共同祖先遗传而来的同一属当中的每个物种，是不是都是从某一个地区朝外迁移，而且在迁移的过程中同时又出现了变异呢？假如说某个地区的大部分物种与另一个地区当中的物种，尽管十分相似，却又非常不相同时，我们要是可以证明在过去的某一时期曾经出现过物种从一个地区迁移到另一地区的情况，那么就能够极大地巩固我们"单一地点起源论"的观点了。这是因为，根据遗传演化的学说，这样的情况能够得到明确的解释。比如，在距大陆几百英里之外的海上，存在着一个隆起的火山岛，经过一定漫长的时间之后，估计会有少数的物种从大陆迁移到岛上去生存。尽管它们的后代已经出现了变异，不过因为遗传的原因，依然与大陆上的物种具有亲缘的关系。这种情形的例子，可以找到很多。假如根据物种独立创生的理论，是解释不通的，这个问题在后面我们还会进行讨论。这个地区的物种与另一个地区物种有一定关系的看法，与华莱斯先生的观点不存在什么不同，他曾经果断地提出："每个物种的产生都应该与过去存在的相似的物种在时间方面以及空间方面相吻合。"现在自然是非常清楚了，在华莱斯先生看来，他所认可的吻合是因为遗传演化导致的。

物种是在一个地方还是在多个地方产生的问题，和另一个类似的问题之间是存在着区别的，这个问题就是：一切同种的个体均是由一对配偶还是由一个雌雄同体的个体遗传繁衍而来的呢？还是如同有些学者想象的那样，是从同时创生出来的很多个体遗传繁衍而来的呢？对于那些从未曾交合的生物（假如这种生物存在的话），每一个物种肯定是从连续变异的变种遗传繁衍而来的。那些变种，彼此之间相互排斥，不过绝不和同种的别的个体或变种的个体互相混合，所以在连续变异的每一个阶段当中，所有同一类型的个体一定是从同一个亲体遗传而来的。不过在大部分情况下，一定得由雌雄两性交配或者是偶然进行杂交来产生新的后代。如此，在同一个地区，同一物种的每个个体会因为相互交配而基本上保持一致。很多的个体能够同时产生变异，并

夏威夷北部海岸是由火山岩组成的

且每一个时期的变异全量不仅仅是来自单一的亲体。能够举例说明我的意思，英国的赛马与别的任何品种的马都不一样，不过它的这种不同与优良性状并不仅仅是来自一对父母亲体的遗传，而是因为世世代代对大量的个体不断地仔细选择以及进行训练之后才能够获得的。

我在前面所讲到的三个事实，估计是"物种单一起源中心论"最难以说明白的问题，在讨论它们之前，我一定要对物种传播的方式进行一个必要的叙述。

# 物种传播的方式

莱尔爵士还有别的学者针对这个问题已进行了非常到位的论述，我在这里仅仅是简要地列出一些比较重要的事实。气候的变化，一定会对生物的迁移产生重大的影响，某一个地方，按照现在的气候环境来说，让某些生物迁徙时无法通过，但是在气候和今天不一样的从前的某个时期，或许曾经是生物迁徙的大路。这个问题将在下面的章节当中进行比较仔细的讨论。陆地水平面的升降变化，对生物的迁徙一定也会产生重大的影响。比如，现在有一个狭窄的地峡，将两种海相动物群隔离开来，但是一旦这条地峡被海水淹没过，或者说过去的时候已经被海水淹没了，那么两种海产动物群就一定会混合在一起。或者说过去就已经混合过了。现如今海洋所在的地方，在过去的年代很有可能是以陆地的形式存在着，让大陆与海岛连接于一起，那么，陆产生物就能够从一个地方迁徙到另一个地方去了。在现代生物存在的时间当中，陆地水平面曾出现过巨大的变迁，对此没有一位地质学家存在着任何的疑问。在福布斯先生看来，大西洋的所有海岛，在近一段时期当中一定曾与欧洲或者是非洲相连接。相同地，欧洲也曾和美洲相连接。别的学者更是纷纷假定过去每个大洋之间都存在着陆路能够接通，并且几乎每个海岛也都与大陆相连接。假设福布斯的论点是能够相信的话，那就不得不承认，在近期之中，几乎没有一个海岛没有与大陆相连接。这样的观点能够非常干脆利落地解释相同物种分散于非常遥远地区的这一问题，消除了很多的难点。不过，就我所做出的最合理的判断，很难去承认在现代物种存在的期间当中，会出现这么巨大的地理变迁。我的意见是，尽管说我们有大量的证据表示海陆之间的沧桑变化非常大，不过并没有证据能够表明我们每个大陆的位置以及范围能够有如此巨大的变迁，以至于能够让大陆和大陆相连，大陆和海岛相连。我能够爽快地承认，过去确实曾有很多供动植物迁徙时能够歇脚的岛屿，如今已经沉没了。在有珊瑚形成的海洋当中，就有这样的下沉的海岛，上面可有环形的珊瑚礁作为标志。在未来总会有那么一天，"每个物种是从单一源地产生的"这一概念会被人们完全认可，我们也能够更为确切地了解生物传播的方式。到了那个时候我们就能够放心大胆地推测过去大陆的范

围了。但是我并不相信，将来能够
证明我们如今完全分离的大部分大
陆，在近代曾经相连接或者是几乎
相连接，而且还与很多现存的海岛
互相连接（板块构造与大陆漂移理
论已经证实，这样的情况确实是存
在的）。有一些生物有关分布方面
的事实，比如，几乎每个大陆两侧
的海产动物群都存在着极为明显的
巨大差异，有几处陆地以及海洋的
第三纪生物同该处现代生物之间存

火山岛下沉后，海面上只剩下环形珊瑚礁。

在着密切的关系，海岛上生存的哺乳动物和距离最近的大陆上的哺乳动物之间的相似
程度，在一定程度上取决于两者之间海洋的深度（之后还会进行讨论），等等。这些
与别的类似的事实均和福布斯还有他的追随者的近代曾出现过巨大的海陆变迁的观
点恰好相反。海岛上生物的特征还有相对比例也和海岛以前曾同大陆相连接的观点之
间存在矛盾。更何况，所有的这些海岛基本上全都是由火山岩所组成的，也无法去证
实它们是由大陆沉没后残留物组成的这一观点。如果说它们在以前曾是大陆的山脉，
那么，最起码应该有一些海岛是由花岗岩或者是变质片岩，要不是古代含化石的岩石
或者是别的与大陆山脉相同的岩石所组成，而只是由火山的物质堆积而成的。

　　如今，我们不得不针对"偶然"的含义来进行一个小小的讨论，或许将它称为
"偶然的传播方法"更加恰当一些。在这里，我仅仅谈一谈与植物有关的事。在植物
学的著作当中，时常提到不适宜于广泛传播的一些植物，不过完全不了解这些植物经
过海洋传播的难易情况。在贝克莱先生耐心地帮助我做了几个试验之前，根本不会
知道植物种子对于海水的侵蚀作用有多么大的抵抗力。我意外地发现，在 87 种植物
的种子当中，竟然有 64 种在盐水中浸泡 28 天之后依然可以发芽，还有少数的种子在
浸泡 137 天之后依旧可以存活。值得注意的是，有些目的种子，遭到海水的侵蚀比其
他的目要严重一些，比如我曾对 9 种豆科的植物的种子做过试验，仅仅有一种例外，
其他的均无法较好地抵抗盐水的侵蚀。和豆科近似的田基麻科还有花葱科的 7 种植物
种子，在经历了一个月盐水的浸泡之后，全都死掉了。为了方便研究，我主要用不带
荚的以及果实的小型种子做实验，它们在浸泡数天后，就全都沉到了水底，因此不管
它们是不是会遭到海水的侵蚀损害，都无法漂浮着越过广阔的海洋。之后我又试着用
一些比较大的有果实以及带荚的种子进行实验，其中有一部分竟然在水面上漂浮了很
长的一段时间。我们大家都知道，新鲜木材和干燥木材的浮力存在着极大的差别，我
想起，在山洪暴发的时候，经常有带着果实或者荚种的干燥植物或枝条被冲到大海当
中。受到这种想法的启发，我将 94 种带有成熟果实枝条的植物进行了干燥处理，然

大豆

后放到了海水中去进行实验。结果，大部分的枝条很快就沉到了水底，不过也有一小部分，当果实是新鲜的时候，只可以在水面上漂浮很短的时间，但是在干燥之后，却可以漂浮很长的时间。比如成熟的榛子，进水就会立刻下沉，但是干燥后，却能够漂浮 90 天，将它们种在土当中还可以继续发芽。带有成熟浆果的天门冬还在新鲜的时候可以漂浮 23 天，等到干燥后漂浮 85 天之后，依然可以发芽。刚成熟的苦荬菜的种子，浸泡在水中两天后就会沉入水底，但是干燥后基本上可以漂浮 90 天左右，并且以后还能够发芽。总计这 94 种干燥的植物当中，有 18 种能够在海面上漂浮 28 天左右，其中包括能够漂浮更长时间的几种。在 87 种植物的种子里面，有 64 种在海水中浸泡了 28 天之后，依然保存发芽繁殖的能力。在与前面所讲的实验的物种不完全相同的另一个实验当中，94 种成熟果实的植物种子经过了干燥之后，有 18 种能够在海水中漂浮 28 天以上。所以说，假如按照这些不多的实验我们能够做出什么推论的话，那就是：不管是在什么地区的植物种子，有 14% 的部分能在海水中漂浮 28 天后，依然保持着发芽的能力。在约翰斯顿的《自然地理地图集》当中，有几个地方标着大西洋海流的平均速度，是每昼夜 33 英里，有的海流的速度能够高达每昼夜 60 英里。以海流的平均速度计算的话，某个地区的植物种子在进入海洋之后，就可能会有 14% 的部分漂过 924 英里的海面，到达另一地区中。在搁浅之后，假如有朝着陆地吹的风将它们带到适宜的地点，就能够有机会发芽成长。

在我们的实验之后，马滕斯也做了类似的实验，他对实验的方法进行了一定的改进，将很多种子放到一个盒子当中，投到真正的海洋中，让盒子里的种子有时浸到水中，有时又会暴露于空气中，就像真的是漂浮在海中的植物一般。他一共做了 98 种植物种子的实验，大部分与我做实验时用的植物种类不一样，他选用的大部分是大果实的还有海边植物的种子，这样或许可以延长它们漂浮的时间同时增加对海水侵蚀的抵抗力。再有一面就是，他没有预先晒干这些植物或是带有果实的枝条，就像我们已经知道的，干燥能够让某些植物漂浮的时间更长一些。马滕斯实验所得出的结果是，在 98 类不同的植物种子当中，有 18 种在漂浮了 42 天后依然没有失去发芽的能力。但是，我不怀疑，暴露于波浪中的植物所漂浮的时间，会比我们实验中免受剧烈颠簸影响种子漂浮的时间少。所以，我们能够更加谨慎地去假设：一个地区的植物也许能够有 10% 的部分类型的种子在干燥时可以漂浮过 900 英里宽的海面后依然保持着发芽的能力。比较大型的果实，常常比小型的果实漂浮的时间更长久一些，这的确是非常有趣的事实。根据德康多尔的说法，具有大型果实的植物，分布的范围往往会遭到限制，因为它们难以由别的任何方法去进行传播。

有些情况下，植物的种子还需要依靠其他方法进行传播。漂流的木材时常会被波浪冲到很多海岛上，甚至会被冲到最广阔的大洋中心的岛屿上。太平洋珊瑚岛上的土著居民专程会从这种漂流植物的根部去搜集所挟带的石块去做工具，这种石块竟成了贵重的皇家税品。我发现有些不规则形状的石块卡在了树根的中间时，石子与树根之间的小缝隙里时常会挟带着小块的泥土，填充得极为严密，尽管经过了海上的长途漂流，也不会被冲掉一点儿。曾有一棵生长了50年的橡树，它的根部有完全密封的小块泥土，取出来之后，有三棵双子叶的植物种子发出了芽，我确信这个观察是十分靠谱的。我还能够说明，漂浮于海上的鸟类尸体，有些情况下没有立刻被其他动物吃掉，这些死鸟的嗉囊当中也许会有很多类型植物的种子，长期保持着发芽的活力。比如，只要将豌豆与巢菜的种子在海水中浸泡几天就会死去，可是如果将它们吞食到鸽子的嗉囊当中，再将死鸽放于人工的海水中浸泡30天，然后取出嗉囊当中的种子，让我觉得非常惊奇的是，这些种子基本上全部都可以发芽。

活着的鸟类是传播种子最有效果的一种动物，我能够列举出大量的事实，证明有很多种鸟类被大风吹带着飞越重洋。在这种时候，我们能够谨慎地去估计一下鸟的飞行速度，时常是每小时35英里。还有一些学者估计的数字比这个要高出许多。我从来没有见到过，营养丰富的种子可以经过鸟的肠子被排出，不过那些果实中有硬壳的种子，甚至可以在通过火鸡的消化器官之后依然完好无损。在我的花园当中，两个月里我曾从小鸟的粪便里捡出12类植物的种子，表面上看上去均是完好的，我试着种植了一些，都还可以发芽。下面的事实更加重要：鸟的嗉囊无法分泌出消化液，就如我做试验的那样，丝毫不会让种子的发芽能力受到损伤。那么，鸟类在找到并吞食了大量食物之后，我们能够肯定在几个小时甚至是18个小时之中，它所吃的谷粒尚未全部进入嗉囊中，而在这段时间里，这只鸟儿能够非常容易地顺风飞行到500英里之外的地方。我们全清楚，老鹰是以寻找飞倦的鸟儿为食的，于是这只鸟儿被撕开的嗉囊当中所存的种子，就会被如此轻易地散布出去。有的老鹰还有猫头鹰，会将捕获的猎物整个吞下，经过10~20个小时的间隔之后，会吐出小团的食物残渣，依据动物园所做过的实验，我知道，这小团的残渣当中含有可以发芽的种子。燕麦、小麦、粟、加那利草、大麻、三叶草还有甜菜的种子，在不同食肉鸟的胃当中停留12到21个小时之后，都可以继续发芽。甚至有两粒甜菜的种子，在胃当中停留两天又十四个小时之后，依然发芽生长了。我发现，淡水鱼类吞食多种陆生以及水生植物的种子，鱼又经常会被鸟吃掉，于是植物的种子就能够从一个地方传播到另一个地方去了。我曾经将各种植物种子装到死鱼的胃当中，再将鱼拿给鱼鹰和鹳还有鹈鹕等鸟类吃，等过好几个小时之后，这些鸟类将种子作为小团块的残渣从嘴里吐出来了，或者是伴着粪便排泄了出来。这些被鸟类们排出来的种子当中有一些依然具有发芽的能力，不过也有一些种子经过鸟类的消化过程而失去了生命力。

有些情况下，飞蝗会被风吹到距大陆非常遥远的地方。我曾亲自在远离非洲海岸370英里之外的地方，捉到过一只，还听说有人在更为遥远的地区也捉到过飞蝗。罗夫牧师曾经认真地告诉过莱尔爵士，在1844年11月，马德拉岛上空突然飞来了大群的飞蝗，其数目之多，就如同暴风雪的雪片一样，遮天蔽日。蝗群一直蔓延到要用望远镜才可以看到的高处。在两三天的时间当中，蝗群一圈又一圈地飞着，逐渐形成一个直径最起码有五六英里的巨大椭圆形，在晚上的时候会降落，高大的树木几乎都被它们遮满了。接着到后来，它们就如同来的时候一般，突然就在海上消失不见了，之后也没有再在岛上出现过。现在，虽然说非洲南部纳塔尔地区的一些农民证据不足，但是都相信大群飞蝗时常飞到那里，它们所排泄的粪便中带着植物的种子，导致有害的植物传播到他们的牧场上。韦尔先生觉得这样的情况是真实可信的，曾在信封中附寄给了我一小包蝗虫的干粪便。我在显微镜下检出几粒种子，播种后长出了7棵草，归属于两个物种的两个属。所以，像突然飞袭马德拉岛的那种蝗虫群，很有可能是几种植物传播的方式，如此，它们的种子就能够轻易地被传播到远离大陆的海岛上去了。

尽管说鸟类的喙还有爪时常是干净的，不过有时也难免会沾上泥土。有一次我从一只鹧鸪的脚上取下61喱（1喱＝0.0648克）重的干黏土，还有一次，则取下了22喱重的，而且在泥土中，还找到了一块像巢菜种子一般大小的碎石块。还有更为有趣的现象，一位朋友曾给我寄来一条丘鹬的腿，在胫部粘着一块九喱重的干土，里面包着一粒蛙灯心草的种子，播种后居然发了芽，并且还开了花。布来顿地区的斯惠司兰先生在40年来一直专心地观察英国的候鸟，他曾和我说，他时常会乘着鹬鸰还有穗鹏以及欧洲石鹏等鸟类刚刚到英国海滨，还没有着陆之前就将它们打下来，有很多次，他见到，鸟的爪上都粘有小块的混土。有很多的事实能够证明，这种含有种子的小泥块是非常常见的现象。比如，牛顿教授在之前曾寄给我一条因受伤无法飞翔的红足石鸡的腿，上面粘着一团泥土，约有6.5盎司（1盎司≈28.35克）左右重，这块泥土曾被保存了3年，后来将它打碎，置于玻璃罩中加水，竟然从土里长出82棵植物来，其中有12棵单子叶植物（包含普通的燕麦草还有一种以上的茅草），剩下的70棵是双子叶植物，从它们的嫩叶形状去判断，最起码有3个不同的品种。很多的鸟类，每年伴着大风远涉重洋，逐年迁徙。比如，飞越地中海的几百万只鹌鹑，它们会将偶

蝗群出现在哪里并不很明确，它们飞到哪里，哪里就会变得一片荒芜。

然粘于喙还有爪上泥土中的几粒种子传播出去，面对着这样的事实，我们还存在着什么疑虑吗？面对这个问题，我还要在后面继续进行讨论。

就像我们所知道的，冰山有时挟带着泥土还有石头，甚至会挟带着树枝以及骸骨还有陆栖鸟类的巢等。不用质疑，就像莱尔所提到的那样，在北极还有南极地区，冰山偶尔也会将植物的种子从一个地方运

南极洲附近五分之四的冰山来自缓慢向海洋延伸的冰架。这些冰山被称为"扁平冰山"，有着平坦的顶部，四周看上去就像是垂直的峭壁。随着它们向北漂流，这些冰山会慢慢裂开，最终完全碎裂解体。

到另一个地方去。而在冰河时代，就算是现代的温带地区，也会有冰川将种子从一个地方运到另一个地方中去。亚速尔群岛上的植物和欧洲大陆植物的共同性，要比别的大西洋上更为接近欧洲大陆的岛屿上的植物，和欧洲植物的共同性多一些。引用华生先生的话来说就是，根据纬度进行比较，亚速尔群岛的植物便显出了比较多北方植物的特征。我做一个推断，亚速尔群岛上有一部分植物的种子，是在冰河时期，经过冰山带去的。我曾请莱尔爵士写信给哈通先生，去询问他在亚速尔群岛上是不是曾见到过漂石，他回答说曾经见到过花岗岩与别的岩石的巨大碎块，并且这些岩石是该群岛之前所没有的。所以说，我们能够稳妥地去推测，之前的冰山将所负载的岩石带到这个大洋中心的群岛上时，最起码也将少数的北方植物的种子带到了这里。

详细考虑前面所讲的各种传播方式以及有待发现的别的传播方式，年复一年地经过了多少万年的连续作用，我想如果很多植物的种子没有用这些方式去广泛地传播开来，那倒真的算是怪事了。人有时候会觉得这些传播的方式是非常偶然的，真的是不够确切。洋流的方向并非是偶然的，定期信风的风向也并非偶然的。人们应该能够观察到，任何一种传播的方式都难以将种子散布到非常远的地方，因为种子在海水的长期作用下，会失去它们发芽的活力，种子也无法在鸟类的嗉囊或者是肠道中耽搁得太久。不过，利用这些传播的方式，已足可以让种子通过几百英里宽的海洋，或者是从一个海岛传播于另一个海岛，或者从一个大陆上传播到附近的海岛上，只是无法从一个大陆传播到距离非常遥远的另一个大陆上去罢了。距离非常遥远的大陆上的植物群，不会由于这些传播而相互混合，它们将与现在一样，各自保持着自己独有的状态。从海流的方向能够知道，种子不会从北美洲带到英国，但是能够从西印度将种子带到英国的西海岸，只不过，那种子就算是没有因为长期被海水浸泡而死去，也不一定能够忍耐得住欧洲的气候。几乎每年都会有一两只陆鸟，从北美洲伴着风越过大西洋，来到爱尔兰或者是英格兰的西部海岸。可是仅仅有一个方法能够让这种稀有的漂泊者

传播种子，那就是粘附于它们喙上或爪上的泥土中，这是十分罕见相当偶然的情况。并且，面对这样的情况时，要让种子落于适宜的土地上，生长到成熟，其中的机会又是多么的小啊！不过，假如如大不列颠那种生物繁盛的岛在最近的几百年当中已知没有因偶然的传播方式从欧洲大陆或者是别的大陆上迁来植物（这样的事情很难去证明），于是就会觉得那些缺乏生物的贫瘠的海岛，离大陆要更远一些，也无法去用相似的方法传播移居的植物时，那就更是错上加错了。假如有 100 种植物种子或者是动物移居到一个海岛上之后，虽然说这个岛上的生物远远没有不列颠中的那般繁茂，并且可以适应新家园，能够被驯化的仅仅是一个物种。不过在悠久的地质时期当中，假如那个海岛正在升起，而且岛上还没有繁多的生物，那么这种偶然的传播方法所产生的效果，就无法去没有根据地进行否认。在一个几乎接近于不毛之地的岛上，极少会有或者说根本就没有害虫或者是鸟类，几乎每一粒偶然落到这里来的种子，只要具有适宜的气候，就会有发芽以及生存下去的可能。

# 物种在冰期时的传播

在很多的高山之间，隔着数百万英里的，高山动物所无法生存的低地，但是在其上生长着大量的完全相同的植物还有动物。因为高山物种是无法在低地生存的，所以我们就很难理解，为什么同一物种可以生活于相距较远并且隔离的地方，由于我们还尚未找到有关它们可以从一个地方迁徙到另一个地方的生动事例。在阿尔卑斯山还有比利牛斯山的积雪地带，还有欧洲最北面的地区，我们可以看出有着大量的相同的植物存在，这的确是值得我们关注的事实。而美国的怀特山上的植物与拉布拉多地区的植物完全一样，就像阿沙格雷所说的一样，它们又与欧洲最高山顶上的植物基本上是完全一样的。这更是一件值得人们注意的事情了。早在 1747 年，葛美伦就对与此相同的事实提出过断言，他说，同一个物种，能够在很多相距遥远的不同地方分别地创生出来。如若不是阿加西斯还有别的学者提醒人们注意在冰河时代的生物分布，我们估计现在还依然保持着过去的观点。冰河时期，就如我们马上就可以看到的，能够给这些事实一个简单明了的解释。我们有各种各样能够相信的证据，包括有机的以及无机的证据，来证实最近的地质时期当中，欧洲中部与北美洲都曾处于北极型气候之中。苏格兰与威尔士的山岳从它们山腰的冰川刻痕以及光滑的表面还有摆放于高处的漂石来看的话，向我们说明，在最近的地质时期当中，山谷中曾充满了冰川。这些痕迹甚至可以比大火后房屋的废墟还要清楚地证明之前的经历。欧洲的气候变化极为剧烈，在意大利北部古冰川所遗留下来的巨大冰碛石上，现在已经长满了葡萄还有玉米。在美国的大部分地区，均可以见到冰川漂石还有有划痕的岩石，这些都清楚地表明，之前那里有一个寒冷的时期。

按照福布斯的解释，之前的冰期气候对欧洲生物的分布，可以产生如下的影响：我们假定有一个新的冰期缓慢地到来，接着又如同以前的冰期那般逐渐地过去，如此我们就更容易体会到它们的各式各样的变化。当严寒来临的时候，处在南方每个地

山地树种多为针叶树，海拔越高，树木的生长速度越慢。但在欧洲高山的积雪地带，可以看出有大量的相同的植物存在。

区当中的气候，变得十分适宜于北方生物的生存，北方的生物当然就一定会朝着南方迁移，占领之前温带生物的位置。同时，温带的生物也会逐渐缓慢地朝南进行迁移，除非遇上障碍物将它们阻挡而导致死亡。这时的高山将被冰雪覆盖，原有的高山生物朝着山下迁移到平原地区。当严寒达到极点时，北极地区的动物群就会遍布于欧洲的中部，并且还一直朝着南延伸分布到阿尔卑斯山还有比利牛斯山，甚至还会延伸到西班牙。现在，在美国的温带地区当时也一样是遍布了北极型的动物以及植物的，并且与欧洲的动植物的种类基本上一样。因为之前我们假设过北极圈当中的生物要朝着南迁移，因此不管在地球的哪一处，生物的类型都是相同的。

当温暖的气候渐渐地回转时，北极型的生物估计就会朝着北进行退却，随之而来的就是温带地区的生物也跟着朝北方转移。当山上的积雪开始由山脚下融化时，北极型生物就占据了这个解冻的空旷地带。伴着温度的逐渐增高，融雪也逐渐朝着山上移动，北极型生物也同样逐渐移到高山上，这时它们同类型的一部分生物就会逐渐朝北退去。于是，当温度完全恢复正常的时候，原来曾在北美还有欧洲平原的北极型同种生物，一部分回到欧洲还有北美洲北部的寒冷地区，还有一部分就留在了相距甚远并且还隔离的高山顶上了。

如此，我们也就可以很好地了解，为什么在相距遥远的地区，比如北美还有欧洲的高山上，会有那么多的相似植物。我们还能够知道，为什么每个山脉上的高山植物，与它们正北方或者是近似于正北方的植物，有着更为特殊的密切关系。由于严寒来临时，开始朝着南迁移以及气候转暖时朝着北方退却，迁移的路线往往是正南或者是正北的。比如华生先生所讲到的苏格兰的高山植物，还有雷蒙德先生所谈到的比利牛斯山的植物以及斯堪的纳维亚北部的植物十分相似。美国植物与拉布拉多的高山植物相似，西伯利亚高山上的植物与俄国北极区的相似。这些观点是建立在过去确实存在过的冰期为根据的基础上的。因此我认为，它可以非常圆满地解释现代欧洲与美洲的高

山植物还有北极型植物的分布状况。当我们在别的地区相距非常遥远的山顶上找到同种的生物时，就算是没有其他证据，我们也能够断定，以前这里有过寒冷的气候，让这些生物在迁徙的时候通过高山之间的低地，不过现在这些低地变得温度太高，不在适合寒冷植物的生存了。

因为北极型生物开始朝着南方迁移，后来又向北退了回来，均是伴随着气候的变化来进行的，所以在它们长途迁徙的过程当中，没有遭遇温度的激烈变化，又由于这些生物是集体进行迁徙的，以至于导致它们之间的相互关系也没出现什么大的变动。因此，根据本书所反复论证的原理，这些类型不会出现较大的改变。但是高山植物在温度回升的时候就已经相互隔离了，最初是在山脚下，最后留在山顶上，不过其具体的情况也存在着一些差别，由于并非所有同种的北极型生物都可以遗留到每个相距甚远的山顶上，并且长期地生存下去。更何况还有冰期之前就生存于山顶上，在冰期最严寒的时候时暂时被驱逐于平原上去的古代高山物种，估计与这些新遗留的北极型物种相混合，它们还有可能遭遇各山脉之间稍有不同的气候的影响。所以，这些遗留下来的物种之间的相互关系，或多或少地受到了扰动，于是也就非常容易出现变异。事实上，它们确实已经出现了变异。如果是以欧洲几大山脉现在所存在的所有高山动物以及植物相进行比较的话，就能够看到，尽管还有很多相同的物种，但是有的成为变种，而有的则成了可疑的物种或者是亚种，甚至有些已经成为近缘并且不同的物种，构成了每个山脉所特有的代表物种了。

在前面所讲的说明当中，我曾假设这样的设想的冰期在最开始时环绕北极地区的北极型生物，是与现在我们所看到的情景非常一致的。不过我们还不得不假设，在那个时候地球上的亚北极以及少数的温带生物也是一样的，由于现在生存于较低山坡以及北美洲还有欧洲平原上的物种也存在着一部分相同的物种。估计有人要问，在真正的大冰期开始的时候，该如何去解释全世界亚北极生物还有温带生物相同的程度呢？如今美洲还有欧洲亚北极带以及温带的生物，被整个大西洋还有北太平洋隔开了。在冰期的时候，这两个大陆上的生物栖息地的位置，在如今栖息地的南方，彼此之间一定被更为广阔的大洋分割开来。因此，人们会产生出疑问：同一物种如何在冰期或者是在冰期之前进入这两个大陆的？我相信说明问题的关键，是在冰期开始之前的气候特征。在那个时候，也就是新上新世时期，地球上大部分的生物种类和现在一样，我们有足够充分的理由去相信，当时的气候比现在要温暖很多。所以，我们能够去假定，现在生活于北纬 60° 以南的生物，在上新世时基本上是生活于更北方的 66° 到 67°之间，也就是更接近北极圈的地方。而现今的北极生物，那个时候则生活于非常靠近北极点的每个小陆块上。假如我们观察一下地球仪，就可以看出来，在北极圈当中，从欧洲的西部穿过西伯利亚一直到美洲的东部，陆地几乎都是相连接的。这样的环形陆地的连续性，让生物能够在适宜的气候当中进行自由迁徙。如此，欧洲与美洲亚北极生物以及温带生物在冰期之前是相同的假设就有了一定的理由。

按照前面所讲的种种理由，我们能够相信，就算是海平面在上下颤动，我们每个大陆的相对位置长时间以来基本上没有出现什么变化。我愿意引申这一观点，以便推断出更早更温暖时期的状况。比如，比较老的上新世，有极大数目相同的植物还有动物，在几乎连续的环极陆地上生存着。临近冰期到来之前，伴随着气候的逐渐变冷，不管是在欧洲还是在美洲生存着的动植物，就开始逐渐地朝南迁移。就像我所认为的那样，现在我们在欧洲中部以及美国所见到的它们的后代，大部分已出现了变异。根据这种观点，我们可以理解北美洲和欧洲的生物为什么极少会是完全相同的。假如考虑到这两个大陆之间距离的遥远，中间又存在着整个大西洋将之分隔时，这样的关系就特别引人注意看。对于几个观察者所提出来的另一个比较神奇的事实，我们也获得了进一步的理解，那就是，欧美两大洲的生物之间的关系在第三纪后期比现在更为接近了，这是因为在这些比较温暖的时期，欧美两大洲的北部陆地基本上是相连的，作为陆桥来让两洲的生物能够进行互相的迁徙，直到后来，由于严寒的降临，这个地方无法通行了。

当上新世的温度逐渐降低时，在欧洲还有美洲生存的相同物种，很快会从北极圈朝着南方迁徙，于是，两大洲的生物之间就会断绝了联系。在两大洲比较温暖地区的那些生物，一定于很久之前就出现了这样的隔离。这些北极动植物朝南迁移，在美洲一定会和美洲土著动植物混合，然后出现生存斗争。在另一个大陆欧洲也出现了相同的情况。所以说，所有的情况都有利于它们出现大规模的变异，其变异的程度远远不是高山生物能够比的。高山生物仅仅是被隔离于欧洲还有美洲的高山顶上以及北极地区，并且时代也近得多。因此，如果将欧洲与美洲两大陆现代温带生物进行比较时，我们仅仅可以找到少数相同的物种。（虽然阿沙格雷近来曾指出，两洲之间相同种类的植物比我们之前所估计的要多一些。）不过，我们也发觉，每一个纲当中都存在着很多类型在分类上引起了争执，而且被不同的博物学家要不是列为地理亚种，要不就干脆列成了不同的物种。当然，也存在着大量非常相近的或者是代表性类型，被博物学家们一致地认可属

海冰、冰河
苔原、冻土地带
沙漠
草地、灌木
开阔林地
热带雨林

欧洲
亚洲
撒哈拉沙漠
非洲
大洋洲

今天的大陆
轮廓
18000年前的
海平面

冰川期的世界，在冰川期，世界的大陆更大，一些现在分离的陆地那时是连在一起的。

于不同的物种。

海水中与陆地上的情况是一样的。在上新世，甚至在更早的时期，海洋生物几乎完全一致地沿着北极圈当中连续的海岸逐渐朝南迁移。根据变异的学说，我们能够解释为什么完全隔离的海洋当中会有大量非常相似的生物类型存在着。同样，我们也能够解释，为什么在北美洲东西两岸的温带地区当中，已绝灭的以及现存的生物之间存在着十分相似的关系。我们还能够解释一些更为奇怪的现象，比如地中海与日本海的很多甲壳类（像达纳的优秀著作中所描述的那样），有些鱼类还有别的海产动物，都有着十分密切的关系，而现在地中海与日本海已经被整个亚洲大陆还有宽广的海洋所分隔开了。

对于那些与物种之间存在着密切相似关系的相关事实，现在与之前在北美洲东西两岸海洋的生物；地中海与日本海的生物；北美与欧洲温带陆栖生物间的密切类似的关系等，都不能够用创造学说去解释。我们不会觉得，那些地区的自然地理条件十分相似，就一定可以创造出相似的物种来。因为假如我们将南美洲的有些地区与南非洲或者是澳大利亚的有些地区进行比较的话，我们就能够看到，在自然地理条件相似的地区当中生存着非常不相同的生物。

# 南北地区冰期时的交替

接下来我们不得不转过来讨论更为直接的问题。我确信，福布斯的观点能够得到广泛的应用。在欧洲，我们从不列颠的西海岸一直到乌拉尔山脉，朝南一直到比利牛斯山，都可以见到以前冰期留下的最为显著的证据。我们能够从冰期的哺乳动物还有山上植物的性状去推断西伯利亚也曾受到过类似的影响。根据胡克博士的观察，在黎巴嫩，永久性的积雪曾经覆盖了那里山脉的中脊。它所形成的冰川，从 400 英尺的高度一直倾泻于山谷当中。近来胡克在非洲北部的阿特拉斯山脉的低地当中发现了冰川时期遗留下来的大堆的冰碛物，沿着喜马拉雅山，在大约相距 900 英里远的地方，尚且存在着冰川之前下泻的痕迹。胡克博士在锡金还曾见到古代留下的巨大冰碛物上生长着玉米。从亚洲大陆朝南，直到赤道的另一边，按照哈斯特博士还有赫克托博士杰出的研究，我们得知，在新西兰之前也存在过冰川流到低地的现象。胡克博士在这个岛上也发现了相距非常遥远的山上长着相同的生物，这说明这里之前曾有寒冷时期的经历。从克拉克牧师来信告诉我的事实去看的话，貌似澳大利亚东南角的山上也存在着之前冰川活动的痕迹。

再来看一看美洲的情形，在北美洲的东侧，朝南直到纬度 36° 到 37° 的地方；在北美洲的西侧，从现在的气候有非常大差别的太平洋沿岸开始，朝着南直到纬度46° 的地方，都发现了冰川带来的冰碛物。在落基山上，也曾遇到过漂石。在南美洲的科迪勒拉山，基本上就位于赤道上。冰川曾一度远远地伸展到目前的雪线之下。在智利的中部，我曾对一个由岩石碎块（其中包括大砾石）堆成的大山丘进行过观察，横于保地罗的山谷当中。完全无须你去怀疑，那里曾一度形成过巨大的冰碛堆积。福布斯先生曾经与我说

大陆冰川后退时，冰水聚积于冰蚀洼地中形成湖泊。

过，他在南纬 13° 到 30° 之间，高度差不多在 1200 英尺的科迪勒拉山上，发现了和挪威所类似的有非常深擦痕的岩石以及含有带凹痕小砾石的大碎石堆。在科迪勒拉山的整个地区当中，就算是在最高处，如今也已经不再有真正的冰川了。顺着这个大陆的两侧再向南，也就是从南纬 41° 到大陆的最南端，我们能够看到之前冰川活动的最显著的证据，那些地方存在着大量从遥远的地方运过来的巨大漂石。

鉴于下列的这些事实，因为冰川作用曾遍及南北两个半球，因为两个半球的冰期从地质意义方面来说，均属于近代的，从冰期所造成的效果来看的话，南北半球的冰期持续时间均非常长，最后，因为在近代，冰川曾沿着科迪勒拉山的走向朝下延伸到低地平面，我曾经得出过这样的结论：全球的温度，在冰期的时候曾同时降低。如今，克罗尔先生在一系列优秀的专著当中，企图想要说明冰河气候是每种物理原因所引起的后果，而这些物理原因是因为地球轨道离心率的增加而造成的。所有的原因均引起了相同的一个结果，那就是冰期的形成。而其中最为重要的原因，就是地球轨道的离心率对海流的间接影响。按照克罗尔先生的说法，每隔 1 万年或者是 15000 年左右，冰期就会有规律地循环出现一次。在长久的间冰期之后，这种严寒因为某种偶然的事件，会极端严酷。在这些偶然事件当中最为重要的，就是莱尔先生所谈到的海陆的相对位置的变化。克罗尔先生相信，最近一次冰期发生在 24 万年之前，持续了差不多 16 万年之久。期间，气候只是有微小的变化。对于更为古老的冰期，几个地质学家则按照直接的证据，认为在中新世以及始新世也曾出现过冰期。至于更为久远的，就不需要再提了。不过克罗尔所得出的结论当中，对我们来说最为重要的，就是当北半球在经历严寒的时候，南半球因为海流方向的改变，其温度事实上是升高了，冬季也变得温暖了。反之，当南半球在经历冰期的时候，北半球的情况也是这样的。这样的结论，对说明冰期生物的地理分布非常有帮助。对于这些，我坚定不移地相信，但是我要先列举几个还需要解释的实例出来。

以前胡克博士曾经提出，在南美洲火地岛的开花植物（那些植物在当地贫乏的植

洪堡在安迪斯山脉发现的猕猴

物当中占据了相当大的一部分）中，除了很多非常相似的物种之外，还有四五十种与北美洲还有欧洲的完全一样。大家都比较了解，这几个地方彼此之间的距离非常遥远，而且都处在地球相反的两个半球之上。在美洲赤道地区的高山上，有大群独特的属于欧洲属的物种。加得纳先生曾经在巴西的奥更山地区的植物当中发现了少数的欧洲温带属，还有一些南极属以及一小部分的安第斯山属，均为山脉之间低凹热带地区所没有的植物。在加拉加斯地区的西拉地带，著名的洪堡先生早已经发现归类于科迪勒拉山特有属的一些物种。而在非洲的阿比西尼亚山上，竟然生长着几种欧洲特有的类型还有很小的一部分好望角植物的代表类型。在好望角，能够相信有非人为引进的少量的欧洲物种，在山上也存在着一些并非非洲热带地区的欧洲代表类型。近来，胡克博士也指出，几内亚湾中高耸的费尔南多波岛的高地还有相邻的喀麦隆山上，存在着几种植物和阿比西尼亚山上的以及欧洲温带的植物有着十分密切的关系。我听胡克博士讲过，有几种相同的温带植物，已经被罗夫牧师在弗得角群岛上寻觅到了。一样的温带类型几乎沿着赤道横穿了整个非洲大陆，一直延伸到弗得角群岛的山上。这是自有植物分散于喜马拉雅山以及印度半岛每个隔离的山脉上，在锡兰（如今被称为斯里兰卡）高地还有爪哇的火山顶等地带，有大量的完全一样的植物。或者在某一地方的植物群，是那个地方的代表种类，不过同时又均是欧洲植物的代表类型，也就是每个山脉之间低凹炎热地区所没有的植物。在爪哇高山上所收集来的每个属植物的名单，就如同是欧洲丘陵上所采集到的植物名单的复制品。更令人觉得惊讶的是，有些婆罗洲（也叫作加里曼丹）的山顶上生长的植物，居然代表了澳大利亚的特有类型。我曾听胡克博士谈到，这些澳大利亚植物有的沿着马六甲半岛的高地朝外延伸，有一部分稀稀落落地散布在印度，还有一部分则朝北延伸到日本。

米勒博士之前曾于澳大利亚南部的山上发现了一些欧洲的物种，并且在低地上同样发现了生存着不是人为引进的别的一些类型的欧洲物种。胡克博士曾经和我说，在澳大利亚所发现的欧洲植物的属能够列出一长串名单，并且这些均为两大洲之间的热带地区所不具有的植物。在让人称赞的《新西兰植物导论》一本书里，胡克博士对这个大岛上的植物，列举了类似的奇异现象。所以，我们能够看得见，全世界的热带地区的高山上生长着的一些植物，与南北温带平原上的植物要不就是同一物种，要不就是同一物种的变种。但是我们应该观察到，这些植物并非真正的北极类型，因为根据华生所讲的"从北极朝着赤道地区进行迁移时，高山或者是山地植物群的北极特征事实上变得越来越少了"。除了这些完全相同的以及极为类似的类型之外，还有大量的如今中间热带低地所没有的植物属，生长于这些一样遥远而又隔离的地区。

这些简单的讨论只是针对植物而言，在陆地上生存的动物方面也存在着少量的相似的事实，海产生物同样存在着类似的状况。我能够引用最高权威达纳教授的叙述为例子，他讲道："新西兰的甲壳动物与大不列颠的十分类似，而这两个地方分别处于地球上恰好相反的位置上，这的确是一个让人十分惊讶的现象。"理查森爵士也曾说过："在新西兰与塔斯马尼亚岛的海岸边，曾见到过有北方的鱼类出现。"胡克博士还对我说过，新西兰与欧洲有 25 种海藻是一样的，可是在它们中间的热带海洋当中没有找到这些藻类。

根据上面所讲到的事实，温带型的生物存在于下面的这些地方：横穿非洲的整个赤道地区，顺着印度半岛一直到锡兰还有马来群岛。另外，温带生物还不太明显地穿过南美洲广阔的热带地区等。能够看出，在之前的某个时期当中，不用质疑，是在冰河期达到鼎盛的时候，有一定大规模数量的温带类型生物曾迁徙到这些大陆赤道地区的每个低地上生存过。在当时的情况下，赤道地区海平面上的气候，估计与现在同一纬度五六千英尺高的地方一样，说不准还要再冷一些。在最严寒的时期，热带植物与温带植物混杂丛生着遍布了赤道地区的低地。就如同胡克博士所描述的现代喜马拉雅山四五千英尺高的低山坡上混生的植物一般，不过温带的类型估计更多一些。和这种现象一样的是，在几内亚湾中的费尔南多波海岛的山上，曼先生曾发现，欧洲温带类型的植物差不多在 5000 英尺高的地方开始出现。西曼博士曾于巴拿马 2000 英尺高的山上发现了与墨西哥类似的植物，"热带型植物同温带型的植物协调地混合生存着"。

接下来，让我们看一下克罗尔先生所得出的结论：当北半球在遭受大冰期严寒的时候，实际上南半球是非常暖和的。这对于现在不能够解释的两半球的温带地区与热带高山地区植物的分布提供了某种清楚的解释。冰期，假如以年代来计算的话，一定会非常漫长。不过当我们记起在几百年时间当中有的动植物在驯化之后又扩散到多么广阔的地区时，那么冰期时间的漫长，对于不管是什么样的数量的生物的迁移来说都是足够的。当寒冷越来越严重的时候，我们都明白，北极型生物就侵入到温带地区。根据前面所讲到的事实，有的比较健壮的而且具有优势同时分布又比较广的温带生物，一定会侵入赤道地区的低地，而热带低地的生物一定会同时朝着南方的热带还有亚热带地区进行迁移。因为当时南半球是比较温暖的。等到冰期即将结束的时候，因为南北两半球慢慢恢复了原有的温度，生活于赤道低地的北温带生物有可能会被驱逐回原来的地方，也有可能就会走向灭亡，而被从南方返回来的赤道类型生物所代替。

海藻宽阔的叶子内含有大量气体，使得它们可以直直地向上生长。

但是，一定有一部分北温带的生物在撤退的时候登上了某些邻近的高原。假如这些高原有足够的高度，它们就会如欧洲山顶上的北极类型那般永久地生存于那个地方。就算是气候并不非常适宜，它们也可以继续生存下去，因为温度的升高一定是非常缓慢的，并且植物确实也具有一定的适应新气候的能力。它们会将这种抵抗冷还有热的不同能力遗传给后代就证明了这一点。根据事物的正常发展规律，等到轮到南半球遭遇严酷的冰期时，北半球就会变得温暖一些，于是这个时候南温带的生物就会侵入到赤道低地。之前留在高山上的北方类型，这时也会朝山下迁移，而与来自南方的类型混合于一起。当温度逐渐回转，南方类型就一定会回到之前的家乡，一样会有少数的物种遗留在高山上，并且挟带着某些从山上迁移下来的北温带类型，一同返回南方。于是，在北温带地区以及中间热带地区的高山上，就会找到极少数的物种是完全相同的。不过这些长期留在山上或者是留在另一半球的物种，不得不与大量的新类型进行生存斗争，而且还处在与家乡稍微不同的自然地理条件之中。因此这些物种非常容易出现变异，导致它们现在以变种或者是代表种的形式存在，真实的情况也确实是这样的。我们一定要记住，南北两个半球之前均经历过冰期。只有经历过这些，才可以用相同的原理进行解释，在相同的自然条件并且又相距甚远的南北半球的温带地区，生存着一些中间热带所没有的，彼此之间也不太相同的大量物种的事实。有一件需要引起我们注意的事实，那就是胡克博士与德康多尔分别对美洲还有澳大利亚的生物进行研究之后，都坚定地认为，物种（不管是相同的还是稍微存在变异的）从北向南迁移时，要比从南向北迁移得多。但是不管怎么样，我们在婆罗洲还有阿比西尼亚的山上依然见到少数的南方类型生物。我猜想，从北朝南迁移的物种之所以数目比较多，是因为北方陆地的范围比较广阔，北方的类型在北大陆的家乡生存的数目比较多。最后的结果是，经过自然选择还有生存竞争，它们比南方的类型进化的完善程度要高一些，或者说占有着更优势的力量。所以，当南北冰期进行交替的时候，南北两大类型在赤道地区进行混合，北方类型的力量比较强，可以保住它们在山上的地盘，之后还能够与南方类型一起朝南迁移。但是，南方类型无法如此对付北方的类型。如今依然存在相同的情况，我们见到，很多欧洲的生物长满了拉普拉塔还有新西兰的地面，在澳大利亚也是这样（情况稍微差一些），它们排挤了那里的土著生物。再有就是，尽管有容易粘附种子的皮

理查德·欧文（1804—1892），英国解剖学家、古生物学家，他并不支持达尔文的进化论学说。

革羊毛还有别的物品，在近两三百年以来从拉普拉塔大量运往欧洲。在最近的四五十年以来，从澳大利亚运往欧洲的也非常多。不过，只有极少数的南方类型可以在北半球的某个地方被驯化。但是，在印度的尼尔盖利山地区出现了一些比较特殊的情况。我听胡克博士讲到过，在那里的澳大利亚类型繁殖得非常迅速，已经被驯化了。完全不用去怀疑，在最后的大冰期到来之前，热带高山上生长着土著高山类型植物，不过之后这些类型几乎在每个地方都朝着占据更广阔地区，繁殖率更高的，具有更大优势的北方植物们贡献出自己的地盘。很多的海岛上土著植物的数目与入侵者的数目基本上相等，或者更少一些，这是它们走向灭亡的第一个阶段。山岳被称作陆地上的岛屿，山上的土著生物已为北方广大地区繁衍的生物让位，就如同真正海岛上的土著生物处处为北方入侵者让出自己的地盘，而且还将继续向经人类活动所驯化出来的大陆型生物让出自己的地盘一般。

在北温带还有南温带以及热带山上的陆相动物还有海产生物都适用相同的原理。在冰期最为严酷的时候，洋流方向与现在的并不一样。有的温带海洋的生物能够到达赤道，其中估计有少数的生物可以立刻顺着寒流继续朝南迁移，剩下的则会留在比较冷的深海里生存，一直等到南半球受到冰期气候影响时，它们才能够继续前进。就如同福布斯所讲到的那样，这样的情况与现在北极的生物依然在北温带海洋深处个别的地方还生存着的现象完全是同一个道理。

虽然我无法回答现在相距遥远的南方与北方，有些时候还在中间高山上生活的同一物种与近缘物种，在它们的分布还有亲缘关系方面的所有难题，不过都能够运用前面所讲的观点去进行一个最基本的解释。我们至今还不能够指出它们迁徙的实际路线，我们更无法说明，为什么有的物种进行了迁徙，但是另一些物种没有迁徙，为什么有的物种出现了变异而且还形成了新的类型，可是别的物种却依然保持不变。我们没有期望能够解释清楚这些事实，除非我们有能力去解释下面的问题时才有可能说清这些问题。为什么有的物种在异地由人类活动驯化，而别的物种却不可以呢？或者说，为什么有的物种的分布比本乡的另一物种的分布要宽阔两到三倍，而且在数量方面也会多出两到三倍呢？

依然还有各种各样的难题等着去解决。比如，胡克博士所提出的同种植物在克尔格伦岛还有新西兰相弗纪亚等如此相距遥远的地方均有生存的现象。不过，根据莱尔的观点，估计是冰山与这些植物的分布有一定的关系。更值得我们注意的是，在南半球的这些地方以及别的遥远的地方，生存着尽管不同种却又完全是南方属的生物。这些物种之间存在着很大的差异，以至于让人觉得难以想象它们自从最后一次大冰期开始之后，可以有足够的时间来供它们迁徙以及随后再出现如此程度上的变异。这些事实好像说明，属于同一属之中的那些物种，都是从一个中心朝着周围向外辐射迁移的。我还是倾向于认为，南半球与北半球的情况相同，在最后的冰期到来之前，曾存在过一个温暖时期。现在覆盖着冰雪的南极大陆，在那个时候会有一个与外界隔绝并且还非常特殊的植物群系。我们可以去假设，当最后一次的冰期尚未绝灭这个植物群之前，已有少数的类型借助着偶然的传播方式，经过那些当时尚未沉没的岛屿，作为歇脚点，向着南半球的每个地方广泛地散布出去。因此美洲、澳大利亚以及新西兰的南岸等地方，全都稀疏地分布着这种特殊类型的生物。莱尔在一篇非常有说服力的文章当中用与我几乎一样的说法，推测了全球气候大变化对生物地理分布所产生的影响。现在我们又见到克罗尔先生的结论：一个半球上依次发生的冰期，正好就是另一个半球上温暖的时期。这个结论与物种缓慢演变的观点结合在一起，能够对相同的或者是相似的生物散布于全球各个地方的事实做出一个解释。携带着生物的洋流，在一段时期当中从北向南流，而在另一段时期里则又会由南流向北，总之，都曾流过赤道地区。但是从北向南的洋流，力量比由南向北流的更大，所以可以在南方进行自由的扩散。因为洋流将它携带的漂浮生物沿着水平面搁浅遗留在了每个地方，并且洋流的水面越高，遗留的地点也就越高，因此携带生物的洋流从北极的低地一直到赤道的高地，沿着一条慢慢上升的线，将漂浮的生物遗留到热带的山顶上。这些遗留下来的各式各样的生物，和人类中未开化的民族十分相似，他们被驱逐退让到每个深山险地去生存，成了之前土著居民生活于周围低地的一项非常具有说服力的证据。

# 第十三章

# 生物的地理分布（续前）

# 淡水物种的分布

　　由于湖泊与河流系统被陆地障碍物所隔开，因此估计会想到淡水生物在同一地区当中分布的范围不会很广，又由于海是更为难以克服的障碍物，因此估计会想到淡水生物不会扩张到遥远的地方。可是真正的情况正好相反。不仅属于不同纲的很多淡水物种有很广阔的分布范围，而且近似物种也以惊人的方式遍布于世界各地。我依然清晰地记得，当第一次在巴西的各种淡水中采集生物时，对于那些地方的淡水昆虫、贝类等和大不列颠的非常相似，并且周围陆栖的生物和大不列颠的非常不相似，让我觉得十分震惊。

　　不过，有关淡水生物广为分布的能力，我估计在大部分的情况之下能够做这样的解释：它们用一种对自己有利的方式发展变化得适合于在它们自己的地区当中从一个池塘，从一条河流到另一条河流，时常进行短距离的迁徙。凭借着这种短距离迁徙的能力而发展为广阔的地理分布，可以说这几乎就是必然的结果。我们在这里只能简单谈一谈少数的几个例子。其中最不容易解释的，就是鱼类。之前相信同一个淡水物种永远不会在两个彼此之间相距非常远的大陆上生存着。可是京特博士最近解释说明了，南乳鱼就曾栖息于塔斯马尼亚、新西兰以及福克兰岛还有南美洲大陆。这算是一个非常奇特的例子，它估计能够表示在以前的一个温暖时间当中，这种鱼从南极的中

鲶鱼分布极其广泛

心朝外分布的情况。不过因为这一属的物种也可以用某种未知的方法渡过距离非常广阔的大洋，因此京特的例子在一定程度上也不算是稀奇的了。比如，新西兰与奥克兰诸岛之间相距差不多 230 英里，不过两地却都有一个共同的物种。在相同的一个大陆上，淡水鱼往往有很广阔的分布范围，并且还变化莫测，在两个相邻的河流系统当中有些物种是相同的，不过有的却完全不相同。

淡水鱼类估计因为大家所说的意外方法而偶然地被输送了出去。比如，鱼被旋风卷起落于遥远的地点依然是活的，并不是什么稀奇少见的现象，而且我们也知道，卵从水里取出来以后，经过非常长的时间还可以保持它们的活力。就算是真的出现了这样的情况，它们的分布主要还要归因于在最近时期当中陆地水平的变化而让河流得以彼此流通的原因。此外，河流彼此相流通的事也发生于洪水期中，这里并未出现陆地水平的变化。大部分的连续山脉自古以来就一定完全阻碍两侧河流汇合在一起，两侧鱼类的大不相同也导致了相同的结论。有些淡水鱼属于很古老的类型，而当出现了此种情况的时候，对于巨大的地理变化就有充分的时间，于是也就有了充分的时间还有方法去进行大规模的迁徙。还有，京特博士近来按照几种考察，推论出鱼类可以长时间地保持同一的类型。假如对于咸水鱼类给予小心的处理，它们就可以渐渐地习惯于淡水生活；根据法伦西奈所给出的意见，基本上没有一种鱼，它的所有成员都只在淡水当中生活，因此属于淡水群的海栖物种能够沿着海岸游得非常远，而且变得更为适应远地的淡水，估计也不是非常困难的。

淡水贝类的有一些物种，分布的范围非常广阔，而且近似的物种也遍布于全世界，按照我们的学说，从共同祖先传下来的近似物种肯定是来自单一的源流。它们的分布情况一开始让我觉得大惑不解，由于它们的卵不像是可以由鸟类输送的，而且卵和成体一样，均会立刻被海水杀死。我甚至无法理解有些归化的物种是如何可以在相同的一个地区当中非常速度地分布开去。不过我所观察的两个事实，毫无疑问别的事实也会被发现，对于这个问题提供了一些说明。当鸭子从盖满浮萍的池塘中突然走出来时，我曾两次见到这些小植物附着于它们的背上；而且曾经出现过这样的事情：将一小部分浮萍从一个水族培养器移于另一个水族培养器当中时，我曾无意中将一个水族培养器当中的贝类移入另一个当中去。不过还有一种媒介物或许更具有效力：我将一只鸭的脚挂于一个水族培养器当中，其中有很多的淡水贝类的卵正在被孵化；我找到大量极为细小的并且是刚刚被孵化出来的贝类，爬于它的脚上，而且还是那么牢固地附着在那里，以至于当脚要离开水中时，它们并没有脱落，尽管它们再长大一些就会自己离开的。这些才刚孵出来的软体动物尽管在它们的本性方面是水栖的，不过它们在鸭脚上，在潮湿的空气里，可以生存 12 至 20 个小时，在这么长的一段时间当中，鸭或者是鹭鸶最起码能够飞行 600 或 700 英里。假如它们被风吹过海面到达一个海洋岛或者是别的遥远的地点，那么就一定会降落于一个池塘或者是小河当中。莱尔爵士曾和我讲过，他曾捉到一只龙虱，有盾螺（一种淡水贝类）牢牢地附着在它的上面。而且，同科中的水甲虫细纹龙虱曾经有一次飞到了比格尔号船上，当时这只船离最近的陆地的距离为 45 英里，没有人可以说，它能够被顺风吹到多么远的地方去。

有关植物，很早之前就已知道许多淡水的，甚至是沼泽的物种，分布得非常遥远，在大陆上而且是在最遥远的海洋岛上，均是这个样子的。依据德康多尔的见解，含有极为少量的水栖成员的陆栖植物的大群明显地表现出这样的情况。它们好像因为水栖就马上获得了非常广阔的分布范围。我觉得，这个事实能够由有利的分布方法得到有力的说明。我之前谈到过，少量的泥土有时会附着于鸟类的脚上以及喙上。涉禽类时常徘徊于池塘的污泥边缘，假如它们突然受惊飞起，那么脚上非常有可能携带着泥土。这种目的鸟比任何别的目的鸟漫游的范围更为广阔，有时候它们会去到最遥远的以及不毛的海洋岛上。它们估计不会降落于海面上，因此，它们脚上的任何泥土就不至于会被冲掉。等它们到达陆地之后，它们一定会飞到属于自己的天然的淡水栖息地中去。我不认为植物学者可以体会到在池塘的泥当中含有多么数量极大的种子。我曾经做过几个小试验，不过在这里仅仅可以举出一个最动人的例子。我在 2 月的时候，分别从一个小池塘边的水下于 3 个不同的地点取了 3 调羹的污泥，然后等到干燥以后，仅仅有六又四分之三盎司重。我将它们盖起来，在我的书房里静置了 6 个月，当每一植株长出来的时候，将它们拔出来并进行了计算。这些植物属于许多的种类，合计有 537 株，并且那块黏软的污泥在一个早餐杯当中就能够盛下了。想到这些事实，我觉得，假如水鸟未将淡水植物的种子输送到遥远地并且没有生长植物的池塘还有河流中去，倒会成为无法解释的事情了。这相同的媒介对于有些小型的淡水动物的卵估计也会有一定作用的。

别的未知的媒介估计也发生过作用。我曾经谈到过淡水鱼类吃有些种类的种子，尽管它们吞下很多其他的种子之后还会再吐出来，甚至小的鱼也会吞下相当大的种子，比如黄睡莲还有眼子菜属这些生物的种子。鹭鸶还有其他种群的鸟，一个世纪又一个世纪地天天在吃鱼，吃过鱼之后，它们就会飞起，同时还会走到其他的水中，或者是被风吹过海面。而且我们还知道，在很多个小时之后伴着粪便排出的种子依然拥有着发芽的能力。之前当我见到那些精致的莲花们的大型种子，又想起来德康多尔有关这种植物分布的意见时，我觉得，它们的分布

水雉的脚趾特别长，可以将莲花的叶子作为漂浮的平台使用。

方式一定是无法理解的。不过奥杜旁说，他在鹭鸶的胃当中找到过南方莲花（依据胡克博士的意见，估计是大型的北美黄莲花类）的种子。这些鸟一定是经常在胃里装满食物之后又飞到远方的池塘中，然后再次饱餐一顿鱼，类推的方法让我相信，它们一定会将适于发芽状态的种子在成团的粪便里排出来。

当对这几种分布的方法进行考察时，一定要牢记，一个池塘或者是一条河流，比如，在一个隆起的小岛上最开始形成时，其中是不存在生物的。于是一粒单个的种子或者是卵，将会成功地获得良好的生存机会。在同一池塘当中的生物之间，不论是生物种类如何少，总存在着生存斗争，但是就算是充满生物的池塘的物种数目，同生活于相同面积的陆地上的物种数目进行比较，前者的数目总是较少的。因此，它们之间的竞争比起陆栖物种之间的竞争，较为不够激烈，于是外来的水生生物的侵入者在获得新的位置方面比陆上的移居者有较好的机会。我们还需要牢记，很多淡水生物在自然系统上是非常级的，并且我们也有理由去相信，这样的生物比高等的生物变异起来要慢很多。这也就让水栖物种的迁徙拥有了足够的时间。我们一定不能忘记，很多的淡水类型之前估计曾经连续地分布于广阔的面积当中，后来在中间地点绝灭了。不过淡水植物还有低等动物，不管它们是不是保持同一类型或者是在某种程度方面出现了变化，它们的分布很明显主要依靠动物，尤其是依靠飞翔力较强的，而且是自然地从这一片水域飞翔到另一片水域的淡水鸟类，将它们的种子以及卵广泛地散布开去。

# 海岛上的物种

不仅是同一物种的所有个体都是由某个地区迁徙而来的，并且，现在栖息于最遥远地点的近似物种，也均是由单一地区，也就是它们早期祖先的诞生地区迁徙而来的。照着这个观点，我之前曾选出与分布的最大难题有关的三种事实，现在对其中的最后一种事实进行一个讨论。我已经列出我的理由去说明我不承认在现存物种的时间当中，大陆上曾出现过这么庞大规模的扩展，而导致这个大洋中的所有岛屿都曾因此而充满了现在的陆栖生物。这个观点消除了许多的困难，不过同有关岛屿生物的所有事实均不相符合。在下面的讨论当中，我将不仅仅局限在讨论分布的问题方面，同时还要讨论一下与独立创造学说以及伴随着变异的生物由来学说的真实性有关的一些别的情况。

栖息于海洋岛上的所有类别的物种，在数量方面和相同大小的大陆面积的物种进行比较的话，是非常稀少的。德康多尔在植物方面，沃拉斯顿在昆虫方面，都认可了这个事实。比如，有高峻的山岳以及多种多样地形的，并且南北达 780 英里的新西兰，再加上外围诸岛奥克兰、坎贝尔以及查塔姆等，一共也不过仅仅存在着 960 种显花植物。假如我们将这种不算大的数目同繁生于澳大利亚西南部或好望角的相同面积上的物种进行一下比较，我们就不得不承认，有某种和不同物理条件没有关系的原因，曾经导致了物种数目方面出现了这么巨大的差异。就算是条件一致的剑桥，也具有847种植物，盎格尔西小岛拥有着764种，不过有一些蕨类植物以及引进植物也同样包括于这些数目当中，并且从别的方面讲的话，这个比较也并不是非常合理。我们有证据能够说阿森松这个不毛岛屿原本仅存在着不到6种显花植物，不过现在拥有很多的物种已在那些地方归化了，就如同很多的植物在新西兰以及每一个别的能够举出的海洋岛上归化的情况一样。在圣海伦那那个地方，有理由去相信归化的植物以及动物已经基本上消灭了，或者是完全消灭了很多的本地生物。谁认可每个物种都是分别创造的学说，就不得不认可有足够大量数目的最适应的植物以及动物并非专为海洋岛创造的。这是因为，人类曾经无意识地让那些岛充满了生物，在这方面他们远比自然做得更为充分也更为完善一些。

尽管说海洋岛上的物种数目非常少，不过特有的种类（也就是在世界上别的地方找不到的种类）的比例往往是非常大的。比如，假如我们将马德拉岛上特有的陆栖贝类，或者是加拉帕戈斯群岛上特有的鸟类的数目同任何一种大陆上找到的它们的数目进行比较，之后将这些岛屿的面积同大陆的面积也进行一下比较，我们就会发现这是千真万确的。这样的事实在理论上是能够预料得到的，因为，就像之前已经说明过的，物种经过长时间的间隔期间之后，偶然到达一个新的隔离地带，就一定会同新的同住者展开竞争，非常容易出现变异，而且往往会容易产生出成群的发生了变异的后代。不过，绝不可以因为一个岛上的一纲的物种基本上是特殊的，就认定别的纲的所有物种或同纲当中的别的部分的物种也一定是特殊的。此种不同，好像一部分因为没有变化的物种曾经集体地移入，因此它们彼此之间的相互关系没能遭到多么大的干扰。还有一部分因为没有变化过的物种时常从原产地移入，岛上的生物同它们进行了一定的杂交。需要牢记的是，如此杂交之后，后代的活力一定会得到增强，因此甚至是一个偶然的杂交也会产生出比预料更大的效果来。我愿列出几个例子来对上面所讲的论点加以说明。在加拉帕戈斯群岛上，有26种陆栖鸟，其中有21（也有可能是23）种是特殊的，而在11种海鸟当中仅仅有两种是特殊的。非常显著的是，海鸟比陆栖鸟可以更为容易地也更为经常性地到达这些

加拉帕戈斯群岛上的短耳猫头鹰

岛上。除了上述的以外，百慕大同北美洲的距离，就如同加拉帕戈斯群岛与南美洲之间的距离基本上是一样的，并且百慕大拥有着一种非常特殊的土壤，不过它并没有一种特有的陆栖鸟。我们从琼斯先生曾经所写的有关百慕大的值得称赞的报告中可以知道，有大量的北美洲的鸟类偶然地或者是经常地去到那个岛上，按照哈考特先生曾经对我说过的，基本上每年都有大量的欧洲的以及非洲的鸟类被风吹到了马德拉。这个岛屿上有99种鸟栖息着，而其中仅仅有一种是特殊的，尽管它同欧洲的一个类型有着密切的关系。三个或者是四个别的物种只发现于这一岛屿以及加那利群岛。因此，百慕大还有马德拉的诸岛，充满了从邻近大陆飞来的各种鸟。那些鸟在很长的年代以来，曾在那里进行过很多的斗争，而且变得相互适应了。所以，定居于新的环境之中后，每一种类将被别的种类维持于它的适宜地点以及习性当中，那么其结果就不容易出现变化了。不管是哪种变异的倾向，还会因为通常从原产地来的未曾变异过的移入者进行杂交而遭到抑制。还有，马德拉栖息着的特殊陆栖贝类数目多到让人震惊，不过没有一种海栖贝类是这儿的海洋所特有的。现在，尽管我们并不知道海栖贝类是如何分布的，但是我们可以知道它们的卵或者是幼虫附着于海藻或者是漂浮的木材上，要不就是涉禽类的脚上，就可以输送到三四百英里的海洋，在这个方面，它们要比陆栖贝类容易得多。栖息于马德拉的不同目的昆虫表现出基本上一致的平行的情况。海洋岛上有些时候缺少一些整个纲的动物，它们的位置被别的纲所占领着。于是，爬行类在加拉帕戈斯群岛，巨大的无翼鸟在新西兰，就占有了或者是最近占有了哺乳类的位置。尽管说新西兰在这儿是被当成海洋岛论述的，不过它是不是应该如此划分，在一定程度上依然是值得怀疑的。它的面积非常大，而且也不存在极深的海将它与澳大利亚分割开来，按照它的地质的特性以及山脉的方向，克拉克牧师近来主张，应该将

加拉帕戈斯群岛上，爬行类占据了哺乳类的位置。

这个岛还有新喀里多尼亚都看成是澳大利亚的附属地。在谈到植物时，胡克博士曾经解释说明过，在加拉帕戈斯群岛不同目的比例数，同它们在别的地方的比例数存在着极大的不同。所有这些数目方面的差异还有一些动物以及植物的整个群的缺乏，通常均是用岛上的物理条件的假想差异进行解释的。不过这样的解释非常值得我们怀疑。移入的便利或者不便利，好像和条件的性质有着相同的重要性。

有关海洋岛的生物，还有很多值得注意的小事情。比如，在并不存在一只哺乳动物栖息的一些岛上，有的本地的特有植物拥有着奇妙的带钩种子，不过，钩的作用是用来将种子由四足兽的毛或者是毛皮带走，没有比这种关系更为显著的了。不过，带钩的种子估计也能够由别的方法被带到其他的岛上去。那么也就是说，那种植物通过变异就变成了本地的特有物种了，它依然保持着自己的钩，这钩就会成为一种没有用处的附属物，就好比很多岛上的昆虫，在它们愈合的翅鞘之下依然存在着皱缩的翅。此外，岛上时常生有树木或者是灌木，它们所属的目在别的一些地方只包括草本物种，而树木，根据德康多尔所解释说明过的，不论是什么样的原因，通常情况下分布的范围都是有限的。所以，树木很少会到达遥远的海洋岛中。草本植物没有机会可以同生长于大陆上的很多充分发展的树木成功地展开竞争，所以草本植物只要定居于岛上，就会因为生长得越来越高大，而且高出别的草本植物而占有一定的优势。在这种情况之中，不论植物属于哪一目，自然选择都会有增加它的高度的倾向，这样就能够让它先变为灌木，接着变为乔木。

# 海岛上不存在两栖类及陆栖哺乳类

有关海洋岛上没有整目的动物的情况，圣樊尚很久之前就曾谈到过，大洋上点缀着很多的岛屿，但从来没有发现有两栖类（蛙、蟾蜍以及蝾螈等）。我曾费尽心思地去试图证实这样的说法，最后发现除了新西兰、新喀里多尼亚以及安达曼诸岛，或许还应该加上所罗门以及塞舌尔诸岛之外，这样的说法是不存在问题的。但是我之前曾提到过，新西兰与新喀里多尼亚是不是应该被列为海洋岛，还值得我们去怀疑。至于安达曼还有所罗门诸岛以及塞舌尔是不是可以列为海洋岛，就更应该引起我们的怀疑了。那么多的真正的海洋岛上通常都没有蛙、蟾蜍以及蝾螈，是无法用海洋岛的物理环境去进行解释的。就算是岛屿好像非常适于这类动物的生存：因为蛙曾经被带到了马德拉、亚速尔以及毛里求斯去，它们在那儿大量繁生，以致到最后成了让人厌弃的生物类型。不过，由于此类动物与它们的卵在遇到海水后就会马上死亡（按照我们所了解的，有一种印度的物种属于例外），它们想要输送过海是非常艰难的，因此我们能够知道它们为什么不存在于真正的海洋岛上。可是，为什么它们不在那些地方被创造出来，根据特创论就很难进行合理的解释了。

哺乳类提供了另外一种类似的情况。我曾详细地寻找过最古老的航海记录，并未找到过一个没有任何疑问的事例，能够表示陆栖哺乳类（不包括土人饲养的家畜）栖息于离开大陆或者是大的陆岛 300 英里之外的岛屿上。在很多距离大陆更接近的一些岛屿上也一样

福克兰群岛上的狐狸

不存在。福克兰群岛上有一种与狼很相像的狐狸，非常像是一种例外。不过这群岛屿无法看成是海洋岛，这是因为它位于和大陆相连的沙洲上，彼此之间的距离差不多为 280 英里。此外，冰山之前曾将漂石带到它的西海岸，它们之前也估计可以将狐狸带过去，这种情况在北极地区是常见的事，但是也并不可以说，小岛无法养活至少是小的哺乳类，因为它们在世界上很多的地方生活于接近大陆的小岛上。而且基本无法举出一个岛，我们的小型四足兽无法在那些地方归化并极大限度地去繁殖生长。依据特创论的普遍观点，不可以说那里没有足够的时间去创造哺乳类。很多的火山岛是非常古老的，从它们遭受过的巨大侵蚀作用还有从它们第三纪的地层就能够看出，在那些地方还有足够的时间去产生出本地所特有的，属于别的纲的一些物种。几乎所有的人都清楚，哺乳动物的新物种在大陆上比别的低于它们的动物以较快的速率出现接着遭遇毁灭。尽管说在海洋岛上见不到陆栖哺乳类，到那时空中哺乳类却几乎在每一个岛上都存在着。新西兰有两种在世界别的地方都找不到的蝙蝠，诺福克岛还有维提群岛以及小笠原群岛还有加罗林以及马利亚纳群岛，此外还有毛里求斯等都拥有着它们的特产蝙蝠。能够去质问：为什么那个假设的创造力在遥远的岛上可以产生出蝙蝠，却不会产生出别的哺乳类来呢？按照我的观点，这个问题是非常易于解答的。因为没有陆栖动物可以渡过海洋的广阔空间，可是蝙蝠可以飞过去。人们曾经见到过蝙蝠在白天远远地在大西洋上飞翔，而且有两个北美洲的蝙蝠或者经常地，或者偶然地飞到距离大陆 600 英里的百慕大地区去。我从专门研究这一科动物的汤姆斯先生那里听到，这一科的大多数物种都具有广阔的分布范围，同时还能够在大陆上以及遥远的岛上找到它们。所以，我们只要设想这种漫游的物种在自己的新家乡，因为它们的新位置而出现变异就可以了。而且我们因此也就可以理解，为什么虽然海洋岛上有本地的特有蝙蝠，却没有所有别的一些陆栖的哺乳动物。

此外还存在着一种非常有趣的关系，那就是每个海岛之间，或者是每个海岛同

澳大利亚大陆和大堡礁之间的降灵岛，是海龟以及沿岸繁殖鸟类的安家首选。

最为邻近的大陆之间所隔着的海水的深浅程度，同它们哺乳动物亲缘关系的疏密程度之间存在着一定意义上的关系。埃尔先生之前曾对这个问题做过一些深入细致的观察，之后又被华莱斯先生在大马来群岛所做的值得赞颂的研究极大地扩展了。马来群岛同西里伯斯以一条深海的空间隔开而相邻，这条深海分隔出两个完全不同的哺乳类世界。在这些岛的随便一边的海均是非常浅的，这些岛上有着相同的或者是极为近似的四足兽栖息着。我还没有足够的时间去研究这个问题在世界上所有的地方的情况，不过按照我研究所触及到的范围，这样的关系是值得肯定的。比如，大不列颠与欧洲被一条浅海隔开，两个地方的哺乳类是相同的，而接近澳大利亚海岸的所有岛屿的情况同样是相同的。再来看一个方面，西印度诸岛位于非常深的沙洲上，它的深度几乎达到一千英寻，在那个地方我们找到了美洲的类型，不过物种的归属是非常不相同的。由于所有的种类的动物所发生的变化量有一部分是取决于时间的长短，而且还因为由浅海隔离的或者同大陆隔离的岛屿比由深海隔离的岛屿更具有在近代连成一片的可能，因此我们可以理解，在将两个哺乳类动物群分割开来的海水深度以及它们的亲缘关系的程度之间存在着什么样的关系，这种关系按照独立创造的学说基本上是完全讲不通的。

上面的就是有关海洋岛生物的一些讨论，也就是物种数目稀少，本地的特有类型占有绝大部分，有的群的成员出现了变化，而同一纲中的别的群的成员不会出现变化。而有些目，比如两栖类还有陆栖的哺乳类，全部缺失。尽管可以飞的蝙蝠是存在的。有的植物目表现出了特殊的比例，草本类型发展为了乔木等，对此种类型的问题的解释存在着两种信念，一种是认为，在漫长的过程中，偶然输送的方式是有效的，再有一种就是认为，所有的海洋岛之前曾与最近的大陆联结于一起。依我看来，前一种观点比后一种观点更加与实际情况相吻合。因为根据后一种观点，估计不同的纲会更为一致地移入，同时由于物种是集体地移入的，那么它们之间的相互关系就不会受到较大的扰乱，那么也就导致它们可能都不会发生变化，或者所有的物种都会以比较相同的方式出现变化。比较遥远的一些岛屿上的生物（或者依然保持着相同物种的类型，或者之后出现了变化）到底有多少曾经到达了它们如今的家乡，对这个问题的理解，我无法说它不存在大量严重的困难的。不过，也一定不可以忽视，别的岛屿曾经一度作为歇脚点，而如今估计没有留下一点遗迹。我愿意来详细地解释清楚一个困难的例子。几乎所有的海洋岛甚至是最孤立的以及最小的海洋岛，都存在着陆栖的贝类在上面栖息着，它们通常都是本地特有的物种，不过有时是别的地方也存在着的物种。古尔德博士曾列出一个生动的太平洋的例子来说明这一点。我们均明白，陆栖贝类容易被海水杀死，它们的卵最起码是我试验过的卵，在海水里下沉而且会被杀死。但是一定还有一些我们所不知道的偶然有效的方法，去输送它们。刚孵化的幼体，会不会有时附着在栖息于地上的鸟的脚上，而因此得以输送出去呢？我想起休眠时期中贝壳口上具有薄膜的陆栖贝类，在漂游木材的隙缝中能够浮过非常宽阔的海湾。而且我发现有几个物种在这样的状态下，沉没于海水当中 7 天而没有受到损害。一种罗马蜗牛在经过这样的处理之后，在休眠中又一次放入海水中长达 20 天，竟然可以完全复活。在如此长的一段时间当中，这种贝类估计能够被平均速度的海流带到 660 英里的远方去。由于这种罗马蜗牛具有一片厚的石灰质厣，我将厣除去，等到新的膜形成之后，我再次将它们浸入海水当中 14 天，它依然神奇地复活了，而且还爬走了。奥甲必登男爵在那之后也做过类似的试验。他将属于 10 个物种的 100 个陆栖贝置于穿着很多小孔的箱子当中，然后将箱子放于海水中 14 天。在 100 个贝类中，有 27 个神奇地复活了。厣的存在好像是非常重要的，因为在具有厣的 12 个圆口螺当中，有 11 个依然生存着。值得我们关注的是，我所拿来试验的那种罗马蜗牛，善于抵抗海水，而奥甲必登所试验的别的 4 个罗马蜗牛的物种，在 54 个标本中没有一个能够复活。不过，陆栖贝类的输送一定不可能是全部依靠这样的方法，鸟类的脚估计提供了一种更为可靠的方式。

# 海岛生物与最邻近大陆上生物的关系

对我们而言，最为生动并且最为重要的事实是，栖息于岛上的物种和最近大陆的相近但是并不实际相同的物种之间具有一定的亲缘关系。有关这一点，可以列出大量的例子来。位于赤道处的加拉帕戈斯群岛，距离南美洲的海岸有 500 到 600 英里的距离。在那个地方基本上每一个陆上的以及水里的生物都带着十分显著的美洲大陆的印记。在那里存在着 26 种陆栖鸟，其中有 21 种或者是 23 种被列为不同的物种，并在过去它们都被假设为是在那些群岛上被创造出来的。不过那些鸟的大部分和美洲物种的密切亲缘关系，表现于每一个性状之上，比如表现于它们的习性以及姿势还有鸣声方面。别的一些动物同样如此。胡克博士在他所著的该群岛的值得称颂的植物志当中，大多数的植物也是如此。博物学者们在离开大陆几百英里之外的这些太平洋火山岛上进行对生物的观察时，能够感到自己是站在美洲大陆上一般。为什么会出现这样的情况呢？为什么假设在加拉帕戈斯群岛创造出来的并非在别的地方创造出来的物种，这么清楚地与在美洲创造出来的物种存在着亲缘关系呢？在生活条件方面，以及岛上的地质性质方面，还有岛的高度或者是气候这些方面，要不就是在共同居住的几个纲的比例方面，都没有一方面是同南美洲沿岸的那些条件所密切相似的。事实上，在所有这些方面均存在着非常大的区别。还有一方面，加拉帕戈斯群岛与佛得角群岛在土壤的火山性质还有气候和高度以及岛的大小方面有着一定程度上的类似。不过，它们的生物是那么的完全地与绝对地不相同！佛得角群岛的生物和非洲的生物有一定的关联性，就如同加拉帕戈斯群岛的生物和美洲的生物之间存在着关联性一样。对于这样的情况，依照独立创造的普遍观点，是无法得出任何解释的。相反地，按照本书所主张的观点，很明显地，加拉帕戈斯群岛极有可能接受了来自美洲的移住者，不管这是因为偶然的输送方式还是因为之前连续的陆地（尽管我不相信这样的理论），并且佛得角群岛也接受从非洲过来的移住者。尽管这样的移住者非常容易出现一些变异，而遗传的原理也会泄露它们的原产地原来是在什么地方。

可以列出大量类似的事实，岛上的特有生物和最近大陆上或者是最近大岛上的生物具有一定的关联关系，其实是一个极为普遍的规律。特例是极少数的，而且大多数的例外是能得到解释的。如此，尽管克格伦陆地距离非洲比距离美洲的距离要近一些，不过我们从胡克博士的报告当中能够知道，它之上的植物和美洲的植物具有关联性，而且这种关联性还非常密切。不过按照岛上植物主要是借由定期的海水漂来的冰山将种子连着泥土与石块一起带来的观点看，这样的例外就能够得到合理的解释了。新西兰在本地特有的植物方面和最近的澳大利亚大陆之间的关联性，比起它同别的地区之间的关联性更为密切。这基本上是能够预料得到的，不过它又清楚地同南美洲相关联。虽然说南美洲算是它第二个最近的大陆，但是距离那么遥远，因此这些事实就成为例外了。不过按照下面所讲的观点去看的话，这个难点有一部分会消失了。那就是新西兰、南美洲以及别的南方陆地的一部分生物是由一个近于中间的，尽管遥远的地点，也就是南极诸岛而来的，那是在比较温暖的第三纪以及最后的冰期开始之前，南极诸岛还生满植物的时期。虽然说澳大利亚西南角以及好望角的植物群的亲缘关系是比较薄弱的，不过胡克博士让我坚定地相信这样的亲缘关系是可靠的，这是更值得我们注意的情况。不过这样的亲缘关系也仅仅限于植物之间，而且丝毫不用去怀疑，

加拉帕戈斯群岛的巴托洛梅岛

对栖息于加拉帕戈斯群岛同时还出现在世界上别的地方的一些物种进行观察的话，我们就能够发现它们在一些岛上存在着相当大的差异，就如同这些达尔文雀一样。

在将来一定能够得到合理的解释。

决定岛屿生物与最近大陆生物之间的亲缘关系的相同法则，有些情况下能够用小规模的，不过还是有趣的方式，在同一个群岛的范围之中表现出来。比如，在加拉帕戈斯群岛的每一个分隔开的岛上都存在着很多不同的物种在上面栖息着，这是非常神奇的现象。不过这些物种彼此之间的关联，比它们同美洲大陆的生物或者是同世界上别的地区的生物之间的关联更为密切一些。这估计是能够预料得到的。因为彼此如此接近的岛屿，基本上一定会从相同的根源去接受移住者，也彼此地接受移住者。不过很多移住者在彼此相望的，同时具有相同地质性质以及相同高度以及相同的气候等方面的一些岛上，为什么会出现不同的（尽管差别并不大）变异呢？在很长的一段时间以来，这对我来说一直是个难点。不过这主要是因为觉得一个地区的物理条件是最为重要的这种根深蒂固的错误观点而导致的。不过，无法反驳的是，每个物种一定会同其他的物种进行斗争，于是别的物种的性质最起码也是同等重要的。而且通常都是更为重要的成功因素。如今，假如我们对栖息于加拉帕戈斯群岛同时还出现在世界上别的地方的一些物种进行观察的话，我们就能够发现它们在一些岛上存在着相当大的差异。假如岛屿生物曾借助偶然的输送方法而来，比如说，一种植物的种子曾经被带到一个岛上，还有一种植物的种子曾经被带到另一个岛上，尽管所有的种子都是从同一个根源而来的，于是前面所讲的差异就确实是能够预料得到的。所以，一种移住者在之前的时间当中，最开始在诸岛中的一个岛上定居下来时，或者它们之后从一个岛上散布于另一个岛上时，毫无疑问它们会面临着不同岛上的不同条件。因为它一定是要同一批不同的生物进行生存斗争的。比如说，一种植物在不同的岛上会遭遇到最适于它们的土地，已被很多不同的物种占领了，而且还会遭到不计其数的不同的敌人的竞争与攻击。假如在那个时候，这个物种已经出现变异了，自然选择估计就会在不同的岛上造成不同变种的产生。就算是这样，有的物种还会散布开去，而且在整个群中保持相同的性状，就像我们看到的，在一个大陆上广泛分布着的物种保持着相同的性状一样。

在加拉帕戈斯群岛的这种情况当中，还有在程度比较差一些的某种类似的情况之

加拉帕戈斯群岛上的鸬鹚

下，真正神奇的事实是，每一个新物种不论是在哪一个岛上，一旦形成之后，并不会迅速地散布到别的岛上。不过，这些岛尽管彼此之间相望，却被非常深的海湾隔开，在大部分的情况之下比不列颠海峡还要宽很多，而且也没有理由去设想它们在任何以前的时期当中是连续地连接于一起的。在诸多岛之间，海流是迅速的也是湍急的，大风意外的稀少，因此各个岛彼此之间的分离，远比地图上所表示出来的更为明显。即使是我们所说的样子，有的物种还有在世界别的部分能够找到的以及现在这群岛上发现的一些物种，是一部分岛屿所共有的。我们按照它们现在分布的状态能够去推断出，它们是从一个岛上散布到别的岛上的。不过，我觉得，我们常常对于密切近似物种在自由往来的时候，就存在着彼此侵占对方领土的可能性一直都

采取了错误的观点。无须怀疑，假如一个物种比别的物种占有任何方面的优势，它们就能够在很短的时间当中全部地或局部地将它排挤掉。不过假如二者可以同样好地适应它们的位置，那么两者估计就都能够保持它们各自的位置，一直到几乎任何长的时间。经过人的媒介而逐渐归化的很多物种，以前曾以惊人的速度在广大的地区当中进行散布，如果了解了这样的事实，我们就能够容易地推想到大部分的物种也是如此散布的。不过我们还需要记住，在新地区归化的物种和本地生物通常并不是密切近似的，反而是非常不相同的类型，就像德康多尔所解释说明过的，在大部分的情况下是属于不同的属的。在加拉帕戈斯群岛，甚至大量的鸟类，就算是那么适于从一个岛飞到另一个岛，可是在不同的岛上依然是不相同的。比如，效舌鸫这种生物有三个密切近似的物种，每个物种都只局限于自己所生存的岛上。现在，让我们设想一下查塔姆岛的效舌鸫被风吹到查理士岛上了，而后者本身已经有了另一种效舌鸫。为什么它应该成功地在那里定居呢？我们能够去稳妥地进行一个推论，查理士岛上已经繁生着属于自己的物种，由于每年都有比可以养育的量更多的蛋产生出来，同时也有更多的幼鸟被孵化出来。而且我们还能够去推论，查理士岛所特有的效舌鸫对于自身家乡的良好适应就如同查塔姆岛所特有的物种们一样。莱尔爵士还有沃拉斯顿先生曾经写信和我讨论过一个同本问题有关的值得注意的事实，那就是马德拉与附近的圣港小岛拥有着有很多不同的还表现为代表物种的陆栖贝类，其中有一部分是生活于石缝当中的。尽管

有大量的石块每年从圣港输送至马德拉，但是马德拉附近并没有圣港的物种被移住进来。即使是这样，两方面的岛上都有欧洲的陆栖贝类栖息着，那些贝类毫无疑问比本地物种更加占有一定程度上的优势。按照这些考察，我觉得，我们对有关加拉帕戈斯群岛的一些岛上所特有的物种并未从一个岛上散布到别的岛上去的事情，就没必要再去大惊小怪了。此外，在相同的一个大陆上，"先行占据"对于阻止在相同物理环境之中栖息的不同地区的物种混入，估计有着非常重要的作用。比如，澳大利亚的东南部与西南部拥有着几乎相同的物理条件，而且由一片连续的陆地联络着，不过它们存在着庞大数量的不同哺乳类，还有不同的鸟类以及植物在之上栖息着。按照贝茨先生所讲的，栖息于巨大的、开阔的、连续的亚马孙谷地的蝴蝶以及别的动物们的情况同样是这样的。

前面所讲的控制海洋岛生物的普遍特性的这个原理，也就是移住者同它们最容易迁出的原产地的关系，还有它们之后的变异，在整个自然界当中具有广泛的应用。我们在每一山顶上、每一个湖泊还有沼泽当中都能够见到这个原理。由于高山物种，除非是同一物种在冰期当中已经广泛地散布，均和周围低地的物种是具有关联的。那么，南美洲的高山蜂鸟还有高山啮齿类以及高山植物等，所有的生物均严格地属于美洲的类型。并且很明显地，当一座山缓慢隆起时，生物就会从周围的低地渐渐地移来。湖泊还有沼泽当中的生物也表现出相同的情况，除非是非常方便地输送允许同一个类型散布于世界的大多数。从美洲还有欧洲的洞穴当中的大部分盲目动物的性状也能够看出这个普遍的原理。还可以列出别的一些类似的事实。我坚信，下面所要讲到的情况将被看成是普遍可信的，那就是在任何两个地区之中，不管它们彼此之间距离有多么远，只要有很多的密切近似的或者是代表的物种存在着，那么在那些地方就一定存在着一些相同的物种。而且不论是在什么地方，只要有很多密切近似的物种，那么在那些地方就一定会有被有些博物学者列为不同物种，但是又被别的博物学者只是列为变种的大量的类型。这些值得怀疑的类型向我们清楚地展示了变异过程中的步骤。

有的物种在如今或者是以前的时期当中的迁徙能力还有迁徙范围，同密切近似的物种在世界遥远地点的存在具有一定的关系，这样的关系还能够用另一种更为普通的方式去清楚地表示。古尔德先生在很久之前就曾告诉过我，在世界上的每个地方都散布的那些鸟属中，有很多物种的分布范围是广阔的。我无法去怀疑这条规律是普遍真实可靠的，尽管它很难得到有力的证明。在哺乳类当中，我们会发现这条规律很明显地表现在蝙蝠中，并且是以较小的程度表现于猫科以及狗科当中的。相同的规律同样地表现于蝴蝶还有甲虫的分布方面。淡水生物的大部分也是相同的情况，由于在最不相同的纲当中存在着很多属分布于世界的每个地方，并且它们的大多数物种拥有着很广阔的分布范围。这并不是说，在分布非常广阔的属当中的所有物种都具有非常广阔的分布范围，而是在说，其中一部分物种具有非常广阔的分布范围。而且这也不是说

法国动物学家和古生物学家乔治斯·卡维尔（1763-1832）在国立自然历史博物馆演讲，他介绍了一个重要的理念：物种会灭绝。

在这样的属当中物种平均具有非常广阔的分布范围。察其缘故在于，这大多数要看变化过程进行的程度。比如说，相同的物种的两个变种栖息于美洲还有欧洲，所以这个物种就拥有着非常广阔的分布范围。不过，假如变异发展得更远一些，那么这两个变种很显然就会被列成不同的物种，于是它们的分布范围就会极大地缩小了。此外这也更不是说可以越过障碍物而分布广阔遥远的物种，比如有的善飞的鸟类就一定会分布得非常广，因为我们永远不会忘记，分布广阔遥远并不仅仅意味着具有越过障碍物的能力，同时还意味着具有在遥远地区和异地同住者展开生存斗争，而且取得胜利的这种更加重要的能力。不过根据下面的观点，一属中的所有物种，就算是分布于世界上最遥远的地点，也都是从单一祖先传下来的；我们应该能够找到，同时我也相信我们确实可以照例找到，最起码有些物种是分布得非常广远的。

我们还需要牢记，在所有的纲当中，很多属的起源均是非常古老的，在出现这样的情景的时候，物种将有足够多的时间供它们进行散布以及此后的变异。从地质的证据来看的话，也能找到理由去相信，在每一个大的纲当中，比较低等的一些生物的变化速率，比起比较高等的生物的变化速率来说，更加缓慢一些。于是前者就会分布得广阔而辽远，同时还保持了同一物种性状的较好机会。这样的事实还有大部分的低级体制类型的种子与卵都非常细小，而且也较适于远地输送的事实，基本上说明了一个法则，那就是任何群的生物越是低级，就分布得越为广远。这是一个早已经被发现的而且近来又经德康多尔在植物方面讨论过的法则。

刚刚讨论过的生物之间的各种关系，也就是低等生物比高等生物的分布更为广阔辽远。分布范围那么大的属，它的某些物种的分布同样是非常广阔辽远的高山上的，湖泊里的以及沼泽中的生物，通常都和栖息于周围低地以及干地上的生物有一定的关联。岛上还有最近的大陆上的生物之间，具有明显的关系，在相同的群岛中，各个岛上的不同生物之间有着更为密切的亲缘关系。依照每个物种独立被创造的普通论断，这些事实均为无法得到解释的事实，不过假如我们承认从最近的或者是最便利的原产地的移居还有移居者之后对于它们的新环境的适应来看，那么就能够得到解释了。

青年时期的达尔文

# 第十四章
# 生物的相互亲缘关系

# 群里有群

从地球历史上最为古老的时代开始以来，已经发现生物彼此之间相似的程度在渐渐地递减，因此它们能够在群下又分出群。这样的分类并不是如同在星座中进行星体的分类那般的随意。假如说某个群完全地适合栖息于陆地上面，但是另一个群则完全适合栖息于水中，一个群完全适合食肉生存，但是另一个群完全适合食植物性物质来生存等，那么，群的存在就变得极为简单了。可是实际情况与这些大不相同。由于大家都知道，就算是同一亚群当中的成员，也具有并不相同的习性，这样的现象是多么普遍地存在着。在第二章以及第四章讨论"变异"还有"自然选择"的时候，我就曾试图解释说明，在每个地区当中，变异最多的，就是分布最广的、散布最大的那些非常普通的物种，也就是优势的物种。因此而产生的变种也就是初期的物种，最后能够转化为新并且不同的物种。而且这些物种，遵循遗传的原理，有产生别的新的优势物种的倾向。最后，如今的大群通常都含有很多的优势物种，依然有继续增大的倾向。我还试图去进一步解释说明，因为每一物种的变化着的后代都试着在自然组成中占据尽可能多以及尽可能不同的位置，它们永远都存在着性状分歧的倾向。如果你注意一下任何一个小地区当中的类型繁多，竞争激烈还有有关归化的一些事实，就能够知道性状的分歧是有依据的。

我曾经还想要解释说明，在数量方面增加着的，在性状方面分歧着的类型，有一种坚定的倾向，去排挤并且消灭之前的那些分歧较少以及改进较少的类型。但是，不能避免的结果是，来自同一个祖先的出现了变异的后代在群下又分裂为群。在图解当中，顶线上的每一个字母都代表一个包括几个物种的属，而且这条顶线上的所有的属一起形成了一个纲，由于所有的均为从同一个古代祖先繁衍而来的，因此它们遗传了一些共同的东西。不过，根据这样的原理，左边的三个属有大量的共同之处，形成一个亚科，同右边相邻的两个属所形成的亚科

查尔斯和爱玛于 1839 年 1 月 29 日在斯塔福德郡的教堂结婚。

不一样，它们是在系统为第五个阶段从一个共同的祖先分歧出来的。这五个属依然存在着大量的共同点，尽管比在两个亚科中的共同点少一些。它们组成一个科，和更右边的，更早一些时候分歧出来的那三个属所形成的科不一样。所有的这些属都是从（A）传下来的，组成了一个目，同从（Ⅰ）传下来的属是不一样的。因此在这里，我们有从一个祖先传下来的很多物种组成了属。属组成了亚科还有科以及目，这所有的都归入同一个大纲当中。生物在群下又分成群的自然从属关系，这个伟大事实（这因为看习惯了，并没有时常引起我们特别的注意），在我看来，是能够如此解释的。完全没有必要去怀疑，生物同所有别的物体一样，能够用大量的方法去分类，或者按照单一的性状人为地去分类，或者按照很多性状而比较自然地去分类。比如，我们知道矿物与元素的物质是能够如此安排的。在这种情况之下，很显然并不存在族系连续的关系。现在也无法看出它们被这样分类的原因。不过有关生物，情况就有所不同，而前面所讲的观点，是和群下有群的自然排列相一致的，直到现在依然未曾提出过别的解释。

# 自然系统

就如同我们所看到的，博物学者们想要根据所谓的"自然系统"去排列每一纲中的物种以及属还有科。不过这个系统的意义又在哪里呢？有的著作家认为，它仅仅是这样的一种方案：将最相似的生物排列于一起，然后将最不相似的生物分隔开来，或者认为它是尽可能简单地表明通常命题的人为方法。也就是说，用一句话去形容比如所有的哺乳类所共有的性状，用另一句话去形容所有的食肉类所共有的性状，再用其他的一句话去形容狗属所共有的性状，接着又加一句话去全面地形容每一种类的狗。这个系统的巧妙以及效用是不能够去怀疑的。不过很多的博物学者考虑到"自然系统"的含义要比这些更为丰富点。他们相信它揭示出"造物主"的计划。不过有关"造物主"的计划，除非可以详细地说明它在时间方面或者空间方面的次序，或者是这两方面的次序，要不能够详细地说明它还有别的什么意义，不然，让我看的话，我们的知识并未因此而获得任何补益。如同林奈所提出来的那句名言，我们时常看到它以一种或多或少的隐晦的方式出现，也就是说并非是性状创造属，而是属产生了性状，这好像也就意味着在我们的分类中包含着比单纯类似更加深刻的某种联系。我觉得实际情况就是这样的。而且相信共同的系统，生物密切类似的一个已知的原因，就是这样的联系，虽然说此种联系表现出各种不同程度上的变异，不过都被我们的分类部分地揭露出来了。

# 分类规则及何物具有分类价值

现在让我们来考虑一下分类的时候所采用的规则，同时也考虑一下根据下面的观点所遇到的困难。这个观点就是，分类或者显示了某种我们尚未知道的创造计划，或者只是一种简单的方案，用来表明普遍的命题还有将彼此最相似的类型归结于一起，估计曾经觉得（古代就是如此认为的）决定生活习性的那些构造部分，还有每个生物在自然组成当中的普遍位置，对于分类来说具有非常高度的重要性。没有比这样的想法更为错误的了。没有人会觉得老鼠与鼩鼱之间，儒艮与鲸鱼之间，鲸鱼与鱼之间的外在类似有任何的重要性。那些类似，尽管是如此密切地和生物的所有生活都连接在一起，不过也只是被列为"适应的或同功的性状"。有关这些类似的状况，我们会在后面进行详细的讨论。不管是哪一部分的体制，和特殊习性的关联越少，那么它在分类方面也就越加重要，这甚至能够说是一个普遍的规律。比如，欧文在谈到儒艮时讲道："生殖器官作为同动物的习性以及食物关系最少的器官，我一直觉得它们最能够清楚地表示出真实的亲缘关系。在这些器官的变异当中，我们极少可能将只是适应的性状误认为是主要的性状。"对于植物，最不重要的是营养和生命所依赖的营养器官，而相反地，最重要的却是生殖器官还有它们的产物种子以及胚胎，这是非常值得我们注意的。相同地，在之前我们讨论机能方面不重要的一些形态的性状时，我们注意到它们时常在分类方面存在着极高度的重要性。这取决于它们的性状在很多近似群中的稳定性。而它们的稳定性主要因为任何细小的偏差并没能够被自然选择保存下来，并且累积起来。自然选择只会对有用的性状发挥其作用。

一种器官的单纯生理方面的重要性并不能决定它在分类方面所具有的价值，下面的事实基本上证明了这一点，那就是在近似的群当中，尽管我们有理由去设想，相同的一个器官具有几乎相同的生理方面的价值，不过它在分类方面的价值完全不相同。假如一位博物学者长期对某一个群进行研究，没有人不会被这个事实所打动的。而且几乎每一位著作者的著作里都充分地肯定了这一事实。这里仅仅引述最高权威罗伯特·布朗的话就足够了。他在谈到山龙眼科当中的一些器官时讲到，它们在属方面的重要性，"如同它们的全部器官一样，不只是在这一科中，并且据我所知，在每一个自然的科当中都是非常不相等的，同时，在有些时候，好像还完全消失了"。此外，他在另一部著作中还讲道，牛栓藤科当中的各属"在一个子房或者是多个子房上，在胚乳的有无方面，还有在花蕾里花瓣做覆瓦状或者是镊合状方面均是不同的。这些性状当中，不管是哪一种，单独拿出来讲时，它的重要性往往都在属以上，可是合在一起讲的时候，它们甚至不足以拿来区别纳斯蒂属与牛栓藤（Connarus）"。举一个昆虫当中的例子：在膜翅目中的一个大支群当中，按韦斯特伍德所讲的，触角是最稳定的构造。而在另一支群当中，则差别非常大，并且这种差别在分类方面仅仅有非常次要的价值。可是没有人会说，在同一目的两个支群当中，触角具有不相同的生理重要性。同一群生物的同一重要器官，在分类方面会有不同的重要性，有关这方面的例子数不胜数。

还有，没有人会说，残迹器官在生理方面或者是生活方面有高度的重要性。但是毫无疑问，这样状态的器官，在分类方面往往存在着非常大的价值。没有人会去反对幼小反刍类上颚中的残迹齿还有腿上的一些残迹骨骼在显示反刍类与厚皮类互相间的密切亲缘关系方面是非常有用的。布朗之前曾大力主张，残迹小花的位置在禾本科草类的分类方面具有极端高度的重要性。

有关那些必须被看成是生理上非常不重要的，不过又被普遍认为是在整个群的定义方面具有高度作用的一小部分所显示出来的性状，能够列出无数的事例。比如，从鼻孔到口腔是不是存在着一个通道，根据欧文的意见，这是唯一的一个区别鱼类与爬行类的显著性状，有袋类的下颚角度的变化，昆虫翅膀的折叠状态，有些藻类表现出来的颜色，禾本科草类的花在每个部位上的细毛，脊椎动物中的真皮覆盖物（比如毛或者是羽毛）的性质。假如鸭嘴兽身上覆盖着的是羽毛而并非毛的话，那么这种不被重视的外部性状就会被博物学者看成是在决定这种奇怪生物和鸟的亲缘关系的程度方面是一种重要的帮助。一些细小的性状，在分类方面的重要性，主要取决于它们和很多别的或多或少重要的性状之间的关系。性状总体的价值，在博物学者们眼里的确是非常明显的。所以，就像我们时常会指出来的，一个物种能够在几种性状方面，不管它具有生理方面的高度重要性还是具有几乎普遍的优势，不管是在哪方面同它的近

水彩画家马斯顿也加入了"贝格尔"号的航行，他留下了不少相关画作。

似物种有所区别，不过对于它应该排列在什么位置，我们丝毫没有疑问。所以，我们也已经知道，按照任何一种单独的性状去分类，不论这种性状是多么重要，终归是要失败的。因为体制方面没有一个部分是永久稳定着的。性状总体上的重要性，甚至是当其中找不出一个性状是重要的时候，也能够单独地说明林奈所解释说明的格言，并不能说是性状产生属，相反是属产生了性状。由于这句格言好像是以大量轻微的类似之点，很难明确地表示为根据的。全虎尾科的一些植物具有完全的以及退化的花。有关后者，朱西厄曾讲到，"物种、属、科、纲当中所固有的性状，绝大多数都已经消失了，这是对我们的分类的一种嘲笑"。当斯克巴属在法国，几年的时间里只产生出这些退化的花，并且和这一目的固有模式在构造的很多最重要的方面是那么惊人的不合时，朱西厄讲到，里查德曾经很聪明地发现了这一属还应该保留于全虎尾科当中。这一个例子极好地说明了我们分类的精神。

事实上，当博物学者们开展分类工作时，对于确定一个群的或者是排列任何特殊的物种所用的性状时，并没有注意到它们的生理价值。假如说他们找到了一种基本上接近于一致的，为大量的类型所共有的，并且不为别的类型所共有的性状，他们就将它当成一个具有高度价值的性状去应用，假如只是为少数的类型所共有，那么他们就将它当成是具有次等价值的性状去加以应用。有的博物学者很清楚地主张这是正确的原则，而且谁也没有如同卓越的植物学者圣·提雷尔那样去明确地提出这种主张。假如发现几种微小的性状总是结合地出现，尽管说它们之间并没有发现非常明显的联系纽带，但是也会给它们加上特殊的价值。在大部分的动物群当中，重要的器官，比如压送血液的器官或者是输送空气给血液的器官，或者是繁殖种族的那些器官，假如说是基本上一致的，那么它们在分类方面就会被认作是具有高度作用的。不过在一些群当中，所有这些最重要的生活器官却只可以提供非常次要价值的性状。如此，就像米勒近来提出的，在相同的一个群的甲壳类当中，海萤类通常都具有心脏，但是两个密切近似的属，那就是贝水蚤属以及离角蜂虻属，都不存在这样的器官。海萤的某一物种具备着非常发达的鳃，但是另一个物种没有生鳃。

达尔文的住所

# 其他分类要素

　　我们可以理解为什么胚胎的性状和成体的性状具有相同的重要性，因为自然的分类很显然是包括了所有的龄期在其中的。不过按照普通的观点，是无法确切地知道为什么胚胎的构造在分类方面比成体的构造要更重要一些，但是在自然的组成当中，仅仅有成体的构造才可以充分发挥出它的作用。不过伟大的博物学者爱德华兹还有阿加西斯全力主张胚胎的性状在所有的性状当中是最为重要的一种，并且普遍认为这样的理论是正确的。虽然说是这么说，因为没有排除幼体的适应的性状，它们的重要性有些情况下会被夸大了。为了解释说明这一点，米勒只是根据幼体的性状将甲壳类这一个大的纲进行排列，结果证明这并非一个自然的排列。不过毫无疑问的，除了幼体的性状之外，胚胎的性状在分类方面具有最高度的价值，这不只是只有动物是这样的，植物同样也是如此。那么，显花植物的主要区分是根据胚胎中的差异，也就是根据子叶的数目以及位置，还有根据胚芽以及胚根的发育方式，我们就可以看到，为什么这些性状在分类方面存在着这么高度的价值，这也就直接代表着，由于自然的分类是按照家系进行排列的。

　　我们在进行分类的时候时常很显著地受到亲缘关系连锁的影响。没有比确定所有的鸟类所共有的大量性状更为容易的了。不过在甲壳类当中，如此认为，直到现在依然被认为是不可能的。有一些甲壳类，它们两种极端的类型可以说几乎没有一种性状是相同的。不过，两种极端的物种，由于很明显地和别的物种相近似，但是这些物种又和别的一些物种相近似，如此关联下去，就能够明确地认为它们是属于关节动物的这一纲，而并非属于别的纲。

　　地理分布在分类的时候也常被应用到，尤其是被用在密切近似类型的大群的分类当中，尽管说这并不非常合理。覃明克曾经一度主张这样的方法在鸟类的一些群当中是有用的，甚至可以说是非常有必要的。有一些昆虫学者还有植物学者也曾采用过这样的方法。

　　最后，有关每个物种群，比如目、亚目、科以及亚科还有属等的比较价值，在我看来，最起码在现在基本上可以说是随意估定的。有一些最优秀的植物学者，比如本瑟姆先生还有别的一些人士，都曾强烈地主张它们的随意的价值。可以举出一些与植物还有昆虫有关的一些方面的事例，比如，有一群一开始被有经验的植物学者仅仅列为一个属，之后又被提升至亚科或者是科的等级。这么做，并不是由于进一步的研究曾经探查到一开始没有发现的重要构造的差异，而是由于具有稍微不同级进的每种差异的无数近似物种，在之后渐渐地被发现了。

所有上面所讲的分类方面的规则，还有根据以及难点，假如说我的看法没有严重的错误，那么就都能够按照下面所讲的观点获得解释。那就是，"自然系统"是以伴随着变异的生物由来学说为依据的。博物学者们普遍觉得两个或者是两个以上的物种之间的那些表明真实亲缘关系的性状，均是从共同祖先那里遗传而来的，所有真实的分类都是按照家系的。共同的家系正是博物学者们无意识地追求的潜在纽带，而并非某些未知的创造计划，也并非一般命题的说明，更不可能是将多少相似的对象简单地合在一起或者是分开。

# 物种的血统分类

不过我不得不更加充分地来解释说明一下我的个人意见。我相信每个纲当中的群，依据适当的从属关系以及相互关系的排列，一定是严格系统的才可以达到自然的分类。不过有些分支或者是群，虽然和共同祖先血统关系的近似程度是一样的，可是因为它们所经历的变异程度不一样，所以它们之间的差异量存在着很大的区别。这一点由这些类型被置于不同的属、科、部还有目当中而表现出来的。从单独一个物种传下来的一切的那些变异了的后代，有血统上，也就是家系方面都拥有着相同程度的关系。它们能够比喻为第一百万代的宗兄弟。不过它们彼此之间存在着广泛的以及不同程度上的差异。假如从 A 传下来的，到现在分为两个或者是三个科的类型，组成了一个目，但是从 I 传下来的，也分为两个科的类型，却组成了不同的目。从 A 传下来的现存的物种已经无法和亲种 A 一起归入同一个属中了。而从 I 传下来的物种，同样也无法和亲种 I 归入同一个属当中。因此，这些在血统方面都以同等程度彼此相关联的生物，它们之间所表现出来的差异的比较价值，就大大不同了。即便如此，它们的系统的排列不只是在现在是真实的，并且在后代的每一个连续的时期当中也是真实的。从 A 传下来的所有变异了的后代，都从它们的共同祖先那里遗传到某些共有的东西。从 I 传下来的所有的后代同样如此。在每一个连续的阶段上，后代的每一从属的分支也均为这个样子的。不过假如我们假设 A 或者是 I 的任何一种后代出现了超级大的变异，以至于丧失了自己的出身的所有的痕迹，如果是这样的话，那么，它在自然系统中的位置就没有了，有的少数现存的生物貌似曾经就出现过这样的状况。自然系统就像是一个宗谱一般，在排列方面是根据系统的。不过不同群所曾经历的一些变异量，就不得不用下面的方法去表示，那就是将它们列于不同的所谓属、亚科、科还有部以及目和纲当中。

列出一个语言的例子来帮助我们对这种分类的观点进行一个说明，是有一定意义的。假如我们拥有人类的完整的谱系，那么人种的系统的排列就会对如今全世界所用的各种各样的不同语言提供出最好的分类。假如将所有的现在不用的语言还有所有的中间性质的以及逐渐变化着的方言也包括在其中,那么此种类型的排列将是唯一有可能的分类。可是某些古代语言估计改变得非常少,而且产生的新语言也是少量的,而别的古代语言因为同宗的各族在散布、隔离以及文化状态方面的关系曾经出现过很大的改变,于是产生了很多新的方言还有语言。同一语系的一些语言之间的每种程度上的差异,一定要用群下有群的分类方法去表示。不过正当的甚至是唯一应该有的排列,还是系统的排列。这会是严格并且自然的。由于它按照最密切的亲缘关系将古代的以及现代的所有语言连接在了一起,而且还表明每一种语言的分支以及起源。

为了证实这个观点,让我们一起来看看变种的分类。变种是已经知道了的或者是相信从单独一个物种繁衍遗传而来的。这些变种群集于物种之下,亚变种又集于变种之下。在有的情况之中,比如家鸽,还有别的一些等级的差异。变种分类所根据的规则以及物种的分类基本上是相同的。著作家们曾经坚决地主张按照自然系统而不是按照人为的系统去排列变种的必要性。比如说,我们被提醒不要单纯地由于凤梨的果实恰好大致相同,尽管说这是最重要的一部分,就将它们的两个变种分类于一块儿。没有人会将瑞典芜菁与普通的芜菁归于一起,尽管它们能供食用的,那些肥大的茎是那么相像。哪一部分是最为稳定的,而哪一部分就会应用于变种的分类。比如,大农学家马歇尔曾经说过,角在黄牛的分类方面非常有用,由于它们比身体的形状或者是颜色等变异比较小,而反之,在绵羊的分类方面,角的用处却被极大地降低,这是因为它们比较不稳定。在变种的分类里,在我看来假如我们有真实的谱系,就能够普遍地采用系统的分类。而且,这在几种情况之下已被试用过。由于我们能够肯定,不管存在着多少变异,遗传原理总会将那些相似的点最多的类型聚合于一块儿。有关翻飞鸽,尽管有的亚变种在喙长这个重要的性状方面表现出不同,不过,因为都有翻飞的共同习性,于是它们依然会被聚合于一起。不过短面的品种几乎甚至是完全丧失了这样的习性。就算是这样,我们也不需要去考虑这个问题,还会将它与别的翻飞鸽归入同一个群当中。这是因为,它们在血统方面非常相近,并且在别的方面也存在着类似之处。

对于自然环境之中的物种,事实上每一位博物学者都已按照血统进行了分类。由于他们将两性都包括于最低的单位中,也就是物种当中,而两性有些情况下在最重要的性状方面表现出多么巨大的差异,这是每一位博物学者都清楚的。有的蔓足类的雄性成体与雌雄同体的个体之间,基本上没有任何的共同之处,但是没有人试图想要将它们分开。三个兰科植物的类型也就是和尚兰还有神奇的蝇兰以及须蕊柱,在之前它们就被列成三个不同的属,只要一发现它们有些时候会在同一植株上被产生出来时,它们就会马上被看成是变种。而如今我可以明确地表明它们是同一物种的雄者、雌者以及雌雄同体者。博物学者将相同的一个体的每种不同的幼体阶段均包括于同一物种须蕊柱与蝇兰、和尚兰是同一物种。

当中，不论它们彼此之间的差异还有和成体之间的差异有多么大，斯登斯特鲁普曾经所讲的，所谓交替的世代也是这样的，它们仅仅是在学术的意义上才会被认为属于同一个体。博物学者们还将畸形以及变种归于同一物种当中，这并不是因为它们和亲类型部分类似，而是因为它们均为从亲类型传下来的。

由于血统被普遍地用来将相同物种的个体分类于一起，尽管雄性的、雌性的还有幼体有些情况下极为不相同，还因为血统曾被用来对出现过一定量的变异还有有时出现过相当大量变异的变种进行分类，难道说，血统这同一因素，不曾无意识地被用来将物种集合为属，将属集合为更高的群，将所有都集合于自然系统之下吗？我认定它已被无意识地应用了。更何况只有如此，我们才可以理解我们最优秀的分类学者所采用的一些规则以及指南。由于我们没有记载下来的宗谱，于是我们就不得不由随便哪一个种类的相似之点去追寻血统的共同性。因此我们才会去选择那些在每和物种最近所处的生活条件当中，最不容易出现变化的那些性状。从这种观点来看的话，残迹器官和体制的别的一些部位，在分类方面是相同地适用的，有的情况下甚至更为适用一些。我们不用去考虑一种性状是多么的微小，比如颚的角度的大小，昆虫翅膀折叠的方式以及皮肤被覆着的毛或者是羽毛，假如说它们在大多数不同的物种当中，特别是在生活习性极为不相同的物种当中，均为普遍存在着的话，那么它们就获得了高度的价值。由于我们只可以用来自一个共同祖先的遗传，来解释它们为什么存在于习性这么不同的，这般众多的类型当中。假如只是按照构造方面的单独各点，我们就可以在这方面犯错误，可是当很多个就算是多么不重要的性状，同时存在于习性不同的一大群生物当中时，从进化学说的角度来看，我们基本上都能够肯定那些性状是从共同的祖先遗传而来的。还有，我们也都知道这些集合的性状，在分类方面是存在着特殊价值的。

我们可以理解，为什么一个物种或者是一个物种群能够在若干最重要的性状方面离开它的近似物种，但是又可以依然稳妥地和它们分类于一起。其实仅仅需要拥有足够数目的性状，就算是它们是多么的不重要，泄露了血统共同性的潜在纽带，就能够稳妥地进行这种类型的分类，并且往往都是这么做的。就算是两个类型之间并不存在一个性状是共同的，不过，假如说这些极端的类型之间存在着大量的中间群的连锁，将它们连接于一起，那么我们就能够立刻推论出它们的血统的共同性，同时将它们全部置于同一个纲当中去。因为我们发现，在生理方面具有高度重要性的器官，也就是在最不相同的生存环境之中下用来保存生命的器官，通常情况下都

托马斯·亨利·赫胥黎（1825—1895），达尔文的朋友和进化论最杰出的代表。

是最为稳定的。因此我们给予它们以极为特殊的价值。不过，假如说这些相同的器官在其他的一个群或者是一个群的另一部分当中，被发现存在着非常大的差异，那么我们就能够马上在分类中将它们的价值降低。我们很快就会看到，为什么胚胎的性状在分类方面具有如此高度的重要性。地理分布有些情况下在大属的分类当中也能够有效地应用，由于栖息在任何不同地区以及孤立地区的同属的所有物种，估计均为从同一祖先繁衍遗传而来的。

# 同功的相似性

按照前面所讲到的那些观点，我们就可以理解真实的亲缘关系和同功之间的那种，也就是适应的类似之间，存在着非常重要的区别。拉马克第一个注意到这个问题，在他之后，有麦克里还有别的一些人士。在身体形状方面以及鳍状前肢上，儒艮与鲸鱼之间的类似，还有这两个目的哺乳类与鱼类之间的类似，均为同功的。不同目的鼠与鼩鼠之间的类似一样同功的。米瓦特先生所坚持认为的鼠与一种澳大利亚小型的有袋动物袋鼩二者之间的更为密切的类似同样也是如此的。在我看来，最后这两种类似能够按照下面所讲的获得合理的解释，那就是，适于在灌木丛以及草丛中做相似的积极活动，还有对敌人进行隐蔽。

在昆虫的世界里，也存在着大量类似的事例。比如，林奈曾被外部表象所误，竟然将一个同翅类的昆虫分类为蛾类。甚至是在家养变种当中，我们也能够看到大体上相似的情况，比如，中国猪与普通的猪之间的改良品种，以平行食物现象扩展到广阔的范围中。那么，估计就出现了七项的、五项的还有四项的以及三项的分类法。

此外还有一种奇怪的情况，那就是外表的密切类似，并非因为对相似生活习性的适应，而是为了保护而获得的。我所讲的是，贝茨先生一开始描述的一些蝶类，模仿别的完全不同物种的奇特方式。这位卓越的观察者曾经解释说明，在南美洲的有些地方，比如，有一种透翅蝶，非常多，大群聚居，在这些蝶群当中，往往可以发现另一种蝴蝶，那就是异脉粉蝶，偷偷地混于同一群当中。后者在颜色的浓淡以及斑纹方面甚至是在翅膀的形状方面都与透翅蝶是这么的密切类似，于是导致由于采集了十一年标本而目光非常锐利的贝茨先生，尽管是处处留神，也不断地被蒙骗。假如捉到这些模拟者还有被模拟者，同时对它们加以比较的话，就能够发现它们在重要的构造方面是非常不相同的，不只是属于不同的属，同时也常常会属于不同的科。假如这样的模拟只是出现在一两个事例当中，那么这就能够当成是奇怪的偶合而将其置之不理。可是，假如说我们离开异脉粉蝶模仿透翅蝶的这个地区继续前进，依然能够找到这两个属的别的一些模拟的以及被模拟的物种，而且它们一样是密切类似的，一共拥有着不只十个属，其中的物种模拟别的蝶类。模拟者与被模拟者总是栖息于相同的一个地区之中。我们从来没有见到过一个模拟者远远地离开自己所模拟的类型。模拟者好像都一定是稀有的昆虫，而被模拟者基本上

人们在农场饲养猪以提供猪肉

在每一种情况之下均为繁生成群的。在异脉粉蝶密切模拟透翅蝶的地区，一些时候还有别的鳞翅类昆虫模拟同一种透翅蝶。于是，在同一个地方，能够找出三个属的蝴蝶的物种，甚至还会存在一种蛾类，均密切地类似于第四个属的蝴蝶。值得大家注意的是，异脉粉蝶属中的很多模拟类型可以由级进的系列示明不过是同一物种的一些变种，被模拟的那些类型同样如此。而别的类型则毫无疑问是不同的物种。不过能够质问：为什么将有的类型看成是被模拟者，而将别的类型看成是模拟者呢？贝茨先生对这个问题的解答，非常让人满意。他解释说明被模拟的类型均保持着它那一群的一般外形，而模拟者却改变了自己的外形，而且和它们最近似的类型并不相似。

再有，我们来讨论可以提出什么样的理由去说明有些蝶类与蛾类如此经常地取得另一种非常不同类型的外形。为什么"自然"会堕落到使用欺骗的手段，来让博物学者们感到大惑不解呢？根本不必怀疑，贝茨先生已经给出了恰当的解释。被模拟的类型的个体数目通常都是非常大的，它们一定会经常大规模地逃避了毁灭，否则它们就无法生存得那么多。现下已经搜集到充分多的证据，能够证明它们是鸟类与别的食虫动物所不喜欢吃的。还有另一面，栖息于相同地区的模拟的类型，都为比较稀少的，属于稀有的群，所以它们一定会时常地遭遇到一些危险，要不然，按照所有蝶类的大量产卵的情况去看，它们就可以在三四个世代里繁生于整个地区。如今，假如说一种如此被迫害的稀有的群有一个成员获得了一种外形，而这种外形又那么的类似一个有良好保护的物种的外形，那么它就会不断地骗过昆虫学家们的极富经验的眼睛。于是它们就会经常地骗过掠夺性的鸟类还有昆虫，这样就能够时常地避免毁灭。甚至还能够这么讲，贝茨先生实际上目击了模拟者变得这么密切类似被模拟者的整个过程。由于他发现异脉粉蝶的有些类型，只要是模拟大量别的蝴蝶的，均以极端的程度出现了变异。在有个地区，存在着几种变种，不过其中仅仅存在着一个变种在一定程度上与

这只模仿黄蜂的有透明翅膀的飞蛾与真正的黄蜂有着惊人的相似。虽然它带有黑黄相间的警告色，但事实上它根本没有刺。

同一地区的常见的透翅蝶相类似。而在另一地区当中，存在着两三个变种，其中有一个变种远比别的变种常见，而且它密切地模拟透翅蝶的另一种类型。按照这种性质的事实，贝茨先生曾经断言，异脉粉蝶第一个出现变异。假如一个变种碰巧在一定程度上与任何栖息于相同地区中的普通蝴蝶相类似，那么这个变种因为与一个繁盛的极少遭到迫害的种类相类似，就能够拥有更好的机会去避免被掠夺性的鸟类还有昆虫所毁灭，结果就能够比较经常地被保存下来。"相似程度比较不完全的，就会一代接一代地遭到排除，仅仅是类似程度完全的，才可以得以存留下来，去繁殖它们的种类"。所以说有关自然选择，我们这里有一个非常不错的例证。

相同地，华莱斯还有特里门先生也曾就马来群岛以及非洲的鳞翅类昆虫还有一些别的昆虫，描述过一些同样明显的模拟例子。华莱斯先生还曾在鸟类当中发现过一个这样的例子。不过有关较大的四足兽，我们还未曾找到例子。模拟的出现对昆虫来说，远比在别的动物中要多，这估计是因为它们身体比较小的原因。昆虫无法保护自己，除了实在有刺的种类之外，我从来没有听到过一个例子，可以表明这些种类模拟别的昆虫，尽管它们是被模拟的。昆虫还无法轻易地用飞翔去逃避捕食它们较大的动物。所以，用比喻说的话，它们就如同大多数弱小的动物一样，不得不求助于欺骗还有冒充。

还需要注意，模拟过程估计从来没有在颜色大不相同的类型当中出现过。不过从彼此已经有些类似的物种开始，最密切的类似，假如说是有益的，就可以由前面所讲的手段获得。假如说被模拟的类型之后逐渐地通过任何的因素而得到了改变，那么模拟的类型也会沿着相同的路线出现变化，因而能够被改变到任何程度。因此最后它就会取得同它所属的那一科的别的成员完全不同的外表或者是颜色。不过，在这个问题方面也存在着一些难点，由于在某些情况当中，我们没有办法只能去假设，有些不同群的古代成员，在它们还没有分歧到现在的程度之前，偶然地与别的一些有保护的群的一个成员类似到足够的程度，然后获得某些轻微的保护，这就出现了之后获得最完全类似的基础。

# 连接生物亲缘关系的性质

大属当中的优势物种出现了变异的后代，存在着承继一些优越性的倾向，这种优越性曾经让它们所属的群变得巨大，同时还让它们的父母占有优势，所以它们几乎肯定地会广泛地散布，同时自然组成中获得日益增多的地方。每一个纲当中较大的以及较占优势的群，因此也就有了继续增大的倾向。最后它们会将大量较小的以及比较弱的群排挤掉。于是，我们就可以解释所有现代的以及绝灭的生物被包括在少数的大目还有更少数的纲的事实。存在着一个惊人的事实，能够解释得清楚明白，比较高级的群在数量方面上是多么少，但是它们在整个世界的散布却又是多么广泛。澳大利亚被发现后，从未增加过可立一个新纲的昆虫，而且在植物界方面，依照我从胡克博士那儿获得的资料，也仅仅增加了两三个小科。

在《论生物在地质上的演替》一章当中，我曾依照每一群的性状在长期连续的变异过程当中通常都分歧非常大的原理，试图去讲清楚为什么比较古老的生物类型的性状往往会在某种程度上介于现存的群之间。由于有些少数古老的中间类型将变异极少的后代遗留到今天，于是就组成了我们所说的中介物种或者是畸变物种。不管是哪一种类型，越是脱离常规，那么已灭绝并且完全消失的连接类型的数目就一定会越大。我们有证据能够证明，畸变的群因为绝灭而遭受到重大的损失，由于它们几乎时常只有极少数的物种，并且这类物种照它们实际存在的情况来看的话，通常彼此之间的差异都非常大，这还意味着绝灭。比如，鸭嘴兽与肺鱼属，假如说每一个属都不是和现在这样的，由单独一个物种或者是两三个物种来代表，而是由十多个物种来代表的话，估计还不会让它们减少到脱离常规的程度。我觉得，我们只能按照下面的情况去解释这个事实，那就是将畸变的群看成是被比较成功的竞争者所征服的类型，它们仅仅存在着少数的成员在异常有利的条件下仍旧生存着。

沃特豪斯先生曾指出，当一个动物群的成员和一个非常不同的群表现出具有亲缘关系时，那么这种亲缘关系在大部分情

约瑟夫·胡克（1817-1911），达尔文最亲密的朋友和首席科学知己。

袋熊科动物是大体型挖穴食草动物

况下均为一般的，并不会是特殊的。比如，根据沃特豪斯先生提出的意见，在所有的啮齿类中，哔鼠和有袋类的关系最为接近。不过在它与这个"目"接近的一些点当中，它的关系是很一般的，那就是说，并未和任何一个有袋类的物种十分接近。由于亲缘关系的一些点被认可是真实的，不仅仅是适应性的，根据我们的观点，它们就必须归因于共同祖先的遗传，因此我们必须假定，或者说，所有的啮齿类包括哔鼠在其中，从某种古代的有袋类分支出来，而这种古代的有袋类在与所有的现存的有袋类的关系当中，当然会具有中间的性状。或者说，啮齿类与有袋类二者都从一个共同的祖先处分支出来，而且两者之后在不同的方向上都出现过大量的变异。不管是按照哪一种观点，我们都必须假定哔鼠经过遗传比别的啮齿类曾经保存下更多的古代祖先性状。因此它们不会和任何一个现存的有袋类十分有关系。不过，因为部分地保存了它们共同祖先的性状，或者是这一群的某一些早期成员的性状，而间接地和所有的或者说甚至是所有的有袋类有关系。再有一方面就是，根据沃特豪斯先生所指出的，在所有的有袋类当中，袋熊并非和啮齿类的任何一个物种相类似，而是同整个的啮齿目最相类似。不过，在这样的情况之下，还能够猜测这种类似仅仅是同功的，因为袋熊已经适应像啮齿类那般的习性。老德康多尔在不同科的植物当中曾做过几乎相似的观察。

按照由一个共同祖先传下来的物种，在性状方面的增多以及逐渐分歧的原理，同时根据它们通过遗传保存若干共同性状的事实，我们就可以理解为什么同一科或者是更高级的群的成员均是由非常复杂的辐射形的亲缘关系彼此连接于一起的。由于通过绝灭而分裂为不同群以及亚群的整个科的共同祖先将会将它的某些性状通过不同的方式以及不同程度上的变化，遗传于所有的物种。于是它们就会由各种不同长度的，迂回的亲缘关系线（就像在时时被我们提起的那个图解中所见到的一样）彼此关联起来，经过大量的祖先而上升。因为，就算是依靠系统树的帮助，也很难可以轻易地示明任何古代贵族家庭的无数亲属之间的血统关系。并且，不依靠这种帮助又几乎无法示明那种关系，因此我们就可以理解下面所要讲到的情况：博物学者们在一个相同大小的自然纲当中，已经看出很多现存成员与绝灭成员之间存在着各式各样的亲缘关系，但是在没有图解的帮助下，想要对这些关系进行描述，存在着非常大的困难。

# 物种灭绝与种群定义

　　绝灭，就像我们在第四章当中所见到的，在规定和扩大每一纲里的若干群之间的距离方面，具有非常重要的作用。如此，我们就能够按照下面所讲的信念去解释整个纲中彼此界限分明的缘由了。比如，鸟类和所有别的脊椎动物之间的界限。这个信念就是，很多的古代生物类型已完全灭绝，但是这些类型的远祖曾将鸟类的早期祖先同当时比较不分化的别的脊椎动物连接于一起。不过，曾将鱼类与两栖类一度连接起来的生物类型的绝灭就会少很多。在有些整个纲当中，绝灭得更少。比如甲壳类，由于在这里，最奇异不同的类型依然能够由一条长的，并且仅仅是部分断落的亲缘关系的连锁连接于一起。绝灭只可以让群的界限更加分明，它绝无法制造出群。因为，假如曾经在这个地球上生活过的每一个类型都突然重新出现了，就算是不可能给每一个群带来明显的分别，进行区别，不过一个自然的分类或者最起码一个自然的排列，还是存在着可能性的。我们参考图解，就能够理解这一点。从 A 到 L 能够代表志留纪时期的 11 个属，其中有的已经产生出变异了的后代的大群，它们的每一枝与亚枝的连锁到如今仍然存在着，这些连锁并没有比现存变种之间的连锁更大一些。在这样的情况当中，就非常不可能下定义，将几个群的一些成员同它们更为直接的祖先与后代区别开来。不过图解上的排列还是有效的，而且还是自然的。这是由于，依照遗传的原理，比如说，只要是从 A 传下来的所有的类型都有着一些共同的点。就像是在一棵树上我们可以区别出这一枝与那一枝，尽管在实际的分叉上，那两枝是连合的而且融合于一起的。按我所说过的，我们无法划清若干群的界限，不过我们可以选出代表每一群的大部分性状的模式或者是类型，不管那个群是大的还是小的。如此对于它们之间的差别的价值就呈现出一个一般的概念。假如我们曾经成功地搜集了曾在所有的时间以及所有的空间生活过的任何一个纲的所有类型，那么就是我们不得不遵循的方法。当然，我们永远无法完成这样完全的搜集。虽然说是这个样子的，在有些纲当中我们正在朝着这个目标进行。爱德华兹近来在一篇写得非常不错的论文当中强调指出，采用模式的高度重要性，不管我们可不可以将这些模式所隶属的群彼此分开，同时划出界限。

　　最后，我们已经见识到伴着生存斗争而来的，而且几乎无法避免地在任何亲种的后代当中引起绝灭以及性状分歧的自然选择，解释了所有生物的亲缘关系中的那个巨大而普遍的特点，那就是它们在群之下还存在着群。我们拿着血统这个要素将两性的个体与所有年龄的个体分类于一个物种之下，尽管它们估计仅仅有少数的性状是一样的，我们用血统对于已知的变种进行分类，不论它们和它们的亲体间存在着多么大的不同。我认为血统这个要素就是博物学者在"自然系统"这个术语之下所追求的那个隐藏着的联系纽带。自然系统，在它被完成的范围之中，它的排列是系统的，并且它的差异程度是用属、科、目等来进行表示的，按照这个概念，我们就可以理解我们在分类中不得不遵循的规则。我们能够去理解，为什么我们将有些类似的价值估计得远在别的类似之上，为什么我们要拿着残迹的没有用的器官或者是生理方面重要性非常小的器官，为什么在查寻一个群和另一个群的关系中，我们会很快地排弃同功的或者是适应的性状，但是在同一群的范围之中又会去用这些性状。我们可以清楚地发现所有现存的类型与绝灭的类型怎样就可以归入少数的几个大纲当中，而同一纲中的一些成员又是如何由最复杂的，放射状的亲缘关系线连接在一起。我们估计永远都无法去解开任何一个纲的成员之间那些错综复杂的亲缘关系纲。不过，假如我们在观念中能有一个明确的目标，并且不去祈求那些未知的创造计划，那么我们就能够希望获得确实的，尽管是缓慢的进步。

赫克尔教授近来在他的《普通形态学》（还有别的一些著作当中），运用他的广博知识以及才能去讨论他所提出的系统发生，也就是所有的生物的血统线。在描绘几个系统的时候，他主要根据胚胎的性状，不过也会借助于同源的器官以及残迹器官还有各种生物类型在地层当中最开始出现的连续时期。于是，他勇敢地迈出了伟大的第一步，而且也向我们表明了今后应该怎么样去处理分类。

# 消失的中间变种

我们已经发现，同一纲当中的成员，不管它们的生活习性是什么样的，在一般体制设计方面都是彼此相类似的。这样的类似性往往用"模式的一致"这个术语进行表示。或者可以说，同一纲的不同物种的一些部分与器官是同源的。这整个问题能够包括于"形态学"这个总称之中。这是博物学当中最有趣的部门之一，并且基本上能够说就是它的灵魂。适合抓握的人手，适合掘土的鼹鼠的前肢，还有马的腿以及海豚的鳍状前肢与蝙蝠的翅膀，均是在同一形式之下构成的，并且在同一个相当的位置上，拥有着相似的骨，还有什么可以比这更为奇怪的呢？举一个次要的不过也是非常动人的例子：那就是袋鼠非常适于在开阔平原上奔跳的后肢，攀缘而吃叶的澳大利亚熊生有的一样良好地适合抓握树枝的后肢，还有栖息于地下，吃食昆虫或者是树根的袋狸生有的后肢，还有那些别的澳大利亚有袋类的后肢，均为在相同的一个特别的模式之下构成的，也就是它们的第二还有第三趾骨非常瘦长，被包在相同的皮之中，最后看起来就如同是具有两个爪的一个单独的趾，虽然说有这样的形式的类似，不过很明显的，这几种动物的后脚在能够想象得到的范围之中还是用于非常不同的目的的。这个例子因为美洲的负子鼠而显得更为生动一些，它们的生活习性基本上与有些澳大利亚亲属的相同，不过它们的脚的构造却仅仅是根据普通的设计。前面所讲到的是按照弗劳尔教授的，他在结论中谈道："我们能够将这称作是模式的符合，不过对于这种现象并没有提供出多少的解释。"他接着又谈道："难道这不是有力地暗示着真实的关系与从一个共同祖先的遗传吗？"

圣·提雷尔以前曾大力主张同源部分的相关位置或

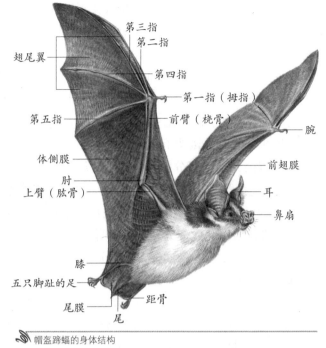

帽盔蹄蝠的身体结构

者是彼此关联的高度重要性。它们在形状以及大小方面几乎能够不同到任何程度，但是依然以相同不变的顺序保持着联系。比如说，我们从未发现过肱骨与前臂骨，或者是大腿骨与小腿骨颠倒过位置。所以说，同一名称能够用于极为不同的动物的同源的骨。我们从昆虫口器的构造当中见到了这同一一伟大的法则：天蛾生有的非常长并且螺旋形的喙、蜜蜂或者是臭虫的奇异折合的喙、甲虫的巨大的颚，还有什么比它们更为彼此不同的呢？不过，用于这般大不相同的目的的所有这些器官，是由一个上唇、大颚还有两对小颚经过无尽的变异之后才形成的，而且同一法则还支配着甲壳类的口器与肢的构造。植物的花同样如此。

试图利用功利主义或者是目的论去解释同一纲的成员的此种形式的相似性，是最没有希望的。欧文曾在自己的《四肢的性质》这部最为有趣的著作中，坦白地承认这样的尝试是没有任何希望的。根据每一种生物独立创造的普遍观点来看，我们只可以说它是这样的，那就是："造物主"乐意将每一大纲中的所有动物与植物根据一致的设计建造起来。不过这并非是科学的解释。

根据连续轻微变异的选择学说，它的解释在极大程度上就简单多了，每个变异都会以某种方式对于变异了的类型有利，不过又经常会因为相关作用影响到体制的别的部分。在这样的性质的变化中，就很少或者是没有改变原始形式或者只是转换每个部分位置的倾向。一种肢的骨能够缩短以及变扁到任何程度，同时被包以非常厚的膜，来当作鳍用。或者说一种有蹼的手能够让它的所有的骨或者是有些骨变长到任何一种程度，同时连接每个骨的膜扩大，来当成翅膀用。不过，所有的这些变异，并没有一种倾向能够去改变骨的结构或者是改变器官的相互联系。假如我们设想所有的哺乳类、鸟类还有爬行类的一种早期祖先，这能够称为是原型，具有根据现存的普遍形式构造起来的肢，不管它们用于什么样的目的，我们将马上看出全纲动物的肢的同源构造的明确的意义。昆虫的口器也是如此，我们只需要设想它们的共同祖先具有一个上唇、大颚还有两对小颚，而这些部分估计在形状方面都非常简单，这样就可以了。于是自然选择就能够解释昆虫口器在构造方面还有机能方面的无限多样性。尽管是如此，能够想象得到，因为有些部分的缩小以及最后的完全萎缩，因为和别的部分的融合，还有因为别的部分的重复或者是增加，我们明白了这些变异均是在可能的范围之内的。一种器官的普遍形式估计会变得非常隐晦不明，以至于到最后会消失不见。已经绝灭的巨型海蜥蜴身上长有的桡足，还有有些吸附性甲壳类的口器，它们一般的形式好像已经因此而部分地隐晦不明了。

我们的问题还有一个同样奇异的分支，那就是系列同源，这便是在向我们表明，同一个体的不同部分或者是器官进行比较，而并非同一纲中的不同成员的同一部分或者是器官进行比较。大部分的生理学家都相信头骨和一定数目的椎骨的基本部分是同源的，也就是在说，在数目方面和相互关联方面是彼此一致的。前肢与后肢在所有的高级脊椎动物纲当中很明显是同源的。甲壳类的复杂的颚与腿也是同样的情况。几乎所有的人都熟知，一朵花上的萼片还有花瓣以及雄蕊和雌蕊的相互位置还有它们之间的基本构造，根据它们是由呈螺旋形排列的变态叶所组成的观点，是能够获得解释的。由畸形的植物我们往往能够得到一种器官可能转化为另一种器官的直接证据，而且我们在花的早期或者是胚胎的阶段中，还有在甲壳类以及很多别的动物的早期或者是胚胎的阶段中，可以实际看到在成熟时期变得非常相同的器官最开始是完全相似的。

依据神造的一般观点，系列同源是多么的难以理解。为什么脑髓包含在一个由数目这么多的，形状如此奇怪的，很明显是代表着脊椎的骨片所组成的箱子当中呢？就像欧文所说的，分离的骨片便于哺乳类产生幼体，不过从此而来的利益绝对无法解释鸟类与爬行类的头颅的同一构造。为什么创造出相似的骨去形成蝙蝠的翅膀还有腿，但是它们用于这么完全不同的目的，也就是飞还有走呢？为什么具有由大量的部分组成的极其复杂口器的一种甲壳类，结果总是仅仅有比较少数的腿，或者说，相反地，又是为什么具有很多腿的甲壳类都有着比较

花粉囊

花柱

花柱梗

细丝

子房
胚珠
梗

花瓣

萼片

一朵花的内部构造

简单的口器呢？为什么每一朵花的萼片和花瓣还有雄蕊以及雌蕊，尽管适于那么不同的目的，可是却是在同一形式之下构成的呢？

按照自然选择的学说，我们就可以在一定程度上回答这些问题。我们无须在这里讨论一些动物的身体如何最开始分为一系列的部分，或者说它们是如何分为具有相应器官的左侧以及右侧，主要由于这种类型的问题基本上是在我们的研究范围之外的。不过，有些系列构造估计是因为细胞分裂而增殖的结果。细胞分裂造成了从这类细胞发育出来的每个部分的增殖。为了我们的目的，只要记住下面的事情就可以了，那就是，同一部分与同一器官的无限重复，就像欧文指出的，是所有低级的或者是很少专业化的类型的共同特征。因此脊椎动物们尚未清楚的祖先估计拥有着很多的椎骨。关节动物们尚未得知的祖先，拥有很多的环节。显花植物尚未明白的祖先，拥有着很多排列成一个或者是多个螺旋形的叶。我们之前还见到，反复重复的部分不只是在数目方面，而且还在形状方面，非常容易出现变异。到最后，这样的部分因为已经拥有相当的数量，而且具有高度的变异性，自然能够提供材料来适应最不相同的目的。不过它们经过遗传的力量，通常会保存它们原始的或者是基本的类似性的显著痕迹。这些变异能够经过自然选择，对于它们后面的变异提供一些基础，同时从最开始起就有相似的倾向，因此它们更加会保存这样的类似性。那些部分，在生长的早期是非常相像的，并且还都处于几乎相同的环境之中。这样的部分，不管是变异了多少，除非它们的共同起源完全隐晦不明，估计是系列同源的。

在软体动物的大纲之中，尽管可以解释说明不同物种的一些部分是同源的，不过能够示明的仅仅有少数的系列同源，比如石鳖的亮瓣。这就是说，我们很少可以说出同一个体的哪个部分和另一部分是同源的。我们可以理解这个事实，由于在软体动物当中，甚至在这一纲的最低级成员当中，我们几乎找不到任何一个部分会有这么无限的重复，如同我们在动物界还有植物界的别的大纲当中所见到的一样。

不过形态学，就像最近兰克斯特先生在一篇优秀的论文当中充分解释的，比起最开始所表现的是一个远为复杂的学科。有的事实被博物学者们一并地等同地列为同源，对这点，他划出了重要的区别。只要是不同动物的类似构造，因为它们的血统都来自同一个祖先，之后出现了变异，他建议将这样的构造称为同源的。只要是无法给出如此解释的类似构造，他则建议将它们称作同形的，比如说，他坚定地认为鸟类与哺乳类的心脏整体说起来是同源的，也就是均为从一个共同的祖先传下来的，不过在这两个纲当中，心脏的四个腔是同形的，也就是说是独立发展起来的。兰克斯特先生还提出了同一个体动物身体上，左右两侧每个部分的密切类似性，还有连续每个部分的密切类似性。在这里，我们有了普通被称为同源的部分，而它们同来自一个共同祖先的不同物种之间的血统没有任何的关系。同形构造和我分类为同功变化或者是同功类似是相同的，不过我的方法非常不完备。它们的形成能够部分地归因于不同生物的每个部分或者是同一生物的不同部分曾经以相似的方式出现了变异，而且能够部分地归因于类似的变异为了相同的普遍目的或者是机能而被保存下来。与这一点有关的，已经列出过大量事例。

博物学者们时常谈起头颅是由变形的椎骨形成的，螃蟹的颚是经变形的腿形成的，花的雄蕊以及雌蕊是经过变形的叶而形成的。不过就像赫胥黎教授所讲到的那样，很多时候，更准确地说，头颅与椎骨、颚与腿等，并不是一种构造由现存的另一种构造变形而来的，而是它们都从某种共同的而且是比较简单的原始构造变成的。不过，大部分的博物学者只在比喻的意义方面去应用这样的语言。他们绝不是代表着在生物由来的漫长过程里，任何种类的原始器官，在一个例子当中为椎骨，在另一个例子当中就成了腿，曾经事实上转化成头颅或者是颚。但是这样的现象的发生，看来是这么的可信，以至于博物学者们基本上都无法避免地要使用含有这样的清晰意义的语言。根据本书所主张的观点，这样的语言的确能够使用，并且下面的那些不可思议的事实就能够部分地获得解释，比如螃蟹的颚，假如确实从真实的尽管非常简单的腿变形而成，那么它们所保持的无数的性状估计是经过遗传而得以保存下来的。

# 胚胎学中的法则、原理及问题解释

在整个博物学当中，这是一个最为重要的学科。每一个人都清楚昆虫变态通常都是由少数几个阶段突然地完成的。不过实际上却有大量的逐渐的尽管是隐蔽的转化过程。就像芦伯克爵士所解释说明的，某种蜉蝣类的昆虫在产生的过程中要蜕皮 20 次还多，每一次蜕皮都会出现一定量的变异。在这个例子当中，我们可以发现，变态的动作是以原始的，缓慢而逐渐的方式去完成的。很多的昆虫，尤其是某些甲壳类的昆虫，向我们解释说明，在发生过程中，所完成的构造变化是多么奇妙。但是这类变化在有些下等动物的所谓世代交替当中达到了最高峰。比如，有一个很奇怪的事实，那就是一种精致的分支的珊瑚形动物，长着水螅体，而且还固着在海底的岩石上。它一开始由芽生，接着由横向分裂，产生出漂浮的巨大水母群，然后这些水母产生卵，再从卵孵化出浮游的十分细微的动物，它们附着于岩石上，发育成分枝的珊瑚形动物。如此一直无止境地循环下去。觉得世代交替的过程与一般的变态过程基本上是相同的信念，已被瓦格纳的发现极大地加强了。他发现有一种蚊也就是瘿蚊，它们的幼虫或者是蛆，由无性生殖产生出别的幼虫，那些别的幼虫到最后就会发育为成熟的雄虫还有雌虫，再以常见的方式由卵繁殖它们的种类。

需要我们注意的是，当瓦格纳的卓越发现一开始宣布的时候，人们问我，对于这样的蚊的幼虫获得无性生殖的能力，应该怎样去解释呢？只要这种情况是唯一的一个，那么就提不出任何的解答。不过格里姆曾经解释说明过，还有一种蚊，那就是摇蚊，几乎是以相同的方式进行着生殖，而且他相信这样的方法通常都出现在这一目当中。这种蚊有此种能力的是蛹，而并非幼虫。格里姆还进一步解释说明，这个例子在一定程度上"将瘿蚊和介壳虫科的单性生殖联系起来"。单性生殖这个术语代表着介壳虫科的成熟的雌者没有必要和雄者进行交配就可以产生出可育的卵。现在知道，几个纲当中的一些动物在异常早的龄期就有通常生殖的能力。我们只要从逐渐的步骤将单性的生殖推到越来越早的龄期，摇蚊所代表的恰好就是中间的阶段，也就是蛹的阶段，也许就可以解释瘿的奇怪的情况了。

已经讨论过，相同的一个个体的不同部分，在早期胚胎阶段完全相似，在成体状态中才会变得大不相同，而且用于完全不同的目的。同样也曾经解释说明，同一纲当中的最不相同的物种的胚胎通常都是密切相似的，不过当充分发育之后，就会变得完全不一样了。要证明最后谈到的这个事实，再找不出比冯贝尔的叙述更优秀的了。他说，"哺乳类、鸟类、蜥蜴类、蛇类，估计还包括龟类在内的胚胎，在它们最开始的状态当中，整个的还有它们各部分的发育方式，彼此之间都非常相似。它们是如此的相似，事实上我们仅仅可以从它们的大小方面去区别那些胚胎。我有两种浸在酒精里的小胚胎，我忘记将它们的名称贴上，到了现在我就无法正确地说出它们哪个是属于哪一纲了。它们也许是蜥蜴或者是小鸟，或者是非常幼小的哺乳动物。那些动物的头还有躯干的形成方式，是那么的全然相像。不过这些胚胎还未出现四肢。可是，就算是在发育的最开始的阶段假如存在着四肢，我们也一样无法去知道些什么。查找原因在于，蜥蜴与哺乳类的脚，还有鸟类的翅以及脚，和人类的手还有脚都一样，均为从同一基本类型中发生而来的。"大部分的甲壳类的幼体，在发育所对应的整个阶段里，彼此之间密切相似，不论成体估计会变得如何不同。很多别的动物，也是这个样子的。胚胎类似的法则有些时候直到相当迟的年龄也依然保持着痕迹。比如，同一属还有近似属的鸟在幼体的羽毛方面常常是彼此相似的，就像我们在鸽类的幼体中所见到的斑点羽毛一般，就是如此。在猫族当中，大多数的物种在长成的时候都具有条纹或者是斑点，而普通狮子与美洲狮的幼兽也都有着

水螅纲中各种物种的形态进化，在复杂的浮游管水母目群落（大洋水螅类）中达到了顶点，每个群落都由各式各样的水母体和水螅体所组成。

清楚易辨的条纹或者是斑点。我们在植物的世界里也能够偶然地见到同类的事，不过数量并不是很多。再比如，金雀花的初叶还有假叶金合欢属所拥有的初叶，都如同豆科植物的普通叶子，是羽状或者是分裂状的。

同一纲当中，存在着很大不同的动物的胚胎在构造方面彼此相似的每个点，常常和它们的生存条件之间不存在直接关系。比如说，在脊椎动物的胚胎当中，鳃裂附近的动脉有一个特殊的弧状构造，我们可以去设想，这样的构造和在母体子宫当中获得营养的幼小哺乳动物，还有在巢中孵化出来的鸟卵，以及在水中的蛙卵所处在的类似的生活条件有一定的关系。我们没有理由去相信这样的关系，就如同我们没有理由去相信人的手还有蝙蝠的翅膀，以及海豚的鳍内相似的骨是和相似的生活环境有关系的。没有人会去设想幼小狮子的条纹或者是幼小黑鸫鸟的斑点对于这些动物来说能有什么作用。

不过，在胚胎生涯中的任何一个阶段，假如说一种动物是活动的，并且还必须为自己找寻食物，那么情况就有所不同了。活动的时期能够发生于生命中的较早期或者是较晚期。不过不论它发生于什么时期，只要幼体对于生活环境的适应，就能够和成体动物一样完善以及美妙。这是以什么样的重要的方式进行的呢？近来，卢伯克爵士已经很好地为我们说明了。他是根据它们的生活习性论述了非常不同的"目"当中，

牛津大主教塞缪尔·威尔伯福斯（1805~1873）是进化论的反对者，1860年，他与赫胥黎进行了一次辩论，达尔文没有出席。

一些昆虫的幼虫的密切相似性还有同一目中别的昆虫的幼虫的不相似性来说明的。因为这类的适应，近似动物的幼体的相似性有些情况下就大大的不明确，尤其是在发育的不同阶段发生分工的现象时更是这样。比如，同一幼体，在某个阶段不得不去找寻食物，而在另一阶段，又不得不去找寻附着的地方。甚至能够举出这样的例子，那就是近似物种或者是物种群的幼体，彼此之间的差异要高于成体很多。但是，在大部分的时候，尽管是活动着的幼体，而且还或多或少地密切地遵循着胚胎相似的通常法则。蔓足类提供了一个这类的良好例子。就算是名声显赫的居维叶也没能看出藤壶属于一种甲壳类。不过只要看一下幼虫，就可以准确无误地知道它属于甲壳类。蔓足类的两个主要部分也是如此，那就是有柄蔓足类与无柄蔓足类尽管在外表方面极为不相同，但是它们的幼虫在所有的阶段当中区分非常少。

胚胎在发育的过程中，它们的体制也通常都会有所提高。尽管我知道几乎不可能明白地确定什么是比较高级的体制，什么是比较低级的体制，不过我还要使用这个说法。估计没有人会去反对蝴蝶比毛虫更为高级，但是，在某些情况之中，成体动物在等级方面必须被认为低于幼虫，比如有的一些寄生的甲壳类就是这样的。再来看一看蔓足类：在第一阶段中的幼虫存在着三对运动器官，还有一个简单的单眼以及一个吻状的嘴，它们用嘴大量地捕食，这是因为它们要大大地增加自己的体积。到第二阶段的时候，相当于蝶类的蛹期，它们有着六对构造精致的游泳腿，一对巨大的复眼以及极其复杂的触角，不过它们都有一个闭合的，不完全的嘴，无法吃东西。它们到了这一阶段之后，主要的职务就是用它们极为发达的感觉器官去寻找，用自己活泼的游泳的能力去到达一个合适的地点，来方便附着于上面，然后进行它们的最后变态。在变态完成之后，它们就永远定居不移动了。于是它们的腿就会变为把握器官，它们会重新获得一个结构非常好的嘴，不过触角却是没有了，它们的两只眼睛也会转化为细小的，而且是单独的，非常简单的眼点。在这种最后完成的状态里，将蔓足类看成是比它们的幼虫状态有较高级的体制或者是较低级的体制都可以。不过，在某些属当中，幼虫能够发育为具有一般构造的雌雄同体，还能够发育为我所说的那种补雄体。后者的发育的确是出现退步了，由于这种雄体仅仅是一个可以在短期中生活的囊，除了生殖器官之外，它缺少嘴还有胃以及别的重要器官。

我们早已习惯于见到胚胎和成体之间在构造方面的差异，因此我们很容易将这样的差异看成是生长方面必然会有的事情。不过，比如，有关蝙蝠的翅膀或者是海豚的鳍，在它们的任何部分能够判别时，为什么它们的所有部分不马上显示出恰当的比例，是找不出什么理由能说的。在有些整个动物群中，还有别的群的一些成员当中，情况就是这样的。不管胚胎是在哪一个时期，都和成体之间没有多大的差异。比如欧文曾就乌贼的情况指出，"没有变态，头足类的性状远在胚胎发育完成之前就显现出来了"。陆栖贝类与淡水的甲壳类在生出来的时候就拥有固有的形状，而这两个大纲的海栖成员均在它们的发生中，要经过相当的并且常常是巨大的变化。此外，蜘蛛几乎没有经过任何的变态。大部分的昆虫的幼虫都要经过一个蠕虫状的阶段，不论它们是活动的还有适应于各种不同习性的也好，还是因为处于适宜的养料之中或受到亲体的哺育而不活动的也好。不过在有些极少数的情况之中，比如蚜虫，假如我们注意一下赫胥黎教授有关这种昆虫发育的值得称赞的一些绘图，我们基本上无法看到蠕虫状阶段的任何痕迹。

有些时候只是比较早期的发育阶段没有出现。比如，按照米勒所完成的卓越发现，有的虾形的甲壳类（和对虾属比较相似）最开始出现的，是简单的无节幼体，接着经过两次或者多次的水蚤期之后，再经过糠虾期的变化，终于得到它们的成体的构造。在这些甲壳类所属的整个巨大的软甲目当中，现在还不知道有别的成员最开始经过无节幼体而发育起来，尽管有很多都是以水蚤出现的。即便这样，米勒还举出一些理由去支持他的信念，那就是假如没有发育方面的抑制，所有这些甲壳类都会先以无节幼体的状态出现的。

那么，我们如何去解释胚胎学中的这些事实呢？也就是尽管胚胎与成体之间在构造方面不是具有普遍的，而仅仅是具有非常一般的差异。同一个体胚胎的最后变得非常不相同的，还用于不同目的的各种器官，在生长的初期是十分相似的。同一个纲当中最不相同的物种的胚胎或者是幼体，普遍是类似的，不过也不是都是这个样子的。胚胎在卵中或者是子宫中的时候，常常保存着在生命的那个时期或者是靠后一些的时期对自己来说，并不存在什么作用的构造。此外还有一点，一定会为了自己的需要而供给食料的幼虫，对于周围的环境也是完全适应的。最后，有的幼体在体制的等级方面高于它们将要发育成的那些成体，我相信对于所有的这些事实，能够做出下面的解释。

或许由于畸形在很早的时期就影响到了胚胎，因此普通就认为轻微的变异或者是个体的差异也一定会在相同的早期当中出现。有关于这一方面，我们没有证据，可是我们现在所拥有的证据，确实都是与之相反的一面。因为大家都明白，牛还有马以及各种玩赏动物们的饲育者，在动物出生之后的一些时间里，不能够确切地指出它们的幼体将会有什么样的优点或者是缺点。我们对于自己的后代也清楚地发现了这样的情况。我们无法说出一个孩子将来会是高的还是矮的，或者将来就一定会拥有什么样的容貌。问题不在于每一个变异在生命的什么时间段里发生，而是在于什么时间段当中

能够表现出一定的效果。变异的原因能够在生殖的行为之前产生作用，而且我相信常常作用于亲体的一方或者是双方。值得引起我们注意的是，只要很幼小的动物还留存于母体的子宫内或者是卵当中，或者只要它还依然受到亲体的营养以及保护，那么它的大部分性状，不管是在生活的较早时期还是在较迟的时期获得的，对于它本身都没有什么太大的影响。比如，对于一种借着非常钩曲的喙来取食的鸟，只要它一直由亲体哺育，那么无论它在幼小的时候是不是具有这种形状的喙，都是没有太大的意义的。

在第一章当中，我就曾经讨论过一种变异，不管是在什么年龄，最开始出现于亲代，那么这种变异就有在后代的相应年龄中再次出现的倾向。有一些变异仅仅可以在相应的年龄中出现。比如，蚕蛾在幼虫还有茧或者是蛹的状态时的特点，再比如，牛在完全长

成角时的特点正是这样。不过，就我们所知道的，最开始出现的变异，不管是在生命的早期还是在晚期，同样有在后代还有亲代的相应年龄当中重新出现的倾向。我绝不是说事情就一直会是这样的，而且我可以举出变异（就这概念的最广义说的话）的一些例外，这些变异出现于子代的时期，比出现在亲代的时期要早一些。

这两个原理，也就是轻微变异通常不是在生命的最早时期出现而且也不是在最早的时期遗传的。我相信，这解释了前面所讲的胚胎学方面所有主要的事实。不过，首先让我们在家养变种中去看一看少数类似的事实。有些作者曾经发表论文讨论过"狗"。在他们看来，虽然说长躯猎狗与斗牛狗是那么的不同，但是实际上，它们均是密切近似的变种，均为从同一个野生种遗传变异而的。所以我十分想知道，它们的幼狗到底存在着多么大的差异。饲养者们曾经告诉我，幼狗之间的差异与亲代之间的差异完全相同。依据眼睛的判断，这好像是正确的。不过，在实际对老狗还有六日龄的幼狗进行观测时，我发现幼狗并没有获得它们比例差异的所有。此外，人们又告诉我，拉车马与赛跑马，这几乎是完全在家养的状况下由选择形成的品种，这些小马之间的差异和充分成长的马一样。不过，将赛跑马与重型的拉车马的母马还有它们的三日龄小马进行了仔细的观测之后，我发现情况并不是这样。

由于我们有确实的证据能够去证明，鸽的品种是从单独的一种野生种传下来的，因此我对孵化后在 12 小时之内的雏鸽进行了比较。我对野生的亲种，突胸鸽还有扇尾鸽还有侏儒鸽以及排字鸽、龙鸽、传书鸽、翻飞鸽等都详细地测计了（不过这里不准备举出具体的材料）喙的比例，还有嘴的阔度和鼻孔以及眼睑的长度以及脚的大小同腿的长度。在这些鸽子当中，有一些在成长的时候在喙的长度还有形状以及别的性状方面以这么异常的方式而彼此不同，以至于假如它们出现在自然状况下一定会被列成是不同的属。不过将这几个品种的雏鸟排成一列时，尽管它们的大部分刚刚可以被区别开，但是在前面所讲的每个要点上的比例差异，比起充分成长的鸟来说，却是十分少了。差异的有些特点，比如嘴的阔度，在雏鸟当中，基本上无法被觉察出来。不过有关这个法则，有一个非常明显的例外，因为短面翻飞鸽的雏鸟，几乎具有成长状态之下完全一样的比例，而和野生岩鸽以及别的品种的雏鸟存在着很多的不同。

前面所讲的两个原理，说明了这些事实。饲养者们在狗、马还有鸽等快要成熟的时期选择它们来进行繁育。他们并不去注意所需要的性质是生活的较早期还是较晚期获得的，只需要充分成长的动物，可以具有它们就足够了。刚才所举的例子，尤其是鸽的例子，解释说明了由人工选择所累积起来的，并且给予他的品种以价值的那些表现特征的差异，通常并不会出现于生活的最早期，并且这些性状也不是在相应的最早期进行遗传的。不过一些短面翻飞鸽的例子，也就是刚出生 12 个小时，就具有它的固有性状，证明这并非普遍的规律。因为在这里，表现特征的那些差别或者说必须出现于比一般更早的时间段当中，或者说，假如并非如此，那么这种差异就一定不是在相应的龄期进行遗传的，相反是在较早的龄期遗传的。

接下来，让我们应用这两个原理去解说一下自然状况下的物种，让我们来讨论一下鸟类的一个群。它们从某个古代的类型遗传变异而来，同时经过自然选择，为了适应不同的习性而出现了各种各样的变异。于是，因为一些物种大量细小的还有连续的变异，并非是在很早的龄期出现的，并且还是在相应的龄期当中得到遗传的，因此幼体将很少会出现变异，同时，它们之间的相似程度要远比成体之间的相似程度更为密切一些，就像我们在鸽的品种中所见到的一样。我们能够将这个观点引申到完全不同的构造还有整个的纲中。比如，前肢，很久远之前的祖先曾经一度将它当成腿来用，能够在悠久的变异过程中在某一类的后代中变得适应于当手用。不过根据前面所讲的两个原理，前肢在这几个类型的胚胎中不会有太大的改变。尽管在每一个类型当中，成体的前肢彼此之间的差别非常大。不管长期连续使用或者是不使用，在改变任何物种的肢体或者是别的部分中能够产生什么样的影响，主要是在或者只有在它接近成长而不得不用它的全部力量去谋生时，才会对它产生作用。这样产生的效果将在相应的接近成长的龄期传递给后代，如此，幼体各部分的增强使用或者是不使用的效果，就不会出现变化，或者仅仅有极少量的变化。

对于有些动物来说，连续变异能够在生命的早期出现，或者是诸级变异能够在比它们初次出现时更早的龄期当中获得遗传。在任何一种这样的情况之下，就像我们在短面翻飞鸽所见到的那样，幼体或者是胚胎就密切地类似于成长的亲类型。在有些整个群中，或者只是在某些亚群当中，如乌贼还有陆栖贝类还有淡水甲壳类和蜘蛛类以及昆虫这一大纲当中的某些成员，这是发育的规律。有关这些群的幼体，没有经过任何变态的最终原因，我们可以看到这是由以下的事情发生的，那就是，因为幼体不得不在幼年解决自己的需要，同时也因为它们遵循亲代那样的生活习性，由于在这样的情况之下，它们不得不按照亲代的相同方式发生变异，这对于它们的生存来说几乎是不能缺少的。此外，大量陆栖的以及淡水的动物不会出现任何的变态，而同群的海栖成员会经过各种不同的变态。有关这个奇异的事实，米勒曾经指出，一种动物适应在陆地上或者是淡水中的生活，而并非在海水中生活，这种缓慢的变化过程将因为不经过任何的幼体阶段而被极大地简化。由于在这样新的以及极大改变的生活习性之中，很难找出既适于幼体阶段又适于成体阶段，并且还尚未被别的生物所占据或占据得不好的地方。面对此种状况，自然选择将会有利于在越来越幼的龄期里，慢慢地获得的成体构造。到最后，之前变态的所有痕迹就会终于消失无踪。

还有一方面，假如一种动物的幼体遵循着稍微不同于亲类型的生活习性，于是它的构造也就会有稍微的不同，如果这是有利的话，或者说，假如一种和亲代已经不同的幼虫，再进一步发生了变化，一样有利的话，那么，根据在相应年龄中的遗传原理，幼体或者是幼虫能够因为自然的选择而变得越来越与亲体不同，以致可以成为任何能够想象得到的程度。幼虫中的差别也能够和它的发育的连续阶段有关。因此，第一阶段的幼虫能够和第二阶段的幼虫极为不相同，很多的动物就有这样的情况。成体也能够变得适合于那样的地点还有习性，就是运动器官或者是感觉器官等，在那里都变为没有用的了。遇到这样的情况，变态也就退化了。

按照前面所讲的，因为幼体在构造方面的变化和变异了的生活习性是统一的，再加上在相应的年龄方面的遗传，我们就可以理解动物所经过的发育阶段为什么会和它们的成体祖先的原始状态完全不一样。大部分最优秀的权威者现在都肯定，昆虫的每种幼虫期还有蛹期就是如此通过适应而获得的，而并非通过某种古代类型的遗传来获取的。芜菁属，这是一种经过某些异常发育阶段的甲虫，它们的奇特情况估计能够说明这样的情形是如何发生的。它的第一期幼虫的形态，根据法布尔的描写，是一种活泼的微小昆虫，拥有六条腿还有两根长的触角以及四只眼睛。这些幼虫在蜂巢当中孵化，当雄蜂在春天先于雌蜂羽化出室的时候，幼虫就会跳到它们的身上，之后在雌雄进行交配时，又会爬到雌蜂的身上。当雌蜂将卵产在蜂的蜜室上面时，芜菁属的幼虫就会立刻跳到卵上，而且还会吃掉它们。之后，它们出现了一种全面的变化。它们的眼睛消失了，而它们的腿还有触角变成了残迹的，而且还以蜜为生。因此这时候它们才与昆虫的普通幼虫更为密切的类似。最后它们出现了进一步的转化，终于以完美的甲虫出现。现在，假如有一种昆虫，它的转化就如同芜菁的转化一般，而且变成了昆虫的整个新纲的祖先，那么，这个新纲的发育过程，估计和我们现存昆虫的发育过程完全不一样大。而第一期的幼虫阶段一定不会代表任何成体的类型以及古代类型的先前状态。

再有一方面，大部分动物的胚胎阶段或者是幼虫的阶段，总是或多或少地向我们完全表明了整个群的祖先的成体状态，这是极为可能的。在甲壳类这个大纲当中，彼此非常不同的类型，也就是吸着性的寄生种类和蔓足类还有切甲类甚至还有软甲类，最开始均是在无节幼体的形态之下，作为幼虫而出现的。由于这些幼虫在广阔的海洋当中生活以及觅食，而且还无法适应任何特殊的生活习性。按照米勒所列出来的别的一些原因，估计在某一个久远的时期，有一种类似于无节幼体的独立的成体动物曾经生存过，之后沿着血统的一些分歧路线，产生出了前面所讲到的巨大的甲壳类的群。此外，按照我们所知道的有关哺乳类和鸟类以及鱼类和爬行类的胚胎的知识，这些动物估计是某个古代祖先的变异了的后代。那个古代祖先于成体状态中具有非常适于水栖生活的鳃还有一个鳔，四只鳍状肢以及一条长尾。

由于所有的曾经生存过的生物，不管是绝灭的还是现代的，都可以归入少数的几个大纲当中，由于每个大纲当中的所有成员，按照大家所知道的这个学说，均被微细地级进连接于一起，假如我们的采集是近于完全的，那么最好的，唯一可行的分类，估计是按照谱系的。因此血统是博物学者们在"自然系统"的术语下所寻求的相互联系的潜在纽带。根据此种观点，我们也就可以明白，在大部分的博物学者眼中，为何胚胎的构造在分类方面甚至比成体的构造更为重要。在动物的两个或者是更多的群当中，不管它们的构造与习性在成体状态中彼此具有多么大的差异，假如它们经过密切相似的胚胎阶段，我们就能够确定它们都是从一个亲类型传下来的，所以彼此之间是有密切关系的。那么，胚胎构造中的共同性就会暴露血统的共同性。不过胚胎发育中的不相似性并不能够证明血统的不一致，由于在两个群的一个群当中，发育阶段估计曾遭到了抑制，或者也有可能因为适应新的生活习性而被极大地改变，于是导致无法再被辨认，甚至在成体出现了极端变异的类群中，起源的共同性常常还会由幼虫的构造揭露出来。比如，尽管蔓足类在外表上与贝类非常相像，但是按照它们的幼虫就能够马上知道，它们是属于甲壳类这一大纲的。由于胚胎常常能够或多或少清楚地向我们表明一个群的变异比较少的，古代祖先的构造，因此我们可以了解为什么古代的绝灭了的类型的成体状态总是与同一纲的现存物种的胚胎非常类似。阿加西斯认为这是自然界的普遍法则。我们能够期望此后见到这条法则被证实是可靠的。不过，仅仅是在下面的情况之下，它才可以被证明是真实的，那就是这个群的古代祖先并未曾因为在生长的最初期的时间段就出现连续的变异，也没有因为那些变异在早于它们首次出现时的较早龄期而被遗传而全部埋没。还一定要记住，这条法则也许是正确的，不过因为地质记录在时间方面扩展得还不够久远，所以这条法则也许长期地或者是永远地也无法得到证实。假如一种古代的类型在幼虫状态中适应了一些特殊的生活方式，并且将同一幼虫状态传递给了整个群的后代，于是在这样的情况出现的时候，那条法则也无法严格有效。因为这些幼虫不会与任何一个更为古老类型的成体状态相类似。

如此说的话，我就会说，胚胎学方面这些特别重要的事实，根据下面的原理就能够得到解释了，这个原理就是：某些古代祖先的很多后代中的变异曾出现于生命的，不是特别早的时期，而且曾经还遗传于相应的时期。假如我们将胚胎看成一幅图画，尽管说多少有些模糊，却反映出同一大纲的所有成员的祖先，要不是它的成体状态，也有可能是它的幼体状态，如此，胚胎学的重要性就会得到极大地提高了。

# 退化、萎缩及停止发育的器官

处于这样的奇异状态之下的器官或者是部分，带着废弃不用的鲜明印记，在整个自然界中非常常见，甚至能够说是很普遍的。我们不能够举出一种高级的动物，它身上的某一部分不是残迹状态的。比如哺乳类的雄体，它们具有退化的乳头；蛇类的肺，有一叶是残缺的；鸟类"小翼羽"能够非常有把握地被看成是退化，有的物种的整个翅膀的残迹状态是那么明显，以至于它们无法用于飞翔。鲸鱼的胎儿具有牙齿，但是当它们成长之后再没有一个牙齿。或者说，还没有出生的小牛的上颚长着牙齿，但是从来不会穿出牙龈，还有什么能比这更为奇怪的呢？

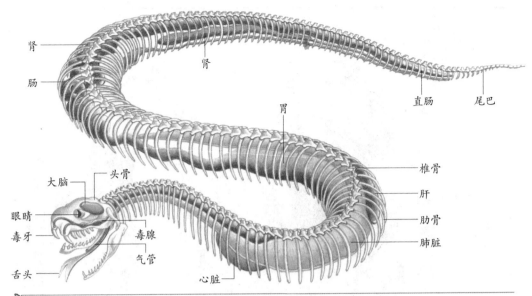

肾　肾　肠　胃　直肠　尾巴　椎骨　肝　肋骨　肺脏　大脑　头骨　眼睛　毒牙　毒腺　舌头　气管　心脏

蛇的器官都相应拉长以适应它们长而细的躯体。它们的右肺相应放大并负责体内呼吸，这样使得左肺成了冗余。

　　残迹器官非常明白地以各种各样的方式示明了它们的起源以及意义。密切近似物种的，甚至是同一物种的甲虫，或者说拥有着非常大的以及完全的翅，也有可能仅仅是具有残迹的膜，位于牢固合于一起的翅鞘之下。当面对这样的情况时，不可能去怀疑那样的残迹物就是代表了翅。残迹器官有时候依然保持着它们的潜在能力。偶然见于雄性哺乳类的奶头，人们曾见过它们发育得非常好，并且还分泌出乳汁。黄牛属的乳房也是这样的，正常情况下它们有四个发达的奶头以及两个残迹的奶头。不过后者在我们家养的奶牛当中有些时候会非常发达，并且还会分泌乳汁。有关植物，在同一物种的个体当中，花瓣有些情况下是残迹的，而有些情况下则是发达的。在雌雄异花的一些植物当中，科尔路特发现，让雄花具有残迹雌蕊的物种和自然具有非常发达雌蕊的雌雄同花的物种进行杂交，在杂种后代当中，那个残迹的雌蕊就极大地被增大了。这非常明确地示明，残迹雌蕊与完全雌蕊在性质方面是基本相似的。一种动物的每个部分估计是在完全状态中的，不过它们在某种意义方面则有可能是残迹的，因为它们是没有用的。比如普通的蝾螈也就是水蝾螈的蝌蚪，就像刘易斯先生曾说过的一样，"有鳃，生活于水当中；不过山蝾螈却是生活于高山上的，都能够产出发育完全的幼体，这样的动物从来不会在水当中生活。但是，假如我们剖开怀胎的雌体就能够看出来，在它们体中的蝌蚪，拥有着非常精致的羽状鳃。假如说将它们放于水当中，它们可以如水蝾螈的蝌蚪那般地游泳。我们可以非常显眼地看出，这样的水生的体制和这种动物的将来的生活并没有什么关系，而且也并非对于胚胎条件的适应。它完全和祖先的适应有着一定的联系，只不过是再次上演了它们祖先发育中的一个阶段罢了。"

　　同时具备两种用处的器官，对于其中的一种用处，甚至说比较重要的那种用处，

从猿进化到人

估计会变为残迹或者是完全不发育，而对于另一种用处，却完全有效。比如，在植物的世界里，雌蕊的作用在于让花粉管达到子房当中的胚珠。雌蕊拥有一个柱头，为花柱所支持。不过在某些聚合花科的植物里，显然无法受精的雄性小花，具有一个残迹的雌蕊，由于它的顶部没有柱头，不过，它的花柱还是非常发达，而且还以常见的方式被有细毛，用来将周围的以及邻接的花药里的花粉刷下来。还有一种器官，对于原来就有的用处估计变为残迹的，而被用在了不同的目的上。在有一些鱼类里，鳔对于漂浮的固有机能好像都变成残迹的了，不过它转变为原始的呼吸器官或者是肺。还可以举出大量类似的事例。

有用的器官，不管它们是怎样的不发达，也不应该觉得是残迹的，除非我们有理由去设想它们之前曾经更为高度地发达过，它们估计是在一种初生的状态之下逐步地向朝着进一步发达的方向前进着。还有就是，残迹器官也许完全没有用处，比如从未穿过牙龈的牙齿，或者是基本上就没有用处，比如只可以当作风篷来使用的鸵鸟翅膀。由于这样的状态的器官在以前更少发育的时候，甚至是比现在的用处还要少很多，因此它们之前不可能是经过变异以及自然选择而产生出来的。自然选择的作用，只在于保存对物种有利的变异。它们是经过遗传的力量，部分地被保留下来的，和事物以前的状态有一定的关联。虽然说是这样，想要区别残迹器官与初生器官常常是具有一定困难的。因为我们只可以用类推的方法去判断一种器官是不是可以进一步地发达，只有它们在还可以进一步地发达的情况之下，才能够称为是初生的。处于这种状态的器官，总是非常稀少的。由于具有这样器官的生物通常都会被具有更为完美的相同的器官的后继者所排挤，所以它们在很早的时候就已经绝灭了。企鹅的翅膀有着极为重要的作用，它能够当作鳍用，因此它估计代表着翅膀的初生状态。这并不代表着，我相信这就是事实。还可以说它更有可能是一种缩小了的器官，为了适应新的机能而出现了变异。另外还有一点，几维鸟的翅膀是非常没用的，而且的确是残迹的。在欧文先生看来，肺鱼的简单的丝状肢是"在高级脊椎动物当中，达到充分机能发育的器官的开始"。不过根据京特博士近来提出来的观点，它们估计是由继续存在的鳍轴构成的，这些鳍轴具有不发达的鳍条或者是侧枝。鸭嘴兽的乳腺如果和黄牛的乳房相进行比较，能够看成是初生状态的。有的蔓足类的卵带已无法再作为卵的附着物，非常不发达，这些就是初生状态的鳃。

同一物种的一些个体当中，残迹器官在发育程度方面还有别的方面，非常容易出现变异。在那些密切近似的物种当中，同一器官缩小的程度有些情况下也具有非常大的差异。同一科的雌蛾的翅膀状态非常不错地向我们例证了这个事实。残迹器官估计会完全萎缩掉，这也就意味着在有些动物或者是植物当中，有的一部分器官已完全不存在，尽管说我们按照类推的方法希望能够找到它们，并且在畸形个体中的确能够偶然地见到它们。比如玄参科当中的大部分的植物，它们的第五条雄蕊已经完全萎缩，但是我们能够断定第五条雄蕊曾经确实存在过，这是因为能够在这一科的很多物种当中找到它的残迹物，而且这一残迹物有些情况下还会出现完全的发育，就如同有些时候我们在普通的金鱼草当中所见到的一般。当我们在同一纲的不同成员中去追寻不管是哪种器官的同源作用时，没有比见到残迹物更为常见的了，或者说为了充分理解各种器官之间的关系，没有比残迹物的发现更加有用的了。欧文先生所绘的马、黄牛以及犀牛的腿骨图，极好地表明了这一点。

这是一个非常重要的事实，那就是残迹器官，比如鲸鱼与反刍类上颚的牙齿，常

几维鸟可谓将不会飞的特点发挥到了极致，它们的翅膀很小，趋于退化，且隐于替羽之下。

16世纪意大利博物学家乌利塞·阿尔德罗万迪绘制的印度犀牛

常会出现于胚胎，不过之后却又完全消失了。我认为，这也是一条常见的法则，那便是残迹器官，假如拿相邻的器官去比较，那么在胚胎中要比在成体中大一些。因此这种器官早期的残迹状态是比较不明显的，甚至不管是在什么程度方面，都无法去说那是残迹的，所以说，成体的残迹器官常常会被说成依然保留胚胎的状态。

刚才我已列出有关残迹器官的一些主要的事实。在仔细考虑到它们时，不管是谁都会觉得非常惊奇。因为，同样的推论告诉我们，大多数的部件与器官是怎样巧妙地适应了某些用处，而且还同样明确地告诉我们，那些残迹的或者是萎缩的器官是不完全的以及没有用的。在博物学著作当中，通常都会将残迹器官说为是"为了对称的缘故"，或者说是为了要"完成自然的设计"而被创造出来的。不过这并能算作是一种解释，而仅仅是事实的复述而已。这本身就存在着矛盾。比如王蛇具有后肢还有骨盘的残迹物，假如说这些骨的保存是为了"完成自然的设计"，那么就像魏斯曼教授所发问的，为什么别的蛇不去保存这些骨，并且它们甚至连这些骨的残迹都没有呢？假如觉得卫星"为了对称的原因"循着椭圆形轨道绕着行星运行，由于行星是如此绕着太阳运行的，那么对于具有这种主张的天文学者来说，将会有什么样的感想呢？有一位著名的生理学者曾经假设，残迹器官是拿来排除过剩的或者是对于系统有害的物质的，他用这个假设去解释残迹器官的存在。不过我们可以假设那微小的乳头，它常常代表雄花中的雌蕊而且只由细胞组织组成，可以发生这样的作用吗？我们可以假设以后要消失的，残迹的牙齿将如磷酸钙这般贵重的物质移去，能够对于迅速生长的牛胚胎有益处吗？当人类的指头被截断时，大家都知道，在断指上会出现不完全的指甲，假如我认可这些指甲的残迹是为了用来去排除角状物质所以才发育的，那么就不得不去相信海牛的鳍上的残迹指甲也是为了相同的目的而发育的。

根据血统还有变异的观点，对残迹器官的起源进行解释，还是比较简单明了的。而且我们可以在很大程度上去理解支配它们不完全发育的道理。在我们的家养生物当中，我们存在着大量的残迹器官的例子，比如无尾绵羊品种的尾的残迹，比如无耳绵羊品种的耳的残迹，再比如无角牛的品种，按照尤亚特的说法，尤其是小牛的下垂的小角的重新出现，还有花椰菜的完全是花的状态。我们从畸形生物里时常见到各式各样的部分的残迹。不过我怀疑任何一种这样的例子，除了明确地表示出残迹器官能够产生出来之外，是不是还可以说明自然状况下的残迹器官的起源。因为如果对证据进行一下衡量的话，能够清楚地表示出自然情况下的物种，并不会出现巨大的突然性的变化。不过我们从我们家养生物的研究里就能够知道，器官的不使用造成了它们的缩小，并且这样的结果还是遗传的。

不使用估计是器官退化的主要原因。它最开始以缓慢的步骤让器官越来越完全地缩小，一直到最后变成了残迹的器官，比如栖息于暗洞当中的动物眼睛，还有栖息于海洋岛上的鸟类的翅膀，正是如此。此外，一种器官在有的条件之中是有用的，而在别的条件之下也许就是有害的，比如栖息于开阔小岛上的甲虫的翅膀就是这种情况。面对这样的情形，自然选择将会帮助那个器官一步步缩小，直到它完全变成了无害的以及残迹的器官。

在构造方面还有机能方面，任何可以由细小阶段完成的变化，均在自然选择的势力范围之中。因此，一种器官因为生活习性的变化而对于某种目的成了没有用的甚至是有害的时，估计能够被改变，然后用于另一种目的。一种器官估计还能够仅仅保存它以前的机能之一。在以前经过自然选择的帮助而被形成的器官逐渐成为无用的时，能够出现很多的变异，其原因在于，它们的变异已经不再受到自然选择的抑制了。所有这些都和我们在自然环境当中见到的非常符合。此外，不管是在生活的哪一个时期当中，不使用或者选择，能够让一种器官缩小，这通常都会发生在生物成长的成熟期，并且势必会发挥出它的全部活动力量的时候。而在相应的年龄中发挥作用的遗传原理，就存在着一种倾向，让缩小状态的器官在同一成熟的年龄中重新出现，不过这一原理对于胚胎状态的器官极少会产生影响。如此我们就可以理解，在胚胎期当中的残迹器官假如和邻接的器官进行比较，前者比较大，但是在成体状态之下，前者就会比较小。比如，假如说一种成长动物的指在很多的世代里因为习性的一些变化而使用得越来越少，或者假如说一种器官或者是腺体在机能方面使用得越来越少，如此，我们就能够进行一个推断，它在这种动物的成体后代中就会逐渐缩小，不过在胚胎当中几乎依然保持着它原来的发育标准。

不过，依然存在着以下的难点。在一种器官已经停止使用所以极大地缩小之后，它们如何可以进一步地缩小，一直到只剩下一点残迹呢？最后，它们又是如何可以完全消失不见了呢？只要那个器官在机能方面变成了无用的之后，"不使用"基本上就不会再继续产生出任何进一步的影响了。有一些补充的解释，在这里是很有必要的，不过我不能提出。比如说，假如可以证明体制的每一部分都有这样的一种倾向，它朝着缩小的方面比朝着增大的方面能够出现更大程度上的变异，那么我们就可以理解已经变成了无用的一种器官，为什么依然在受不使用的影响而成为残迹的，甚至会在最后完全消失。因为朝着缩小方面发生的变异不再受到自然选择的控制。在之前的一章当中解释过的生长的经济的原理，对于一种没有用处的器官变成为残迹的，或者是有作用的。按照这个原理，形成任何器官的物质，假如对于所有者没有什么作用，就会尽可能地受到节省。不过这一原理基本上一定仅仅可以应用于缩小过程的较早阶段当中。这是因为，我们不可能去设想，比如说在雄花中代表雌花雌蕊的而且仅仅由细胞组织而形成的一种微小的突起，为了节省养料的原因，可以进一步地缩小或者是吸收。

最后，不论残迹器官由哪些步骤退化为它们现在这样的无用状态，由于它们都是事物之前状态的记录，而且还完全由遗传的力量被保存了下来，按照分类的系统观点，我们就可以理解分类学者在将生物置于自然系统中的适宜地位时，为什么会时常发现残迹器官和生理方面高度重要的器官一样有用。残迹器官能够和一个字中的字母进行比较，它在发音方面已没有什么用处，但是在拼音上仍然保存着，不过这些字母还能够用作那个字的起源的线索。按照伴随着变异的生物由来的观点，我们就可以确定地说，残迹的，不完全的以及无用的或者是非常萎缩的器官的存在，对于旧的生物特创论说来说，一定会是一个难点，不过根据本书所解释说明的观点去说的话，这不但不会是一个特殊的难点，甚至可以说是能够预料得到的。

# 摘　要

在这一章当中，我曾试图解释说明在所有的时期当中，所有的生物在群之下还分成群的这样排列，所有的现存生物还有绝灭的生物被复杂的还有放射状的以及曲折的亲缘线连接起来，然后成了少数大纲的这种关系的性质。博物学者们在分类当中所遵循的法则还有所遇到的困难，那些性状，无论它们具有高度的重要性还是极少的重要性，或者说如残迹器官一般完全没有重要性，假如是稳定的和普遍的，那么对于它们所给出的评价，同功的也就是适应的性状还有具有真实亲缘关系的性状之间，在价值方面的广泛对立还有别的这类型的法则。假如我们承认近似的类型具有共同的祖先，而且它们通过变异还有自然选择而出现变化，然后造成绝灭还有性状的分歧，那么，前面所讲的就是自然的了。在考虑到这种分类的观点时，应该记住，血统这个因素曾经被大量地用来将同一物种的性别还有龄期和二型类型以及公认变种分类于一起，无论它们在构造方面彼此之间存在着多大的不同。假如将血统这个因素，这是生物相似的一个已经确实知道的原因，扩大使用的话，我们就能够理解什么叫作"自然系统"。它是试图极力遵照谱系进行排列，用变种和物种还有属、科、目以及纲等术语去表示所得到的差异诸级。

按照相同的伴随着变异的生物由来学说，"形态学"中的大部分大事就会成为能够理解的了，不管我们去观察同一纲的不同物种在不论是有什么用处的同源器官中所表现出来的同一形式，或者是去观察同一个体动物与个体植物中的系列同源与左右同源，都能够获得理解。

　　按照连续的以及微小的变异，不一定会在，或者是通常不会在生活的很早时期就发生而且还遗传于相应时期的原理，我们就可以理解"胚胎学"中的主要事实。那就是当成熟时在构造方面以及机能方面变得极为不相同的同源器官，在个体胚胎当中是密切类似的。在近似的并且显著不同的物种里，那些尽管在成体状态中适应于尽可能不一样的习性的同源部分或者是器官是相似的。幼虫是活动的胚胎，它们伴着生活习性的改变而或多或少地出现了特殊的变化，同时将它们的变异在相应的非常早的龄期里遗传了下去。按照这些相同的原理，同时还要记住，器官因为不使用或者是因为自然选择的缩小，通常发生于生物必须解决自己需要的生活时期。此外还一定要记住，遗传的力量具有不可估量的强大作用，所以能够说，残迹器官的发生基本上是能够预料的了。按照自然的分类不得不遵照谱系的观点，就能够理解胚胎的性状还有残迹器官在分类当中的重要性了。

　　最后，这一章当中，已经讨论过的一些种类的事实，依我看的话，是如此明白地表明了，栖息于这个世界上的大量物种还有属以及科，在它们各自的纲或者是群的范围之中，都是从共同祖先传下来的，而且也都在生物由来的过程当中出现了变异。所以说，就算是没有别的事实或论证的支持，我也可以毫不犹豫地去采取这个观点。

加拉帕戈斯群岛上的巨龟濒临灭绝